激情与行动

十七世纪哲学中的情感

〔英〕苏珊·詹姆斯 著

管可秾 译

商务印书馆
The Commercial Press

2017年·北京

Susan James

PASSION AND ACTION

The Emotions in Seventeenth-Century Philosophy

© Susan James 1997. First Edition was originally published in English in 1997. This Translation is published by arrangement with Oxford University Press. Chinese (Simplified Characters) Trade paperback copyright© 2017 by The Commercial Press. All Rights Reserved

本书根据牛津大学出版社2003年英文版译出

《激情与行动》是研究早期现代情感理论的破冰之作，它探索了情感在十七世纪哲学家对人类心灵与身体的认知中占据何种地位，以及十七世纪哲学家认为情感在理知与行动中发挥着何种作用。对激情的兴趣弥漫在十七世纪哲学中的每一个研究领域，甚至成为了霍布斯、笛卡尔、马勒伯朗士、斯宾诺莎、巴斯噶、洛克等泰斗的哲学理论的中心议题。然而，在今人对早期现代思想的研究中，鲜有学者关注这个主题。

　　苏珊·詹姆斯纵览了古典时代和中世纪关于激情的学术遗产，阐明了它们是怎样被吸纳到十七世纪的各种新哲学理论之中的。她考察了情感与意志、与知识、与理解、与欲望、与能力的关系，对当时的哲学王国各等人物的大量著作进行了全新的分析和解读，并确立了一个事实：若欲全面了解这些作者，就必须将他们对人类情感生活的讨论纳入考虑。

　　此外，《激情与行动》还探究了当代关于思维与肉体、情感与知识之间关系的讨论，尤其是女性主义哲学领域内的讨论。这项开拓性的研究使我们重新理解了人类关于心灵的观念是如何形成的，也为十七世纪如火如荼的情感研究提供了完整的历史语境。

致中国读者

我希望这本1990年代末以英文问世的书仍可让中国读者觉得开卷有益。不过,十余年来坊间关于人类情感的著述确实发生了很大的变化,因此也许有必要回顾一下本书写作之时学界对这个问题的总体认知状况。

本书初版于1997年,当时,无论对于激情本身,抑或对于欧洲的情感研究史,英语世界里的哲学分析派都还没有进行多少研究。当然也存在例外——如阿尔贝特·希尔施曼的经典著作《激情与兴趣》,但在那时候,人们对早期现代欧洲哲学史的关注点主要是形而上学和科学哲学,仅在有限的范围内关注一些与怀疑主义有关的认识论问题。诚然,这些都是值得研究的重大课题,但我们还是会感到奇怪,受过分析哲学训练的大多数哲学家居然未将研究兴趣延伸到激情领域——尤其是当我们考虑到,在激情问题上,许多被奉为权威的十七世纪作者曾经说过那么多的话!

我们自然要问:十七世纪哲学家关于激情的种种讨论究竟是怎样的?这些讨论在笛卡尔、马勒伯朗士、霍布斯、斯宾诺莎等思想巨擘的哲学体系中占据着何种地位?我是当时对此发生兴趣的研究者之一。我们都希望将下述事实纳入考虑:在十七世纪的欧洲,关于激情的很多问题都是被视为哲学问题的，哲学家可以合理合法、堂而皇之地研究它们，如同研究任何其他问题，而且，任何一位系统性的哲学家也都有可能对激情问题拿出一个观点。

使激情问题有资格成为哲学问题的一个原因，在于激情研究的发展史。从古典时代以来，自命为哲学家的人们一直在讨论激情为何物，激情在理知中是否扮演一个角色以及扮演怎样的角色，我们对激情应当采取什么态度。因此，当十七世纪哲学家讨论激情问题时，他们实际上是站在好几种欧洲古典思想传统的肩膀之上，而这些传统此时已然经受了基督教思想的过滤。

在本书中，我首先概述了亚里士多德关于被动性与主动性的形成性诠释，然后概述了托马斯·阿奎那对亚里士多德理论的继承和修正，由此我为本书打算讨论的各种学说提供了背景。在我看来，这份亚里士多德主义遗产是顺理成章的出发点，一个原因在于它对十七世纪哲学确实发生了无比巨大的影响，另一个原因却是，1990年代出现了一种普遍的兴趣——人们希望了解，根深蒂固的亚里士多德主义世界观是怎样在十七世纪被抛弃和取代的。这种兴趣为本书的写作制定了议题，而本书，正是史学发展过程中的一个特殊时刻的产物。

本书以一个问题开篇：既然十七世纪哲学家们放弃了亚里士多德主义的三重灵魂理论，而开始构筑一种更加一元化的心灵理论，那么激情概念，以及关于激情在思想与行动中所发挥作用的一些根深蒂固的见解，又不得不怎样随之改变呢？我在论述时所持的基本观点是，亚里士多德主义的被摈弃不仅在十七世纪的自然哲学领域产生了重大的影响，而且改变了当时的哲学家思考精神世界的方式。

我关注的是，如果你是一位主张灵魂由几个不同的部分组成，而其中每一个部分自有其功能的亚里士多德主义者，则你的激情理论必然会体现这种主张。例如，倘若你赞成那种普遍的看法，认为激情以某种方式与理知对立，则你自然会认为，这种对立是灵魂内各个不同部分之间的一种冲突，同样你也自然会将激情（位于感性灵魂中）与智性情感（位于智性灵魂中）加以区别。然而，一旦亚里士多德主义模式被质疑，这种对理知与激情之间的冲突、激情与智性情感之间关系的思考方式也会被质疑。

实际上我们发现，十七世纪涌现了一系列对这些问题的较为全神贯注的反思。我在本书的中间部分，追踪了笛卡尔和马勒伯朗士、霍布斯和斯宾诺莎是如何在其著作中进行这种重估的，他们每一位在阐释激情时的基本考虑，都含有这种反亚里士多德主义的动机。例如，笛卡尔抛弃了理知与激情之间的冲突乃是心灵内部的冲突这一观点，他辩称，那实际上是心灵与肉体之间的冲突。与笛卡尔相映成趣，霍布斯却以唯物主义的思路辩称，那种冲突发生在两种不同的物理性运动之间，被体验为两种不同的思想或观念，即渴望和推理。诸如此类的观点，每一种都旨在解决人们所认为的亚里士多德主义模式中隐含的缺陷，而在解决过程中，每一种也都不得不重新考虑激情是什么，以及激情是怎样运作的。

透过这样的棱镜打量十七世纪关于激情的讨论，是富于启迪的，但是当我研究从亚里士多德主义心灵学说转型到后亚里士多德主义心灵学说的过程时，我的探索变得复杂起来，因为，随着我的研究的继续，我越来越惊讶地发现，情况在很大程度上居然保持原封不动。早期现代欧洲的各种激情理论，是在一系列相当顽固的文化假定和文化信念的语境中发展起来的。要想看清十七世纪哲学家认为激情的讨论有什么成问题之处，从而看清他们认为有哪些问题值得探究，我们不仅需要认识一种特定的哲学语境，而且需要在一定程度上认识他们是在怎样的文化语境中进行哲学著述的。在那个历史阶段，一些颇有偏见的结论被人们普遍认作真理，例如，时人普遍相信激情很容易被可知觉的事物唤起，激情主要指向他人，激情的时空焦点是此时此地，激情是波动而无序的，激情是难以控制的，激情一般说来妨碍着理知，激情与肉体息息相关，等等。我在本书中试图指出这些假定在当时是多么深入人心，甚至被认为理所当然，因此我举了一些例子，表明它们会在许多并不那么著名的哲学家、诗人、医生、雄辩家、剧作家、劝谏书作者的撰述中时时冒头。

通过这种方式，我旨在提醒读者注意一个事实：在早期现代欧洲文化中，充满了各种激情概念（有的互相矛盾），也充满了激情之被动性的意象。当时对激情的描述简直成为老生常谈，例如将激情描述成把我们推得团团转的海浪、狂风或共振。同时我也希望表明，在早期现代作者看来，激情至少是和感官知觉一样基本的东西，甚至是更基本的东西。今天，分析哲学派倾向于突出感官知觉，相反，十七世纪的作者们是另一种文化的产物，这种文化并未在知觉与激情之间划出如此泾渭分明的界线，它只是认为人类的日常体验是被情感所引导的。在十七世纪的作者们看来，我们对他人、对周遭事物、对我们自身所处形势所产生的日常观念，似乎浸透着激情。为了从哲学上理解人类的体验是怎么回事、符合何种模式、对人类的认知有什么影响、给人类提供哪些道德可能性，研究者必须超越感官知觉，将激情纳入考虑。确实，研究者很可能觉得必须从激情入手，就像斯宾诺莎在其《伦理学》的心理学章节所做的那样。

因此，在本书中，我试图公平对待两种互相对抗的压力。一方面，撰述激情问题的十七世纪欧洲哲学家是在对一份特定的哲学遗产作出反应，这份哲学遗产给他们提出了一个全新的问题，即如何在一元化的灵魂之内解释激情的作用。另一方面，令人惊异的是，他们工作于其中的那个框架不仅是哲学性的，而且更加广泛得多。它不仅是围绕着激情与被动性之间的关联，也是围绕着理知与激情之间的对立而组织起来的，而这种关联和对立，都是经过千锤百炼而极富适应性的。

苏珊·詹姆斯

鸣 谢

本书主要写于1994—1995学年，当时我持有一份不列颠学术院暨利华休姆信托基金会高级研究员的资格和资金。我之所以得到这份荣誉，只是因为戈登学院[1]和剑桥大学哲学系慷慨地给予了我一段离职假期。在此，我要为这段无比宝贵的时间而诚挚感谢以上四个机构。我也要感谢澳大利亚国立大学的人文研究中心和社会科学研究院，它们在1994年夏惠予我一份研究员资格，并以无微不至的接待、内容广泛的研讨会计划、美丽悦目的校园，为我创造了一个难忘的工作环境，也使我有了一个机会，不受干扰地专注于十七世纪哲学中的激情与行动之间的关系。在堪培拉，很多人与我亲切讨论我研究中的一些问题，我尤其希望向莫伊拉·加登斯和菲利普·佩蒂特道谢，前者帮助我看清了斯宾诺莎思想对于我们的适用性，后者则以他的哲学热情感染了我。

本书的某几个部分是作为研讨会论文而提交的，我从好几批听

---

[1] 戈登学院，Girton College，即剑桥大学戈登学院，本书作者苏珊·詹姆斯的母校。（本书注释以阿拉伯数字为序者，系作者原注。以加方括号的阿拉伯数字为序者，系译者注。——编者）

鸣谢

众那里收获了海量的评论，其中有一些极为有益。对于本书第七章的资料，开放大学十七世纪研讨会和剑桥哲学系研讨会的成员提供了独特而有益的帮助。剑桥大学社会学和政治学理论研讨会、埃塞克斯大学哲学系研讨会，以及斯蒂芬·高克罗杰在悉尼大学组织的一次早期现代激情理论会议的与会者，提出了一些鞭辟入里的问题，它们使本书第四部分的各个章节得以成形。此外，好几个人拨冗阅读了本书的倒数第二稿，由此我得益于斯蒂芬·高克罗杰（对本书第三部分）、乔尔·库珀曼、汤姆·索莱尔以及一位牛津大学出版社匿名审稿人提出的论点。我要诚挚感谢詹姆斯·图利，我尽可能将他的许多渊博而奇妙的建议纳入了本书。我最大的谢意要归于昆廷·斯金纳，他提供了参考文献，仔细阅读了连续两稿，并且一直以不懈的乐观态度讨论它们。

我在剑桥大学哲学系的同事们和戈登学院的院士们，始终是我的可靠后盾，我希望他们知道我是多么感激他们的团结精神。有些朋友和同事给予我的帮助是难以尽述的，其中我尤其要感谢迈克尔·艾尔斯和丹尼尔·加伯，他们委托我撰写一篇关于激情的文章，这意味着他们无意中将本书的创意给予了我；我也要感谢马丁·霍利斯，他在我撰写本书的早期阶段支持了这个项目。贝西·布朗、德斯蒙德·克拉克、约翰·科廷恩、莎拉·赫顿、尼尔·肯尼和迈克尔·莫里亚蒂让我分享了他们关于十七世纪哲学和文化的知识，能向他们学习实在是一件乐事。我还要感谢特雷莎·布伦南、雷蒙德·戈伊斯、罗斯·哈里森、玛里琳·斯特拉森和希尔瓦娜·托马塞利，他们关于激情的谈话，以及他们的鼓励和友谊，使我受益匪浅。稍稍越过专业领域与私人生活的清晰界线，我想在此感谢我的孩子奥利维亚·斯金纳和马库斯·斯金纳，他们既懂事又俏皮，总能使我保持半清醒的状态。

在更实际的层面上，以下各位的帮助极大地减轻了我的负担：

诺博托·德苏萨——他核查了我对原始资料的引用并编写了参考书目中的原始资料部分；还有剑桥大学哲学系行政秘书迪西·纳尼尼，剑桥大学图书馆珍本部的员工们，以及塔巴·基尔——她的帮助使我的家务更顺利地运行。我也要感谢剑桥大学图书馆允许我复制图1，感谢卢浮宫博物馆允许我复制图2和图3，感谢沃伯格学院慨然允许我复制图4。

罗伊娜·安克泰尔令人惊羡的认真精神有益地影响了本书的打字稿，它通过她的文字编辑工作得到了极大的改善；在此之后，菲利普·莱利敏锐地监制了本书的各次校样。我要对他们二人深表感谢。在牛津大学出版社，我也得益于罗伯特·里特以编辑的眼光提出的耐心忠告。我尤其要感谢彼得·蒙奇洛夫，他那些云淡风轻而又极富建设性的建议始终是我的勇气之源。

苏珊·詹姆斯

目 录

插图目录 .... *xii*
文本说明 .... *xiii*

第一章　导论：激情与哲学 *1*

第一部分

第二章　亚里士多德论激情与行动 *41*
　　亚里士多德形而上学中的主动性与被动性 *43*
　　亚里士多德主义灵魂理论中的主动性与被动性 *52*

第三章　阿奎那论激情与行动 *67*
　　托马斯主义形而上学中的主动性与被动性 *69*
　　托马斯主义灵魂理论中的主动性与被动性 *75*

第四章　后亚里士多德主义的激情与行动 *93*
　　摈弃亚里士多德主义激情理论 *95*
　　反思激情与行动 *103*

第二部分

第五章　解决界线问题：笛卡尔和马勒伯朗士 *121*
　　笛卡尔论灵魂 *124*
　　笛卡尔论激情 *135*
　　马勒伯朗士重新定位激情 *153*
　　马勒伯朗士论激情与决意 *160*

目录

第六章　心灵激情与肉体激情的同一：霍布斯和斯宾诺莎 175
　　霍布斯：思想作为运动 178
　　霍布斯：激情作为渴望 185
　　斯宾诺莎：肉体与心灵的同一 192
　　激情与努力 204

第三部分

第七章　激情与谬误 223
　　谬误与投射 230
　　时间和比例的谬误 234
　　反复无常之谬 253

第八章　冷静的真知 257
　　可感观念与可知观念 258
　　智性情感 268
　　笛卡尔：快乐的决意 275
　　斯宾诺莎：快乐的理解 281

第九章　劝服术的价值 292
　　知识与力量 295
　　艰涩的理知规则 302

第十章　知识即情感 315
　　知识即意志 317
　　爱即最高知识 328
　　知识、爱，及力量 340

第四部分

第十一章　冲突的力量：笛卡尔主义行动理论 *357*

　　决意、激情，及行动 *361*

　　改变行动先导 *371*

第十二章　权衡与激情 *377*

　　一体化的心灵和自愿的行动 *387*

　　为决意张目 *399*

　　主动思想与被动思想的式微 *405*

参考文献 *414*

索　引 *428*

插图目录

图1　J. F. 塞诺尔著作《激情之用》扉页画——自蒙默思伯爵亨利的英译本（1649年）...............*19*

图2　夏尔·勒布伦在"关于一般表情和特殊表情之演讲"中采用的图例（1688年）...............*171*

图3　大让·古赞油画《夏娃第一位潘多拉》（约1549年）...............*267*

图4　阿尔布莱希特·丢勒《忧郁症患者-1》（1514年）...............*344*

文本说明

对于十七世纪文本，我尽可能参考比较容易获得的现代版本和译本。例如，我一般引用科廷恩、斯图特霍夫、默多克和肯尼编辑的《笛卡尔哲学著作集》，而不引用亚当和塔内里编辑的笛卡尔全集。偶尔我也并不这样做。在写到马勒伯朗士时，我有时采用我自己的译文，而不采用坊间那些对《真理的探求》的直译，但是我的翻译参考了列侬和奥尔斯坎普的英译本。这个英译本，以及罗比内编辑的法文版《笛卡尔全集》，我在注释中进行了注明。如果某个文本并无现代版本，则我要么参考原著，要么参考某个十七世纪的后续之作。我所讨论的某些法文著作，在面世之后不久便有了英文版，其中一两部，我引用的就是这种当时的译本。

在引用早期现代作者时，我将其拼写、标点和大写按现代习惯作了处理。

第一章　导论：激情[1]与哲学

　　1649年，蒙默思伯爵发表了让·弗朗索瓦·塞诺尔撰著的一部法文畅销书的英译本，题为《激情之用》。蒙默思在译序中讲了一个故事，说是贡多马尔伯爵有一句名言："倘若你给朝中某位大人物，或者给你的情妇，送一份不足挂齿的小礼物，你不妨先来上一段开

---

[1] 激情，passion。在十七世纪哲学中，以及在本书讨论的整个时间范围内，即从古典时期到17世纪，passion，是带有被动涵义的词语，这一点需开宗明义地辨析并在阅读过程中牢记在心。究其语源，passion一词在十二世纪末引入英文时的原义为the Passion，亦即Christ's Passion，指基督受难，或曰基督遭受被钉上十字架之苦（suffering of Christ on the Cross）。此义在基督教世界一直延续并活跃，如某植物在十五世纪得名passionflower，以象征基督受难，即一例。后来passion词义扩展，可指殉教者（martyrs）的受难，渐又表示更广义的suffering（受苦、遭受）、enduring（忍受），但均不失被动涵义。时至十四世纪末，passion始有"激情"（strong emotion）之义，但此义上的passion侧重人被外物引起的感受，故仍有被动涵义。若将passion、passive、passivity这一组有派生关系的词放在一起看，则被动性历历在目。其中形容词passive原义为capable of suffering，后又可表示not active，遂成为active（capable of doing）的反义词。因而可以推想act、action、active、activity这一组单词与上一组单词的对立或对应关系，出于这个逻辑，这两组单词见于本书各处。本书名为Passion and Action，便是在彰显：passion是人被外物引起的感受，是被动的；action是人发起的行动，是主动的。在本书的某些语境中，passion和action甚至分别相当于passivity和activity的同义语。另需指出，action的词义则可追溯到其拉丁文辞源 *actionem*，意为a putting in action、doing，主动涵义一目了然。[本书以阿拉伯数字为序者，系作者注；以加方括号的阿拉伯数字为序者，译注者序。]

1

第一章　导论：激情与哲学

场白，以求对方原谅其微薄，而笑纳其新奇、其工艺，或应允求婚；倘若你送给他，或她，一份不折不扣的厚礼，譬如（贡多马尔本人的情况即此）一袋约值三四千镑的金子，你便无需任何赘言，只须将它带去，放下，说：'喏，拿去吧。'东西本身给自己买通了欢迎之门。"[1][1] 如今我们探讨激情在十七世纪哲学中的地位和方家之论，或许也需要先来上一段开场白，因为此物的价值可不像一袋金子，而是随着时光的流逝，变得晦暗不明、模糊不清了。我们渐渐忘记，当时的哲学家是在特定的认知环境下工作的——那时，激情被视为人性中最飞扬跋扈的、难以逃避的元素，如果不对它们加以驯化、智胜、制服、因势利导，它们大可破坏任何一种文明律理，包括哲学本身。

由于情感[2]的巨大力量和反复无常，它们成为了一大批试验性讨论的主题，来自各种各样的哲学分支，以致无法忽视。第一，正如托马斯·赖特在初版于1604年的《心灵激情总论》中解释的那样，自然哲学旨在研究"激情的行动和运作"。[2] 他的看法得到了爱德

1　Senault, *Use of Passions*, trans. Henry Earl of Monmouth（London, 1649），sig. A 3ᵛ 4ʳ。关于 Senault, 见 A. Levi, *French Moralists: The Theory of the Passions 1585 to 1649*（Oxford, 1964），213-224; P. Parker, 'Définir la passion: Corrélation et dynamique', in *Seventeenth-Century French Studies*, 18（1996），49-58。

[1]　以上三人都是主要生活在十七世纪的人物：蒙默思伯爵（Earl of Monmouth, 1595—1661），指第二代蒙默思伯爵 Henry Carey，是英国翻译家；塞诺尔（Jean-François Senault, 约1601—1672），法国哲学家，《激情之用》是其代表作，书中试图将道德哲学领域的奥古斯丁主义和新斯多葛主义综合起来；贡多马尔伯爵（Count of Gondomar, 1567—1626），西班牙外交官和英国通，1613—1622年任西班牙驻英大使。

[2]　情感，emotions，常被视为 passion 的现代表示法，两者之间仍有一定差别，passion 天然带有被动涵义（可参见关于 passion 的译注），emotion 则不。Emotion 的拉丁辞源 *emovere*，意为 move out、agitate，所以 emotion 常被认为是一个主体（subject）内部发生的情况。因此不妨说，emotion 是主体产生的，而 passion 是主体经受的。本译者为区别见起，将 emotion 译为"情感"，将 passion 译为"激情"，但读者仍需体察它们的英文原意和涵义。

2　Wright, *Passions of the Mind*（2nd edn., 1604），ed. W. W. Newbold（New York, 1986），90。[赖特此作全名为 *The Passions of the Mind in General*，本书作者苏珊·詹姆斯简缩之。其他较长书名也均被简缩，但在本书所附 Bibliography 中可见全名。——译者]

华·雷诺兹的肯定，这位诺里奇主教于 1640 年发表的《论人类灵魂的激情和能力》一书，是献给波希米亚公主伊丽莎白的——数年后笛卡尔将和她就同一主题通信。[1] 根据雷诺兹的说法，自然哲学旨在研究激情的"本质属性"，包括它们的"潮起和潮落，生发和衰退，它们怎样造成各种影响，它们导致哪些肉体效应，等等"。3 第二，道德哲学的任务是要解释：为何必须、以及怎样才能给这些放纵无度的渴望[2]套上辔头；4 怎样"借助于正确理知[3]的主导地位，或借助于它们[4]自身的猛烈运动，将它们从无所谓的漠然改变为善或恶；它们在有德性的行动中起什么作用，在无德性的行动中又发挥什么力量并如何恣肆；怎样根据那些需要它们运行起来的事物的特定性质，去激发、克制、缓解和调节它们"。5 最后，根据有些人的论述，公民哲学[5]则是要揭示"它们可以怎样被塑造和被影响；它们怎样以及在什么情况下适于酝酿和增强，或适于缓解和减弱；怎样发现、

---

[1] "同一主题"，指激情主题。这位伊丽莎白公主（Elizabeth of Bohemia，1618—1680）与笛卡尔（René Descartes，1596—1650）有七年的书信往来，直到笛卡尔1650年去世。

3 Reynolds, *Treatise of the Passions and Faculties of the Soul of Man*（London, 1640），41.

[2] 渴望，appetites，此语在这个句子中被当作 passions 的同义词使用。Appetite 本义与饥渴有关，在13世纪意为 craving for food，后来引申为 longing for, desire，遂成为 desire 的近义词。有些哲学家并不在 appetite 和 desire 之间进行区分，或认为如果两者有区别，则 desire 更多地用于人类在意识到自己的 appetite 时的状态。也有些哲学家对两者进行区分，例如参见本书第12章原注1。为区别起见，本译者将 appetite 译为"渴望"，将 desire 译为"欲望"。

4 Wright, *Passions of the Mind*, 90.

[3] 理知，reason，本书中亦作 reasoning。在西方哲学中，reason 与 rationality 是一对互相关联而有所区别的词语，方家对其区别各有分析，一时难以定论；中文对这两个词语的翻译则又一直是混淆的。有鉴于此，本译者在理解本书基本意向的基础上，将 reason / reasoning 译为"理知"或"推理"，大致取义为：一种运用逻辑、有意识地理解和解释事物、确立和证实事实的能力（而且这是人类的一种定义性的属性）。为区别起见，另将 rationality 译为"理性"。

[4] 这里和下面引文中的一系列"它们"，都是指上面提到的渴望，或曰激情。

5 Reynolds, *Treatise of the Passions*, 41.

[5] 公民哲学，civil philosophy。可参考托马斯·霍布斯（Thomas Hobbes，1588—1679）在《利维坦》（*Leviathan*）中对公民哲学的定义："从政治体诸现象推导出来的知识叫作政治学和公民哲学。"

3

克制、滋养、改变或混合它们，才可能达到最有利的状态；怎样利用不同个人的具体年龄、天性或习性；怎样根据我们的观察，根据我们打交道的对象的性质，促进我们的正义目的"。[6] 自然哲学和道德哲学虽然是两个不同的分支，在激情问题上互相支持，相辅相成。道德哲学"造就了哲学家，并且净化他们的认识，使之有能力思考自然奇观"。[7] 而将激情作为自然现象去理解，则促成我们有能力控制和引导激情；反过来，这种能力又是我们在思考道德和政治问题时有所收获的前提。这里说到的哲学，其内容也包含哲学家本身——哲学家的实践也变成了思考和探问的主题。

对情感问题的兴趣弥漫在十七世纪哲学中，这种兴趣本身是一种更大关怀的组成部分：整个早期现代欧洲文化都专注于知识与控制力——无论是控制自我还是控制他人——之间的关系。[8] 激情对这一主题的贡献，被直白地刻画在时人写给国君的一些谏书中，[9] 以及在另一种类似的、表示要教授"知人之技"的图书中，[10] 而所谓知人之技，据说也包括知己之技。要想施行成功的统治，一位国君必须

---

[6] Reynolds, *Treatise of the Passions*, 43. 雷诺兹援引亚里士多德的 *Politics*，作为激情研究中的这个分支的原始资料。关于变化中的激情对策，见 A. O. Hirschman, *The Passions and the Interests: Political Arguments for Capitalism before its Triumph*（Princeton, 1977），尤见 12–35。

[7] Senault, *Use of the Passions*, sig. C. 1ᵛ.

[8] 有人认为新哲学 [New Philosophy] 体现了一种渴望控制自然世界的崭新抱负，这种观点的有力倡导者包括：C. Merchant, *The Death of Nature: Women, Ecology and the Scientific Revolution*（San Francisco, 1980）; G. Lloyd, *The Man of Reason: 'Male' and 'Female' in Western Philosophy*（London, 1984），10–17; E. Fox Keller, *Reflections on Gender and Science*（New Haven, 1985），33–36; C. Taylor, *Sources of the Self*（Cambridge, 1989），143–158。关于与此并行的自我控制研究，见 S. Greenblatt, *Renaissance Self-Fashioning from More to Shakespeare*（Chicago, 1980）; M. Meyer, *Le Philosophe et les passions*（Paris, 1991）。

[9] 例如见 François La Mothe le Vayer, *De l'instruction de Monseigneur le Dauphin*, in *Œuvres*, 2 vols.（2nd edn., Paris, 1656）i; Pierre Nicole, *De l'éducation d'un prince*（Paris, 1670）。

[10] 即 'L'art de connaître les hommes'。Marin Cureau de la Chambre, *Les Caractères des passions*（Paris, 1648），Advis necessaire au lecteur; trans. J. Holden as *The Characters of the Passions*（London, 1650），sig. a 2ʳ。关于 Marin Cureau de la Chambre，见 A. Darmon, *Le Corps immatériels: Esprits et images dans l'œuvre de Marin de la Chambre*（Paris, 1985）。

能控制自己的激情，以免——譬如——于盛怒之下行不公之事，从而丧失臣民的忠心。同理，一位国君也必须能读懂和操纵周围人的激情，明察和驾驭朝臣、顾问以及民众的野心、嫉妒、恐惧或敬意。国君的地位往往危若累卵，因此，这类知识对他来说生死攸关。同时，国君也象征着任何一种权威形象所必备的诸般品质，并能引起人们去注意道德哲学——即教人如何控制激情的哲学分支——的社会关联性。据时任巴黎奥拉托利会会长的塞诺尔说："是她[1]教诲了政治家，教他通过治理自己的激情而治理自己的王国；是她造就了一家之长，教他们通过管理自己的癖性而抚育子女和指挥仆从，故而她对于哲学，犹如地基对于大厦。"[11]

这种对指挥激情的重要性的广泛关切，也反映在一些并非专门针对统治者，而是针对更广大读者群——尤其是掌权或即将掌权的男性精英——的著作中。[12]这些论文承袭了一种古老传统，往往将获得自我认知等同于能够驾驭和利用激情，又将这两者与治病联系在一起。于是，治病、控制自我、控制他人，三合一，形成了一个健康管理激情的意象，其中的诸元素，在塞诺尔的英译者笔下得到了清楚的、甚至无情的组合和展示。塞诺尔本人在"书信体献辞"[2]中强调了自己治病救人的雄心大志，他祈愿自己的书有助于把人们变得有德性，因为书中揭示了"激情是如何在他们身上被唤起的，它们是如何反叛理知的，它们是如何诱惑理解力的，它们又是采取了何种伎俩使意志沦为奴隶的。……既然我已了解弊病，那就教给我疗法吧，以便我能治愈它"。然而，译者蒙默思又加上了一段诗文作

---

[1] "她"，指道德哲学。又：塞诺尔（Jean-François Senault，约 1601—1672）是法国哲学家、传教士，以演说和布道著称，他 1618 年加入宗教修会奥拉托利会（the Oratory），1662 年当选该会会长（General of the Oratory）。

11 *Use of the Passions*, sig. C 1^v.

12 赖特、塞诺尔、屈罗·德·拉·尚布尔 [Cureau de la Chambre] 已经引用过的书籍是此类著作的佳例。

[2] 指 *Use of the Passions* 一书开头的书信体献辞（Epistle Dedication）。

第一章　导论：激情与哲学

引言，将权欲也掺入了塞诺尔的理想：

> 指挥和统治他人若是最大欲念，
> 乃至超越了尘世上的一切财富，[13]
> 则一位统治者倘能将自己掌控，
> 他将是何等伟大的帝王和君主。
> 假如你心怀偌大的权力之雄图，
> 教予你获取密钥的自然是此书。[14]

既然控制情感被认为具有如此厉害的改造作用，可以释放如此巨大的潜力，这个领域的探究者也就不限于哲学家了。相反，激情问题的研究和分析来自多个角度：神学家解释激情在上帝创世中和人类历史中的位置；基督教布道家用演说在会众心中唤起激情；虔诚的基督徒扼制激情以获得心灵[1]的平静；地方治安官力图了解其属下民众的激情；民间绅士则须避免"在情感方面过于激情泛滥，乃至他人不堪与之为伍"。[15]如果将托马斯·赖特的这张清单拉长，我们还可以加上诗人、音乐家、画家、剧作家、医生、律师、教师等，他们也都怀着一份职业志趣，要去激发或平息情感，并以一批共同的假说和思想遗产为背景，在研究着情感。既然本书的主题是激情，那么，为了充分认识关于激情的哲学讨论，我们必须首先了解有哪些共同的理解塑造了早期现代对下述两个问题的看法：第一，激情是什么，第二，激情引发了哪些关键议题。我们将立刻发现，而且

13　pelf，亦即 wealth 或 possessions。[这是本书作者苏珊·詹姆斯对诗句中 pelf（财富）一词的解释。——译者]

14　*Use of the Passions*, sig. B 6ʳ.

[1]　心灵，mind。在本书中，mind 和 soul 是同义词，较早的作者们如笛卡尔等往往用 soul，较晚的作者们倾向于用 mind。本书作者苏珊·詹姆斯本人行文时当然用 mind。为区别起见，本译者将 mind 译为"心灵"，将 soul 译为"灵魂"。

15　Wright, *Passions of the Mind*, 92.

随着调查的推进我们将愈加发现，即使最根深蒂固的观点，当时也在受到质疑，尽管如此，这些观点仍是相对而言的"静点"，[1] 时人的辩论围绕着它们转动和发展。

激情一般被理解为灵魂的各种思想或状态，[2] 它们将事物表现为对于我们而言的善或恶，藉此我们可将事物视为向往或反感的对象。当欧律狄刻看见一条蛇向她爬来时，她认出那是毒蛇，于是感到恐惧之情；当她在冥界重逢俄耳甫斯时，她感到爱之情（以及其他一些情感）。[3] 像其他动物一样，人类也受制于激情，一来因为我们天生要评价我们周围的环境和我们自己的状态，评价其利与弊，二来因为我们的评价不仅是要认识事物具有何种属性——例如很危险或很可爱，同时这些评价本身也是驱使和引导我们行动的各种情感。众所周知，激情有着天生固有的物理表现，它们将情感和行动连接起来，它们被"书写"在人的身体上，譬如面部表情、身体姿势、脸红、发抖等。欧律狄刻不仅知觉到威胁生命的蛇，而且她恐惧，面色发白，拼命躲避；她也不仅注意到俄耳甫斯的抵达，而且她渴望靠近他。激情是我们天性的一个基本侧面，也是我们解读周围世界的基本方法之一，因此我们的日常经历大多充满激情。不过，虽然哲学家们在这个粗略的定性上取得了大体一致的意见，激情库中的全部项目是什么，乃是更大争议的主题。十七世纪思想家继承和发展一份由前人的尝试积淀而来的悠久传统，以图提供一个全面

---

[1] 静点，still points，此语显然来自水涡中心点静止不动的现象，如见 T. S. 艾略特的诗作《四个四重奏》(Four Quartets)："At the still point of the turning world（在旋转的世界的静点上）……"。

[2] 灵魂的思想或状态，thoughts or states of the soul。需要注意的是，thought 在本书中常被用作 passion 的同义语。

[3] 俄耳甫斯（Orpheus）和欧律狄刻（Eurydice）的案例常见于哲学和心理学著作，乃至有俄耳甫斯情结（Orpheus complex）之说，意谓我只有一个真爱，他/她永远地逝去了，我没有他/她是活不下去的。但本书侧重的故事是：音乐家俄耳甫斯的爱妻欧律狄刻因踩毒蛇而亡，俄耳甫斯到冥界去用音乐感动冥王，使欧律狄刻还阳，但因他在途中违背诺言，致使爱妻得而复失。

第一章 导论：激情与哲学

的主要情感分类体系，据此可以分析情感的各种变体。虽然他们未能达成一锤定音的共识，他们不约而同地采用和坚持了一个观点：某几种激情最为关键。例如，爱和恐惧就被认为属于这一类；它们的对立面，恨和希望，也被认为如此。

这些激情好像特别重要，以致任何分类体系缺了它们就不完善。这种感觉部分地来源于一种关于主导性情感反应的非正式认识。这种认识之所以形成，又是因为各种分类体系都对激情是什么以及激情怎样运作形成了比较明晰的概念。从某种程度上说，选择一种分类体系，便意味着选择了一套总的激情理论，而任何一套激情理论，反过来又会被人们比照已有的分类加以衡量，俾以探明该理论是否能很好地解释个案和组态。这种逻辑论证活动的一大资源，是亚里士多德编纂的一些不大正式的清单，例如在他的《修辞学》中，亚里士多德列举的激情有：愤怒和温和、爱和恨、恐惧和信心、羞耻和尊敬、仁慈和残忍、怜悯和义愤、嫉妒和好胜；[16] 在他的《尼各马可伦理学》中，他列出了渴望、愤怒、恐惧、信心、嫉妒、快乐、爱、恨、向往、好胜、怜悯，"以及总体而言，那些被快乐和痛苦伴随着的感情"。[17] 有一些十七世纪作者沿用和扩充上述项目，[18] 而另一些，在自己的哲学抱负的驱动下，要建立更加结构井然的进路，因此他们更受西塞罗观点的影响（西塞罗的观点本身又是从古希腊的斯多葛主义那里借来的），认为只存在四种基本激情：痛苦和快乐（即 *aegritudo* 和 *laetitia*），[1] 恐惧和欲望（即 *metus* 和 *libido*）。[19] 有

16　见 *The Complete Works of Aristotle*, ed. J. Barnes(Princeton, 1984), vol. ii, 1378ᵃ31–1388ᵇ31；另见 *On the Soul*, in *Complete Works*, ed. Barnes, vol. I, 403ᵃ16–18。

17　见 *Complete Works*, ed. Barnes, vol. ii, 1105ᵇ21–23。

18　例如见 Thomas Hobbes, *The Elements of Law*, ed. F. Tönnies(2nd edn., London, 1969), 36–48。关于霍布斯分类法与亚里士多德分类法之间的关系，见 G. B. Herbert, *Thomas Hobbes: The Unity of Science and Moral Wisdom*(Vancouver, 1989), 92f。

[1]　以括号标示的文字（此处为拉丁文）是本书作者苏珊·詹姆斯的夹注。下同。

19　Cicero, *Tusculan Disputations*, trans. J. E. King(Harvard, Mass., 1927), iii, 24–25。

第一章 导论：激情与哲学

些作者在继承古老习惯，百家争鸣地解释这些主要激情时，坚守了西塞罗本人的观点，认为其中每一种都是一种独立的状态，各有其对象：[20]*Laetitia* 是对你认为当下有好处的一件事感到的快乐，*libido* 是对你一件预想中的好事所怀的欲望，*metus* 是对你认为的一件危险的坏事感到的恐惧，*aegritudo* 是对你认为当下有坏处的一件事感到的痛苦。也有一些理论家将优先权给予了欲望和恐惧，而将快乐和痛苦解释为欲望和恐惧所导致的状态。例如，当我们未能得到我们想要的事物，或遭遇我们恐惧的事物时，我们体味到痛苦；反之，当我们得到了我们欲望的对象，或避免了我们恐惧的事物时，我们感到快乐。在这种更俭约的诠释中，我们欲望的对象以一种特殊的方式被定性为：带给我们快乐，或消除我们的痛苦。因此，欲望本身，作为我们选择一种状态而规避另一种状态的自然倾向，被认为导向 *laetitia* 而远离 *aegritudo*。[21]

与这种古典分类法的俭约路线分庭抗礼，基督教的再分类是华丽炫目的——奥古斯丁的新柏拉图主义的重新诠释，将激情解读为爱的各种样态。在《上帝之城》中，奥古斯丁遵循西塞罗的观点，认为共有四种基本激情，[22]他用一个包罗万象的唯一原型去分析其中的每一种："努力争取拥有被爱之物的那种爱是欲望；拥有和享受被爱之物的那种爱是快乐；规避被爱之物的对立面的那种爱是恐惧；对立面发生时对它感到的那种爱是痛苦。"[23]如后文所论，通过将不同的激情统一成一种激情，奥古斯丁主义恰好适应十七世纪哲学家对于合成的强烈要求，也决定性地影响了人们对激情的认识论意义的思

20　例如见 Antoine Le Grand, *Man without Passions: Or the Wise Stoic according to the Sentiments of Seneca*, trans. G. R.（London, 1675），77。

21　这种诠释来源于 Stobaeus。见 A. A. Long and D. N. Sedley, *The Hellenistic Philosophers*（Cambridge, 1987），411。十七世纪的作者倾向于浓缩这种诠释，将 *libido* 和 *metus* 合并为一种激情，即欲望[desire]，并认为反感[aversion] 也包含在欲望之内。见本书第11章。

22　Augustine, *The City of God*, ed. D. Knowles（Harmondsworth, 1972），14. 6.

23　同上书，14. 7。

第一章 导论：激情与哲学

考。而且，奥古斯丁主义所倡导的减法在神学论辩中也赢得了一席之地——这一点，当塞诺尔把哲学家未能理解激情的一体性比作异教徒未能理解上帝的一体性时，作出了提示："正如异教徒误认为上帝身上的各种完美是多个神明，哲学家也误认为爱的各种不同属性是各种不同的激情。"[24] 然而，奥古斯丁的观点不得不与经院亚里士多德主义传统中那些更精致、划分得更细的分类法一争高下，其中尤为强劲的对手是托马斯·阿奎那的分类法，他识别的基本激情多达十一种。阿奎那的分类在十七世纪被继续沿用，为大量论文提供了组织性的分类体系。[25] 这些论文鉴别出的主要激情是：爱（amor）和恨（odium），欲望（desiderium）和反感（fuga），悲伤（dolor）和快乐（delectatio），希望（spes）和绝望（desperatio），胆怯（timor）和勇敢（audacia），最后是唯一没有对立面的激情——愤怒（ira）。[26]

这些互有重叠的图谱描绘了情感可能性，提供了一种对激情范围的认知，区分了中心激情和边缘激情，也供献了一些驾驭人们所体验的无数种具体情感的方法。同时，它们还勾勒了一系列核心的对立激情，将我们的情感生活刻画为主要受制于一对又一对正反两面的情感，并从趋与避、合与分的角度，对之进行种种不同的定性。有必要开宗明义地指出，这些分类法不仅收纳了那些被今人归类为情感的状态，还将欲望也作为激情收入其中。对于早期现代作者而言，欲望，以及爱、愤怒、悲伤等感情，均是同一类属中的

---

24 *Use of the Passions*, 26.
25 例如见 Nicolas Coeffeteau, *Tableau des passions humaines, de leurs causes et leurs effets*（Paris, 1630）, 17f; Jean Pierre Camus, *Traité des passions de l'âme*, in *Diversitez*（Paris, 1609–1614）, iii, 96f; La Mothe le Vayer, *Morale du Prince*, 850; Cureau de la Chambre, *Characters of the Passions*, sig. a 5ʳ⁻ᵛ; Henry More, *An Account of Virtue or Dr. More's Abridgment of Morals put into English*, trans. E. Southwell（London, 1690）, 850. 关于 Coeffeteau、Camus、La Mothe le Vayer 和 Cureau de la Chambre, 见 A. Levi, *French Moralists: The Theory of the Passions 1585—1649*（Oxford, 1964）. 关于 Henry More, 见本书第 10 章。
26 Aquinas, *Summa Theologiae*, ed. and trans. by the Dominican Fathers（London, 1964-1980）, 1a. 2ae. 23.

第一章　导论：激情与哲学

不同状态，均符合上文概述的对激情的粗略定义。既然持有这种观点，十七世纪理论家便迥然有别于当代哲学家了——后者是倾向于把欲望与情感区别开来的。[27] 虽然早期现代作者意识到，从某些方面看，欲望在理知和行动中发挥的作用不同于——譬如——恐惧所发挥的作用，他们认为，欲望与激情之间的相似点比相异点具有更重要的意义。结果，他们的激情分类与现代对情感类别的解读颇有出入——现代是将欲望排斥在激情之外的。有些早期现代作者将"passion"和"emotion"用作同义词。[28][1] 在追踪他们的实际工作时，我们必须记住，他们对这两个词汇的理解与当代的通用法大相径庭。

以上概述的几种分类体系，其目的或多或少是为了指明人人体验的一些主要激情。这种了解人类情感范围的企图遇到了一种制约——时人生动地意识到，激情多种多样，富于差别，皆因不同的个人、性别、阶级、国籍、职业等等而异。以个人层面而论，人的充满激情的天性从受精那一刻就开始被塑造成型，对此，皮埃尔·沙朗在他的名著《论智慧》中作了较为详尽的解释，此书初版于1601年，在整个十七世纪上半叶一版再版。为了告诫世上的准父亲们务必当心，确保自己的种子有适当的火候，能产生身心俱佳的孩子，沙朗给他们提出了一些实用的建议。一个男人若想生育健康、聪慧、明理的男孩，就千万不要去匹配一个品性邪恶、卑鄙、放荡

27　这种观点的支配地位反映在一些教科书中，例如 S. Guttenplan (ed.), A Companion to the Philosophy of Mind (Oxford, 1994)，又特别明显地反映在当代关于作用力的讨论中，此种讨论习惯于将欲望和信念 [beliefs] 挑选出来，充当行动先导 [antecedents of action]，例如见 P. Pettit, *The Common Mind* (Oxford, 1993), 10-24; M. Hollis, *Models of Man* (Cambridge, 1977), 137-141; F. Jackson, 'Mental Causation', *Mind*, 105 (1996), 377-409。这种假设也是理性选择理论 [the theory of rational choice] 的基础，例如见 J. Elster (ed.), *Rational Choice* (Oxford, 1986), 12-16。

28　例如见 Dené Descartes, *The Passions of the Soul*, in *The Philosophical Writings of Dené Descartes*, ed. J. Cottingham et al. (Cambridge, 1984-1991), i. 27-28。对笛卡尔观点的进一步讨论，见本书第 5 章。

[1]　此处辨析词义，故不译。可参见本书第 1 页关于 passion 和 emotion 的译注。

11

的女人，或一个身体结构不健康、有缺陷的女人；他必须首先禁欲七八天，在此期间他必须用健康卫生的饮食滋补身体，以热而干的食物为宜，而非相反；他还必须比平日更多地运动；当那伟大的日子来临时，他必须空腹投入那场遭遇，切勿临近那位女子的月信期，而应当在此之前六七天，或在此之后六七天。[29] 然而，这种养生法尚只是一个开端，激情还将在子宫里继续发育，我们在那里与母亲同悲同乐，其中有一些悲伤和欢乐也许不可抹煞地印刻在我们的性格上。[30] 一朝我们呱呱坠地，我们的情感将随同乳母的奶汁，随同我们最初的教育，随同我们的大量个人体验而成长。创伤总会留下印记，所以"这个人看到猫便冷汗淋漓，那个人瞥见青蛙或癞蛤蟆便大发惊厥，另一个人永远不能与牡蛎搞好关系"。[31] 生动的景象和声音，偶然的结交，随意的谈话，在在塑造着我们的激情，[32] 因此，我们的激情继续被我们的各种经历所造就、所改变。

个人生活中的差别解释了任何人群中的激情都是因人而异，生物学因素和环境因素则解释了激情的分布模式。首先，"不同的外貌偏向于不同的激情"，这个真理，托马斯·赖特告诉我们，被一条意大利古谚所证实：

<blockquote>
小个子耐心，

大个子勇敢，

赤肤人忠诚，
</blockquote>

29　Charron, *Of Wisdome*, trans. S. Lennard (London, 1608), 7；另见 438 f。关于 Charron，见 M. Adam, *Études sur Pierre Charron* (Bordeaux, 1991) 和 'L'Horizon philosophique de Pierre Charron', *Revue philosophique de la France et de l'Étranger*, 181 (1991), 273-293。

30　见本书第 10 章。

31　Walter Charleton, *A Natural History of the Passions* (London, 1674), 75-76.

32　关于我们脆弱性的这些侧面，尤见 P. Nicole, 'Discourse où l'on fait voir combine les entretiens des homes sont dangereux', in *Essais de Morale* (Paris, 1672), ii, 241-264。关于 Nicole，见 E. D. James, *Pierre Nicole, Jansenist and Humanist: A Study of his Thought* (The Hague, 1972)。

第一章　导论：激情与哲学

世界将平等。[33]

赖特引用的另一段诗文进一步确认了，这种变量不仅是男人的特点，也是女人的表征。[34] 身体类型与情感气质有因果关系的信念，又引出了另一个更宽泛的信念：两性之间的身体差异也系统性地折射在他们的激情上。女人被认为比男人更易感，因为她们的头脑更柔弱，而且她们很像孩子，因为她们喜怒无常，情感多变，[35] 据沙朗说，她们尤其容易产生复仇、悲伤等女性化的情感。[36] 此外，男人和女人一生中对自己身体的看法不断变化，这会影响他们对自己力量的意识，因此激情是随着年龄而改变的。例如，青年男子由于身体强壮，容易骄傲；老年男子和妇女由于身体荏弱，容易贪婪。[37]

各种环境因素也会导致差异的增减。有不少环境因素被公认为促成了我们的性格。首先，气候决定了我们体内的热度，而体内的热度又造成精神上的差异：

> 南方人，由于他们冷冰冰的温度，所以性情忧郁，也就变得古板、多虑、巧思、虔诚、睿智。……同理，阴沉沉的温度也导致南方人不守节操——这仍是缘于他们空虚、焦虑、轻浮的忧郁气质，如我们在野兔身上常见的那样；而且南方人残忍，盖因这焦虑而尖刻的忧郁气质大力推进了激情和报复之心。北方人却属于一种黏液质和多血质的温度，与南方人截然相反，故而性情也

33　*Passions of the Mind*, 121.
34　"金发人愚蠢，小个子卑琐／高个子懒惰，黑肤人傲慢／肥胖者快活，羸瘦者悲伤／苍白者阴郁，赤肤人暴躁。" *Passions of the Mind*, 120。
35　Nicolas Malebranche, *De la Recherche de la Vérité* (2nd edn.), ed. G. Rodis Lewis in *Œuvres complètes*, ed. A. Robinet (Paris, 1972), I, 266. 其英译本见 *The Search after Truth*, trans. T. M. Lennon and P. J. Oscamp (Columbus, O., 1980), 130–131。
36　*Of Wisdom*, 85–86, 90.
37　Wright, *Passions of the Mind,* 117.

第一章　导论：激情与哲学

截然相反，唯一与南方人相同的是，他们也一样残忍和不近人情，只不过另有原因，那就是缺乏判断力，所以他们像野兽一样，不懂得如何克制和管好自己。[38]

教育也成就了我们的性情，赖特以一幅悲惨的画面证明了英格兰的纪律造成的结果：

> 我们英格兰的年轻人是用太多的恐惧和恐怖养大的。……相反，意大利人和西班牙人用更多的自由养大他们的孩子，从而以勇猛和无畏之类的品质开阔了孩子的心胸；通常你会看见他们十六七岁的年龄，便如我们三十多岁的人那般勇猛和无畏；反之，我们十六七岁的年龄便因恐惧和胆怯而萎顿了，倒像是一群从井里拉上来的落汤鸡。[39]

最后，当时像现在一样，欧洲的作者们陶醉于耸人听闻的程式化民族形象。例如赖特断然告诉他的读者："通过亲身经历，我发现欧洲没有一个民族不具有某种与众不同的情感：或骄傲，或愤怒，或淫欲，或放纵，或贪吃，或酗酒，或懒惰，或其他诸如此类的激情。"[40]

激情是评价一件事物可能给我们带来益处或害处的手段，因此对我们来说性命攸关。没有激情，我们将失去天生警觉，无法提防危险，或提防任何一种东西来危害我们改善处境的本能需求，我们将会比我们现有的状况更加无助和脆弱得多。罗伯特·伯顿在《忧郁症剖析》中宣称："没有任何凡人可以免除这些烦扰，如果他竟能

38　Charron, *Of Wisdome*, 156–157.
39　*Passions of the Mind*, 83–84.
40　*Passions of the Mind*, 92。关于民族性格是早期现代欧洲的老生常谈这一说法，见 L. Van Delft, *Littérature et anthropologie: Nature humaine et caractère à l'âge classique*（Paris, 1993），87–104。

免除，那么毫无疑问，他要么是神，要么是木石。"[41] [1] 既然神的刀枪不入不是凡人可以选择的，我们在激情方面的另一个选项似乎就只能是做木石了，这是一幅透视地打量激情的功能性特点的景观。激情有许多局限，但无论受到什么局限，激情仍是人类每日生存的先决条件。学者们在解释激情的功能性特点时，将其解读为既是物种对环境的自然适应，又是上帝之仁的证据。根据第一种观点，激情可以增进人类作为有形造物[2] 的福祉；根据第二种观点，这一鹄的[3] 又丝丝入扣地榫合人类的精神上的福祉，以至于一切激情，无论它们有时显得多么离奇，都是为了我们的好处。塞诺尔是第二种观点的热心吹鼓手，他赞美上帝是顺势疗法的奇才，能从毒药中提取解毒剂：

> 您利用恐惧，使贪婪者摆脱那令他痴迷的速朽财富；您圣明地利用绝望，使朝臣退出他误用青春去侍奉昏君的朝廷；您奇妙地利用轻蔑，使沦为傲慢美人之奴仆的情郎扑灭心中的爱火。……总之，您主宰我们的一切激情，使我们的意志统一在您的意志之下。[42]

即使在不那么煽情的十七世纪作者笔下，我们也能邂逅一个观点：既然上帝赐给我们如许激情，既然上帝是仁慈的，那么激情必有可称道之处。在探索究竟有何可称道之处时，大多数作者确定激情有

41　Burton, *The Anatomy of Melancholy*, ed. T. C. Faulkner et al. (Oxford, 1989—1994), i. *Text*, 249。关于 Burton, 见 B. C. Lyons, *Voices of Melancholy: Studies in Literary Treatments of Melancholy in Renaissance England* (London, 1971), 113-148; E. P. Vicari, *The View from Minerva's Tower: Learning and Imagination in The Anatomy of Melancholy* (Toronto, 1989).

[1]　罗伯特·伯顿（Robert Burton, 1577—1640），牛津大学学者，他发表于1621年的《忧郁症剖析》表面上是一部医学著作，实际上是一部独具一格的科学和哲学著作。

[2]　有形造物，embodied creatures；或译"具身造物"。

[3]　这一鹄的，指增进我们的福祉。

42　*Use of Passions*, sig. B 2$^{r\text{-}v}$.

第一章　导论：激情与哲学

增进人类福祉的作用，他们并非仅仅将此考虑为一个生存和基本舒适的问题，而是更加雄心勃勃地，从痛苦与欢乐错杂交织——这给了我们的生活以质感——的角度，加以考虑。激情不单促使我们规避危险，而且引发我们的依恋和志向。激情充斥在我们对事件发生过程的反应中，以致很难想象（虽不是无法想象），若无激情生命将会怎样。多明我会主教尼古拉·克弗托在1630年发表的《人类激情大全》中，有力地提出了上述论点。他设问："如果一位母亲眼看自己的孩子被野兽攫住，……或者哪怕只是被凶险的疾病攫住，而不觉得自己的心中充满悲伤，那她岂非毫无人性？"[43]

可见，为激情的功能性进行自然科学和神学的辩护，是当时激情诠释中的一种重要声音。但它远远不够响亮，更刺耳的倒是对人性瑕疵的抱怨和哀叹——连篇累牍，贯穿大量文献，仿佛激情是无法减轻的负担。例如在《激情的自然史》中，沃尔特·查尔顿通过"书信体序言"悲鸣道："我们放纵无度的情感乃是痛苦之源，……我们的实际谬误，以及我们因此而遭受的大部分祸害，无不由此而生。"[44]不安和烦恼，作为人们对情感的第一感觉，反映在他们用来描述激情的丰富词汇中。奥古斯丁在《上帝之城》中指出，希腊文单词 *pathe* 有各式各样的拉丁文译法，[1]他本人最青睐的译法是直译为 *passiones*，而这也是法文和英文最终采取的译法。这个拉丁文单词，以及与它相关的异相动词 *patior*，[2]将被动概念与遭受概念糅成了一体，此义的最生动表达，莫过于基督受难的故事。[3]然而，奥古斯丁

43　Coeffecteau, *Tableau des passions humaines*（Paris, 1630）, 133.
44　Charleton, *Natural History of the Passions*（London, 1674）, sig. A 4^r.
[1]　Pathe，"激情"（passion）。此处解释词义、词源、翻译法等，故不译。下同。
[2]　异相动词，deponent verb，拉丁文中形式为被动、而意义为主动的动词。*Patior* 意为遭受、忍受、经受。
[3]　基督受难，Christ's Passion，可参见本书第1页（边码）关于 passion 的译注。另可补充两点：一、此语中的（The）Passion，是基督教神学术语，专指耶稣基督受审并被钉上十字架这一事件，以及之前和之中所遭受的精神和肉体的痛苦；二、passion 一词来源于希腊文 πάσχω（paschō），即遭受、受苦。

16

举出的另外两种译法有着一种不大稳定的涵义。他提醒我们，*pathe* 也可被译为 *perturbationes*（西塞罗是这种译法的著名一例），还可被译为 *affectiones* 或 *affectus*。[45] 所有这些词语基本上是同义词的观点很快确立下来，奥古斯丁的论说也被继续广泛地征引和重申。不仅阿奎那引用过，[46] 大批十七世纪英国和法国作者也复制过奥古斯丁的单子，或不自觉地采用过单子里包含的许多术语。例如赖特说，passions 又可称为心灵的 affections 或 perturbations，以及 motions、affects 等等。[47]

乍见之下，passions 的被动性与 perturbations 的躁动性似乎冰炭不容：一静、一动；一滞、一进。然而这两种描述又互相融合——只要将激情理解为一种极其强劲，同时又确实无法控制或可能无法控制的力量。激情扰乱我们的灵—肉结构，有时令我们无法阻止，在极端情况下，甚至可以将一个人彻底压倒，至死方休。比如剑桥柏拉图主义者亨利·莫尔[1]认为："一个众所周知和普遍确认的事实是，激情对肉体的生命火候有着如此巨大的影响力，以致能使肉体变成不宜灵魂居住的寓所。"他还将索福克勒斯和西西里暴君戴奥尼夏两人的死因都归结为：忽闻捷报，狂喜而亡。[48][2] 一系列经久不衰、无处不在的隐喻也抓住了激情的这些特点。比如，激情是造反

45　Augustine, *City of God*, 9.4.
46　Aquinas, *Summa*, 1a. 2ae 22.
47　*Passions of the Mind*, 94.
[1]　剑桥柏拉图主义者，或剑桥柏拉图派，The Cambridge Platonists, 是十七世纪中叶（1633—1688）英国剑桥大学的神学家和哲学家团体，其领军人物包括毕业于该校以马利学院（Emmanuel College）的拉尔夫·卡德沃思（Ralph Cudworth, 1617—1688）和毕业于该校基督学院（Christ's College）的亨利·莫尔（Henry More, 1614—1687）。
48　More, *The Immortality of the Soul*, ed. A. Jacob (Dordrecht, 1987), 168。同样的说法见于 Reynolds, *Treatise on the Passions*, 73, 以及 Wright, *Passions of the Mind*, 136。
[2]　希腊剧作家索福克勒斯（Sophocles, 约前 497/6—前 406/5）的死因有多种说法，其中一种是，他听闻自己的作品获奖，喜极而死。戴奥尼夏（Dionysius, 约前 432—前 367）虽为暴君，但喜欢文学，据传他也是听说自己的一部戏剧作品获奖的消息后，恣意狂欢而身亡。

17

者，它们举义反对理知和理解，制造分裂，嚣起哗变。[49] 它们"互相争吵不休，引起骚乱和暴动"。[50] 它们被困在感性王国的魔咒中，时常对理知之声充耳不闻；它们甩脱了效忠之轭，而"渴望放荡不羁，恣意妄为"。[51] 作为叛逆者，它们狡诈、灵活、欲壑难填；"它们是许德拉，砍下多少个头颅便生出多少个头颅，它们是安泰，从荏弱之中聚集力量，在败落之后变得更强。[1] 对付这样的东西，唯一可指望的胜算是给它们戴上颈枷和脚镣，使之余力无存，只能服务于理知"。[52] 而且，受制于这样的暴君是一种格外可怕的命运，因为我们不可能索性跑开，以逃脱其奴役；实际上，激情是我们自身的一部分，我们注定要拖拽着我们的镣铐、背负着我们的主宰而前行。[53] 另一方面，同样的比喻也被用来描绘反败为胜的热望，比如打倒情感的专制，轮到它们去做奴隶。在塞诺尔著作《激情之用》英译本的扉页画上，[2] 阿奎那列举的十一种主要激情构成了一群被铐在一起的苦力犯，每一名囚徒的脚踝都被锁链拴住，锁链的另一端握在理知的手中；唯一未被拴住脚踝的囚徒是爱情，可是他的两个手腕都被锁链拴住了，以防他胆敢射箭。理知高踞于她的王座，通过放松和拉紧锁链而控制这群囚徒；她还有两个助手，一个是神恩，她给她提

---

49 Francis Bacon, *The Advancement of Learning*, ed. G. W. Kitchin（London, 1973）, 147.
50 Wright, *Passions of the Mind*, 141.
51 Charleton, *Natural History of the Passions*, 58.
[1] 许德拉（Hydra），希腊神话中的多头（many-headed）怪兽，可生出五百个头，后被大力神赫刺克勒斯（Hercules）所杀。安泰（Antaeus），希腊神话中的巨人，从大地母亲处获得力量，也被赫刺克勒斯所杀。
52 Senault, *Use of the Passions*, 90。安泰是个巨人，被赫刺克勒斯所杀。
53 同上书，96。
[2] 从16世纪后半叶开始，人文主义文化对配图文字产生了浓厚的兴趣，这主要是受昆体良（Quintilian，约35—约100）论点的影响，昆体良主张，我们打动和说服受众的最有效手段，是向其提供视觉意象（visual images），或曰图画，因为视觉意象往往能比语言意象发挥更大效力。因此寓意画（emblem）、寓意扉页画（frontispiece）和寓意画书应运而生。

第一章 导论：激情与哲学

图1 J.F. 塞诺尔著作《激情之用》扉页画
——自蒙默思伯爵亨利的英译本（1649 年）

供忠告，另一个是一只小狗，它守候在一旁，随时准备捕捉迷失的囚徒（见图1）。[1]与这些灵魂内战的意象相配的，是一种将激情视为自然灾害——狂风骤雨、洪水滔天、飞沙走石——的观点。激情是将心灵吹乱的大风，唿地一下将我们像沉船一样卷走；[54]激情是刺耳的噪音，犹如暴雨打破了自然的和谐。在这类隐喻中，激情被理解为运动，[2]这种解读又被扩展成更加多样的描述。激情是骚乱，是狂暴的反弹，是剧烈而又卤莽的发作，是大起大落的愚行。[55]以这种思路，激情还经常被形容为疾病，是一种我们很容易罹患的病态，而且是一种很需要治疗的病态，因为，忽视这些疾病就简直等于自杀，"好比允许一个没有能力指引自己脚步的盲人横冲直撞，既无明智和节制，也无向导来指引"。[56]

还有，激情"诡异地骚扰我们的灵魂"。[57]它们导致理解力的盲目、意志的堕落、脾性的改变，并由此导致病恙和不安。[58]早期现代著作常将我们天生不能驾驭自己情感的原因归结于人类的原始堕落，为了惩罚亚当的罪，上帝褫夺了我们控制、调节、引导情感的能力，制造了我们内心的混沌，这是全人类的命数——只除了极少数得天独厚者以外。即使有些作者不赞成、或不强调这种关于人类困境的基督教诠释，他们也同意基督教作者对它的痛苦后果的认识，所以

---

[1] 这里的理知、爱情、神恩，都是通过大写词头而使普通名词变成专有名词（Reason、Love、Divine Grace），并神格化。比如在图1中，Love即爱神（最下方居中者），显然采用了希腊神话中的厄洛斯（Eros）的形象。

54　Bacon, *Advancement of Learning*, 171; Baruch Spinoza, *Ethics*, in *The Collected Works of Spinoza*, ed. E. Curley（Princeton, 1985）, vol. I, III. 59s; Charleton, *Natural History of the Passions*, 69.

[2] 运动，motion。此语在现代英语中表示"运动"，或"意向"，但在中古英语中可表示an emotion（一种激情／情绪）；其拉丁文源头 motio 的本义是"运动"，或"感动"，可见 emotion 表示激情时颇具动态。

55　Charron, *Of Wisdome*, 213.
56　Reynolds, *Treatise of the Passions*, 45.
57　Wright, *Passions of the Mind*, 94.
58　同上书，125。

他们承认，激情把我们变得谬误、愚蠢、朝三暮四、犹豫不决。[59] 激情是一种使我们失足的缺陷，也是一种制造悲剧的原料。罗多维科好奇地探问奥瑟罗的情况：

> 这就是
> 那喜怒之情不能把它震撼的高贵天性吗？
> 那命运之矢不能把它擦伤的坚定德操吗？[60][1]

当他这样发问的时候，他是在表达我们共同的惊诧：情感居然能打垮一个如此成熟而镇定的人物，并破坏社会秩序！正因为激情蛀蚀我们，使我们变得任性而迷狂，所以它也把我们变得极其脆弱。同时，激情还有一个破坏性的习惯，那就是，为了饲养它自己的躁动，便把我们送上行动之路，结果不但未能让我们满意，反而进一步损害了我们的福祉。莎士比亚当然也深谙其妙，因而他让伶王把一个问题摆在烦恼的克劳狄斯的面前：

> 一时的热情中发下誓愿，
> 心冷了，那意志也随云散。
> 过分的喜乐，剧烈的哀伤，
> 反会毁害了感情的本常。
> 人世间的哀乐变换无端，
> 痛哭转瞬早变成了狂欢。[61][2]

59　Charron, *Of Wisdome,* 215-216.
60　William Shakespeare, *Othello*, in *The Complete Works*, ed. S. Wells and G. Taylor（Oxford, 1988）, IV. i. 844.
[1]　此段诗文借鉴朱生豪《奥瑟罗》中译本。罗多维科（Lodovico）是剧中人。
61　William Shakespeare, *Hamlet*, in *The Complete Works*, ed. S. Wells and G. Taylor, III. ii. 672。
[2]　此段诗文摘自朱生豪《哈姆莱特》中译本。伶王（the Player King）和克劳狄斯（Claudius）是剧中人。

这一切因素综合起来，导致人们对何谓激情、激情为何重要产生了一种共同的理解。这种共识传遍整个十七世纪欧洲文化，并造就了一个框架，供人们开展更专门的讨论。很可能，此处勾勒的这些意象的最惊人性质是一种模棱两可性：一方面，激情是一批对于我们的生存和繁荣不可或缺的功能性特点；另一方面，激情是一些令人痛苦的破坏性冲动，它们驱遣我们去追求必定有害于我们的目标。上帝之仁把我们创造得适合于我们的环境，上帝之罚却与此相抵，他为了我们的第一次抗命而惩罚我们，于是我们的热情——那是影响我们生活的最强大力量之一——注定让我们走向不幸和谬误。上帝的首鼠两端构成了一系列问题，令各类著作家着迷和灵感大发，其中的佼佼者是这样一些哲学家：他们或许很不明智地挺身而出，迎接挑战，力图设计出能够调和这些矛盾趋势的理论，力图在他们对灵魂与肉体的关系、对道德共同体、对政治体、对人类历史的系统性分析中，为激情找准一个位置。在这项工程的不同侧面从事撰述的许多作者，如今已属举世公认的十七世纪哲学泰斗——霍布斯、笛卡尔、洛克、巴斯噶、马勒伯朗士、斯宾诺莎，他们皆以不同的方式对激情产生了浓厚的兴趣，而在奠定他们所思考的哲学问题和他们所提出的答案时，激情发挥了主要的作用。

正因为激情如此关键，又影响着如此广泛的议题，所以我在本书中对激情的讨论必然有所取舍。总体说来，我不讨论具体的激情，也不讨论激情所属的那些分类体系。我也不直接关注情感的伦理性质，或情感在一份有德性的生活中发挥的作用。[62] 我的目的是，探索激情在十七世纪哲学家对灵魂与肉体关系的解读中占据的位置，并理解激情在理知和行动中扮演的角色。这些被忽视的主题

---

62 对这些问题的综述，见 S. James, 'Ethics as the Control of the Passions', in M. Ayers and D. Garber (eds.), *The Cambridge History of Seventeenth-Century Philosophy* (Cambridge, 1997), vii. 5。

的研究，最直接地关系到一些通常被划归到形而上学、心灵哲学[1]和认识论的问题，因此，哲学的这三大领域将在本书中荦荦现身。我将要讨论的许多观点，又在所难免地指向早期现代的伦理学、政治学和美学，这些领域之间的关系如何也有待我们去发现。然而同时，至少有三个理由要求我们必须明白，在十七世纪哲学关于人类认知自我和认知世界的概念中，激情是核心元素。这三个理由中的一个，专门与早期现代哲学史有关，另外两个则对当代哲学活动提出质疑。

后世哲学家往往一开头就忽视了一个事实：他们的早期现代前辈曾大书特书激情问题。[63]这种忽视，也许要部分地归咎于休谟等启蒙主义思想家的影响：[2]他们笔下呈现的十七世纪，是一个武断的宗教价值称霸，压制对情感的合理认知的时代。这种忽视也要归咎于二十世纪：此时的当务之急是将哲学看作一门科学的、世俗的、有别于心理学的学问，这种看法影响了我们对历史文本的理解，致使我们以为历史文本主要是在讨论形而上学的、科学的、认识论的问题，即今人通常视为哲学之核心的问题。虽然这未必错误，但最终导致的那些诠释在好几个方面有失偏颇：第一，它们遗漏了激情等议题，将其视为微不足道，或将其视为与一种关于哲学是什么的特定诠释没有关系；第二，它们仅关注某些哲学家，只因他们的著作

---

[1] 心灵哲学，the philosophy of mind，哲学的一个分支，研究心智的性质、活动、功能等等，并重点研究它们与肉体、特别是与大脑的关系。

63 在这种对后世哲学家的概括中，较重要的例外有：Levi, *French Moralists*; Meyer, *Le Philosophe et les passions*; M. Nussbaum, *The Therapy of Desire: Theory and Practice in Hellenistic Ethics*(Princeton, 1994); A. O. Rorty, 'From Passions to Emotions and Sentiments', *Philosophy*, 57 (1982), 159-172; J. Cottingham, 'Cartesian Ethics: Reason and the Passions', Revue international de philosophie, 50 (1996), 193-216; D. Kambouchner, *L'Homme des passions: Commentaires sur Descartes*(Paris, 1996).

[2] 启蒙主义或启蒙运动（Enlightenment）发生于十八世纪，晚于本书聚焦的十七世纪，强调用理性重新审视既定教条和传统，因此对后世研究早期现代哲学史（the history of early-modern philosophy）很有影响。休谟（David Hume, 1711—1776）是苏格兰哲学家，启蒙运动的重要人物。

最容易吻合上述那种特定诠释带来的预想；第三，它们仅从它们自己青睐的哲学家的著作中，挑选它们认为最相关、最自洽的著作；第四，它们如此这般地炮制了主题之后，再将哲学家们捆绑成不同的学派和传统。这种加工程序生产了一系列历史"地图"，从某些当代议题和问题的视角来看，它们可谓资讯丰富。对于更具历史才赋的旅行者来说，它们仿佛缺失了"等高线"。结果，地形变成一马平川，许多景深和凸凹被消弭，致使旅途寡淡无味；同时，奇异性和复杂性也被勾销，致使当地尽失特色。这样的地图不仅是误导，而且至少对一大批人来说缺乏应有的吸引力——毕竟，一马平川纵有它的魅力，却难免单调乏味。

今人描绘的早期现代哲学地图大多遗漏了灵魂的激情，我认为这是一个严重的损失。此举既抹煞了多姿多彩的神奇地貌，又泯灭了一种将版图视为整体的认识。须知对于十七世纪哲学家而言，激情可不是装饰品，仅仅在一部著作本身完成之后聊附骥尾，或仅仅在勘探和测量竣工之后添于图侧。相反，激情是整个地貌的一部分，在人们对自己天性的哲学认知中，在人们对自己理解和应付周围的自然环境和社会环境的能力的哲学认知中，激情是不可或缺的成分。除非我们意识到这一点，否则我们一定会漏读十七世纪哲学家在激情问题与其他一些在我们眼里似乎更重要的问题之间绾成的联系，也多半会按照我们自己的心意去建造新的错误联系。在一幅没有等高线的地图上，即使某两个地区被不可逾越的高山所阻隔，看起来也像是近邻，同理，在一幅没有激情的哲学地图上，也可以发生类似的误解。

我的目标是说明这类误解确已发生，并说明通过激情研究，我们对十七世纪哲学的性质和成就的看法将被极大地改写。在本书第二部分，我将提出：由于十七世纪哲学家将激情视为一种横跨肉体与心灵的状态，因此他们得以细腻而敏锐地正视思想与肉体状态之间的互联问题、个人同一性[1]的发展问题、激情的肉体表达有何重要意义的问题。一旦了解他们在这几个方面的研究工作，将会颠覆早期现代哲学的那种沉溺于绝对灵肉二元论的程式化形象，而巩固一种已开始取而代之的修正主义历史观;[64] 还将以更加多样化的眼光，打量一个常被描述为当时的新奇之论的观点，即心灵对于它自己是透明的。[2] 基于这些讨论，本书第三部分将转向认识论，并提出，有些当代论者无视激情既是知识的障碍，又是知识的前提，因此他们往往认错了使得十七世纪哲学家着迷的认识论问题，也误解了认知者——即有能力获得知识的那个主体——的性质。他们一斧头将理知与激情劈开，由此制造了一种关于知识获得过程的滑稽诠释，并且遮天蔽日，使人看不见十七世纪哲学家对于求知活动的情感性质，以及激情在理性思想和行动中的作用，已经形成饶富成果的见解。本书第四部分将讨论激情与行动之间的关系，并揭示不同的激情理论导致了对决断和优柔寡断的不同分析，从而——不妨说——给地图填补一些等高线；此外，第四部分也将提请读者注意：我们基本上忽略了时人对欲望在行动诸先导中的位置的分析。只有认识到时人的这个观点，[3] 我们才能追索行动源于信念和欲望的主张是如何产生的，也才能理解这一主张是时人对哪些认知压力的反应。

在这些语境下调查激情，我相信，其最终达成的效果不仅可以

---

[1] 个人同一性，individual identity。简略地说，personal / individual identity 这一哲学概念主要回答"什么使得一个人此时和彼时是同一个人"的问题。

64 毫不意外的是，这种重新解读从一开始就聚焦于笛卡尔的二元论。见 A. O. Rorty, 'Cartesian Passions and the Union of Mind and Body', in *Essays on Descartes' 'Meditations'* (Berkeley and Los Angeles, 1986); A. Baier, 'Cartesian Persons', in *Postures of the Mind* (London, 1985), 74-92; G. Rodis Lewis, 'La Domaine proper de l'homme chez les cartésiens', in *L'Anthropologie cartésienne* (Paris, 1990), 39-83。

[2] 心灵对于它自己是透明的，the mind is transparent to itself，意谓：如果心灵发生了一种思想、感情或其他情况，心灵自己是知道的。这种心灵的透明性（transparency of mind），被认为是构成笛卡尔心智范式（the Cartesian mental paradigm）的一个要素。

[3] 这个观点，指认为欲望是行动先导（antecedents of action）之一的观点。

第一章 导论：激情与哲学

用来证实激情在早期现代哲学中的重要性，而且可以用来修正某些当前很有影响力的对早期现代哲学的看法，并修正早期现代哲学与一些被我们归因于启蒙运动的哲学观点之间的关系。然而，我们不得不放弃的一些假说和观点，在名正言顺的历史研究的范围之外一直很有影响力，而且它们是一种影响了当前各种理论的整体哲学史观的组成部分。譬如，所谓笛卡尔在肉体状态和灵魂状态之间划出了一道泾渭分明、不容穿越的界线的观点，长期以来是心灵哲学的支柱，[65] 然而，一旦将笛卡尔对激情的论述纳入考虑，这个支柱将轰然崩塌。更近期，在许多有志于重估思想与情感之间关系的哲学家当中，流传着一种主张，说是笛卡尔将理知与情感分割开来，并将情感放逐到了肉体领域；这种主张也同样未能考虑笛卡尔在激情与所谓智性情感[1]之间的重要区分。更加广而言之，整个十七世纪被继续描绘成现代世界的黎明，或一种新文化的摇篮，在这种文化中，人类开始主宰和对抗自然，自然只剩下纯工具意义，同时，人类对自然世界的情感反应让位于功用主义的无情算计。[66] 这种解读的立足

---

65 这种解读似乎在十九世纪已形成定论；与此并存的一种观点将笛卡尔视为一位认识论者。见 B. Kuklick, 'Seven Thinkers and How They Grew', in R. Rorty *et al.*(eds.), *Philosophy in History*(Cambridge, 1984), 130; S. Gaukroger, *Descartes: An Intellectual Biography*(Oxford, 1996), 2-7。这种解读对二十世纪分析哲学的影响主要应当归因于 G. Ryle, *The Concept of Mind*(London, 1949), 此外，这种解读继续突出表现在某些哲学史著作中，例如 R. Scruton, *From Descartes to Wittgenstein*(London, 1981), 也表现在一些对心灵哲学的研究中，例如 P. Smith and O. R. Jones, *The Philosophy of Mind: An Introduction* (Cambridge, 1986); G. McCuloch, *The Mind and its World*(London, 1995)。

[1] 智性情感, intellectual emotions, 也称 internal emotions, 是笛卡尔划分的一个类属。如果说 passions 以肉体为基地，则 intellectual emotions 更加源于灵魂，它们接近于意志，但仍是一种情感状态。例如当我们思考什么是上帝时，或反思自己的谬误时，我们感觉到的那种愉快的智性投入就是 intellectual emotions。

66 对现代性的这类分析，见 Lloyd, *Man of Reason*, 尤见 10-18; Taylor, *Sources of the Self*, 143-158; P. A. Schoouls, *Descartes and the Enlightenment*(Montreal, 1989); S. Toulmin, *Cosmopolis: The Hidden Agenda of Modernity*(New York, 1990); R. B. Pippin, *Modernity as a philosophical Problem: On the Dissatisfactions of European High Culture*(Oxford, 1991), 16-45。一种较慎重的诠释，见 H. Blumenberg, *The Legitimacy of the Modern Age*, trans. R. M. Wallace(Cambridge, 1983), 尤见 ii。

第一章 导论：激情与哲学

点，在我看来，是过分简化激情发挥功能与不发挥功能之间的矛盾关系，过分简化关于如何解决这个矛盾的一系列讨论，以及低估早期现代关于自我的讨论的复杂程度。[67]

如果这类解读不加上大量限定条件便不可能维持，我们就有兴趣问一问：它们为什么居然得到了如此广泛的接受和重申呢？一部分原因在于，它们充当了一道背景幕，在其衬托之下，各种当代观点粉墨登场，亮相演出，由此它们成为了哲学进步的一个可靠标志。通过将昔日哲学的面貌妖魔化，我们便能暖洋洋地享受我们自诩的平心静气的原创性和洞察力了。通过给我们最著名的前辈贴上不合格的标签，我们就免除了自己的义务，不必竭尽全力去敏锐而又创新地阅览他们的哲学理论了，也不可能强迫自己承认他们有时赫然耸立在我们面前了。毫无疑问，这种策略是不会退出舞台的，它是哲学与昔日哲学之间俄狄浦斯式搏斗[1]的一部分——尽管哲学若无昔日便只会走向停滞；它又是一种更长期的抛弃—收回辩证模式中的一个阶段。总之，它仍是一种我们有必要对其保持高度自觉的策略。因此，我们之所以研究早期现代哲学有些什么关于激情的话要说，第二个原因就是：早期现代哲学既为这种策略提供了例证和训诫，也为我们提供了一个机会，去思考最近人们以哪些方法使用了上述策略。

这条研究路线的切题性，尤其体现于女性主义哲学。[2]女性主义哲学是当代哲学研究中最具革新性的领域之一，近几年来，一群极富原创精神的作者向我们表明，根深蒂固的男女差异之说如何反映

---

67 见 S. James, 'Internal and External in the Work of Descartes', in J. Tully (ed.), *Philosophy in an Age of Pluralism* (Cambridge, 1994), 7–19.

[1] 俄狄浦斯式，Oedipal。这里以俄狄浦斯的弑父倾向，影射哲学与昔日哲学之间的关系。

[2] 女性主义哲学，feminist philosophy，或译"女权主义哲学"，指以女性主义视角为进路的哲学，其宗旨是通过哲学方法促进女权运动，并在一种女性主义框架中对传统哲学进行批判或重估。其代表人物包括玛丽·沃尔斯顿克拉夫特（Mary Wollstonecraft, 1759—1797）、西蒙娜·德·波伏娃（Simone de Beauvoir, 1908—1986）等。

第一章 导论：激情与哲学

在某些最重要的哲学范畴中。理知与激情、心灵与肉体等对立概念，以这样那样的方式，携载着阳性与阴性的涵义，并折射出男尊女卑的父权社会里的权力关系。有些女性主义作者人云亦云地认为，笛卡尔是现代哲学之滥觞，所以他们又辩称，或断定：哲学的父权性质是在十七世纪确定和巩固的，当时，肉体与心灵之间出现了一条泾渭分明的界线，用来将妇女更结实地绑定于物理世界；理知与激情之间也出现了一道类似的分水岭，使妇女命定地隶属于情感王国。[68]

从一方面看，这些诠释目前还属于一个尚未完成的阶段，还只是粗略地、有时甚至是粗糙地勾画了传统哲学活动的父权面容。它们的吹鼓手在与历史绝交的过程中，靠的是故伎重演，通过败坏历史巨匠的信度，实现蓄谋的效果，致使人们以迥异的眼光看待他们。既然，如我刚才提到的那样，这些诠释中有很多尚不完整，因此它们还算不得全盘的批判。然而，如今女性主义研究已经达到这样一种程度：它们吸收了妖魔化研究方法所放弃的一些洞见，很安全甚至很必要地，用较为批判性的态度对待诽谤手段，由此混淆了视听。通过把前辈骂成经验主义者、唯理主义者、基督徒、父权主义者，我们打开了狂热主义的入口，引起了而今迈步从头越的希望。同时，

---

[68] 见 Lloyd, *The Man of Reason*; S. Bordo, *The Flight to Objectivity: Essays on Cartesianism and Culture*（Albany, NY, 1987）and 'The Cartesian Masculinisation of Thought', in S. Harding and J. O'Barr（eds.）, *Sex and Scientific Enquiry*（Chicago, 1987）, 247-264; N. Scheman, 'Though this be method yet there is madness in it: Paranoia and Liberal Epistemology', in L. M. Anthony and C. Witt（eds.）, *A Mind of One's Own: Feminist Essays on Reason and Objectivity*（Boulder, Colo., 1993）, 145-170; N. Tuana, *The Less Noble Sex: Scientific, Religious and Philosophical Conceptions of Women's Nature*（Bloomington, Ind., 1993）, 60-64。各类女性主义作者理所当然地认定，是笛卡尔成功地分离了心灵与肉体、激情与理知；例如见 E. Fox Keller, 'From Secrets of Life to Secrets of Death', in *Secrets of Life: Essays on Language, Gender and Science*（London, 1992）, 39; J. Flax, 'Political Philosophy and the Patriarchal Unconscious: A Psychoanalytic Perspective on Epistemology and Metaphysics', in N. Tuana and R. Tong（eds.）*Feminism and Philosophy*（Boulder, Colo., 1995）, 227-229; E. Grosz, *Volatile Bodies*（Bloomington, Ind., 1994）, 6-10; S. Benhabib, *Situating the Self: Gender, Community and Postmodernism in Contemporary Ethics*（Cambridge, 1992）, 207。

我们只不过是施行了一种被霍布斯、马勒伯朗士、斯宾诺莎等哲学家鉴别为自我认知之瑕疵和理解之障碍的狂热策略。

让光辉灿烂的早期现代哲学泰斗扮演恶棍，其实这是在模仿很多十七世纪哲学家给予古人的待遇。例如，笛卡尔和斯宾诺莎曾向自己的读者保证，他们本人对激情的分析乃是前无古人的；[69] 如此一来，他们二位加入了一场责难古典哲学 [1] 和经院哲学的大合唱，在这场大合唱中，一次与历史的绝交正在巧妙地完成。虽然当时几乎所有的哲学家都急于撇清自己与至少一部分历史的关系，而且他们甚至都懒得费心去考虑怎么做得漂亮，在同一时期，也存在着更加老到的认识：采用这种策略具有先天的危险性。诚然，时人并非总是直接反思这种策略本身的性质和局限，毕竟有人实施它也有人不实施，故需弄清何为何不为的原因。我们为什么生来喜欢指责他人，并且抹煞自己欠他人的恩情——一如霍布斯推翻亚里士多德，或某些女性主义哲学家颠覆笛卡尔？当时的一种解释是，人类的天性中深深镌刻着对伟大的关切。我们渴望被人景仰，由此而生的嫉妒和焦虑塑造了我们的智性生活，使我们动辄采用妖魔化策略，因为缩小他人可以增大我们的自我价值感。此外，恰如霍布斯所言，我们的没头苍蝇似的激情往往盯牢某些特定的对象，因而我们的反感或失意也能盯牢某位特定的哲学家或某个特定的传统。也许，我们之所以这样做，与其说是出于一种处心积虑的判断，毋宁说是出于一种想要整饬和正名我们自己的情感的欲望，而且这种做法还能产生

---

69 见 Descartes, *Passions of the Soul*, 68（参较他写给伊丽莎白公主的一封更谦和的信函，见 21 July 1645, in *Philosophical Writings*, ed. Cottingham *et al.*, iii. *Correspondence* 256）; Spinoza, *Ethics*, pref. to prt. III, 490. 关于古人和今人，见 S. Gaukroger (ed.), *The Uses of Antiquity* (Dordrecht, 1991); B. P. Copenhaver and C. B. Schmitt, *Renaissance Philosophy* (Oxford, 1992), 285–328; T. Sorell (ed.), *The Rise of Modern Philosophy* (Oxford, 1993)。

[1] 古典哲学，classical philosophy，这里指古典时代（classical antiquity 或 classical age）的希腊—罗马哲学。所谓古典时代，大致指希腊—罗马从公元前 700 或前 800 年，至大约公元 600 年这一时期。对这一时期哲学、文化、历史的研究统称"古典学"（classics）。

一种将信念与安抚性的幻想勾兑起来的状态。然而，一旦此种情况发生，我们更难重审我们已经作出的评价，也更难叩问我们自己：某个传统是否真如我们认为的那般愚不可及。

十七世纪哲学内的反思潮流——本书第三部分将予以详论——被一个论点冲淡了，该论点是：那个时代已开始认为，心灵对于它自己是透明的。这条思路的恢复给了我们一次机会，去重估这种诠释，并考虑我们自己是怎样使用它的。就当下而言，这次立场的转变尤其与女性主义哲学有关——在女性主义哲学中，一部围绕着黑白分明的对立面而组织起来的历史，正在让位于一种更细腻的研究，即研究所谓贯穿在整个早期现代论辩中的两个交叉概念：阳性和阴性。[70]既然妖魔化策略如此大行其道，所以它的关联性不止女性主义哲学而已。

研究十七世纪激情理论的第三个原因，则更直接地关系到当前的哲学著述，其中不少著述的目的，是要推翻某种确立于二十世纪中叶的相当狭隘的激情研究方法。分析哲学在其巅峰时期，[1]往往将情感置于一个过分逼窄、过分有限的框架之中，以致现在看来，它提出的那些关于情感的问题，以及它讨论的答案的广度，都可谓挂一漏万。部分原因在于哲学、心理学等社会科学的分工分科，某些以往划归为哲学范畴的问题开始被视为超出了哲学这一学科的边界。例如，情感因不同地点、不同人群而异的现象曾令十七世纪哲学家着迷，分析哲学却认为这是个心理学或人类学问题。分析哲学本身是以认知理论和行为理论为主导，也在很大程度上以伦理理论

---

70 一种更富成果的研究十七世纪哲学的方法突出地体现于 M. Atherton, 'Cartesian Reason and Gendered Reason', in Antony and Witt (eds.), *A Mind of One's Own*, 19-34; G. Lloyd, 'Maleness, Metaphor and the "Crisis" of Reason', in Anthony and Witt (eds.), *A Mind of One's Own*, 69-83。

[1] 分析哲学，analytical philosophy，在二十世纪盛行于英、美等英语国家，强调通过形式逻辑（formal logic）、语言分析等手段，达到论辩上的清晰和精准。其鼎盛时期，应指其代表人物活跃的时期，这些代表人物包括罗素（Bertrand Russell, 1872—1970）、维特根斯坦（Ludwig Wittgenstein, 1889—1951）、G. E. 莫尔（George Edward Moore, 1873—1958）等。

和政治理论为主导，情感在其中顶多扮演一个配角，况且，分析哲学对情感问题的视野决定了它自己很难看出，情感可以引发极其重要和关键的哲学议题。比如说，因为分析哲学强调认识论领域内的知识标准问题，故未留下多少空间，容我们讨论情感在人类认知过程中的作用；[71] 又因为分析哲学强调元伦理学问题，[1] 故也未留下多少空间，容我们探索美德的情感维度。[72] 最后，分析哲学的情感研究方法之所以狭隘，不仅是因为它的研究兴趣的性质所致，也是因为它拘泥于一套特定的标准和区分，以致很难将情感纳入一份关于人类体验的更广泛论述。其中一个被证明为有问题的标准是：一份激情分析必须适用于一切主要案例，才称得上令人满意。当然，这个要求并非毫无道理，但确实很难达到，有时还会导向规定性结论。[73][2] 还有一种论辩，其立足点是认知的与非认知的这两种心智状态之间的严格区别，[3] 所以它关注的是情感的认知地位。威廉·詹姆斯曾认为，情感是我们对知觉[4] 所引起的肉体变化的体验，[74] 一

---

71 不过，关于这个问题，可见 M. Stocker, 'Intellectual Desire, Emotion and Action', in A. O. Rorty (ed.), *Explaining Emotions* (Berkeley and Los Angeles, 1980), 323-338; A. Jagger, 'Love and Knowledge: Emotion in Feminist Epistemology', in A. Garry and M. Pearsall (eds.), *Women, Knowledge and Reality* (Boston, 1989), 129-156; J. Benjamin, *The Bonds of Love* (London, 1990); T. Brennan, *History after Lacan* (London, 1993)。

[1] 元伦理学，meta-ethics，伦理学的一个分支，起源于二十世纪初，以伦理学本身作为其研究对象，包括研究其性质、主张、态度等。它是哲学家公认的伦理学三大分支之一，其他两个分支是规范伦理学（normative ethics）和应用伦理学（applied ethics）。

72 这种观点近期有所改变，见 J. R. Wallach, 'Contemporary Aristotelianism', *Political Theory*, 20 (1992), 613-641; J. Oakley, 'Varieties of Virtue Ethics', *Ratio*, 9 (1996), 128-152。

73 例如见 R. C. Roberts, 'What an Emotion Is: A Sketch', *Philosophical Review*, 97 (1988), 184-185。Roberts 承认，他的分析不打算将其他哲学家视为情感的所有那些心态都包括进来，他认为这不成为反对他的观点的理由。

[2] 规定性结论，stipulative conclusions，是特定背景下作者自创的结论，并规定或约定该结论通用于某个讨论的始终。该结论可能有违于、或有别于约定俗成的或熟悉的看法。

[3] 认知的和非认知的，cognitive and non-cognitive。

[4] 各种知觉，perceptions。威廉·詹姆斯（William James, 1842—1910），美国哲学家、心理学家和内科医生。

74 William James, *The Principles of Psychology* (Cambridge, Mass., 1983), 1065。

第一章　导论：激情与哲学

系列哲学家摈弃了他的观点，而将激情解读为或多或少是理性的判断。[75] 他们的分析固然表明，他们希望在认知和非认知之间保持一条清楚的界线，然而他们同时也强推了一种激情概念，它模糊了激情的某些鲜明特性，它助力将激情保持在哲学家研究的诸种心智现象的边缘。[76] 直到后来，人们才渐渐承认情感的复杂性和多样性，并用这种见解去重新考虑情感在人类的精神生活和行为方式中发挥的作用。[77]

由于诸如此类的进展，分析哲学的继承者们如今确立了一种意识：情感研究提供了一个成效卓著的立场，可去质疑人们对心智状态的分析角度，除此之外，情感也是一个比以往所承认的更为丰富的话题。这种转变在伦理学领域尤为突出，也尤为成功；其他领域却有点踟蹰不前，仿佛是在表示：尽管我们也承认我们在哲学上的偏好与我们自身的利益过于牢固地捆绑在一起，可我们还是忍不住要把一种老式派头和老式优雅的基本轮廓维持下去。无论如何，一种变化正在发生，它把我们放到了一个更强大的位置，使我们能将激情整合到它们过去很难容身或无法容身的哲学领域中去。

本书愿竭尽绵薄，促成情感在哲学领域内恢复其地位，并推助一个日益汹涌的思潮，即：如果我们想理解道德的动机和发展、行动的缘起（包括理性的和非理性的）、理知的性质，等等，我们必须将人类的情感生活纳入考虑。十七世纪哲学至今仍是我们探寻我们自己根源的一个决定性时刻，了解激情在十七世纪被赋予的意义，不啻于给了我们一个范式和资源。这也有助于我们看清，与激情相关的问题其实弥漫于哲学的众多领域，不仅涉及伦理学

75　例如见 R. C. Solomon, *The Passions* (Notre Dame, Ind., 1983)。
76　关于这场辩论，见 P. Greenspan, *Emotions and Reasons: An Inquiry into Emotional Justification* (London, 1988), 3–36; C. Armon Jones, *Varieties of Affect* (London, 1991)。
77　见 Jones, *Varieties of Affect*; J. Oakley, *Morality and the Emotions* (London, 1992), 6–37。

或心理学，而且遍及整个哲学王国。同样，这也使我们能从哲学史本身发现许多富于启迪的洞见和视角，因为，循环利用，以及随之而来的改造再生，可不单是在生态学范围内与人类的福祉息息相关啊。

十七世纪哲学家的许多最著名的革新都产生于一个信念：经院亚里士多德主义有着不可弥补的缺陷，亟需被取代。诚然，导致变革的最初的不满情绪主要是针对物理学领域，以及作为物理学基础的形而上学领域，亚里士多德哲学中引起时人更多关切的失误之处，其实也和经院主义的激情理论有关——这些理论将在本书第一部分予以介绍。很多十七世纪作者矢志推出不受亚里士多德主义侵染的哲学体系，因此他们全力以赴地阐述"未经污染的"激情理论。这个动机部分地解释了为什么当时会出现一系列独创的、甚至很尖锐的撰述，其中以霍布斯和笛卡尔的撰述最为著称。然而，在激情领域，犹如在哲学的其他领域，举凡有人表示新哲学[1]断然与亚里士多德主义分道扬镳，我们就须小心对待了。分道扬镳倒是不假，但也被各种延续性所抵偿，这不仅表现在那些旨在抛弃亚里士多德主义的著作中，也宏观地表现在当时的哲学文化中。[78]

最重要和最显见的是，亚里士多德主义并未一举倒台，在整个十七世纪，许多作者继续坚守它的无数变体中的这一种或那一种。就激情而言，阿奎那关于三重灵魂（激情是其中一个成分）的分析仍有格外强大的影响力，向着后经院主义哲学心理学[2]的转型过程也极其漫长。一方面的原因在于，庞大而笨重的"亚里士多德之船"的舱板不可能一口气被取代。另一方面，很多哲学家的兼收并蓄的

---

[1] 新哲学，New Philosophy，本书作者似以此指十七世纪哲学。盖十七世纪哲学在西方一般被认为既是现代哲学的起点，又是中世纪方法论或经院主义的终点。十七世纪初期的哲学常被称为理性时代，并被视为文艺复兴哲学时代的后继者和启蒙时代的先行者。

78 关于解读激情时的这种延续性，见 Levi, *French Moralists*, 329–338; Van Delft, *Moraliste Classique*, 129–137。

[2] 后经院主义哲学心理学，post-Scholastic philosophical psychology。

第一章 导论：激情与哲学

态度也减缓了报废这条船的紧迫性，他们满足于东边抢救一个教条，西边抢救一个原理，然后将其纳入据称更加适航的船舶。他们制造出来的某些产品在我们眼里显得相当离奇，可以看出，在很多情况下，抢救和修补的意向来源于一个从文艺复兴时期人文主义那里继承下来的、用对话体[1]表达的信念：一切哲学流派都曾获知真理，而这些真理又可融合到唯一一个完整而正确的体系中去。[79]这种方法论在当时十分流行，不过最能说明问题的例子莫过于剑桥柏拉图派，[2]虽然其中的卡德沃思和莫尔等作者将优先权奉献给了神圣的柏拉图，他们同时也诉诸更广泛、更多样的权威。卡德沃思在其遗作《论永恒而不朽的道德》中，想象性地将一系列异教传统和基督教传统焊接在一起，并将机械论哲学[3]的起源时间追溯到历史记录的尽头，从而为它正名：

> 斯特拉博告诉我们，斯多葛主义哲学家波塞多纽斯曾断言：这种机械论哲学比特洛伊战争的年代还要古老，它是由一位名叫摩斯胡斯的西顿人，或曰腓尼基人，首创和提出的。如果我们愿意相信这种说法，……那么更加可能的是，波塞多纽斯谈到的这位腓尼基人摩斯胡斯，便正是扬布里胡斯在《毕达哥拉斯传》中提到的那位生理学家摩斯胡斯——扬布里胡斯在书中断言，毕达哥拉斯在旅居腓尼基的西顿城期间，曾与一些预言家交谈，听

---

[1] 古希腊思想家如柏拉图（Plato，约前 427—约前 347）等，常将对话体（dialogue）用作哲学或说教的工具。后世继承了这种用法，十七世纪哲学家应用对话体的一个例子是马勒伯朗士（Nicolas Malebranche，1638—1715）发表于 1688 年的 *Dialogues on Metaphysics and Religion*。

[79] 关于有哪些调合论者 [syncretists] 秉持这种观点，见 C. B. Schmitt and Q. Skinner（eds.），*The Cambridge History of Renaissance Philosophy*（Cambridge, 1988）: on Vernia, 494; on Pico, 494, 578; on Ficino, 675。

[2] 剑桥柏拉图派，见第 11 页相关译注。

[3] 机械论哲学，mechanical philosophy，大约兴起于 1620—1650 年，其本身是早期现代科学革命的一个表现。这种哲学主要认为，宇宙类似于一个巨大的机械，构成一个复杂的自然整体。

第一章　导论：激情与哲学

其面授机宜，而这些预言家，乃是生理学家摩斯胡斯的衣钵传人。……更加可以肯定的是，摩胡斯也罢，腓尼基哲学家摩斯胡斯也罢，其实不是别人，而正是以色列立法者摩西——在这一点上，阿尔切留斯猜得不错。[80][1]

莫尔的说法不像这样夸张，但颇具广纳性。他在初版于1667年的《伦理学手记》——此作含有关于激情的洋洋洒洒的讨论——中，追溯了好几种源头：柏拉图和柏罗丁，[2] 西塞罗和马可·奥勒留，[3] 亚里士多德和阿奎那，爱比克泰特[4] 和形形色色的毕达哥拉斯派。[81] 在《伦理学手记》和诸如此类的文本中，亚里士多德仅仅以"众多哲学家之一"的面目出现，是一位其学说瑕瑜互见的权威，而不是要么被奉若神明、要么被弃若敝屣的"那位哲学家"。[82]

第二种延续性，产生于摈弃亚里士多德主义的过程本身。为了寻找亚里士多德主义的替代品，一些钟情于"系统性"的哲学家不得不反思各种可供选择的古典传统，看它们是否，以及怎样，能够

80　R. Cudworth, *A Treatise concerning Eternal and Immutable Morality With a Treatise of Free-will*, ed. S. Hutton (Cambridge, 1996), 38–39.

[1]　这里涉及一段著名的公案：斯特拉博（Strabo，前64/63—约24）是希腊哲学家、历史学家、地理学家，波塞多纽斯（Posidonius，约前135—前51）是希腊哲学家、政治家、天文学家、地理学家，前者曾根据后者的说法，谈到一位名叫Mochus或Moschus的西顿人，并称之为原子学说的创始人，还称此人比特洛伊战争还要古老。在我们读到的这段引文中，Moschus先后被称为生理学家和哲学家。后世的学者如阿尔切留斯（Arcerius）、卡德沃思、莫尔、牛顿等，认为Mochus与《圣经》中的先知、以色列立法者摩西（Moses）是同一个人。又：扬布里胡斯（Jamblichus /Iamblichus，约245—约325）是叙利亚新柏拉图主义（Neoplatonist）哲学家，以概述毕达哥拉斯学说而著称。

[2]　柏罗丁（Plotinus，205-270），或译普罗提诺，埃及-罗马哲学家，新柏拉图主义的创始人。

[3]　马可·奥勒留，全称马可·奥勒留·安东尼·奥古斯都（Marcus Aurelius Antoninus Augustus，121-180），斯多葛主义哲学家，161—180年任罗马皇帝。

[4]　爱比克泰特（Epictetus，55-135），希腊斯多葛主义哲学家。

81　*Enchyridion Ethicum*, trans. and abridged as *An Account of Virtues or Dr. Henry More's Abridgment of Morals* (London, 1690)。

82　关于文艺复兴时期持这种看法的一些先例，见B. Copenhaver and C. Schmitt, *Renaissance Philosophy*, 75-126。

35

被调整和利用。例如,伊壁鸠鲁的原子论对自然哲学有着深远的影响,因此伽桑狄[1]一心一意投入了它的复兴和修正。[83] 讨论激情问题的十七世纪理论家倒不是十分青睐伊壁鸠鲁学说,他们深受斯多葛主义复兴潮流的影响——利普修斯[2]已经以同样心无旁骛的精神发起了斯多葛主义的苏生。[84] 然而,倘若我们以为,他们对斯多葛主义燃起兴趣仅仅是因为他们需要找到正统经院哲学的替代品,那就不免过于简单化了。诚然,自然哲学领域的研究一直被亚里士多德主义非常有效地主宰着,以致它的终结势必在这一哲学领域造成青黄不接,激情领域的理论家面临的形势却较为乐观。长期以来,激情领域的研究一直兼顾着一种经院亚里士多德主义传统和一种罗马传统,两者在早期现代的标准课程表中都有一席之地。学生们不仅阅读关于亚里士多德和阿奎那的评注,也学习和了解亚里士多德、西塞罗和阿奎那所讨论的激情在修辞学中的地位,同时还学习和了解西塞罗、塞内加等人所讨论的激情的道德意义和政治意义。[85] 由于均

---

[1] 伽桑狄(Pierre Gassendi,1592—1655),法国哲学家、天文学家、数学家,以试图将伊壁鸠鲁原子论和基督教加以调和而著称。

83 见 L. S. Joy, *Gassendi the Atomist*(Cambridge, 1987); M. J. Osler(ed.), *Atoms, Pneuma and Tranquillity: Epicurean and Stoic Themes in European Thought*(Cambridge, 1991)。

[2] 利普修斯(Justus Lipsius,1547—1606),南尼德兰哲学家、人文主义者,曾撰写一系列旨在复兴斯多葛学说,并使之与基督教兼容的著作。

84 关于早期现代斯多葛主义的各种特点,见 L. Xanta, *La Renaissance du Stoïcisme au XVIe siècle*(Paris, 1914); C. Chesnau, 'Le Stoïcsime en France dans la première moitié du XVIIe siècle: Les Origines', *Études franciscaines,* 2(1951), 384-410; J. L. Saunders, *Justus Lipsius: The Philosophy of Renaissance Stoicism*(New York, 1955), 492-519; Levi, *French Moralists*; on Du Vair, M. Fumaroli, *L'Age d'éloquence*(Geneva, 1980); G. Oestreich, *Neostoicism and the Early-Modern State*(Cambridge, 1982); G. Monsarrat, *Light from the Porch: Stoicism and English Renaissance Literature*(Paris, 1984); A. Chew, *Stoicism in Renaissance English Literature*(New York, 1988); Osler, *Atoms, Pneuma and Tranquillity*; M. Morford, *Stoics and Neo-Stoics: Rubens and the Circle of Lipsius*(Princeton, 1991)。

85 关于英格兰各大学课程表的变化,见 J. Gascoigne, *Cambridge in the Age of the Enlightenment: Science and Religion from the Restoration to the French Revolution*(Cambridge, 1989);关于英格兰的中学情况,见 Q. Skinner, *Reason and Rhetoric in the Philosophy of Hobbes*(Cambridge, 1996), 19-40;关于法国的情况,见 L. W. B. Brockliss, *French*

第一章　导论：激情与哲学

衡教育，某些斯多葛主义流派向学生们开放，并被利普修斯等作者接受，他们致力于振兴一种基督教版本的斯多葛主义伦理学说，即通过认识尘世生命的无聊和未来生命[1]的伟大，获得坚毅和宁静。可见，斯多葛主义在一定程度上形成了那些撰写激情主题的十七世纪哲学家的知识背景，相应地也引起了时人的广泛讨论和批评。随着亚里士多德主义的式微，在有些哲学家看来，斯多葛主义似乎为某些突出的问题提供了解答，例如，霍布斯和斯宾诺莎利用斯多葛主义的一些形而上学信条，发展了他们自己的激情论述。

在当时，与这些异教哲学传统并重的，是一系列基督教思想流派，每一流派各有自己的延续和中断，对于本书的讨论来说，其中的两个流派或许格外重要。第一，阿奎那的巨大影响绵延不绝，部分原因在于他将激情植入了一种熟悉而正统的世界观，并将激情解释为人性在这个包罗万象的体系中发挥的一种功能。第二，奥古斯丁的身影高踞在各宗哲学家之上。奥古斯丁认为，意志可被引往正确的或错误的方向，各种激情则是意志的各种变体。这个观点此时依然在天主教教义中占据核心地位，譬如，它从未远离马勒伯朗士、塞诺尔等作者的胸怀。又因奥古斯丁对路德[2]的有力影响，这个观点在新教领域内也坐稳了江山，其反映是，清教主义作者大力强调自卑的必要性，以及自憎、绝望等激情的建设性作用。此外，奥古斯丁对詹森也有很大影响，詹森甚至将自己的 *magnum opus* 命名为《奥古斯丁论》[3]；然后，詹森接受的影响又奠定了巴斯噶、尼科尔

Higher Education in the Seventeenth and Eighteenth Centuries（Oxford, 1987）；关于耶稣会课程表，见 F. de Dainville, *L'Éducation des Jésuites*（Paris, 1978）。

[1] 未来生命，the life to come，这里指 "后生命"（afterlife）这一哲学和神学概念。可参见本书第88页（边码）关于后生命的译注。

[2] 路德，即马丁·路德（Martin Luther, 1483—1546），德国神学家、新教主义改革家。

[3] *magnum opus*，拉丁文，"巨作"。詹森（Corneille Janssens / Cornelius Jansen, 1585—1638），荷兰哲学家、神学家，他的思想和著作引发了法国的"詹森主义"（Jansenism）神学运动，该主义强调宿命论，否认自由意志且认为人性本恶，被罗马天主教视为异端。他的《奥古斯丁论》（*Augustinus*）是一部关于奥古斯丁神学理论的鸿篇巨制，终其一生才得以完成。

第一章 导论：激情与哲学

等人的研究基础。[1]

在本书中，我聚焦于一个特定的历史阶段，当时的哲学家为了挑战和取代经院亚里士多德主义所包含的激情观，在各种各样的哲学传统中寻找解决方案。虽然这个过程没有明确的起点，也没有一个明确的时刻可以被说成亚里士多德主义的寿终正寝，我主张，取而代之的必要性在整个十七世纪占据着哲学家的头脑，在此阶段，他们不仅形成了一种后亚里士多德主义激情概念和确立了激情在心灵中的位置，而且已开始正视这种激情观的种种后果。鉴于亚里士多德主义的复杂性和歧义性，哲学研究的主要动机始终是：必须超越它那些已被觉察的局限。我不打算评价斯多葛主义、柏拉图主义等哲学传统在修改对激情的认识方面作出了什么贡献，我只打算通过一些具体哲学家的著作去切近这个主题。其中有些哲学家的身影今天已经模糊不清，我之所以讨论他们，是为了说明激情在整个十七世纪哲学文化中的地位。然而总体说来，我专注的是一批其令名如雷贯耳的十七世纪哲学家。这并不是出于对既定典籍的深深眷恋，而是因为，通过探讨一批遐迩闻名的巨擘的著作，我意图证明：即使在公认的早期现代哲学腹地，激情研究也是一个核心议题。

---

[1] 巴斯噶（Blaise Pascal，1623—1662）和尼科尔（Pierre Nicole，1625—1695）两人都是著名的法国詹森主义者。

第一部分

第二章 亚里士多德论激情与行动

当十七世纪哲学家描述悲伤、野心、恐惧等今天被甄别为情感和欲望的状态时，他们一般称之为激情或感受。[1][1] 由此，他们暗示了激情与行动之间、因与果之间的芜杂而又相连的界线，也把情感放进了一个更宽泛的哲学框架。[2] 将一种状态归类为一种激情或感受，便是在描述它的形而上学地位和因果状况，印证它的认识论资格，同时也是在将它置入一个人类思想和感情的等级结构，[2] 并置入一幅灵魂和肉体的总解剖图，而且，无论是这个等级结构还是这幅解剖图，都充满了道德意义。因此，当笛卡尔给自己的著作题名为《论灵魂的激情》时，或者当斯宾诺莎提供诸般感受的定义（*Af-*

---

1 英语："passion"；法语："*la passion*"；拉丁语："*passio*"。英语："affect"或"affection"；法语："*l'affection*"；拉丁语："*affectus*"。
[1] 情感，emotion；激情，passion；感受，affection。由此可以看出当时与现代的不同用语。另可参见本书"导论"中有关 passion 词义的正文和译注。
2 关于当代对这些界线的论说，见 R. M. Gordon, 'The Passivity of the Emotions', *Philosophical Review*, 95（1986），371-392；R. C. Roberts, 'What an Emotion Is: A Sketch', *Philosophical Review*, 97（1988），183-209；M. Wetzel, 'Action et passion', *Revue internationale de philosophie*, 48（1994），303-326。
[2] 等级结构，或分层结构，hierarchical structure（或 hierarchy），指根据事物重要性的大小，或切题性的高低，对事物进行排列和分类。

41

第一部分

fectuum Definitiones）时，[3][1]他们所用的那些语汇携载着一大批蕴义，涉及情感究竟是什么和怎样工作。为了赏识早期现代激情理论的力量和微妙，我们必须首先熟悉主动性和被动性的各种维度。借用下文所讨论的许多作者津津乐道的一个比喻：我们必须学会聆听那些与"主旋律"相伴的"形而上学和声"——它们被时人视为论辩的要素，被时人采用、争论、精炼，甚或嘲弄；它们余音绕梁，形成了一道背景，供激情的各种诠释在这里寻求共鸣，并接受鉴定。

本章和下一章将讨论十七世纪继承和使用的几种行动与激情理论。虽然十七世纪哲学家并非在唯一一种理论的荫蔽下从事研究，但是当时已有的某些理论确实比其他理论更具影响力，其中一种传统尤其被无数作者用作基准，乃至任何一份激情分析都必须向它鸣谢。亚里士多德主义，无论以何种面目出现，都在继续为当时各式各样的讨论设定条件，也在继续充当起跑点，供当时那些异彩纷呈的被动性和主动性概念[2]出发和发展。由于亚里士多德主义的支配地位只是慢慢地被摈弃的，所以在整个十七世纪，哲学家们继续对它作出反应，而他们亲身体验的摈弃过程则影响了他们的情感分析。为了理解他们，我们必须意识到他们所继承的亚里士多德主义大环境，因此，本书第一部分将概述他们主要吸纳了其中的哪些主题和区分。[4]而在本章中，我将简述十七世纪作者在亚里士多德本人那里发现的主动性和被动性概念，细节只要达到能让我们看出这两个概

---

3 Spinoza, *Ethics*, in E. Curley（ed.）, *The Collected Works of Spinoza*（Princeton, 1985）, vol. i, III, Definition of the Affects, p.531.

[1] 以括号标示的文字是本书作者苏珊·詹姆斯的夹注。下同。

[2] 主动性和被动性概念, conceptions of activity and passivity。可参见本书第 1 页（边码）关于 passion 的译注。

4 如本书"导论"所指出的，亚里士多德主义在十七世纪与其他几种传统发生了融合。就激情理论而言，斯多葛主义和奥古斯丁主义尤具影响力，我将在最相关的地方讨论它们。

念后来是怎样被运用的即可。[5][1] 这些后来的解读继而又被一代一代的注疏家承续，他们剥茧抽丝，从中纺出了一张由各种观点组成的巨大网络。不过，在经院主义诠释者当中，对早期现代激情理论家影响最大的一位无疑是托马斯·阿奎那。他对主动性与被动性之间的区别的分析，以及他对灵魂之激情的描述和分类，在整个十七世纪被反复重申和讨论，很可能比亚里士多德本人的著作获得了更多的读者。因此，阿奎那的诠释将展现在本书的第3章——该章节的目的，仍是为未来章节中所包含的那些更详细分析提供语境。

亚里士多德形而上学中的主动性与被动性

对于主动性与被动性这两个概念，亚里士多德是将它们同形式与质料之间的一条最根本的形而上学界线联系在一起的，而所谓形式与质料，则被他用来阐明"存在"概念。[2] 根据他的观点，任何一个物的存在，皆取决于其质料中固有的形式，譬如，一粒樱桃籽要想存在，那么它的质料，也就是构成樱桃籽的材料，就必须以某种方式包含它的形式，即最终长成一棵特定品种的树的能力。亚里士多德不仅将这个分析应用于自然物，也将其应用于人造物，不妨借用他本人举的一个例子：一座石像既有质料（即用来雕塑它的大理石），亦有形式（即它的形状）。但是，无论对于自然物还是人造物，亚里士多德都不得不处理一个问题：议中的质料已经具有某些独特的属性，能够由此被进一步回推为形式与某种更基本质料的一个组合。以塑像为例，它用一种特定的石材雕塑出来，而由于质料中固

---

5 不言而喻，我的目的不是展现亚里士多德哲学的博大精深，而只是撷取其中一组关于行动与激情的重要学说。

[1] 后来，这里指亚里士多德之后，主要指中世纪。

[2] 形式，form；质料，matter。存在，此处作being。

第一部分

有的形式使然,所以这种石材是大理石,而不是——比方说——浮石。于是问题来了:回推的终点在哪里?亚里士多德的回答是假定有一种他所谓的原质,[1]一种其本身没有任何属性,但是任何形式又可寓于其中的东西。由于原质没有属性,所以它无法被描述,然而它是一切存在之基础。

我们立刻看出,亚里士多德的形式概念具有极大的容量。每一个物,由于其形式所致,都具有某些使该物之所以成为该物的属性或倾向,其中既包括一些相对静止的属性,例如塑像的形状,也包括一些变化容力,例如樱桃籽长成一棵大树的能力。亚里士多德不仅认为形式使得一个物之所以成为该物,而且他还将此联系到另一个概念:形式是该物为之存在的目的。这种联系很容易理解——如果我们将形式视为做某事或成为某物的能力,例如樱桃籽成长的能力。樱桃籽的形式也许可被视为成长为一棵大树的容力,而变成一棵大树则是这个成长过程的目的。但是,如果我们将形式视为静止的属性,例如一尊塑像的形状,或者一个铜球的球状,这种联系便不太好理解了,因为此时我们较难看出,这些静止的属性竟是塑像或铜球为之存在的目的。但是无论如何,利用直观可达的例子,我们能理解下述主张:由于形式使然,一个物以某些特有的方式行动;由于以这些特有的方式行动,此物表达了它自己的目的。樱桃树的目的是长成大树,建筑者的目的是盖房,斧头的目的是砍伐,以此类推。[6]

亚里士多德以主动性去分析形式,从而强化了物的形式及其常规行为模式之间的关系。第一,亚里士多德辩称,当一个物以它特有的方式行动时,它的目的就开始实现了。当樱桃籽成长时,甚至

---

[1] 原质,prime matter。

6 Aristotle, *Metaphysics*, in *The Complete Works of Aristotle*, ed. J. Barnes(Princeton, 1984), vol. ii, 1050^{a}4–14.

第二章　亚里士多德论激情与行动

当它保持休眠状态时，它的目的已在实现之中了。[7] 第二，亚里士多德将实现目的视为主动。对于樱桃籽来说，实现它自己的目的等于以一种特定的方式行动，例如休眠、发芽，或长叶。[8] 因此，一个物的形式规定了该物如何实现其目的，而这种实现则是以一种特定的模式行动，在此模式中，行动必须被给予大容量的解释，使之能包括一般或许被认为是"不行动"的东西，例如，樱桃籽的休眠便是以此种意义在行动。这里的言外之意，即实现就是行动，因下述说法而被凸显出来："就连'actuality'这个词，也是从'action'派生而来的。"[9][1] 可见，关于是什么使得一个物成为该物，亚里士多德的总体论述是以主动性概念为基础的。

亚里士多德关于何为形式之实现的这种诠释，又是以他的下述基本主张作为语境的：形式即实在，质料即潜在。[10] 从最低层次的存在开始分析，原质本身既没有属性，也没有某种特有的行动模式。换言之，从实在上它不是任何物。然而它确实有一种潜能，可以接受任何形式；一旦它与形式结合，便共同组成一个特定种类的物。既然原质能与任何形式结合，那么原质从潜在上可以是任何物。但是原质本身仅仅是潜在，而非实在。[11] 这个分析促成了一个补充的主张：形式即实在。如果形式是质料所固有的，两者便组成了一个特

7　Aristotle, *Metaphysics*, in *The Complete Works of Aristotle*, ed. J. Barnes (Princeton, 1984), vol. ii, 1050^{a}7-9。"For that for the sake of which a thing is, is its principle, and the becoming is for the sake of this end; and the actuality is the end."［上面的正文是本书作者对亚里士多德这段话的解读，此处保留亚里士多德的英译原文，不另译中文，读者可自行对照。——译者］

8　同上书，1050^{a}22-24。"For the action is the end, and the actuality is the action"。

9　同上书，1050^{a}22。

[1]　actuality，实在；action，行动。两者之间的派生关系一目了然（为彰显这种关系，故不译）。在本书中，act、action、active、activity、actual、actuality、actualization 这一组词语都带有强烈的主动指向。

10　Aristotle, *On the Soul*, in *Complete Works*, ed. Barnes, vol. i, 412^{a}9.

11　*Metaphysics*, 1041^{a}26: "By Matter I mean that which, not being a 'this', is potentially a 'this'"。

第一部分

定种类的实在物。纯粹的潜在（即质料）转变成了实在物（即一个以特有方式运行或行动的特定种类的物）。形式促成了实在。

由此可见，对存在的分析是从潜在和实在的角度进行的：一个物的形成过程，是从潜在到实在的跃迁过程。只要我们是在谈原质，潜在和实在这两个语汇便分别带有被动和主动的涵义。一方面，原质没有任何实在，它不能做任何事，也不能阻止任何事，唯一可以发生于它的事就是，它能"接受"任何一种形式。因此，原质在下述意义上（我们将越来越熟悉这个意义）是全然被动的：事情可以发生于它，它却不能行动。另一方面，如前所述，形式提供了一种特有的行动模式，而这种行动模式使得一个物成为该物，在这个意义上，可以说该物在行动。

在这个原始脚本中，[1]我们发现了一道较为鲜明的界线，界线的一边是形式、实在、主动，另一边是质料、被动、潜在。但是亚里士多德并没有关注从非存在到存在的跃迁，他转而开始考虑另一个问题：一种物何以能变成另一种物，例如一块大理石何以能变成一尊塑像，或一粒种子何以能变成一棵樱桃树。这样一来，潜在与被动性之间的关系大大地弱化了。塑像是存在于质料中的一种形式，但是塑像寄寓其中的那个质料——此案为大理石——并不是纯粹的潜在。相反，它是一块特定种类的石头，自有其属性和倾向，它们限制了它能变成什么。虽然原质从潜在上可以是任何物，但是大理石的潜能或多或少是有一定之规的：大理石从潜在上可以是一座塑像，而不会是一张毛毯；从潜在上可以是一条长凳，而不会是一粒樱桃籽。大理石不同于原质，它能以某些方式行动；不同于原质，它无法接受某些形式。简言之，它不完全是被动的。

这类案例呼唤着一份对潜在的更全面分析。亚里士多德声称："任何一个物，从潜在上已经是什么，它的实在就只能成为什

---

[1] 原始脚本，指亚里士多德的原构。

么。"[12] 从这个主张出发，亚里士多德继续分析，由于一个物拥有行动的潜能和受动的潜能，它可以通过哪些方式从潜在上变成其他物。一个物首先应当拥有被改变的潜能，例如，一把利斧拥有被一块硬木变钝的潜能。亚里士多德将这种受动的潜能归因于"受动之物的本性，它使该物能被改变，能被其他物施动，或被它自己像其他物一样施动"。[13] 此种情况，亚里士多德在别的地方将其描述为受的潜能。[14] 总之，亚里士多德将这种潜能归因于议中之物的一种特点，他称之为本性，但是他用一种带有强烈被动涵义的语言描述它：这是受的潜能，被做某事的潜能，被施动的潜能。

这种潜能有多么广泛？从表面上看，好像任何一个物都有被变成许许多多其他物的潜能。但是我们理所当然地认为，这种易变性是会有一些限制的，譬如一块大理石从潜在上是一尊塑像，而非从潜在上是一张毛毯。那么我们怎样识别一个物的潜在呢？亚里士多德警告说，我们不应当依赖语言来解答这个问题，必须谨防将被动的语法结构视为事物的真正潜在性的标志。[15] 我们必须考虑到，在有些场合，当我们说某物具有一种潜在时，我们其实是在谈论它的接受变化——变好或变坏——的容力；而在另一些场合，我们以更严格的意义使用潜在一词，只用它来描述某物被变好，例如一个病人的康复。因此，受动的潜能可以是接受变化的容力，或者是接受一种被定性为"改善"的变化的容力。[16] 后一用法显然极大地限制了物之潜在的范围，同时将物之潜在与物之目的联系在一起。根据亚里士多德的说法，那种算作"改善"的改变，使得一个物能实现其形式所规定的那种目的。这似乎给我们留下了两个观点。先看包罗

12　*On the Soul*, 414^{a}26.
13　*Metaphysics*, 1046^{a}12.
14　同上书，1019^{a}20。
15　Aristotle, *Sophistical Refutations,* in *Complete Works*, ed. Barnes, vol. i, 178^{a}11.
16　*Metaphysics*, 1046^{a}17.

更广的一个：只要某物具有被其他物变好或变坏的潜能，此物就是被动的，在任何情况下，这种潜在都可被亚里士多德所说的该物的"本性"予以实现或限制。樱桃籽具有被磨成齑粉，从而被变坏的潜能，因为磨成齑粉后，它发芽和生长的容力将被破坏；樱桃籽不具有被变成苹果籽（基因工程除外），从而被变坏的潜能，因为它根本不含所需要的元素。同理，樱桃籽也具有被变好的潜能，例如通过被放到理想的发芽环境中去；但是同样，它的这种潜能也受到它的本性的限制。亚里士多德对物之潜在的更狭义解释，便是聚焦于后面这两种情况。樱桃籽具有发芽的潜能，因此在某种意义上它是被动的：它不能自行发芽，而必须被其他物施动才行。但是议中的潜能，又不仅仅是一种经受某事的潜能，毋宁说，这更是一种做某事的潜能，或行动的潜能——其行动方式表达着、并且吻合着那一套构成其形式的能力。从一个角度看，一种潜能可被看作受动的潜能，从另一个角度看，它又可被看作行动的潜能。

　　这个问题的第二个层面，则直接关系到何物从潜在上是何物。亚里士多德辩称，当某物并不是不可能从实在上变成另一物时，我们便说此物从潜在上是另一物。[17]因而我们必须问问自己：一块土是否不可能变成青铜？一块土是否不可能变成塑像？但是我们该怎样回答这两个问题呢？据亚里士多德说，我们必须考虑一个物需要经历哪些阶段才能被变成另一个物，并将一个物的潜在限制于比较直接的变化。他声称，这块土并非不可能变成青铜，这块青铜也并非不可能变成塑像，但是这块土不可能变成塑像。[18]换言之，土具有变成青铜的潜能，青铜具有变成塑像的潜能；但是土不具有变成塑像的潜能。一言以蔽之，如果一个物具有通过受动而被改变的潜能，该物便具有潜在。但是在一个物被改变的多种方式中，只有其中一

17　*Metaphysics*, 1047ᵃ24.
18　同上书, 1049ᵃ15。

部分方式可被视为潜在。首先应该排除的,是那些需要一系列行动者进行干预才会被改变的容力,例如土变成青铜塑像的容力。而在保留下来的容力中,有时还得排除那些非改善性的被改变容力,例如一个人生病的容力。

上文所讨论的受动潜能,在亚里士多德的著作中又通过讨论另外两种情况得到了补充:一个情况是抵抗受动的潜能,另一个是行动的潜能。第一种情况被局限于"不变坏,不被其他物破坏,或被该物自己作为其他物而破坏"。[19]可见在这里,只有抵抗被变坏的容力才算是抗变的潜能。而且,亚里士多德似乎还将抗变潜能视为行动潜能,也许这是因为他将抗变容力看作一种力量的实施,因而看作被改变的容力的反面,或者受动容力的反面。第二种潜能,即行动潜能,被亚里士多德定性为"寓于行动者"——亦即受动者的反面。[20][1] 例如"热量和建筑术,前者寓于能够产生热的东西,后者寓于能够盖房的人"。[21]此处的核心思想似乎是,物可以具有产生原动力的潜能。例如火炉具有变热的潜能,继而它的热量可以施动于其他物。在前文对受动潜能的讨论中,我们分析说,这类能力,比如火炉变热的能力,是一种被其他物改变的潜能。但是现在,亚里士多德请我们在因果链上再前进一步:一旦火炉变热的潜能实现了,或者说火炉确实变热了,它就有了向其他物施动的潜能——也就是给其他物加热,例如温暖一个人的手。即使火炉尚未变热,我们也可以说火炉具有给其他物加热的潜能,也许这是因为,供热是火炉的典型行动之一。在火炉案例中,我们考虑的是,某物具有一种行动的潜能,但是该潜能只有当其他物对之施动时才能实现。火炉具有变热的潜能,但是只有——譬如——当人将它点燃时,它才

19　*Metaphysics*, 1046ª14.
20　同上书,1046ª27。
[1]　行动者,agent;受动者,patient。
21　*Metaphysics*, 1046ª27.

第一部分

能变热。然而，亚里士多德又将此案与另一种情况进行对照：一个人懂得语法，但是眼下并未运用他的语法知识；这时，此人的语法知识是潜在的，或不活动的。不过，此人无须被外物施动，便能使自己的语法知识变成活动的，或实在的。任何时候，只要他愿意回忆，而且没有外物阻止他回忆，他就可以开始回忆自己的语法知识。[22]

现在我们已能看出，行动潜能与受动潜能是如何互相榫接的了。在自然物中，每一种受动潜能一旦实现，都构成一种行动潜能，而这种行动潜能又只会在一个具有相应的受动潜能的物中实现。例如，火炉具有变热的潜能，该潜能一旦实现，便构成发热的潜能，而这种发热潜能又只会在具有受热潜能的物——例如我的手——中实现。如此等等。因此，如果甲物要去改变乙物，甲物的行动潜能必须被乙物的受动潜能匹配。只有当我的手具有受热的潜能时，火炉才能温暖我的手，或如亚里士多德所言："所谓主动物和被动物，暗示着一种主动容力和一种被动容力，以及这些容力的实现，例如，可发热的物与可受热的物相关联，因为它能给它加热。"[23]

亚里士多德采用的例子表明，这份关于变化的分析是打算适用于两种情况的。第一种情况是一个物被转变成另一个物，也就是一种形式被消灭，另一种形式被创造，例如一块大理石被雕塑成一尊塑像。第二种情况是一个物的感受或偶然属性[1]发生变化，而此物的形式却保持不变，例如我的手变暖了，但它仍是我的手。在所有这些情况下，所谓变化，都是从潜在跃迁为实在，而这种跃迁只能

22　*On the Soul*, 417ª27.
23　*Metaphysics*, 1021ª15.
[1]　偶然属性，accidental properties，或称偶性（accidents）。亚里士多德用此语描述物的并非不可或缺的属性，例如，一把椅子可以是木头的，也可以是金属的，但这两种材料对于这把椅子来说是偶然的，也就是它的"偶然属性"，因为不管用什么材料制造，椅子还是椅子，材料与椅子的本质（essence）没有必然联系。而与偶然属性相对，物的不可或缺的属性便是本质属性（essential property）。

靠某种实在的东西带来。至少在这个意义上，实在优先于潜在。[24] 进而言之，此番论述中采用的行动概念，旨在描述各种不同的变化过程。当我们说一个物在行动时，我们可能是在以一种方式谈论运动——事实上，亚里士多德的确将物理变化视为运动，它要求物体与物体之间的接触；但我们也可能是在以一种方式谈论思想（例如可以说，一个运用其语法知识的人在行动），或者谈论一种似乎既涉及思想、又涉及运动的过程，例如一位医生给一位病人治病。

至此，我们已从《形而上学》和《灵魂论》中追踪了主动性与被动性之间的两种对比。第一，在某种意义上，质料是被动的，形式是主动的，这一点最清楚地体现于原质的情况。原质是被动的，因为它只能接受形式；形式是主动的，因为只有当形式是质料所固有的一部分时，物才开始存在。第二，如果议中的质料不是原质，则适用于上述区分的一个追加版：质料仍然接受形式，比如一块大理石接受塑像这一形状。且让我们假定，这确实抓住了亚里士多德在对比主动性与被动性时的一层意思吧。接下来，他将形式等同于实在，将质料等同于潜在。因此我们也许期望，实在将会被解读为主动，潜在将会被解读为被动。这个猜想成立吗？在某种程度上成立，因为，如前所述，亚里士多德明确表述了实在与行动之间的联系。但是在某种程度上又不成立，因为，如前所述，他对潜在的论述既包含受动潜能，又包含行动潜能。故而潜在既可是主动的，又可是被动的。

这似乎给我们留下了被动性的两个意思，一个促使我们将质料视为被动，另一个向我们论述说，潜在时而被动，时而主动。但是两个意思又有许多共同之处。第一，两者都将被动性描述为潜在。原质的被动性在于它具有变成任何物的潜能，所谓一种被动的潜在，就是其字面已经表明的意思：一种潜在。因此，被动性就是一种被

---

24 *Metaphysics*, 1049ᵃ24.

改变的容力。第二，两个说法都将被动性描述为一种可被其他物、被某种行动者改变的容力。质料中固有的形式如何变成具体的物？答案至少是语焉不详的。然而似乎很清楚的是，亚里士多德认为形式以某种方式施动于质料，并认为质料在此过程中被改变了。同理，他关于潜在的论述中的要点在于，潜在是通过一个行动者的干预而实现的。

由此，行动与激情跻身于亚里士多德形而上学的一批最基本概念之列，被用来阐明存在概念，以及与此相关的另一个问题，即变化。行动与激情、形式与质料、实在与潜在，这一系列密切相关的概念，在十七世纪依然保持着核心地位，因此，一种大体上属于亚里士多德主义的对主动与被动的理解还在继续向形而上学研究提供知识，并继续向自然物之间的因果关系分析贡献力量。由于这一系列概念惊人地长寿，所以它们在十七世纪作者撰述的亚里士多德训诂中，仍然被循环再生地利用。更有甚者，时至十七世纪，它们已成为哲学的一个如此重要的组成部分，以致各派哲学家都在从中汲取原材料，俾以形成自己的立场和论点。在当时的哲学共同体内，对行动与激情的理解主要是被这种亚里士多德主义观点所塑造的。

亚里士多德主义灵魂理论中的主动性与被动性

亚里士多德不仅用他对主动性与被动性的两种解读来解释存在与变化，而且用它们来解释灵魂并定性灵魂的能力。第一，将形式与主动性联系起来，便提供了一个基础，由此可对那些使灵魂区别于其他物的特殊属性进行分析。第二，将主动潜能与被动潜能区分开来，则有助于分析灵魂的各种不同的状态和容力，其中也包括灵魂的激情。这两种解读一起被筑入了一个极具影响力的框架，后世哲学家得以在其中探索情感和欲望问题。

虽然亚里士多德主张一切物皆由形式与质料合成,但是当他转向灵魂时,他允许了一个例外。他辩称,灵魂不是一个合成体,而是一种形式,该形式与肉体结合,共同构成一个生物。[25] 我们可以通过比喻来理解这种关系——让我们想象眼睛是一个生物吧,这样一个生物的质料当然是眼球、视网膜,等等,但是,除非它在此之外还具有视的能力,否则这些物理性的器官不会成为一只真正的眼睛。视力是使它成为一只眼睛的要素,是使它成为眼睛这一特定物的要素,因此视力就是眼睛的形式。同理,肉体要想成为一个生物,灵魂就是它必须具备的一种能力。多种容力联合起来,一起使肉体变成一个特定的物种,无论那是一只蛤,抑或一个人。[26]

灵魂作为生物的形式,是实在的,不过亚里士多德在指明这一点作何理解时非常谨慎。他说,实在性有两个意思,而灵魂也是在两个意义上存在和运行。回到眼睛的例子:当眼睛运用其视力时,在这个意义上眼睛是实在的。但是,眼睛在另一个意义上也是实在的:它具有视的能力——无论它此刻是否正在实施这种能力。灵魂的实在性可以是后一种情况。灵魂有很多能力,即使这些能力不在施行之中,它们依然存在。例如,当我们熟睡时,即使我们没有想问题,我们的思想能力也未化为乌有,换言之,我们的思想能力依然是实在的。同样的道理可以推及所有那些使我们成为人类的能力。[27]

我们也许还是不禁要想:那些构成灵魂实在性的能力既是潜在的,又是实在的。例如,一个人具有活动的能力,但因睡着了而未施行之,这时我们也许可以认为,她只是潜在地具有活动能力,而当她醒来并起床时,她便实在地具有活动能力了。然而,这就错失

25　*On the Soul*, 413^{a}2. "The soul *plus* the body constitutes the animal."
26　同上书, 412^{a}10-24。见 J. L. Ackrill, "Aristotle's Definition of psuche", in J. Barnes *et al.* (eds.), *Articles on Aristotle*, iv. *Psychology and Aesthetics* (London, 1979), 65-68。
27　*On the Soul*, 412^{a}22f.

了亚里士多德的论点。实际上他的主张是，活动能力、思考能力等等，永远是实在的。它们永远都在那里。往复于实在和潜在之间的只是它们施行与否。不过，它们的施行靠的是灵—肉合成体的合力，而非灵魂的一己之力。为了让焦点对准这个观点，我们不妨回头参考前一节讨论的形式概念。在那里我们发现，形式可被理解为一系列以特有的方式活动，从而使一个物成为该物的能力。例如，樱桃籽具有发芽和生长的容力——即使它处于休眠状态；而即使它处于休眠状态，这种能力也是实在的。只不过，这一主张缺少了直接性，尤其是当我们记起实在性是与主动性紧密相连的时候。虽然我们好像有理由说，樱桃籽或灵魂的诸般能力即使不在施行之中，它们仍然是实在的（意谓它们仍然在那里）；但是如果说它们是主动的，我们就较难看出是什么意思了。在这个节骨眼上，我们有必要回忆一下，形式的主动性并不在于一系列能力的施行。在亚里士多德看来，只要樱桃籽的形式能辨别它所寄寓的质料，并导致樱桃籽的存在，这粒樱桃籽的形式就在行动。说它是主动的，意思是它使这个特定的物得以存在。灵魂也如此：灵魂为灵—肉合成体贡献了一系列将一个生物定性为一个特定物种的能力；当灵魂这样做的时候，它既是在行动，也是在使这些能力变得实在。

为了补充这份关于灵魂实在性的分析，亚里士多德又提供了一份关于肉体潜在性的诠释。他告诉我们："灵魂是实在，相当于视力是实在；……肉体则相当于潜在的东西。"[28] 可见，虽然是灵—肉合成体构成了生物，但是从概念上，这个合成体被划分成了两个部分，一个是主动的或实在的，一个是被动的或潜在的。然而，生物的诸般属性实际上永远是一个合成体的诸般属性，这就模糊了被动的肉体与主动的灵魂之间的界线。亚里士多德第一个告诉我们，灵魂在灵—肉合成体中的能力可以是实在的，也可以是潜在的，例如，当

28　*On the Soul*, 412ª28.

一个人开始分析一个句子的语法结构时,他的语法知识经历着一次从潜在到实在的变化。在这里,我们看出亚里士多德从实在性的一个意思转移到了另一个意思。单独考虑灵魂的诸般能力时,由于它们使得一个生物成为该生物,所以它们是实在的和主动的。但若考虑灵—肉合成体的诸般能力,则只有当它们被施行时,它们才是实在的和主动的;正是出于这个原因,它们既可以是实在的,也可以是潜在的。

在亚里士多德对灵魂具体能力的论述中,灵—肉合成体的属性处于最重要的地位。我们不难给生物表现的各种能力开列一张清单,但是,一项特定的能力是否表现于一个特定的物种,则要看灵魂寓于其中的那种质料。亚里士多德根据生物表现的能力之多寡来给生物排序,将人类置于首位,将蛤之类更简单的有机体置于后位。不过,这是给各种灵—肉合成体排序,而不是单独给各种肉体排序,或单独给各种灵魂排序。同理,他仍然是根据灵—肉合成体所表现的实在和潜在的混合程度,将能力分别定性为各种程度的主动或被动。亚里士多德最终达成的关于生物所具能力的论述,以及他对这些能力的主动和被动归类,不仅形成了一幅极具影响力的心灵肖像,而且,由于他将某些能力分析为被动的,他吸收和发展了一种被动概念,以此奠定了后世各家对灵魂之激情的理解。

亚里士多德将诸般能力分别定性为主动的或被动的,如果集中讨论这一点,我们会发现,营养能力,[1] 即所有生物都具备的一种负责摄取营养和繁衍的能力,是主动的。29 这种主动的定性来源于下述观点:生物摄取营养和进行繁衍的容力,乃是生物通过行动,将一种物转化为另一种物的能力。例如,只有当一个有机体施动于食物,将其分解成元素时,食物才滋养这个有机体。亚里士多德的说法是:

---

[1] 营养能力,nutritive power。可参见下一条译注。
29　*On the Soul*, 416ª19.

第一部分

营养能力，乃是一个拥有营养灵魂[1]的造物对食物施动，由此将该食物变成那种组成该食物的质料的能力。[30]亚里士多德接下来谈到的能力是感觉，他将感觉归于被动范畴，因为我们的感官只有在受到外物刺激的时候才活跃起来。"感性的东西，"亚里士多德说，"只有潜在时、而非实在时，才是感性的。感觉能力好比可燃物，可燃物不会自行着火，必待一个具有点燃能力的行动者为之点燃。"[31]在这里，他将被动性解释为，不能在没有外力帮助下施行一项能力。感觉是被动的，因为，除非有一种东西要我们去感觉、并以适当的方式刺激我们的感觉器官，否则我们无法感觉。我们的感觉是被周围世界的某些特定事物激发起来的，[32]只有当某个特定事物在场时，我们才能接受它的感觉形式。[2]虽然此论从直观上是可以理解的，但是它已经暗示着一个即将发生的困难——难以在主动能力与被动能力之间确立一条界线。我们究竟为什么不应该顺水推舟地说，营养能力是被动的，只有当确实有一样东西要生物体去吃的时候，生物体才能施行其分解消化食物的能力呢？这个问题揭示了主动性与被动性之间的区别的又一个维度，它关涉的不是能力在什么环境下被施行，而是能力本身的性质。所谓感觉能力，据亚里士多德解释，是一个接受事物之感觉形式的过程，在这个意义上，感觉只不过像是"肯定或思考"罢了。[33] [3]当我们感觉的时候，我们是在接受某物的

---

[1] 亚里士多德将灵魂分为三个等级：最低等级是营养灵魂（nutritive soul，也称 vegetative soul），即植物的灵魂；其次是感性灵魂（sensitive soul），即所有动物的灵魂；最高等级是理性灵魂（rational soul），即人类的灵魂。这三重灵魂各有其能力。

30　*On the Soul*, 416^{a}21–^{b}2.
31　同上书，417^{a}6。
32　同上书，417^{b}21。

[2] 感觉形式，sensory form，应指与感觉有关的形式，或作用于感觉能力的形式。

33　*On the Soul*, 431^{a}8.

[3] 此句因剥离语境，故不易理解所谓的"肯定或思考"，亚里士多德本人的上下文是："感觉，实际上只是在肯定或思考。当它肯定或否定某物为可喜或可厌的时候，感性灵魂相应地作出趋向或规避的反应。"本书作者苏珊·詹姆斯在下一段对此有进一步讨论。

感觉形式，犹如一块蜡接受一枚指环图章上的印文，[34]但是我们并未改变或改造该物本身。相反，营养能力和繁衍能力却把一种质料改造成了另一种。当亚里士多德将营养能力划归为主动，将感觉能力划归为被动的时候，行动与感受之间的这种区别似乎承载了最大的分量。

感性灵魂[1]不仅具有感觉能力，而且具有一种觉察某物是可喜还是可厌，并作出相应判断的能力，亚里士多德将这种判断描述为"一种肯定或否定"，并将其描述为渴望或反感。他还把"渴望"定义为一种追求某个看上去可喜的事物、规避某个看上去可厌的事物的欲望，[2]这种欲望产生后，便导致行动。[35]可见渴望是感觉能力的一个侧面，[36]总是与感觉相随，[37]正因为此，所以渴望也被划归为被动范畴。

为了探讨渴望是被动的这一观点，我们必须首先更清楚地了解什么是渴望。有一次，亚里士多德将渴望定义为追求快乐的欲望，[38]又将快乐分析为"通过感官而对一种情感的自觉意识"。[39]由此我们知道，渴望是追求某一种情感——即快乐——的欲望。但是这个总括性的论述并不表示，人类和其他生物仅仅怀着追求唯一一种情感的唯一一种欲望；相反，亚里士多德辩称，这里有两个复杂的因素需要考虑。第一，我们的欲望对我们自己的知觉非常敏感。我们将感觉的对象识别为这样或那样的东西，它们由于自身的不同属性，能给我们带来某种快乐或造成某种痛苦，并导致我们对之作出相应

34　*On the Soul*, 417ᵃ18.
[1]　感性灵魂，sensitive soul，即具有感觉机能的灵魂；另参见前页关于"营养灵魂"的译注。
[2]　可参见本书第 2 页（边码）关于 appetite（渴望）和 desire（欲望）的译注。
35　*On the Soul*, 433ᵃ9.
36　同上书，413ᵃ13。
37　同上书，414ᵇ3。
38　Aristotle, *Rhetoric*, in *Complete Works*, Barnes, vol. ii, 1370ᵃ17.
39　同上书，1370ᵃ27。

第一部分

的反应。因此，渴望不仅是欲望和反感，而且是多种欲望和多种反感。第二，感官渴望得到满足时，并非产生纯粹的快乐之情；同样，感官渴望未能满足时，也并非产生纯粹的痛苦之情。相反，感官渴望得到满足时，会导致报复、爱等各种快乐，或者与此相对，导致恨、遗憾等各种痛苦。

因此，渴望与激情有着密切的关系，而激情，据亚里士多德说，存在于人类和动物的灵魂中。但是，弄清渴望与激情之间关系的确切性质就要困难一点了。在《尼各马可伦理学》的某一处，亚里士多德将激情描述为"被快乐或痛苦伴随着的感情"。[40] 联系到他将渴望定义为追求快乐的欲望，此处的说法好像暗示着：激情有别于欲望本身，激情是当我们的欲望被满足或被挫败时，我们所体验的感情。但是在其他地方，亚里士多德又将激情等同于欲望——他不仅将渴望列为一种激情，而且将愤怒定义为"一种被痛苦伴随着的、谋求一次明显的报复的欲望，盖因自己或自己的朋友被无理地施加了一次明显的侮辱"。[41] 因此，欲望和反感原本构成渴望，现在看起来它们本身却是激情了。亚里士多德的论述中的另外两点支持了这种解读。其一，他将愤怒描述为一种被痛苦伴随着的欲望，因此愤怒吻合了激情的定义：激情是"被快乐或痛苦伴随着的感情"。与其认为渴望的组成成分是追求快乐状态的欲望和规避痛苦状态的反感，毋宁认为，渴望的组成成分是已经快乐着的欲望和已经痛苦着的反感，它们引发行动，行动则产生另一种快乐或痛苦。例如，愤怒是痛苦的，愤怒的人欲求报复，也就是说，他欲求通过行动而导致另一种事态。他想实现这个目的的欲望同时也是一种用某种快乐取代痛苦的欲望。

---

[40] 见 *Complete Works*, Barnes, vol. ii, 1105ª21。亚里士多德列举的激情清单如下：渴望、愤怒、恐惧、信心、嫉妒、快乐、爱、恨、期盼、好胜、遗憾。
[41] *Rhetoric*, 1378ª31.

这种解读的另一个证据来自亚里士多德对激情的论述：激情是出于某种理由，针对某个事物，而产生的一种心灵状态。[42] 沿用同一个例子：我的愤怒，是针对某个具体的人而产生的报复欲望，盖因此人侮辱了我。这种论述不再暗示激情只是感情，而暗示激情更像是判断。激情是有理由、有对象的感情。事实上，亚里士多德在阐述我们对感觉对象产生的欲望时，其阐述是符合这种分析的。那是追求特定事物的欲望，盖因该事物具有某种属性，能使该事物给我们带来某种快乐。例如，我对杏产生欲望，盖因我相信杏的味道很可口，杏的香气很像夏天的气息。进而言之，我们在遵循欲望办事时实现的那种快乐状态，似乎还符合更细致的分析。例如，给愤怒的人带来快乐的是，他报复了他的敌人，盖因这个恶棍做了不义之事。可见，感官渴望的所有状态好像都是激情，尽管其对象和理由各不相同，其深浅程度也有所不同。

回到我们当前的主题：为什么亚里士多德认为激情是被动的？这个被动论断从他的下述观点得到了支持：我们感受激情的能力，并不是将一种物转化为另一种物的能力，而是像感官知觉一样，[1] 是一种接受环境影响的容力。因此，主张将激情视为被动，等于主张将感官知觉划归为被动。有人也许反对说：我们并不仅仅是"接受"激情——像亚里士多德认为我们接受感觉形式那样；相反，激情来源于非常复杂的解读和评价，所以激情本身就是一种行动。无论这个主张的真理性如何，反正亚里士多德没有采纳它，这说明他确实认为激情类似于感官知觉，是外物在我们身上必然激起的反应，是我们经受的状态。我们不可能在没有外力帮助的情况下体验激情，我们必须等待环境来激发激情。

至此我们一直将激情作为灵魂的状态而讨论。然而，亚里士多

42　*Rhetoric*, 1378ª21.
[1]　感官知觉，sensory perception，或译"官觉"，即通过感官（senses）而知觉事物的过程。

德是将激情视为灵—肉合成体的属性的，因此，激情既产生心理效应，也产生我们所称的物理效应。一旦转而讨论这些肉体表征，[1]亚里士多德等于是在介绍被动性的另一个维度。例如，当人发怒时，心脏部位会变热，尽管这种热度不能与愤怒的体验画等号，两者却如影随形。同理，当人恐惧时，体内会变冷。反过来，这些体内的状况又导致并解释了激情的可见效应。由于发怒者的心脏部位变热，由于这种热度在愤怒中升高，因而发怒者变得"脸红气粗"。亚里士多德一向对古希腊所用的物理学语言非常敏感，于是他评论道，正是由于上述原因，所以"愤怒在沸腾、升腾、激荡"之类的表述是恰如其分的。它们不仅是比喻而已，而且是在切实地描述一种物理过程。[43] 此外，这种物理过程也解释了为什么愤怒难以克服。一旦与愤怒相伴的物理运动被激发起来，就不受我们的直接控制，一发而不可收了。[44] 即使愤怒者发起反向运动，激情仍把它朝原来的方向推动。亚里士多德的论说暗示着，无论是当我们对具体的一阵愤怒发起反向运动——例如设法平静下去——的时候，抑或是当我们对习惯性的愤怒发起反向运动——例如设法变得不那么易怒——的时候，我们都很难克服愤怒。他说，后一种情况有如一个人脑子里盘踞着一支曲子，他决心不哼唱它，但还是不由自主地哼唱着它。[45] 贯穿在这些论点中的一个概念是，不管是激情，还是其物理症状，都不在我们的绝对控制之下。在愤怒的时候，我们不由自主地脸红，更严重的是，我们经常无法阻止自己发怒。因此，激情的被动性质不仅在于，激情是一种只有当环境刺激我们时才出现的对外界的反应，而且在于，我们往往不能控制自己对某个情景的反应方式。面对一

---

[1] 肉体表征，bodily manifestation，相当于上一句中的"物理效应"（physical effects）。

43 Aristotle, *Problems*, in *Complete Works*, J. Barnes, vol. ii, 947^{b}23.（但是这个篇目的真实性一直受到严重的质疑。）

44 Aristotle, *On Memory*, in *Complete Works*, ed. Barnes, vol. i, 453^{a}26.

45 同上。

棵枝繁叶茂的樱桃树，我没有能力把它看作橙色而不看作绿色。同样地，亚里士多德似乎是在说，当有人污辱我的时候，我或许没有能力心生原宥而不心生愤怒。

物种的复杂程度不同，感性灵魂的被动能力的精细程度也不同。[43] 首先，由于动物拥有不止一种感官，所以不同的感官提供的那些信息，必须用不止一种感觉属性整合成一种对感觉对象的知觉，这使得知觉成为了一个复杂的过程。我们的嗅觉和触觉是两种不同的感觉，但是——譬如——当我们去知觉一个婴儿的小脑瓜时，我们在同一时间觉得它既软又香。此外，亚里士多德辩称，许多动物（但是蚁、蜂、蠕虫等除外）都有一定的想象能力，[46] 这个复杂的概念被亚里士多德运用于做梦，[47] 也运用于醒着的幻想，例如有一个人，每当他在街头瞥见一个男孩，他都想象那是他的情人；[48] 还运用于我们通常视之为典型想象的情况，例如我们能在脑子里唤来一幅图画；[49] 又运用于我们不确定的感觉判断，[1] 例如我们会说远处的一个身影看起来像是一匹马；[50] 也运用于我们明知错误的知觉，例如我们觉得太阳的直径只有一英尺。[51] 想象与感官知觉密不可分，根据亚里士多德的描述，想象是感官的实在能力所导致的一种运动。[52] 但是想象与知觉也有两点差别：其一，想象受我们控制，知觉却不然；[53] 其二，知觉一般说来符合事实，想象却未必。

这两点差别对于亚里士多德的被动理论都很重要，但是其中第一点有时好用，有时不大好用。也许，当你想象自己同亚里士多

46　*On the Soul*, 428ª10.
47　同上书，428ª7。
48　Aristotle, *On Dreams*, in *Complete Works*, ed. Barnes, vol. i, 460ᵇ3.
49　*On the Soul*, 427ᵇ19.
[1]　感觉判断，sensory judgements。
50　*On the Soul*, 428ª12.
51　*On Dreams*, 460ᵇ18；*On the Soul*, 428ᵇ2.
52　*On the Soul*, 429ª2.
53　同上书，427ᵇ16。

第一部分

德讨论"想象"问题时，你的想象是受你控制的；但是，梦和被情感点燃的幻想通常是不受我们控制的。亚里士多德的那些五花八门的例子暗示着，想象有时是主动的，有时是被动的。当我们有意要想象，并能控制自己想象的内容时，我们的想象便符合亚里士多德为主动能力订立的两个标准。但是，当幻想降临于我们，而且好像无论我们怎样企图加以引导，它都只管自行其是时，我们的幻想便符合他对被动性的描述。第二点差别——即想象往往是虚假谬误的——指出了想象的另一个特点：当我们想象一个事物的时候，我们作出了一种可能并不符合实际情况的判断。亚里士多德声称，我们通常不对自己的想象作出情感反应，譬如，想象一个恐怖场景时我们并不感到害怕，由此可见，我们并不把自己的日常想象视为一份有关周围世界的可靠报告。[54] 同理，当我们试图辨识模糊的物体时，我们会宣布："那好像是一匹马。"当我们觉得太阳的直径看上去只有一英尺左右时，我们完全知道这不是事实。但是仍然，并非所有的想象都符合这种描述。例如当我们做梦时，我们通常不知道自己在做梦，也不会对梦境采取怀疑态度，尽管我们醒着的时候是能区别梦境和真实生活的。然而亚里士多德将这个论点搁置一旁，似乎是要暗示，感官知觉与想象之间虽有这个差别，却无碍于两者都是被动能力的事实。

有些动物除了拥有知觉能力、体验激情的能力、想象能力以外，还拥有思想能力，即达成正确或错误的判断的能力。据亚里士多德说，思想能力在一定程度上有赖于知觉，也就是依靠知觉来提供关于可感对象的信息；[1] 思想能力又在一定程度上有赖于权衡式的想象——亚里士多德将此种容力区别于一切动物皆有的感性想象。[55] 如

54　*On the Soul*, 427^{b}21.
[1]　可感对象，sensible object；与此相对应的是可知对象，即 intelligible object。
55　*On the Soul*, 434^{a}6.

此装备起来，灵魂便能施行它的思想能力了，于是灵魂既能通过认识物的形式而获得理论知识，又能获得有关利与害的实践知识。但无论是哪种情况，思想能力都处于灵魂自己的控制范围内，因此，当它考虑和盘算目的与手段时，它就是在行动。[56]它是让它自己的容力行动起来，而不是被其他物推入行动，因此这些容力是主动能力——是行动的容力，而非受动的容力。[57]

思想与主动性的这种联系，意义重大且影响深远，主要是因为它帮助亚里士多德论述了行动的前因。如前所述，亚里士多德将渴望与感觉联系在一起，认为动物被自己觉得快乐的事物吸引过去，被自己觉得痛苦的事物推挡开来。感性灵魂的知觉引起激情和欲望，激情和欲望则导致动物的行动，以及人类的一部分行动。然而，人类还能主动思考自己的利益："有时候，仿佛用眼睛看东西一样，灵魂看见了并借助于其内在的意象或想法，同时又参考现状，去盘算和思谋未来情况；当灵魂发出断言时——如同感觉能力断言某物是快乐的或痛苦的那样，这时灵魂就会规避该物，或追求该物。所谓行动，大抵如此。"[58]可见，工于计算的理知可以是行动的部分原因；但它不是行动的全部原因，因为，在亚里士多德看来，思想不可能在没有渴望的情况下把我们推入行动。[59]考虑到这一点，亚里士多德得出结论说，我们只被渴望推动。[60]渴望是灵魂的一种单独的本领，它不含有深思熟虑的成分，因此它迥异于理知。[61]然而渴望也并非总是感性的。感性渴望包含着欲望和激情，而灵魂的思想能力的那种工于计算，却激发了理性渴望，[1]亦即愿望，它们将人们推入理性行

---

56 *On the Soul*, 431^{b}1；432^{b}26.
57 同上书，430^{a}18。
58 同上书，431^{b}6。
59 同上书，432^{b}25。
60 同上书，433^{b}21。
61 同上书，434^{a}12。

[1] 理性渴望，rational appetite；与此相对应的是感性渴望，即 sensitive appetite。

动。[62] 此外，当理性渴望和非理性渴望发生冲突时，欲望可能战胜愿望，愿望也可能征服欲望。[63] [1] 可见渴望这种本领有两个侧面，一个主动，另一个被动，因此它既可行动，也可受动：当它产生欲望时，它被它的欲望对象推动；当它对欲望、激情和愿望作出反应时，它就是一种行动，并以肉体运动来表达。[64]

在本章的第一节，我们已经看到，很多事物具有互相施动和互相受动的互反容力。[65] 但是任何一个变化过程必须有一个起点，而亚里士多德似乎是说，它起源于一个能够不受动、只行动的行动者。[66] 在无生命的世界，这个角色被分派给九霄之上的"天"：天在无止弗休地、举重若轻地进行一种永恒的循环运动。在所有的自然物中，天是最主动的，因为它根本没有潜在，根本没有被任何其他自然物改变的容力。[67] 在灵魂体系中，这样的角色则由思想来扮演——思想在其本性上就是主动。[68] 这种对思想的诠释，吸纳了前文已经讨论过的关于什么是主动的好几个论点。其一，亚里士多德似乎主张，虽然灵魂思考具体真理和具体谬误的容力有赖于感觉体验，也就是说，人不可能思考自己闻所未闻的东西，但是启动思想和引导思想的能力属于灵魂本身所有。在这个意义上，思想有别于感官知觉和激情——思想是主动的，感官知觉和激情却是被动的。其二，思想不能用"接受"和"被影响"这类被亚里士多德用来描述知觉的被动语言加以描述。思想更像是营养能力，因为它能产生先前不存在

62　*On the Soul*, 414^{b}2；432^{b}5.
63　同上书，434^{a}12.
[1]　从这些句子的蕴涵来看，"愿望"（wish）与"理性渴望"在这里是同义语。
64　*On the Soul*, 433^{a}16.
65　Aristotle, *On Generation and Corruption*, in *Complete Works*, ed. Barnes, vol. i, 333^{a}25; 328^{a}19.
66　同上书，324^{a}32.
67　Aristotle, *On the Heavens*, in *Complete Works*, ed. Barnes, vol. i, 270^{b}7; 284^{a}13; 286^{a}9; *On Generation and Corruption*, 336^{b}27-34; *On the Universe*, 397^{b}9-401^{b}30.
68　*On the Soul*, 430^{a}18.

的新结果,在这个意义上,思想是主动的。其三,亚里士多德有时似乎暗示,思想是灵魂的目的,也是灵魂的所有能力当中最伟大的。植物拥有营养能力和繁衍能力,动物除此以外还拥有感觉能力、感性渴望能力和想象能力。但是唯独人类才拥有智性能力,[1]因此,只有在人类身上,灵魂才表现了它的所有能力,也只有在人类身上,灵魂才得以满负荷地工作。而且,既然灵魂"在其本性上就是主动",[69]那么,能力多寡的刻度表同时也就是主动性高低的刻度表,而人类拜其灵魂所赐,比葱头的主动性要高得多。最后,由于人类具有通过启动自己的思想而投入行动的容力,所以人类接近于神。犹如九霄之上的天的运动,神的运动也是无始又无终的。没有任何东西向它施动——无论是启动它还是改变它,所以它没有潜在,而永远都是实在,永远都在完满地实现自己的目的。智性思想也带有这种可能性,因此它既是灵魂的主动,也是灵魂的完满。

至此我试图阐明,主动性和被动性的概念在亚里士多德关于存在与变化的总体论述中发挥了多么重要的作用,以及在他的生物概念中占据了多么关键的地位。犹如一位勾勒巨幅壁画的画家,亚里士多德给我们提供了一个巨构。从房间的另一端打量,我们看见所有的个别物都由主动的形式和被动的质料合成,而作为合成物,它们既是实在,又是潜在。再走近几步,我们又分辨出,它们的潜在分为两种,一种主动,一种被动。更贴近地打量巨画的细部,我们发现一切生物都是由被动的肉体与主动的灵魂组成的合成体。最后瞥一眼墙壁,我们看见灵魂包含的诸般能力有些是主动的,另一些则是可被外物改变的被动容力。亚里士多德的巨画被经院主义注疏家们一再复制,其中有些人按照自己看见的那样,毫厘不爽地复制了大部分原画,也有些人进行了微妙的修改和增补,但是若干世纪

---

[1] 智性能力,intellectual powers。
69 *On the Soul*, 430^{a}18.

以后，巨画基本上保持着原样，并继续为哲学思想提供蓝图，为一些更细致的画题提供原料。这种做法适用的画题之一，便是灵魂研究；亚里士多德阐明的营养能力—感性能力—智性能力的等级结构，虽然其确切的定义在不断改变和增生，但是事实证明，它在历史上一直经久不衰。就本书的鹄的而言，下一章即将讨论的阿奎那学说有着无与伦比的重要性。阿奎那的激情分析，扩展和修改了亚里士多德描绘的巨画，并产生了不可估量的影响——无论是对十七世纪之前和之中的经院主义哲学心理学，[1] 还是对经院主义的各路敌手。简言之，阿奎那的激情理论成为了第二代亚里士多德主义正统，成为了早期现代激情理论家所依赖一部分思想遗产。

---

[1] 经院主义哲学心理学，scholastic philosophical psychology。

第三章　阿奎那论激情与行动

从亚里士多德跳跃到阿奎那，从一位生活在公元前四世纪的异教希腊人的著作，穿越到一位生活在公元十三世纪的基督教僧侣的著作，乍看上去似乎不合史学路数，但是这种切换很容易被证明有理。在《神学大全》中，阿奎那按照自己的理解，继承亚里士多德的哲学，将其纳入了一份关于人性在上帝创世中的地位的系统论述。他不仅汲取和发展了本书第二章讨论过的亚里士多德主义的主动性和被动性概念，而且在自己的一部论说灵魂激情的复杂恢宏的著作中采用了它们。[1]对于当时的天主教读者来说，《神学大全》不仅成为了正统宗教的标杆，也成为了一部哲学必读书，它是亚里士多德主义与基督教教义的一种综合体，是权威的、公认的，其影响力在文艺复兴时期人们对古典世界[1]重燃兴趣的时候，也未有太大的减损。在当时的西欧，由于古希腊语的复苏，也由于古典文本有了更广泛的可达性，人们更容易以原文或拉丁文译文阅读亚里士多德了，然而尽管

1　Aquinas, *Summa Theologiae*, ed. and trans. by the Dominican Fathers, 30 vols.（London, 1964—1980）, 1a. 2ae. 22-48.

[1]　古典世界，指古希腊—古罗马。可参见本书第19页（边码）关于"古典哲学"的译注。

如此，阿奎那对亚里士多德著作的解读依然是正统的和性成形的。

本书将要讨论的一系列十七世纪哲学家，无不认为阿奎那特别值得认真对待，也特别值得与之论辩。无论他们是捍卫他，抑或是摈弃他，他照样是一个赫然存在，是他们当中很多人深切关注的经院主义传统的一个偶像。他的影响力尤其强大地笼罩着那些撰述激情问题的作者，他们不仅继续仰仗他关于激情主题的细致而又系统的杰出论著，而且继续回望他的论著所寓的那个形而上学大框架。[2]

阿奎那用拉丁文写作，他探索了 *energeia* 和 *entelechia* 的涵义，这是亚里士多德的两个重要术语，[1] 用来表示主动性、实在化、完成、实现。阿奎那还探索了 *dunamis* 的涵义，[2] 它表示潜在性、容力、可能性、潜力、能力。*energeia* 和 *entelechia* 的概念，可用 *actus* 来表达——此语保持了亚里士多德评论过的行动与实在之间的希腊辞源关系；但也可用 *opus* 和 *operatio* 来表达。所有这些词汇都是极近的近亲，一旦翻译出来，它们之间的微妙差别往往消失殆尽。例如，阿奎那谈到灵魂的 *operatio* 时，他是指灵魂特有的运作或活动；而谈到理解时，他说理解是灵魂的诸般 *opera* 或行动当中的一种。[3] 在阿奎那的著作中，*energeia* 的第二层意思——完成或实现——经常用 *finis* 一词来表达，*finis* 的意思固然是完成或结束，但是它也和 *actus*、*opus*、*operatio* 有关系。再转向表示潜在性的术语，*dunamis* 的两层意思，即潜在和能力，仍然用拉丁文 *potentia* 拴在一起，例如，主动能力和被动能力分别被表述为 *potentia activa* 和 *potentia passive*。但是在讨论亚里士多德主义的能力概念时，阿奎那有时也会使用另外

---

[2] 关于阿奎那的激情研究受到哪些作者的影响，见 *Summa*, vol. xxi, app. 3。

[1] *energeia* 和 *entelechia* 是亚里士多德自创的两个希腊文单词的拉丁文翻译，他说这两个单词的意义有交汇之处；后世大多数注疏家则认为两者可交换使用。本段的拉丁文单词均在上下文中有解释，故本译者保持原文不译。

[2] *dunamis* 的希腊文为 δύναμις，亚里士多德将它用作 *energeia* 和 *entelechia* 的对立面。

[3] *Summa*, 1a. 76. 4.

两个带有主动涵义的术语：一个是 vis，意为力量；另一个是 virtus，表示功能或特长，但也表示价值、美德、优点。潜在性的主动侧面和被动侧面在这一系列表达法中都得到了反映。至于被动性本身，阿奎那在表达被动概念时，一般采用异相动词 patior，即经受，[1] 或采用 patior 的一些同源词，其中一个同源词是 passiones（阿奎那论文的拉丁文标题就是 De Passionibus Animae），[2] 不过，在一次评论奥古斯丁关于 pathe 译法的讨论时，阿奎那又说 passiones 等于 affectiones，即感受。4

托马斯主义形而上学中的主动性与被动性

阿奎那忠实地保留了亚里士多德形而上学之船的负荷满满的舱板，也保持了本书前一章讨论的亚里士多德关于主动性和被动性的大部分观点——阿奎那原封不动地照搬说，万物皆由形式和质料构成，形式是主动的和实在的，质料是潜在的和被动的。阿奎那对这些概念的用法，一般说来，也正是本书前一章检视过的那些用法：用来阐明存在概念；用来解释为什么物的偶性有可能改变，而其本质却保持不变；[3] 用来论述变化。但是同时，阿奎那也对亚里士多德的蓝图进行了深刻的修订，这是因为他相信：上帝以《旧约》所描述的方式创造了世界，自然物应当被理解为一个等级结构，从低等到高等，直到至高无上的上帝本身。阿奎那针对主动性和被动性理论的一系列意义重大的修订，反映了一种让亚里士多德形而上学顺应这些基督教教义的必要性，也反映了一种通过廓清其中一些最令人困惑的哲学难题而改善它的愿望。

---

[1] 关于异相动词（deponent verbs），可参见本书第 11 页（边码）相关译注。
[2] *De Passionibus Animae*，"灵魂的激情"，是阿奎那《神学大全》中一个重要部分的标题。
4 *Summa*, 1a. 2ae. 22.
[3] 本质，essence；偶性，accident，可参见本书第 35 页（边码）关于偶然属性的译注。

第一部分

在亚里士多德看来，自然世界的秩序是一种渐进阶位，最低端是纯被动性或原质，最高端是纯主动性或神。虽然阿奎那坚定地忠实于一种包罗万象的等级体系，可将低等物和高等物一网打尽，但是他并不满意亚里士多德对其中最低端和最高端的论述，因此他为这两端建构了新的诠释。从被动的一端开始，阿奎那立刻遭遇了一个矛盾：亚里士多德的著作一边声称，一切存在物都由质料和形式构成，一边又主张，原质没有形式，故而是纯潜在。前一种说法暗示着，如果原质没有形式，它就不可能存在。阿奎那认真思考了这个言外之意，然后得出结论说，根本没有什么原质。被亚里士多德视为万物存在之本的那种无形之质，其实并不存在。相反，原质只应被视为一个概念上的极限，一个纯被动性的理念，它在那个由所有存在物组成的"波谱"中，既是起点又是终点。这番重新解读校正了亚里士多德形而上学中的一个偏差，同时也强化了一个假定：一切现存的自然物皆由形式与质料构成，故而全都符合唯一一种分析。阿奎那的修正不仅终结了原质只能受动的论点，而且暗示，一切自然物全都兼有实在性和潜在性，概莫能外。换言之，它们无一例外地，既能以某种特有的方式行动，又能受动或被改变。

当阿奎那接下来将注意力转向"波谱"的另一端，也就是转向纯主动性时，他心中已经有了本书第二章讨论过的一系列亚里士多德主义联系，即主动性与形式之间的联系，以及物的形式与其目的之间的联系。亚里士多德已经以多种方式分析了物的目的，譬如将其解释为物的特定功能，或物的特定生长模式，但是所有这些说法，都被阿奎那总括在一个无所不包的唯一目的之下，这个目的就是基督教的上帝。上帝是万物为之存在的目的或终点，而每一个物的行动目的，都汇入了这无所不包的神圣部署。为了理解世界被创造出来是要实现什么目的，我们不能只看自然，还要看神学；[5]而为了理解

---

5 *Summa* 一书的结构清楚地表现了这一点。

自然，我们必须承认它是上帝的造物。阿奎那在设计这个体系的过程中，汲取了亚里士多德的一个观点，认为永恒的或不变的事物一律是实在，而非潜在，并将上帝描述为"纯粹的、无垠的行动"。上帝不拥有任何潜能，不拥有任何被其他物的形式或偶性加以改变的容力。上帝是神格化的主动性，他在永不停息地施行他的力量。[6]

因此，创世的秩序应当被看作一个主动性渐增的物种序列，万物被依次划分为：无生物，植物，动物，人类，天使，最后是上帝。在这里，一种基督教的创世观取代了一种亚里士多德主义的自然观，成为了形而上学研究的焦点，但是，两者都被认为是根据主动程度之高低而组织起来的等级结构，只不过阿奎那是以潜在性和实在性去分析主动性而已。像亚里士多德一样，阿奎那将这两种成分纳入了一份关于变化的总体分析，用以涵盖种种不同的因与果，包括运动、思想、人类的行动。像亚里士多德一样，阿奎那进一步认为基本潜能分为两种：行动的潜能和受动的潜能，或如他更常说的那样：主动的潜能或潜力，以及被动的潜能或潜力。主动和被动的潜能是根据其对象而区别开来的。被动潜力的对象乃是该潜力的原由或原因（即 *principium*），[1] 例如色彩是使视力运动起来的对象；与此相反，主动潜力的对象是该潜力的终点或目的（即 *terminus* 或 *finis*），该潜力向着它而运动，例如生长能力向着某种成熟的形状和体积而运动。[7] 在这两个例子中，我们发现了两个互相关联的主动性和被动性概念，两者听来都很熟悉。从第一个例子我们得知，被动潜能是一种被运动的能力，或者广而言之，是一种受动的能力；从第二个例子我们得知，主动潜能是一个物以它自己特有的方式，根据它自己的目的而行动或发展的能力。

---

6 *Summa*, 1a. 75. 6; Ia. 79. 2.
[1] 以括号标示的文字是本书作者苏珊·詹姆斯的夹注。下同。
7 *Summa*, 1a. 77. 3.

第一部分

阿奎那不仅继承了这种亚里士多德主义的分析，他也继承了一些难题。一个物对其他物施动的主动能力，在何种程度上可以解释为该物在实现它自己的目的？例如，当炉火通过温暖我的手而对我的手施动时，炉火是在向着它自己的目的运动吗？当我通过推倒一只花瓶而对这只花瓶施动时，我是在向着我自己的目的运动吗？对第一个问题，阿奎那给予了肯定回答，但是对第二个问题，他压根儿不承认这是个主动潜力的案例。在他看来，主动潜力属于物的本质。供热属于炉火的本质，推倒花瓶却不属于人类的本质。此举使得阿奎那挽救了主动潜力与目的之间的联系，确保了主动能力可以从目的论角度加以解读。[8] 为了施行主动能力，一个物必须以一种与其目的相关、并且表达其目的的方式行动。[9]

另一个难题是，我们不免疑惑：是否每一种受动的情况都与一种被动能力相应？对此，阿奎那不仅有更多的话要讲，而且他或多或少超越了亚里士多德的质料观。阿奎那告诉我们，严格地说，只有当某物被夺走一个属于它的东西，或一个它向往的东西时——譬如一个人罹病或悲伤时，我们才说该物是被动的。在这个意义上，被动潜能是一种被变坏的容力；而所谓变好和变坏，又必须回看议中之物的形式。然而这不是我们将一个物描述为被动时的唯一意思。较宽松地说，某物无论被夺走一个适意的东西，抑或被夺走一个不适意的东西——譬如一个人无论罹病抑或康复、无论快乐抑或悲伤，这时该物总是被动的。此种解读将更多的能力归入了被动范围，尽管它们仍与形式相关联。物的被动能力是：要么以有助于该物实现其目的的方式，要么以有碍于该物实现其目的的方式，而被改变的容力。例如，当一个病人康复时，他由于疾病的祛除而被变好了；

---

8 *Summa*, 1a. 77. 3.
9 关于托马斯主义潜力说，见 H. P. Kainz, *Active and Passive in Thomist Angelology* (The Hague, 1972), 30–35。

当一个人罹病时，他由于健康的撤离而被变坏了。一切正常人都在非偶性的意义上拥有这两种容力。最后，我们还可以大而化地说，只要一个物从任何一种潜在状态转变到实在状态，而且在此过程中并没有被夺走任何东西，那么，即使这种跃迁是对该物的完成或完善，该物总是被动的。[10] 例如，那个拥有语法知识的人在上述意义上就是被动的，无论其语法知识因为当前不运用而处于潜在状态，抑或因为他接下来开始思考一个语法问题而处于实在状态。在这一点上，阿奎那没有赞同亚里士多德的意见，后者曾在《灵魂论》中评论道：将一个正在运用自己智慧的智者描述为正在被"改变"，那是奇怪的，甚至是错误的；相反，我们应当说，他正在变成他的真实自我，或他的实在。[11] 但是阿奎那表示不同意，他声称，下面的说法是完全可以理解的：物的任何变化，都以一种能被如此改变的被动潜能为前提，而无论这种变化本身的性质如何。

在阿奎那的著作中，时时可见被动性的这些歧义之间的矛盾。一方面，当一个物被变坏，从而偏离其自然倾向时，该物是被动的；因此，拥有被动潜能等于能够被变坏。另一方面，当一个物被变好，或者被变坏时，该物是被动的；因此，被动潜能要么等于被助益的容力，要么等于被损害的容力。两个意思都是评价性的，但是正如阿奎那所承认的那样，两者之间的差别可以非常大。例如，根据前一个意思，亚当在犯罪之前是无感受的，[12][1] 他不可能被变坏，因为他能抑制自己的激情，并能通过克制自己不犯罪而规避死亡。然而，根据第二个意思，亚当是被动的，因为他在肉体和灵魂方面都能被

10　*Summa*, 1a. 79. 2; 97. 2.
11　*On the Soul*, in *The Complete Works of Aristotle*, ed. J. Barnes（Princeton, 1984），vol. i, 417ᵛ5.
12　这里的拉丁文是 *impassibilitas*，译自希腊文的 *apatheia* 一词。见 Augustine, *City of God*, ed. D. Knowles（Harmondsworth, 1972），14. 9。
[1]　无感受的（或无感觉的），impossible，意为 incapable of passion, feeling, or suffering。

第一部分

改善。[13]《神学大全》从未尝试去调和这两个意思，阿奎那只是注意到它们之间的差别，然后时而采用这一个，时而诉诸那一个。由此，他将亚里士多德指出的一种多义性保存了下来，让它一直活到能在早期现代的论辩中神出鬼没。

既然一切造物都具有由其形式所决定的主动潜能，又具有被灭亡或被改变的被动潜能，所以我们还需要看一看，阿奎那是如何阐明某些造物更主动，某些造物更被动的。在这个问题上，我们发现，他采用的并不是一套明显的亚里士多德主义标准。阿奎那告诉我们，能力的等级高低是根据能力的活动范围来鉴别的。[14] 灵魂的营养能力以灵魂所寓的肉体为对象；感性能力的对象延伸到了肉体之外的外在可感物；智性能力的对象则又延伸到了一切存在。[15] [1] 这种渐进，同时也被视为天平逐渐从质料向形式倾斜。灵魂拥有的最低级活动，即营养、生长、繁衍，是通过物理性的器官，并借由物理属性而发生的。较高一级的活动，即感性灵魂的活动，虽然也通过物理性的器官而发生，但是这类活动本身并不是物理性的。最后，理性灵魂的活动甚至根本不通过物理器官而施行。无形体的存在[2]能进行理解，能发出意志，在人类的所有能力中，唯独这类智性能力具有不死性。

在这个渐进体系中，我们发现了两个用来鉴别主动性程度的标准，两者都是在灵魂能力的语境中制定的。亚里士多德认为，主动能力是将一种物转变为另一种物的能力，但是这个观点未被阿奎那大力彰显。亚里士多德还认为，主动的思想能力能依意志而施行，

13　*Summa*, 1a. 97. 2.
14　同上书，1a. 77. 3。
15　同上书，1a. 78. 1。
[1]　营养能力，nutritive power；感性能力，sensitive power；智性能力，intellectual power。这是生物的三种由低到高排列的能力。
[2]　无形体存在，disembodied beings，这里指灵魂。

这个观点或许得到了阿奎那的响应——他声称，灵魂的智性能力并不依存于身体器官。当我们思想的时候，我们无须等待发生某种我们只能部分地加以控制的肉体活动，我们只须开始思想即可。阿奎那还提出，能力的主动性程度反映了该能力的活动范围，这个意见同样来源于我们已在亚里士多德那里看到的主动性与局限性的关系。一种能力的拥有者施行该能力的范围越大，该能力的主动性就越强。最后，如我们必然料想的，这两个托马斯主义的[1]标准之所以出台，是为了确保上帝的至高无上的主动性。既然上帝是非物质的，他的能力便不依存于任何物体或肉体；既然上帝是全能的，他的能力便笼罩着一切造物。

阿奎那所撰述的主动性与被动性的形而上学分类，在某种程度上巩固了这两个术语在亚里士多著作中的各种意义，同时，通过注释和修订，阿奎那扩大了对它们的解读。他改写了亚里士多德关于存在与变化的论述，使之坚决服从基督教的要求，于是，上帝成为了主动性的典范和本源，行动与激情的程度[2]则根据它们与这个本源之间的距离来测量。此外，较之亚里士多德，阿奎那对行动与激情概念的兴趣要狭窄一些，仅仅聚焦于如何将它们应用于灵魂。如前所述，某些总体性的形而上学议题尚待廓清，但是只有当这些议题进入了一幅人性递减的画卷——一端是上帝，一端是凡人，一端是天使，一端是动物——它们才真正地适得其所。

托马斯主义灵魂理论中的主动性与被动性

阿奎那利用物的主动潜能和被动潜能，建构了一份关于感觉和

---

[1] 托马斯主义的，Thomist。托马斯·阿奎那（Thomas Aquinas, 1225—1274）的思想和学说，以及一种继承其思想遗产的流派，被称为Thomism（托马斯主义）。
[2] 行动与激情的程度，degrees of action and passion，这几乎相当于说"主动与被动的程度"，action和passion在这里以及在下一句中，分别接近于activity和passivity的同义语。

第一部分

渴望的复杂精细的论述,它在早期现代继续给哲学家施以深刻的印象,并继续影响他们对心灵的认知。阿奎那体系的某些基础部分,是我们已从亚里士多德那里耳熟能详的,譬如,阿奎那保留了下述观点:灵魂是肉体的形式,并且拥有多种能力,这些能力本身则是主动性的各种不同的模式。但是,为了让这些主张适应基督教的需要,为了使有限的人类灵魂区别于上帝的无限主动性,阿奎那也对一些热议中的神学问题亮出了态度,其中最重要的一个问题涉及灵魂与其能力之间的所谓"真正的区别"。据阿奎那说,灵魂的诸般能力不仅彼此有别,也有别于灵魂本身。例如,视的容力既有别于灵魂,也有别于听力、想象力等其他能力,并以眼睛作为它特定的所在地。[16] 采取这种观点的部分动机在于,它能提供一个办法,来区别上帝的实在性与人类的潜在性。如前所述,上帝是纯实在。而人类灵魂却含有一些未实现的潜在,例如一个人具有获得他尚未掌握的知识的潜能,一个睡着的人具有醒来之后看见东西的潜能。这类既可以潜在、也可以实在的能力,无法构成灵魂的本质。阿奎那相信,灵魂的本质是实在的,在灵—肉合成体中,灵魂是形式,它永远在行动,俾以使一个人成为其本人。假若视力或渴望等能力真的构成了灵魂的本质,它们就会是实在的,这样一来,人类就会像上帝一样行动不息了。但是不言而喻,它们并不如此。所以必须划出一条界线,将灵魂的能力与构成灵魂本质的东西——无论那是什么东西——区别开来。[17]

谈到灵魂的能力本身,阿奎那遵循亚里士多德的思路,将营养

---

16 见 K. Park, 'The Organic Soul', in C. B. Schmitt and Q. Skinner(eds.), *The Cambridge History of Renaissance Philosophy*(Cambridge, 1988), 477–478; N. Kretzmann, 'Philosophy of Mind', in id. and E. Stump(eds.), *The Cambridge Companion to Aquinas*(Cambridge, 1993), 128–160。

17 *Summa*, 1a. 77. 1.

灵魂或生长灵魂 [1] 划归为主动,将感性灵魂划归为被动。[18] 他还承袭亚里士多德的观点,将感性灵魂划分为领悟和渴望。但是,引起阿奎那极大兴趣的是感性灵魂的确切运作,他为此开发了一种很新颖的颇具影响力的论述。他的研究的部分灵感来自日常观察:虽然非人类的动物 [2] 没有理知和理解这两种智性能力,但是它们也能从事有目的的行动。它们之能这样行动,必然是其感性灵魂的能力所致,阿奎那面临的挑战就是揭示这是怎样一个过程。在解答这个问题时,他对动物的感性能力形成了一种独特的观点。当然,感性能力不仅动物拥有,人类也拥有,阿奎那在仔细思考了这种能力之后,最终阐明了人类与其他动物在激情与行动方面的重要差异。他从低级动物说起,直到全面诠释了人类的感性渴望以及它所包含的各种主要激情。

正是感性灵魂,使得人类和动物能知觉到外物的感觉属性,[3] 并据此而知觉到该物是令人快乐的还是令人痛苦的,然后相应地追求该物或规避该物。阿奎那以羊逃避狼为例,分析它逃跑的复杂过程,从羊利用自己的通感 [4] 去接受狼的可感形式开始,直到它把自己的五官所提供的信息整合起来为止。羊将自己听到的声音、嗅到的气味、看到的形象等多种元素组装成一个可感形式,保留在自己的想象中。不过,在羊能够施行逃跑行动之前,首先它不仅必须领悟一

---

[1] 生长灵魂,vegetative soul,是 nutritive soul(营养灵魂)的别称。亚里士多德的三重灵魂由营养灵魂、感性灵魂和理性灵魂构成,可参见本书第 39 页(边码)关于营养灵魂的译注。

18 *Summa*, 1a. 77. 3.

[2] 本书作者苏珊·詹姆斯在谈到非人类的动物时,有时特别注明 non-human animals 或 other animals(than human beings),有时则笼统地用 animals 一词。本译者均按其原文译出,不考虑逻辑。

[3] 感觉属性,sensory property / quality。下文中的"可感属性",则为 sensible property / quality。

[4] 通感,common sense。亚里士多德以降的许多哲学家认为,虽然外在感觉是通过不同的感官抵达肉体内部的,但集合并传导其作用的是一个总的 sense,即 common sense。

第一部分

个具有某种形状、大小、气味的物,而且必须领悟狼——用阿奎那的话来说——"是它的天敌"。然而敌意并不是一种可感属性,[19] 因此我们还得问一问,羊是怎么能够领悟敌意的。据阿奎那说,羊拥有一种评价能力,它使羊知觉到一种已经存储在自己记忆中的意图,一种关于狼是敌人的模糊观念。正是这种对意图的知觉,导致了羊拔腿逃跑。

虽然这个过程是动物的有意识行动,但是它只靠阿奎那所称的 aestimatio naturalis[1] 即可运作起来。羊不由自主地接收其感官知觉传达的意图,不由自主地对该意图作出反应。当羊看见一头狼时,它只是记起狼作为天敌所怀的意图,然后仓皇而逃。人类却多少有些不同。人类拥有的不是动物的那种评价能力,而是感性灵魂的深思熟虑能力,或称特殊的理知能力,它可使人类对自己记忆中存储的各种意图进行比较。人类在最终确定一种对狼的评价之前,能够首先在意图库中进行一种准三段论推演式的搜索。他们并非自动地知觉到狼是敌人,而是能够先启动一个批判性比较的程序,再达成一种类似于判断的结论,以确定狼的属性以及自己对狼的恰当反应。[20]

阿奎那追随亚里士多德,将感官领悟和感性渴望归类为感性灵魂的能力,因而它们是被动的,但是从他的论述中可以清楚地看出,它们是以截然不同的方式符合这种定性的。知觉或领悟的能力,是一种使我们了解外物的感觉属性和评价属性[2]的能力,阿奎那说它很像休息。相反,渴望能力使我们向往或趋近我们所渴望的目标,因此很像运动。[21] 从领悟能力说起,我们发现了本书第 2 章所追踪的

19　*Summa*, 1a. 78. 4.
[1]　*aestimatio naturalis*, 拉丁文,"天然评价(能力)"。
20　*Summa*, 1a. 78. 4.
[2]　评价属性, evaluative properties。
21　*Summa*, 1a. 81. 1.

被动与被施动之间的联系。例如,当一个人在领悟一头狼时,他是在接受狼的可感属性,而这里的"接受"是一种被施动的方式。值得注意的是,阿奎那的最狭义的被动性概念,即被动等于被变坏,不适用于这个案例,因为当我们知觉的时候,我们是在动用我们作为灵—肉合成体才拥有的能力。此案的蕴义只是,我们的被动性存在于被施动或被改变这一宽泛意义上。现在再说渴望,这是一种靠近或远离某个外物的趋向,阿奎那将之描述为一种运动。[22] 然而,它在何种意义上是被动的呢?一旦我们认识到,渴望是我们对那些使我们向往或反感的事物作出的反应,这些反应通过移动——阿奎那用动词 *inclinare* 和 *trahere* 来表示移动[1]——我们而向我们施动,答案立刻昭然若揭。渴望不仅使我们有倾向,而且是把我们拖向我们觉得善、或觉得恶的事物。[23] 再一次,我们也许因为被拖向对我们来说是恶的事物而被变坏了,或者因为被拖向善的事物而被变好了。被动性的涵义不在于我们以哪种方式被改变,而在于将渴望视为一种被外物施动的能力。

领悟和渴望,两者都是被外物影响和被外物施动的能力,在这个意义上,两者都是被动的,因此两者似乎都应当被认为能引起激情。我们好像没有理由不可以主张,领悟一头狼,如同反感一头狼,是一种激情。这个提法应当不会让阿奎那觉得奇怪或不自然,因为,以我们适才探索的那种意义,知觉和渴望都是激情;而且如下文所议,它们之间的这种类同性在十七世纪哲学中仍有极端的重要性。然而阿奎那主张,虽然两者都是被动能力,但是我们还有其他一些理由认为渴望比领悟更加被动。

回到这个已经涉及的论点,阿奎那首先声称,被拖向外物,比

22　*Summa*, 1a. 2ae. 23. 此处阿奎那指出,这个主张其实是亚里士多德提出的。

[1]　更确切地说,拉丁文 *inclinare* 意为"使倾向",*trahere* 意为"牵引,拉动",两者只是近乎英文的 move(移动)。

23　*Summa*, 1a. 22. 1.

起仅仅被外物影响,要更加被动。[24] 此处起作用的似乎是空间意象:如果某物只是影响我,而未移动我,我还不至于那么被动;如果它将我拖到或搬到了另一个地方,我才更加被动。在讨论各种具体倾向时,阿奎那将上述概念付诸更广泛的运用,他把不同的倾向解释为不同阶段的移动,例如,爱启动一次运动,欲望是这次运动本身,快乐是这次运动完成后的休息。如果将所有这些倾向视为一个整体过程的组成部分,它们便构成了一次完整的运动,而且由此说来它们都是被动的。但是如果分别打量它们,则可以看出,那些被阿奎那鉴别为运动的东西,比起运动前后的休息状态,要更为被动。其次,阿奎那认为,在那个以完美为纯主动的恢宏秩序中,激情相当于瑕疵。[25] 动物和人类能体验到领悟和渴望,那是因为——以及只要——动物和人类是有形造物,而这本身就是一种不完美。第三,阿奎那认为,渴望比领悟更密切地关联着肉体变化。当感性灵魂在领悟时,它是在接受可感属性,此时发生的任何其他一种肉体变化都是偶然的。但是当感性灵魂在渴望时,伴随而来的物理性变化是必然的,例如,愤怒就是血液在心脏部位的沸腾。由于渴望具有这类肉体特征,所以它比领悟更密切地与质料相关,也就比领悟具有更强烈的被动涵义。[26] 所有这些阐述依然不以激情等于变坏的主张为基础,但又与这一主张兼容,而且阿奎那确实承认,如果渴望是一种变坏,那就比变好更加被动。他告诉我们,较之快乐,悲伤是一种更加名副其实的激情。[27]

因此,阿奎那关于感性渴望的总体论述的中心点是,由于灵魂的被动能力所致,人类和动物被不断地拖向他们认为有益的对象或事态,或者被不断地推离他们认为有害的对象或事态。但是阿奎那

---

24 *Summa*, 1a. 2ae. 22.
25 同上。
26 同上书, 1a. 2ae. 22。
27 同上。

也检视了各种具体的倾向（由于它们在好几个方面是被动的，所以它们也被称为激情），并且识别了一大批对善与恶的不同反应。当然，给激情分类不是什么新鲜事，但是阿奎那的分类法与众不同，其独特性不仅在于它遴选了哪些激情，而且在于它怎样尝试论述它们。阿奎那不是简单地拉一张单子了事，而是立志为解释行动和解释情感冲突奠定一个基础，并将它纳入他论述各种具体激情的方案中。

这项事业的核心，是将感性渴望划分为两种不同的能力。阿奎那沿用亚里士多德对感性灵魂的一种划分[28]（亚里士多德则参考了柏拉图的一种区别方法），将感性渴望划分为贪欲和愤欲[1]——前者是对看起来不难获得的善，或不难规避的恶，作出的反应；后者是对看起来难以获得的善，或难以规避的恶，作出的反应。[29]他有点令人困惑地提出，这两种能力的区别在于它们的对象不同。[30]但是准确地说，它们之间的区别并不在于它们渴望或反感的对象不同，而在于行动者抵达其对象的难易程度不同。例如，一个饥肠辘辘的女孩发现自己站在一棵硕果累累的苹果树下，而且很方便的是，这棵苹果树碰巧长在公有地上，此时她便体验到渴望吃一个苹果的贪欲。但是，如果她从一道布满尖桩的篱笆外面窥见苹果树，同时听见看守

28　阿奎那的术语 *appetitus concupiscibilis* 和 *appetitus irascibilis*，取自 Willian of Moerbeke 以拉丁文翻译的亚里士多德《灵魂论》。亚里士多德在《灵魂论》第三部分将灵魂的能力划分为两种：理性的和非理性的（*logistikon* 和 *orexis*）；在非理性的范围内，又将感性渴望（*aisthetike*）划分为两种：*epithumetike* 和 *thumike*。Moerbeke 有时把 *thumike* 译为 *irascibilis*，把 *epithumike* 译为 *concupiscibilis*。阿奎那沿用这两个术语，并始终如一地使用它们。见 E. D'Arcy, 'Introduction' to *Summa*, vol. xix, p. xxv。

[1]　贪欲，concupiscible appetite；愤欲，irascible appetite。它们分别是阿奎那术语 *appetitus concupiscibilis* 和 *appetitus irascibilis* 的英译。简单地说，concupiscible appetites 是与可感物有关的简单倾向，irascible appetites 是与困难艰巨的对象有关的倾向；前者包含六种激情：爱和恨、欲求和反感、快乐和悲伤，后者包含五种激情：希望和绝望、勇敢和恐惧、愤怒。参见上一条原注，并详见下文的分析。

29　*Summa*, 1a. 81. 1.

30　同上书，1a. 2ae. 23。

犬的狂吠，此时她也许只是希望伸手够到一个苹果，而希望是一种愤欲。

为了理解这个相当模糊的区别，我们不妨问一问，阿奎那要用它来达到什么目的。部分答案是，阿奎那旨在强调，当行动者知觉世界时，激情对这些知觉是极度敏感的。例如，俄耳甫斯至少需要知觉到欧律狄克对他有好处，他才会爱上欧律狄刻。但是，随着他对两人之间的关系形成更全面的知觉，这种泛泛的倾向也在逐渐地变化：当他第一次遇见她时，他希望；当他俩的爱情似乎牢不可破时，他渴望；当他俩结合时，他快乐；当他启程去完成一个貌似不可能的任务，要将她救出冥界时，他决心取得成功。阿奎那认为，激情围绕一种主要的知觉而调整，这种主要的知觉就是，激情的对象是否易于规避或获取，或者是否难以规避或获取。阿奎那据此而定义贪欲和愤欲，然后将某些具体的激情分别划归给它们。在贪欲范畴内，共有六种激情——当我们觉得我们趋利避害的倾向没有任何不确定性，或没有任何困难时，我们便体验这六种激情。我们对自己觉得善的事物的渴望，始于爱（*amor*）；爱继而导致灵魂向议中的对象运动，这就是欲望（*desiderium*）；当我们得到自己想要的东西时，我们感到一种愉悦，叫作快乐（*gaudium*）。与这个渐进过程对应的是另一序列激情——当我们对自己觉得恶的事物作出反应时，这些激情便伴随而来。最初是一种厌憎，叫作恨（*odium*）；随后是一种离开有害对象的运动，亦即规避或反感（*fuga* 或 *abominatio*）；规避不成时，便止于一种痛苦，亦即悲伤（*tristitia*）。[31]

因此可以说，贪欲包含的是一组较为直接的激情，指向我们喜欢或不喜欢的事物。但是事情远比这要复杂，因为在贪欲之外又有愤欲。而所谓愤欲，解释了我们为什么能奋起追求困难目标，或抗击拦路虎。这类行动靠的是另外五种激情：向一种似乎难以获得的

---

31 *Summa*, 1a. 2ae. 23.

善趋近,是希望(spes);被这种善赶开,是绝望(desperatio);向一种似乎危险的恶趋近,是大胆(audacia);规避这种恶,是畏惧(timor);最后,反抗一种当前的恶,便是愤怒,或曰ira。

因此,阿奎那总共识别了十一种基本激情,六种属于贪欲,五种属于愤欲。为了充分了解阿奎那打算让它们承担的解释任务,我们应当认识到,最后一种愤欲,即ira,与我们现代对愤怒的通俗理解有重叠,但不完全相等,甚至也不等于亚里士多德的愤怒定义:愤怒是对侮辱的反应。在阿奎那看来,ira有着更宽泛的意义,有时甚至可以译为好斗或坚决——每当感性渴望遇到障碍,并开始抗击障碍,以求一种我们觉得是当前之善的东西时,我们体味的激情就是ira。[32]这些障碍可能是阻挡我们的意向的实物,譬如一个人想进入一个房间,却发现房门锁上了,但是他更坚决地要进去。另一方面,障碍也可能是他人灵魂的某种状态(譬如伊阿古决心要破坏奥瑟罗对苔丝德梦娜的爱),甚至是我们自己的激情。

亚里士多德显然认为愤怒是一种重要的激情,因为人类天生易怒。在他描绘的一幅画面中,雅典公民一触即跳,随时急于自卫,只要发觉丝毫的侮辱,就勃然而起。但是阿奎那将这个愤怒的意象变成了一种更广泛的能力——一个人不仅能自卫,而且能锲而不舍;不仅能迎击侮辱,而且能追求他知觉为善的任何事物和反抗他知觉为恶的任何事物。因此,愤怒的对象与其说是侮辱,毋宁说是威胁——我们在面对威胁时,会展现某种程度的坚韧和倔强。

贪欲和愤欲之间的这种区分,不仅将一定程度的坚韧引入了激情,而且旨在制造一个讨论灵魂冲突的空间。当某物看上去既合意又不合意时,当然就有了在两种贪欲之间挣扎的可能。例如,一幅画在一位观画人的眼里可能既漂亮又讨厌;又如,一名学生可能既想继续学习,又不想继续学习。同理,贪欲和愤欲也可以互相抵牾,

---

32 *Summa*, 1a. 2ae. 23.

例如当一位统治者令人又爱又怕的时候。除了承认这些冲突以外，阿奎那也志在解释我们的一些应付冲突的容力，尤其是与我们自己的激情搏斗的能力，或者面对我们自己的欲望时的行动能力。凡此种种，阿奎那认为，都可以用贪欲和愤欲之间的区分加以解释，因为仅凭这种区分，就使得感性渴望能够评价和批判它自己的倾向。例如，一名学生很想停止学习，却又知道自己应当继续学习，此时，停止学习的贪欲可能遭到愤欲的反抗，*ira* 不断地增强她继续学习的欲望，直到将她留在课桌旁为止。[33] 因此，愤欲不仅能改变我们针对外物的激情，例如将反感变成恐惧，而且能把反抗或屈服的容力施展于灵魂本身。当两种激情发生冲突的时候，愤欲可以加强一方而削弱另一方，或者反之。愤欲究竟怎样执行这些任务并不十分清楚，但是阿奎那观点的基本意义却一目了然。他不打算用感性灵魂与理性灵魂之间的冲突与合作去解释一切心理斗争，而是追随亚里士多德，将心理斗争定位于感性灵魂的内部。我们的激情既不是单纯的，也不是一元的，相反，它们既含有反抗倾向，也含有屈服倾向，两者都具有或大或小的力量。

　　阿奎那告诉我们，在实际情况中，激情以两个不同的序列而发生，始于爱，或始于恨，亦即取一物或弃一物的倾向或意向。[34] 这些倾向分别引起欲望——即渴望作出的一种趋近被爱之物的运动——和反感。但是到达这一步之后，议中的系列可能以多种不同的方式发展下去；怎样发展，则取决于感性灵魂对它自己的激情对象还有什么其他知觉。假设一位妇女想得到一种未来的善，它也许在她的可及范围之内，也许不在。在这种情况下，欲望会被希望继代。又假设这位妇女想得到一种当前的善，但是它的周围布满障碍。这时候，欲望会变成 *ira*。然而，阿奎那非常清楚，这两种倾向发展到了

33　*Summa*, 1a. 81. 2.
34　同上书, 1a. 2ae. 25。

84

第三章 阿奎那论激情与行动

一定的时刻,便将分别止息于最后两种属于贪欲范畴的激情,[35] 换言之,要么终结于快乐,要么终结于悲伤——前者是灵魂与对象的结合;后者是渴望的撤回,因为它阻碍了肉体的生命运动,从而对肉体有害。[36]

阿奎那不仅如此这般地开辟了一方新天地,而且,他分析激情的明确意图是要包含和取代大多数杰出前辈给出的论述。他以不同的细致程度,在《神学大全》的相关章节中逐一检视了他们的观点,其中最为突出的是亚里士多德——阿奎那经常提到他的著作,也不时地宣扬他的洞见。比如,阿奎那会从某个取自《修辞学》的定义开始说起,通过细分、区别、限定等等,掰开了揉碎了,组织出一份分析。[37] 虽然其结果貌似与亚里士多德的文本无关,但是它被呈现为亚里士多德文本的一个自然发展,一次尽心尽责的注疏,而不是一次背离。这种基本上充满敬意的态度,也被阿奎那延伸到其他权威作者的身上,只是程度并非永远相同。当他讨论奥古斯丁所谓世上只有爱这一种激情的时候,他通过解释奥古斯丁实际上是什么意思,干脆利索地扬弃了这个观点。他提出,奥古斯丁并不是说,恐惧、欲望等等在本质上就是爱,而是说,恐惧、欲望等等从因果上与爱相关;而爱,阿奎那赞同道,是渴望序列中的第一种激情。[38] 当阿奎那转而讨论西塞罗所谓只存在四种激情——快乐和悲伤、希望和恐惧——的观点时,[39] 他再一次为了扬弃而去思考它。他指出,按惯例,这四种激情是以时态来划分的,希望和恐惧指向未来的善和恶,快乐和悲伤是人们对当前的善和恶所感受的激情。[40] 他承认这是一种

35　*Summa*, 1a. 2ae. 25.
36　同上书,1a. 2ae. 37。
37　例如见 *Summa*, 1a. 2ae. 30 关于 *concupiscentia* 的分析。
38　同上书,1a. 2ae. 26。
39　阿奎那把这个观点归在 Boethius[波爱修斯]的名下,见 *Summa*, 1a. 2ae. 25。
40　同上。

第一部分

明白易懂的诠释,然而他自己的观点却暗示着,虽然可以根据时态划分激情,但是更富成果的做法是以贪欲和愤欲去分析激情,因为这两者已经将时态包含在内了。希望和恐惧的最突出特点,不单在于它们被导向未来,而且在于,它们的未来性引起了一种不确定因素——无法确定一个有障碍或有困难的目的是否能实现,或者是否能规避。同理,快乐和悲伤的重要特点也不在于它们与当前的对象有关联,而在于,正因为它们的对象在当下,所以它们不需要经过任何挣扎。

阿奎那对激情的分析,比前辈们的分析要彻底得多,也密致得多,它是通过一种对细节的痴迷——那是前辈们谁都不曾热衷过的——而研究出来的。阿奎那并非仅仅列出几种主要的激情就完事,而是以最优秀的经院主义风格,对每一种激情加以考察和剖析。就这样,《神学大全》中的那些与激情相关的章节为后世的讨论树立了标杆,也确立了一种一直沿用到十七世纪的格式。[1] 即使在哲学家们停止用 quaestiones 文体著书立说之后很久,有关激情的论文仍然以一节激情概论为开篇,接下来用若干章节细论每一种具体激情,一边诠释,一边评价各位权威,总结其他作者的论述,并介绍有教益的轶闻逸事。因此,无论在形式还是在内容上,阿奎那的影响都是巨大的。但这绝不限于他的感性灵魂理论,为了充分认识阿奎那的影响力,我们必须退后一步,才能看清,上述那些复杂精细的阐释为人类思想和行为的更宏大论述作出了怎样的贡献。

在有些情况下,人类依照感性灵魂的领悟和渴望而行动,简言之,人类依照激情而行动。但是,由于激情也被智性灵魂 [2] 所知觉,

---

[1] 格式,指下文提到的"设问"(quaestiones 或 quaestiones disputatae),即一种提出、论辩、解决问题的写作格式或文体,中世纪神学著作常用之,阿奎那的《神学大全》和 Quaestiones Disputatae de Veritate 是典型例子。同时"设问"也是中世纪神学课堂常用的组织形式。

[2] 智性灵魂,intellectual soul,相当于前文所用的术语 rational soul(理性灵魂)。

因而人类的行动往往是更复杂程序的结果,其中需要感性能力和智性能力的互动。很多事物在我们眼前将它们自己呈现为善,或呈现为恶,但是我们不一定以表面价值去接受这些呈现。我们的激情可以被智性灵魂的能力所修改。像感性灵魂的能力一样,智性灵魂的能力也由两部分组成:一部分是一种领悟能力,即智力,另一部分是一种渴望能力,即意志。

阿奎那追随亚里士多德,声称,感性领悟与智性领悟之间的主要区别在于,感性灵魂只能领悟呈现在感官面前的特殊事物,智性灵魂却能领悟共相。智性灵魂领悟的真理并不呈现在感官面前,但是智性灵魂既能理解它们,也能从一个真理推论到另一个。如前所述,感性灵魂包含着主动和被动交织的潜能,但是从总体上,感性灵魂被划归为被动。当我们转向智性灵魂的领悟时,我们发现了同样的情况。总体而言,以及与感性灵魂比较而言,智性灵魂是主动的。但是这个基本定性并不排斥智性灵魂在某种意义上是被动的,也就是说,不同于上帝,人类智性具有一种并非永远实在的领悟潜能。阿奎那称之为可能智力,[1] 是一种有待于从潜在变成实在的智力。[42] 但是,既然潜在只能被某种已经处于实在状态的事物变成实在,问题就依然存在:究竟是什么使它变得实在?阿奎那在此面临的挑战,是要解释智性灵魂何以能从感性灵魂呈现给它的特殊事物中,获得关于形式或共相的知识。阿奎那支持亚里士多德而反对柏拉图,认为特殊事物并不被智性灵魂直接理解。然而,这使他当头遇到了一个问题:特殊事物如何被转化成能够被智性灵魂领悟的东西?他解决难题的办法,是设置一种行动智力,即一种从可感的特殊事物

---

[1] 可能智力,possible intellect;与此相对的是 agent intellect,即行动智力(见下文)。这是亚里士多德最早提出的一组概念:可能智力是一切概念的仓库,储存着诸如"树木""人""红色"之类的普遍概念或共相(universals);当心灵想要思考时,行动智力从可能智力的仓库中回忆这些概念,将其组合成思想。

42 *Summa*, 1a. 79. 3.

第一部分

中提取可知形式的能力。行动智力向可感物施动，由此创造出智性灵魂能够领悟的东西。然后，可能智力接受和保存这些东西，并被它们运动。[43]

与这种领悟相关联的，是智性渴望，或曰意志，即一种求善避恶的倾向，它既包含发出意志的能力（因某物本身的原因而追求或规避该物的能力），也包含进行选择的能力（因其他物的原因而追求某物的能力）。[44] 犹如两种感性能力的互相合作，智力与意志也同样互相合作：智力领悟真相，然后意志追求或规避这些真相。但是，感性灵魂的能力是对可感的善与恶作出反应，也就是对具体的行动者认为善或恶的事物作出反应，而智性灵魂的能力却被导向真和善这两个终极目的。此外，虽然智性领悟被导向真，智性渴望被导向善，但是它们之间并无严格分工。善是智力可达的所有真当中的一种；真是意志所追求的所有善当中的一种。

决意[1]是灵魂独有的能力，不产生肉体效应，在这一点上，决意殊异于激情。[45] 但是两者之间也有相似之处：决意是意向，[46] 我们对决意的体验被阿奎那称为感受，[47] 感受与激情相像，只是比较平静而已。阿奎那经常将欲望、悲伤、快乐等情感列为感受，[48] 但是在他的一些更细致的讨论中，他用一些区别性的术语标示了感受与激情之间的差异。例如，他以 *amor* 与 *dilectio* 相对，前者是激情性的爱，后

43　*Summa*, 1a. 79. 3。另见 A. Levi, *French Moralists: The Theory of the Passions 1585—1649*（Oxford, 1964），31-36。

44　*Summa*, 1a. 81. 4。另见 D. Gallagher, 'Thomas Aquinas on the Will as Rational Appetite', *Journal of the History of Philosophy*, 29（1991），559-584。

[1]　决意，volition，是人行使自己的意志（will）的能力，the faculty or power of using one's will。参见本书第 272 页（边码）关于"决意这一行动"的译注。

45　阿奎那提请注意某些激情的名称本身的肉体涵义。他声称，*laetitia* 派生于 *dilitatione cordis* 和 *exultatio*，而 *exultatio* 的字面意思是冲出边界的内心快乐，表示内心快乐的外部迹象。见 *Summa*, 1a. 2ae. 31。

46　*Summa*, 1a. 82. 3.

47　同上书，1a. 82. 5。

48　同上书，1a. 77. 8。

者是智性的爱;[49] 又如,他以 *concupiscentia* 与 *desiderium* 相对,后者表示智性的欲望;[50] 不一而足。智性感受导向的对象不同于激情的对象,而且,智性感受不导致肉体的躁动,因此,智性感受和激情是两种既相关又各异的情感。例如,在某种意义上,智性的爱给人的感觉不同于激情性的爱,但因两者经常形影相随,所以两者之间的现象学差异也许很容易逃过我们的注意。

可见感性灵魂的能力和智性灵魂的能力互不相同,然而在人类身上,两者又并非泾渭分明。一方面,我们的深思熟虑能力对感性灵魂的具体意向进行分析,然后对合理的理解作出反应,由此我们的理知既可以是平静的,也可以引发激情。另一方面,我们的激情对我们的决意作出反应,由此我们不会像羊那样,永远对狼作出恐惧的反应,遑论永远逃之夭夭。[51] 而且,感觉与理知之间的这种双向关系意味着,我们既可以理性地行动,也可以非理性地行动。有时候,一种激情的出现可以使理知停顿,并使意志依照感性渴望而运动;有时候,对知识真理的领悟不仅引发智性灵魂的情感,而且引发激情,从而引发行动;[52] 有时候,意志又会在理知与激情之间摇摆不定。

这种分析的最令人困惑的特点之一,是把灵魂的各种状态描述为运动。一旦把决意和某些激情定性为运动,就把它们放入了这样一个解释体系——其宗旨是既要涵盖灵魂领域,又要涵盖物质世界,并且要用两套隐喻把物理性世界和心理性世界混合起来。一方面,阿奎那将如今被视为心理学概念的术语运用于物理性事物,比如将重物落往地心的倾向描述为自然之爱的一个表达。[53] 另一方面,他反

---

49 阿奎那指出了 *dilectio* 和 *electio*(即选择)之间的辞源关系,见 *Summa*, 1a. 2ae. 26。
50 *Summa*, 1a. 2ae. 31.
51 同上书,1a. 81. 3。
52 同上书,1a. 2ae. 10。
53 同上书,1a. 2ae. 26。

第一部分

其道而行之，用显然最适用于物理性世界的语言去描述灵魂，比如他说，欲望是一种趋近所爱对象的运动。当这两组隐喻携手同来时，运动被视为推和拉、吸引和排斥、爱和恨；反过来说，反感、爱等等也被明确解释为运动。因此，运动概念在非常广阔的语境中都被调用。不过，虽然阿奎那沉湎于这种显然非常豪爽的解释方法，但是当他区分物理运动的属性和天使运动的属性时，他同时也承认这种方法有局限。在他关于天使——一种无形体的智性存在——的讨论中，他指明，一个实体的运动，如亚里士多德指出的那样，乃是它依次穿过一个连续体之各个部分的连续运动。[54] 而且，一个实体必然被包含在它自己的地点中，亦即被包含在它所占据的空间中。然而，天使遵循着截然不同的规则。想象天使被包含在一个地点中，那将是荒谬的，因为天使无形体，不占据空间。天使与某个地点发生关系的唯一情况，是天使在该地点施展他的力量。一个运动的实体所占据的地点必须有空间上的连续性，而天使从一个地点到另一个地点的运动只需一系列点状的跳跃即可。[55]

天使运动不同于实体运动，它遵从的是另一套原理，这一事实是否也向我们透露了一点人类灵魂运动的情况呢？尽管人类灵魂与天使灵魂有着根本的区别，阿奎那依然提出，两者也有某些共同之处，[56] 例如，他指出，我们可以在不想起意大利的情况下想起法国，继而又想起叙利亚。[57] 像天使一样，人类的记忆和想象可以不经过任何中间地带，从一个地点跳跃到另一个地点。可见，灵魂至少有一部分运动是不同于实体运动的，因为它们并不受制于各对象之间的空间关系。例如，我可以渴望自己到了大马士革，而并不渴望穿过大

---

54 Aristotle, *Physics*, in *Complete Works*, ed. Barnes, vol. i, 219ᵛ12; Aquinas, *Summa*, 1a. 53. 2.
55 *Summa*, 1a. 53. 2.
56 例如见 *Summa*, 1a. 53. 2。另见 J. J. MacIntosh, 'St. Thomas on Angelic Time and Motion', *Thomist*, 59（1995），547–576。
57 *Summa*, 1a. 53. 2.

马士革与我之间的那段地区。然而我们还是不大明白,这个观点应当怎样适用于那些与占据空间的事物无关的思想呢?例如,欲望是感性渴望的运动,但是当我们试图理解,追求知识的欲望或获取百合花的欲望也可以被解释为运动时,所谓某些种类的运动并无空间连贯性的说法,似乎用处不大。在第一例中,知识根本不占据空间;在第二例中,我们当然可以渴求百合花而并不心怀一朵占据空间的百合花。为了理解这些案例,我们好像需要一种不以空间语言来阐明的运动概念。

因此,以天使来类推人类,其用途是有限的,尤其因为,在存在之链上,[1] 人类楔于天使和动物之间,既与天使有共性,又与动物有共性。譬如,无形体的天使可以通过在某个空间施展力量而占据那个空间,人类却像其他物理性的实体一样,只能在自己的肉体所占据的那个空间里施展力量。人类可以遥想叙利亚,但是只要他们的肉体在意大利,他们就不可能在叙利亚想叙利亚。人类是实体性和神性的结合,因此他们以两种方式运动。正如阿奎那的十七世纪继承人即将指出的那样,为了解释人类,我们不仅需要弄清肉体运动和灵魂运动有何区别,而且需要弄清它们如何关联。

如前所述,在阿奎那的影响深远的激情论述中,他遵从亚里士多德主义,将激情视为结果或效应,视为被施动的情况,视为可能施行也可能不施行的能力,视为扎根于质料的东西。因此,激情作为心灵的状态,被理解为可感物引起的效应,并与人类肉体有着密不可分的关系。然而,激情概念,或曰被动能力的概念,又有更广的涵义。它也完全适用于灵魂的其他状态,尤其是灵魂的知觉;它也适用于能够接受变化,因而具有被动性的纯物质性实体。在所有

---

[1] 存在之链,the Great Chain of Being,来自拉丁文 *scala naturae*(自然阶梯)。这是起源于柏拉图和亚里士多德的概念,表示一切物质和生命都处于一种严格的、宗教性的等级链中,链条的顶端是上帝,末端是矿物,而天使、人类、动物等等是中间环节。

这些语境中，它都被呈现为一种与行动、实在和形式相对的东西。亚里士多德和阿奎那的著作无与伦比地展现了哲学的精致，和形而上学的巧妙，藉此，这些互相关联的概念可以如此绵密地交织在一起，以致你考虑潜在时很难不考虑实在，考虑实在时很难不考虑运动。尽管如此，经院亚里士多德主义之网却也并非精密到不可修改的地步。诚然，一直有学者声称，一批最具创见的早期现代哲学家已经摈弃了亚里士多德主义，[59]但是，如本书的未来章节所议，激情的研究表明了这种说法是危言耸听。即使当时新哲学的最激进分子，在写到哲学心理学时，也并未干净彻底地摈弃他们所继承的经院主义遗产。他们只是抛弃了其中的某些成分，而保留了更多的成分，由此创造出一些对于前文所讨论的那些观点，既批判之、也继承之的理论。当然，继承与修改之间的平衡是以多种方式实现的，例如，笛卡尔保留了经院主义框架的某些侧面，霍布斯却摈弃了这些侧面。当时也不乏众口一词的情况，有些经院主义教条和假说被一致认为是陈词滥调，另一些却大体上被原封不动地保存下来。持续到十七世纪的众多的亚里士多德主义特点之一，是行动与激情作为两个对立面的核心性和广泛性，这种对立在当时的大部分情况下，仍在为物理学角度和心理学角度的解释提供基础，并继续横跨在肉体的运作、感觉的运作、智力的运作之间。如下面各章所示，十七世纪新哲学正是在这个大框架之内讨论激情问题的。

59　如此解读新科学 [New Science] 的总体特点，见 J. Losee, *A Historical Introduction to the Philosophy of Science* (Oxford, 1980); M. Boas, *The Scientific Renaissance 1450—1630* (London, 1962), 81, 185, 201; M. Osler, *Divine Will and the Mechanical Philosophy* (Cambridge, 1994), 2-4。关于霍布斯是一位反亚里士多德主义者，见 T. Sorell, *Hobbes* (London, 1986), 2-3, 5。论洛克，见 J. Gibson, *Locke's Theory of Knowledge* (Cambridge, 1917), 182-186; M. Mandlebaum, *Philosophy, Science and Sense Perception* (Baltimore, 1964), 32, 43-44。论笛卡尔，见 P. Schouls, *Descartes and the Enlightenment* (Montreal, 1989); J. Cottingham, *Descartes* (Oxford, 1986), 4-7。论伽桑狄，见 B. Brundell, *Pierre Gassendi: From Aristotelianism to a New Natural Philosophy* (Dordrecht, 1987)。

第四章　后亚里士多德主义的激情与行动

将诸般激情诠释为感性灵魂的诸般能力，这种诠释对于亚里士多德主义哲学家而言，笃定有两个重要的蕴义。第一，由于它将激情定位于灵魂的接受性部分，也就是那个能产生知觉和渴望、以此将主体与他物联系起来的部分，所以它确立了一种将激情解释为被动的合理性。第二，它确保了人类的激情是灵—肉合成体的状态——激情不仅包括被我们鉴别为爱、嫉妒、希望等等的感情，也包括与这些感情必然相连的肉体变化。一旦对激情作如是观，亚里士多德主义哲学便灵活地处理了激情的一个仍被早期现代哲学家认为极其重要的特点。激情作为感性灵魂的属性，既是物理的，又是心理的——如果执意要区分的话。肉体运动饱含着感情，感情又被体现为丰富多彩的肉体表征。有些肉体表征可以形诸语言，例如吓得面如土色、悲伤得麻木等，也有些肉体表征难以名状。

亚里士多德主义激情观的这些长处，是它得以继续流行于整个十七世纪的原因之一（例如当时的很多作者继续重申阿奎那论述的激情的主要特点，并复制阿奎那的激情分类）。[1]然而这些长处也并

1　见本书第1章原注第25。

第一部分

非无懈可击,因为时至十七世纪,它们赖以成为长处的前提学说已经广受质疑。反亚里士多德主义的呼声在此期间迅速变成了标准话语,虽然不是主要针对经院主义的激情理论,但是对之产生的可能后果也颇为严重,足以使具有系统主义倾向的哲学家们惴惴不安。一种对经院学者之积习的不满情绪,首先在自然哲学领域浮出了水面,它在那里激发了一系列关于物体以及关于肉体与心灵之间关系的全新阐述。反过来,这番变革重新燃起了人们对激情的哲学兴趣,也引起了一种从最基础的环节反思什么是激情的需要。激情是灵魂的何种状态?激情又是肉体的何种状态?如果激情既是灵魂的状态,又是肉体的状态,那么这两个成分之间的关系是什么?在尝试回答这些问题时,很多人都顺应了一种废除已经过时的亚里士多德主义信条的需要。但这只是事情的一个方面。在另一个方面,即使是一些最匠心独运的激情理论家,也仍在直接或间接地利用这个古老传统的某些部分,因此在他们的著作中,延续性抵偿了标新立异。此外,将新哲学延伸到激情领域的计划有时会遇到一些问题,它们给某些作为新哲学核心的形而上学和物理学观点投上了疑云。所以在一部分作者看来,激情问题是破坏性的,正像激情本身的性质那样,是惹麻烦的马后炮,威胁了系统性哲学的秩序和纯度。

在本章中我将揭示,十七世纪几位最独创、最知名的哲学家提出的一些经常是针对亚里士多德主义的批评意见,是怎样颠覆本书第二章和第三章所讨论的那些主动性和被动性理论的。他们摈弃了本形,[1] 否定了三重灵魂及其不同能力,并且坚信经院主义哲学语言掩盖了一大堆谬误。这一切做法都暗示着,关于行动与激情的亚里士多德主义解读虽然是既定理论,但是不可能正确,故而留下了取而代之的空间。通过对这些观点的论辩,一些修正版的主动性与被动性概念应运而生,它们冲击了哲学的很多领域。当其影响被施加

---

[1] 本形,substantial form,亚里士多德哲学概念,与 prime matter(原质)相对。

于灵魂的激情时，它们导致了一系列关于激情所发挥的原因作用的新概念，关于激情与灵魂其他能力之间关系的新见解，以及关于激情的心理表征与肉体表征之间关系的新论述。

摈弃亚里士多德主义激情理论

亚里士多德主义激情理论的十七世纪批评家，无不立足于一套互相关联而又老生常谈的反对意见，它们同声质疑亚里士多德主义激情理论能否提供令人满意的解释，也一律将火力对准主动性与被动性概念的解读方法。[2] 其中一种意见动摇了亚里士多德主义的一组基础性哲学原理，因为它挑战的是亚里士多德主义的形式概念，而这个概念，如本书第一部分所示，在解释存在和变化时扮演着一个最核心的角色。正是各种特殊事物的形式，使得其质料有所区别，使得一个物成为该物，因此——譬如——正是大理石的形式，使得大理石又硬又白；正是青铜的形式，解释了青铜的色泽、重量和质感。同样，也正是一个物的形式保证了该物的持续存在，直到该物被"变形"时，该物的同一性才改变，例如当土变成青铜时。因此，批判这个观点等于批判一种基础性的分类法。但是，亚里士多德主

---

[2] "亚里士多德主义"是一个总标签，涵盖了人们对亚里士多德哲学的各种解读。关于它在早期现代所呈现的那些形式的来龙去脉，见 C. B. Schmitt, *Aristotle and the Renaissance* (Cambridge, Mass. 1983); J. Kraye, 'The Philosophy of the Italian Renaissance', in G. Parkinson (ed.), *The Routledge History of Philosophy, iv. The Renaissance and Seventeenth-Century Rationalism* (London, 1993), 16–69; E. Kessler, 'The Transformation of Aristotelianism during the Renaissance', in S. Hutton and J. Henry (eds.), *New Perspectives on Renaissance Thought: Essays in the History of Science, Education and Philosophy; In Memory of Charles B. Schmitt* (London, 1990), 137–147; B. P. Copenhaver and C. B. Schmitt, *Renaissance Philosophy* (Oxford, 1992), 60–126; R. Ariew, 'Descartes and Scholasticism: The Intellectual Background to Descartes' Thought', in J. Cottingham (ed.), *The Cambridge Companion to Descartes* (Cambridge, 1992), 58–90; C. Mercer, 'The Vitality and Importance of Early-Modern Aristotelianism', in T. Sorell (ed.), *The Rise of Modern Philosophy* (Oxford, 1993), 33–67。

义的敌手不仅蔑视形式概念，而且对其用法嗤之以鼻。一种与此相关的抱怨往往是围绕着灵魂理论而发，矛头主要指向经院主义哲学家，控诉他们滥用亚里士多德主义资源，致使本形泛滥成灾，每逢他们不能自圆其说，便临时添砖加瓦。在实践中，物的形式被表达为一组能力清单，而经院主义哲学家遭到的谴责是，他们总是趁机在清单上添加私货。滑稽可笑的是，当一种金属被发现有磁性时，说不定他们为了"解释"这个发现，还会把吸力也设置为该金属的一种形式呢。但是问题比上述批评所显示的更严重，它集中体现在一种谴责上：乞灵于形式绝不可能令人满意，因为形式本身是隐秘难测的。当然，亚里士多德主义者可能会同意说，既然"隐秘"在字面上有"隐藏"的意思，形式便是隐秘难测的，也就是说，形式是感官难以达及的。但是这种让步有点答非所问，因为主要的批评不是针对形式的难以觉察，而在于不清楚形式到底是一种什么存在。虽然形式与质料的对立似乎暗示着形式是精神现象，但是形式的某些特性又表明形式是物理现象。形式不仅是隐藏的，而且由此也是隐秘的——取"神秘"这一贬义。[3] 当哲学家乞灵于形式时，那简直就是不知所云。

十七世纪哲学家普遍认为，形式已经变成科学上的万应灵丹，但是尽管人人乞灵于它，它却解释不了任何东西。例如笛卡尔就表达过这种看法，在一封1642年1月致雷吉乌斯的信中，[1] 他写道，

---

3 关于将形式解释为隐秘的存在物，见 A. G. Bebus, *The English Paracelsians* (London, 1965); B. Vickers (ed.), *Occult and Scientific Mentalities in the Renaissance* (Cambridge, 1984); G. Macdonald Ross, 'Occultism and Philosophy in the Seventeenth Century', in A. J. Holland (ed.), *Philosophy, its History and Historiography* (Dordrecht, 1983), 95-115; S. Schaffer, 'Occultism and Reason', in Holland (ed.), *Philosophy*, 117-143; K. Hutchison, 'What Happened to Occult Qualities in the Scientific Revolution?', *Isis*, 73 (1982), 233-253; D. M. Clarke, *Occult Powers and Hypotheses: Cartesian Natural Philosophy under Louis XIV* (Oxford, 1989), 70-74.

[1] 雷吉乌斯（Henricus Regius, 1598—1679），荷兰哲学家，本名 Hendrik de Roy，笛卡尔主义者，曾与笛卡尔频繁通信。

本形——

> 被哲学家们引进，只是为了解释自然物的特有行动，并被认为是这些行动的原理和基础。……但是，既然本形的辩护士也承认，此物是隐秘难测的，他们自己也无法理解它，那就根本就没有任何自然行动能用它来解释。如果他们声称某个行动产生于某种本形，那就犹如声称该行动产生于某种他们无法理解的东西；结果等于废话。[4]

然而，对本形的抨击不仅给一种被奉为圭臬的解释方法投上了疑云，而且破坏了一种关于主动性的最重要诠释。如前所述，在亚里士多德主义者看来，质料与形式之间的基本对立匹配着被动性与主动性之间的基本对立。正因为物是由形式和质料共同组成的，所以物才能被描述为主动；而且，一个物的主动性被识别为既是该物所表现的特有行为模式，也是该物的目的。由此，形式既解释了主动性，又给这样的主动性施加了一种目的论的诠释。摈弃形式，则再无根由像通常那样，将物描述为主动。那么，将一个物描述为主动究竟是什么意思？怎样识别一个物的主动性，以及是什么解释了这种主动性？在当时，这些问题重新变得悬而待决了。

通过提出上述问题，亚里士多德主义的批评者同时也把现存的被动性概念投入了混沌。如果形式是可疑的，形式与质料之间的区分便是可疑的，与此相应的主动与被动之间的对立也是可疑的。而且，由于形式与质料之间的对立一直支撑着主动能力与被动能力之间的区分，这两种能力现在也就扎根在沙上了。如第二章所述，形式与质料之间的界线，在某种程度上独立于被动能力与主动能力之

---

4 见 *The Philosophical Writings of Descartes*, ed. J. Cottingham *et al.* (Cambridge, 1985—1991), iii. *Correspondence*, 208。

第一部分

间的界线——这两种能力似乎都可以只被物的形式所拥有,也就是说,物的形式既拥有一种特有的施动于世界、从而改变世界的能力,又拥有一种特有的被改变的能力。因此,这两种能力之间的区别并非不可解脱地纠缠在形式与质料之间的区别当中。实际上,解脱了两者之间的纠缠,便提供了一种重构主动与被动概念的方法,既能将主动与被动概念的许多亚里士多德主义涵义保留下来,又能清除它们与形式之间的讨厌瓜葛。如下文所述,事实证明这是一个解决问题的可意手段,但它当时尚待加工完成。

形式在解释力方面的缺陷有着广泛的可能后果,率先指出它们的,是那些急于设计一种更统一的理论去解释物理世界的自然哲学家。但是它们也延伸到了灵魂的哲学研究上,在这个领域,灵魂能力的形而上学地位显然充满争议。据批评灵魂能力的人说,亚里士多德主义哲学家表示要用灵魂的能力或性能去解释心灵的工作原理,然而他们拿出的解释只是鹦鹉学舌而已,所以他们的努力经常劳而无功。洛克是提出这种批评的众多哲学家之一,他在《人类理解论》中为此而孜孜着墨,仿佛不想给怀疑留下丝毫余地:

> 然而瑕疵在于,能力被说成,并被表现为,多种不同的行动者。如果有人问,是什么消化了我们胃里的肉食?一个令人心满意足的现成答案是:消化能力也。是什么使物质离开我们的身体?排除能力也。是什么在运动?运动能力也。以此类推:心灵的运动,智性能力也;理解,理解能力也;决意和命令,选择能力或意志也。一言以蔽之,消化能力消化,运动能力运动,理解能力理解。……老实说,如果不这样回答,反倒非常奇怪了。[5]

---

[5] Locke, *An Essay Concerning Human Understanding*, ed. P. H. Nidditch (Oxford, 1975), II. Xxi. 20。同样的论点见 Ralph Cudworth, *A Treatise on Free Will*, in *A Treatise Concerning Eternal and Immutable Morality With A Treatise of Freewill*, ed. S. Hutton (Cambridge, 1996), 170; Antoine Arnauld, *Vraies et fausses didées*, in *Œuvres*, ed. G. du Parc de Bellegards and F.

可见，首要的问题是如何阐明能力的工作原理，而不是强词夺理地说，特定的能力执行特定的任务。但是接下来还有一个问题：如何解释灵魂的不同能力或性能之间是怎样互动的？霍布斯喜欢向人们指出，这里也存在着一种用熟悉的、然而晦涩的动词来搪塞的危险倾向：

> 有人说，各感官接受各种不同的事物，再将其移交给通感；通感又将其移交给想象，想象移交给记忆，记忆移交给判断，犹如依次传递东西。用了一大堆单词，但是不知所云。[6]

谴责这类描述毫无解释力，等于暗示亚里士多德主义的灵魂画卷将不得不推倒重来。而且，这种谴责也等于质疑了主动能力与被动能力之间的亚里士多德主义区分。我们已在本书第二章和第三章读到，感觉的被动性，以及激情在某种程度上的被动性，可以通过声称它们——如霍布斯所言——"接受各种不同的事物"来阐明。被动性在于被施动，接受是被施动的一例。然而，如果"接受"只是个"不知所云"的单词，那么，如此解释被动能力，便说不清被动能力究竟如何运作，也说不清它们在何种意义——倘若有任何意义的话——上是被动的了。

以上每一种对亚里士多德主义哲学的批判，都意味着时人在呼吁一种更加一元化和一体化的解释。在自然哲学领域，设置一种本形，去解释每一样事物，结果导致了各种形式如枝蔓横生，其中每一种只有逼仄的解释力。在灵魂研究领域，设置各种不同的性能，其中每一种各有自己的主动能力和被动能力，结果促成了一种心灵

Girbal(Brussels, 1965—1967), xxxviii. 291; Robert Boyle, *The Origine of Formes and Qualities according to the Corpuscular Philosophy, Illustrated by Considerations and Experiments* (Oxford, 1666), 各处。

6　Hobbes, *Leviathan*, ed. R. Tuck(Cambridge, 1991), 19；同样的论点见 Locke, *Essay*, II. 20。

范式，被认为只是锦上添花式的复制品。十七世纪哲学家辩称，无论在自然哲学领域，还是在心灵哲学领域，都需要出现更有力、更丰富的解释性原理，但是他们认为，在亚里士多德主义框架中形成这类原理的可能性微乎其微。以上的引文，一概将经院主义哲学的弱点归咎于它表达理论时所用的语言，归咎于它过分依赖那些乍看之下似有意义、近看之下纯属胡说八道的术语。采用此种术语的作家，不仅是在鼓吹一些缺乏说服力的理论，而且是在犯下一种近乎自欺欺人的无知和懒惰的错误。他们大谈形式，却不知形式为何物；他们说车轱辘话，却不自知；他们堆砌词藻，却不知所云。

这些反对意见的言外之意是，若欲建立一种硕果累累的哲学，必须清除经院亚里士多德主义者所青睐的令人迷茫的术语大网，开发一套浅显明晰、直截了当的语言体系，其中每一个词汇不仅意思清楚，解释力也随时可以经受验证。自诩为跟得上时代的哲学家当然秉持这种态度，于是他们继续詈骂和嘲笑经院学者的语言。但是亚里士多德主义也不乏辩护士，毋庸置疑，他们绝不像他们的敌手所暗示的那样愚蠢，因此双方的唇枪舌剑也绝不可能毕其功于一役。霍布斯与时任伦敦德里主教的约翰·布拉姆霍尔之间的论战，发表于1655年，[1]不啻为两种哲学忠诚之间的冲突的迷人一例。被霍布斯的无情捉弄所刺激，布拉姆霍尔奋起捍卫经院主义，但是一眼看去，他的辞藻恰好沦为霍布斯的手中笑柄：

那么，逻辑学家必须把哪些东西与他们的第一意念和第二意

---

[1] 霍布斯（Thomas Hobbes，1588—1679）与约翰·布拉姆霍尔（John Bramhall，1594—1663）在1640年代曾有口头辩论，1650年代的文字交火则同样为布拉姆霍尔的 *A Defence of True Liberty from Antecedent and Extrinsicall Necessity*，以及霍布斯的 *The Questions Concerning Liberty, Necessity, and Chance*，但霍布斯的这部著作曾被人未经许可地发表，题为 *A Treatise of Liberty and Necessity*。参见下两条原注。

念一起放弃呢？他们的抽象和幻想，他们的式和格，他们的合题法和分析法，他们的分解谬误和合成谬误，等等？道德哲学家必须把哪些东西与他们的手段和目的一起丢弃呢？他们的先天本性和后天属性，他们的矛盾自由和对立自由，他们的绝对必然和假定必然，等等？哲学家必须把哪些东西与他们的意念类一起抛弃呢？他们的主动理解和被动理解，他们的物质接受能力和物质教育能力，他们的无限属性和注入属性，他们的象征属性和非象征属性，他们的重力本性和正义本性，他们的同质成分和异质成分，他们的同感和反感，等等？[8]

他说的这一切，必然成为反亚里士多德主义者的俎上肉，他们坚信，哲学确实必须放弃这套胡言乱语了。然而布拉姆霍尔还不罢休，他进一步辩护说，这些词语就是用来讨论专业性的、天生晦涩的学术问题的，如果换用一套"浅明英语"，定将一无所获，因为此种英语贫瘠无源，不堪重任。蒙昧之人不可能懂得哲学，这是一个生活现实，不能成为反对哲学的理由：

且让他［霍布斯］[1]尽其所能地［将晦涩词语］转换成浅明英语吧，即使如此，它们对于毫无学术背景的人也绝不会变得更为易懂。最明晰的表达莫过于数学演示了，但是让一个完全不懂数学的人来听听，他一定以为数学是纯粹的浮夸或行话——如托马斯·霍布斯所称的那样。每一门术业都有自己特有的奥秘和隐语，在业内人士是众所周知，在门外汉则是一无所知。……且让他登上船舷吧，海员们是绝不会因为他不喜欢右舷和左舷，或者因为

8　Bramhall, *A Defence of True Liberty from Antecedent and Extrinsicall Necessity: Being an answer to a Late Book of Mr Thomas Hobbes of Malmesbury entitled 'A Treatise of Liberty and Necessity'* (Londond, 1655), 157.
[1]　以各类括号标示的文字均为本书作者苏珊·詹姆斯的夹注。

第一部分

他认为右舷和左舷是胡说八道,而离开自己的右舷和左舷的。[9]

虽然布拉姆霍尔的答复并未直接回应所谓经院主义语言是胡说八道的谴责,但是它表现了一种对各行各业采用专业化技术语言之必要性的现实主义理解态度(当今很多哲学作者定有同感)。哲学的普通语言根本不普通。[10] 此外,布拉姆霍尔的答复还暗示着,亚里士多德主义语言之所以迷人,部分原因恰恰在于它的排外性:业内人士可以理解,其他人则无法理解。最后,关于语言,布拉姆霍尔还提出了一个更深刻的哲学论点,他主张,霍布斯所谓哲学应以清晰定义为基础的说法不成立,因为语言是变化不息的,所以定义不可能一成不变。[11] 这种反对哲学透明化理想的观点,与当时的反亚里士多德主义潮流的本质格格不入,因此从者寥寥——这一点意义深远。

综上所述,作为本章开篇的对经院主义的批判,不仅是针对一套特定的理论,而且是质疑一种哲学研究风格,也是挑战一种根深蒂固的精英立场。[12] 反亚里士多德主义哲学家将经院主义者漫画化,拿他们插科打诨,这既是在纯化知识,也是在争取权力,同时也是在支持人们反叛性地重估哲学应当是何样,权威应当在何处。尽管如此,他们提出的问题却相当严肃,因此,那些已经支撑亚里士多德主义数百年的核心隐喻开始衰微,将灵魂的接受能力视为解题的万能钥匙的日子也屈指可数。各种激进的解决之道被召唤而来,其中一种,是重新诠释最为关键的主动性与被动性的分类,使之摆脱

---

9 Bramhall, *A Defence of True Liberty from Antecedent and Extrinsicall Necessity: Being an answer to a Late Book of Mr Thomas Hobbes of Malmesbury entitled 'A Treatise of Liberty and Necessity'* (Londond, 1655), 157.

10 同上书,158。

11 同上书,170。"语言的情况如同货币的情况。只有使用它们,它们才变得恰当、变得流通。Tyrant 的原意是合法而公正的君主,而今,由于使用,它的意思已经全然改变。"

12 见 S. Shapin, *A Social History of Truth: Civility and Science in Seventeenth Century England* (Chicago, 1994)。

形式与质料之间经院主义分界的侵染。

反思激情与行动

正因为主动性与被动性是亚里士多德主义哲学体系之内的最基本分类，所以反对派既不可能、也不期望干净彻底地抛弃它。他们的任务是要遏制它蔓生疯长，将它限制在可容忍的范围内，尤其是要精心剪除经院主义形式概念的葳蕤须蔓。由于主动性与被动性的有些涵义极其密切地关联着形式与质料，另一些涵义却附着于不同事物的不同能力，所以反对派利用这种固有的差异开始工作。他们将前一类涵义清除，由此对后一种涵义达成了更严谨、更得心应手的解读。

如本书第一部分所述，一个物可以同时具有施动的主动能力和受动的被动能力；这些能力可以是实在的，也可以是潜在的。例如，一把刀既有被磨钝的被动能力，也有砍东西的主动能力；无论它当前是否在被磨钝，或者是否在砍东西，它都拥有这两种能力。此外，衡量一个物的主动程度，要看它实现其潜在能力的方式。例如，一把刀潜在的砍东西的主动能力，只有当这把刀被其他物施动时，譬如被人使用时，才能实现。相反，一个人思考语法的潜在主动能力，却无须外在行动者的干预，便能实现，因为此人能亲自实现。一个人亲自实现自己的能力的这种容力，是又一种主动能力，一种更高级的主动能力，此人拥有它时，它使此人在整体上成为了一种比无生命物更为主动的物种。将兴趣集中在这种主动能力与被动能力的概念上，一批十七世纪哲学家继承了亚里士多德的下述主张：主动能力与被动能力的概念为论述变化打下了基础，也就是说，变化是在主动能力与被动能力互相关联时发生的。例如，火炉加热的潜在主动能力，只有当我的手这类具有受热的潜在被动能力的物在场时，才能实现；反过来看，我的手受热的被动能力，只有当某种具有加

第一部分

热能力的物在场时，才能实现。

这个概念组被一代十七世纪作者采用，为的是推出一种对主动性与被动性的简约分析，用以满足当时自然哲学各科的需要。1656年霍布斯在其《论物体》英文版中，[1]颇具代表性地论述了应当怎样理解这套术语：

> 当一个物体引发或消灭另一个物体的某种偶性时，我们说它在作用于或施动于另一个物体，也就是在对另一个物体做一件事；而当这个物体自身的某种偶性被引发或被消灭时，我们说它在经受，也就是在被另一个物体做一件事。当一个物体推动另一个物体，从而引发后者的运动时，我们称前者为行动者；而当这个物体自身被引发运动时，我们称之为受动者——因此，暖手的火是行动者，被暖的手是受动者。受动者被引发出来的偶性则被称为果。13

笛卡尔以其典型的简洁风格提出了一个类似的论点：

> 首先我要指出，不管发生或出现任何事，如果着眼于承受此事的主体，哲学家们通常称之为"激情"；如果着眼于导致此事发生的主体，则通常称之为"行动"。因此，虽然行动者和受动者往往是两码事，但是行动和激情一定总是同一码事，只不过它有两个名字，分别用来称呼与它相关的两个不同主体而已。14

---

[1] 《论物体》，De Corpore，原为霍布斯1655年出版的拉丁文著作。翌年出现佚名译者的英译本，题为 Elements of Philosophy, The First Section, Concerning Body。

13 Elements of Philosophy: The First Section Concerning Body, in The English Works of Thomas Hobbes, ed. Sir William Molesworth (London, 1839—1845), i. 121. 关于霍布斯对因果关系的论述，见 F. Brandt, Thomas Hobbes' Mechanical Conception of Nature (London, 1928), 250-292。

14 Descartes, The Passions of the Soul, in Philosophical Writings, ed., Cottingham et al., i. 1.

第四章 后亚里士多德主义的激情与行动

在上面两段引文中，笛卡尔和霍布斯聚焦于亚里士多德主义者将会怎样描述实在能力；两人关心的是变化出现时发生的情况，而不是事物恒常具有的变化容力。另外值得注意的是，为了远离经院主义，两人甚至闭口不谈"能力"。不过，人们也并非永远采取这种谨慎态度，或许是因为，随着能力概念渐渐与形式断绝关系，能力概念已开始显得无害；又或许是因为，在讨论那些具有亚里士多德主义意义上的潜在性的能力时，能力概念较难避开。譬如，洛克以显而易见的老式术语解释道：

> 我们说，火具有融化金属的能力，也就是消灭金属的无感觉的内在一致性，从而消灭其硬度，使其变成流体；金子具有被融化的能力；太阳具有使蜡变白的能力，蜡具有被太阳变白的能力，由此，蜡的黄色被消灭了，白色被产生了，并取代了黄色。……在这种理解下，能力是双重的，也就是说，既能制造变化，也能接受变化，其中一重可被称为主动能力，另一重可被称为被动能力。[15]

如笛卡尔和霍布斯所言，火炉温暖我的手这个事件可以用两种方法解释：着眼于施动的行动者时，该事件叫作行动；着眼于被施动的受动者时，该事件叫作激情。但是，笛卡尔和霍布斯两人一定都不会否认，实际发生的事件是以洛克所描述的那种能力为先决条件的。[16] 行动者必须具有改变其相关受动者的能力或容力，受动者必须具有被其相关行动者改变的能力。而且，在讨论物质性事物时，这两位哲学家也都同意：物体既能担任行动者，也能担任受动者。这一点，当霍布斯解释行动和激情相继而来时，他说得很清楚：

---

15 Locke, *Essay*, II. xxi. 1–2.
16 见 Descartes's Letter to Mersenne, 5 Oct. 1673, in *Correspondence*, 74; Letter to Morin, 13 July, 1638, in *Correspondence*, 109。

第一部分

> 如果一个行动者和一个受动者互相接踵而至,它们的行动和激情便被描述为直接的,否则就是间接的。如果有另一个物体位于行动者和受动者之间,并与这两者都紧紧相邻,那么该物体本身便兼任行动者和受动者——对于紧接其后的物体而言,它是行动者,它作用于它;对于紧挨其前的物体而言,它是受动者,它受动于它。[17]

可见这些机械论哲学家继续认为,物体拥有各种容力或能力,有些是被动的,有些是主动的;但是与此同时,他们竭力打破能力与形式的联系。说某物具有主动能力和被动能力,或者说某物既能担任行动者又能担任受动者,等于是说它既有行动容力,也有受动容力。但是仅此而已。他们已不再认为,能力是形式的表达,形式使得一个物成为该物。[18]

将受动者身上被引发的偶性鉴别为果,霍布斯由此表明,他是在用行动与激情概念阐明事物之间的因果关系。但是,如果行动和激情必须剪断与形式的关系,那么,行动和激情被分析为因和果之后,因和果也就必须剪断与形式的关系。亚里士多德主义者认为,因分为四种:质料因和形式因,动力因和终极因。[1] 质料因和形式因显然带有形式与质料之间的区分的印记,所以需要重新解读。我们发现霍布斯在《论物体》中与这个难题苦苦搏斗,他辩称,要想解释任何事件的发生,我们必须将行动者的相关属性和受动者的相关属性双双纳入考虑。两方面的属性共同构成了一个总因。但是两方面的属性也能分为两个部分因。[19][2] 在这种情况下,行动者的所有相

---

17 *Elements of Philosophy: Concerning Body*, 120–121.
18 见 S. Nadler, *Causation in Early-Modern Philosophy* (Penssylvania, 1993),尤见 1–8。
[1] 质料因,material cause;形式因,formal cause;动力因,efficient cause;终极因,final cause。
19 *Elements of Philosophy: Concerning Body*, 122.
[2] 总因,a total cause;部分因,partial causes。

第四章　后亚里士多德主义的激情与行动

关偶性的总和是动力因，构成了行动者的能力，或曰主动能力。"因此，行动者的能力和动力因是同一码事。"[20] 相应地，受动者的所有相关偶性的总和是质料因，构成了受动者的能力，或曰被动能力。[21] 因此，无论是动力因还是质料因，都不足以产生一个果；换言之，无论是主动能力还是被动能力，都不可能独力地导致一个行动，因为"行动者只有在将能力施加于受动者时才具有能力，受动者只有在将能力施加于行动者时才具有能力"。[22] 然而，质料因和动力因联合起来，便足以导致行动，正如霍布斯所指出的，这里根本不需要乞灵于形式因或终极因。他提醒读者说，研究形而上学的作者们——

> 在动力因和质料因之外又加上了两种因：一为本质因，又称形式因；一为目的因，又称终极因。然而两者还是动力因。如果我们说物的本质是该物的因——犹如说有理性是人的因，这话是不可理解的，因为那其实是一码事；就好比我们最好不要说：做人是人的因。但是，认知一个物的本质乃是使我们认知该物本身是何物的因，例如，如果我首先知道一个物是理性的，我便由此知道该物是一个人。然而这只是动力因而已。终极因在有感觉、有意志的事物身上并无立足之地，终极因其实也还是动力因而已。[23]

此处霍布斯给出的理由，简直像莎士比亚笔下的小丑在逗乐。但是显然，霍布斯的目的只是，通过将动力因的范围扩大到足以吞并形式因和终极因的程度，并通过将动力因和质料因重新与主动能力和被动能力挂钩，而提供一份简化的因果分析。一旦形式因不复存在，

20　*Elements of Philosophy: Concerning Body*, 127.
21　同上。
22　同上书，129。
23　同上书，131–132。

第一部分

质料因的概念就能摆脱亚里士多德主义质料概念的藩篱；一旦按照霍布斯描述的逻辑重新解读，质料因就不再暗示着某种惰性的、无差别的东西在寻求某种形式。而且，一旦与动力因概念联手，质料因还能提供资料，用以分析事件发生的必要而充分的条件，然后，如果你愿意，则可将这些事件分别描述为行动或激情。

在论述终极因的作者当中，鲜有像霍布斯一样勇猛的，不过也有很多人同情他的创业精神，并采取类似的举措，与形式概念决裂。如前所示，他们将主动能力和被动能力分析为事件原因中的两个互联成分，然而他们的进路能否成功，显然取决于他们能否说清这两种能力是怎么回事，同时还不能回头依赖已经过时的亚里士多德主义资源。而且，对于他们当中的大多数来说，虽然他们渴望炮制一份一劳永逸的行动与激情的分析，适用于尽可能广泛的对象，但是他们也继续相信某些种类的事物比其他种类的事物更主动，结果，这个信念抵消了他们的渴望。进而言之，这个说法也意味着，一个物在总体上是主动还是被动，将反映在该物拥有什么种类的能力上，因此如果要问：哪些主动能力和被动能力是一个物改变和被改变的容力？答案将不止一个。

就物质性物体而言，最有影响力的回答是机械论者提供的，[24] 其中有多种版本是在上帝的主动性和物质不同程度的被动性的理论框架内发展出来的。[25] 机械论哲学家几乎无一例外地承袭了一个传统观点，认为上帝是纯主动性。上帝的主动性在于，他无需受动就能行动。没有任何东西能改变上帝，上帝是永恒的，或不变的。而且，

---

24 关于机械论哲学的一般特点，见 L. Frankel, 'How and Whys: Causation Unlocked', *History of Philosophy Quarterly*, 7（1990），409-429。

25 E. Craig 所说的 "上帝形象原理"，见于他的 *The Mind of God and the Works of Man*（Oxford, 1987），13-68。［上帝形象原理，是基督教神学原理或教义，主张人类是按上帝的形象被创造的，因此具有不受实用性和功能性影响的价值体系。语出《圣经·创世记》：Gen 1: 27 So God created man in his own image.——译者］

上帝的主动性还在于，他发动他自己的运动。既然没有任何东西能向上帝施动，上帝必定是天然主动的，他是他自己的主动性之源。此外，机械论哲学家还同意另一个传统观点，认为上帝创造的宇宙万物不如上帝自己那么主动，而物质性物体又是上帝的造物当中最为被动的，因为它们没有能力产生自己的主动性。这里的一对核心对立面听起来很熟悉：主动的物能靠自己而行动，相反，被动的物只能靠受动而行动。

机械论哲学的鼓吹者将物体的行动和激情视为运动。当第一个物体把自己的运动转移到第二个物体时，第一个物体在行动；当第二个物体的运动方向和运动力量被改变时，第二个物体在受动。同理，物体以特定方式移动和被移动的恒常容力或能力，也被物体的运动，连同其几何属性——如形状和大小，所解释。一旦物体运动起来，它会继续运动，还会把它自己的运动转移到其他物体。但是它并不具有自发运动的能力，它的运动只能靠其他物体的影响来改变。为了解释物体的运动是怎样始发和持续的，机械论者通常声称，上帝在创造世界时，也创造了一定量的运动，并以某种方式将之分配下去，同时还创造了一批原理，去支配物体的互动。因此，尽管经院亚里士多德主义者在解释物质性物体的能力时，直接诉诸形式并间接诉诸上帝，机械论者却将构成物体行动的所有运动一概归因于上帝。正因为物理性物体是全然惰性的，只有上帝才能始发并保持它们的行动，所以它们被视为被动。[26]

虽然这种研究自然哲学的进路当时被普遍采用，但还是很难解答物体互动的确切性质是什么，以及究竟在何种意义上可以将物体

26　K. Hutchinson, 'Supernaturalism and the Mechanical Philosophy', *History of Science*, 21 (1983), 297-333。关于这种理论，见 Clarke, *Occult Powers and Hypotheses*, 104-130; D. Garber, 'Decartes and Occasionalism', in S. Nadler (ed.), *Causation in Early-Modern Philosophy* (Penssylvania, 1993), 9-26; R. A. Watson, 'Malebranche, Models and Causation', in Nadler (ed.), *Causation*, 75-91。

恰当地描述为被动。自然哲学领域的意见分歧，有时可归因于在解释物理现象时，各家对于上帝扮演什么角色产生了方法论上的争议。有些哲学家相信，科学的要义是揭示上帝的伟大和打消人类的骄傲，因此这些哲学家总是洋洋得意地诉求上帝的神秘莫测的能力。另一些哲学家更加痴迷于机械论的解释，因此他们辩称，必须严格限制对上帝的诉求。譬如，马勒伯朗士认为，自然世界是神意的表达，那是我们怎么膜拜都不够的，但也是我们怎么都不可能充分理解的。[27] 另一些人却辩称，自然哲学家固然应当承认上帝创世之时"启动了世界"，但是也应当有办法解释嗣后的每一个事件，而不是继续拿神的干预来说事。1686 年，罗伯特·波义耳在其著作中挪揄道，如果哲学家在回答问题时"语塞词穷"，而"只好说造物主喜欢让它们这样"，那就是表示，"虽然我们假装只是没有对议中之物给出具体的物理原因，但其实是在承认我们对此物一无所知"。[28]

分歧的更直接原因在于，当时亟需开发一种机械论哲学理论，能够最广泛地应对各种物理现象，同时也在于，关于如何做到这一点，当时并存着好几种互相竞争的假说。其中有些假说坚持一种将物体视为被动的观点，因此它们只用上帝的初创力解释世界：上帝不仅始发物体的运动，而且接下来还始发一个物体对另一个物体的作用。但是在解释惰性、抗力、磁力等现象时，以及在解释是什么造成了新的运动——例如火药爆炸后或者人开始跳舞后——时，它们遇到了难以逾越的障碍。[29] 因此，很多机械论拥趸对物体的互动作

---

[27] Malebranche, *De la recherché de la vérité*, ed. G. Rodis Lewis, in *Œuvres complètes,* ed. A. Robinet (Paris, 1967—1972), ii. 70。另见 Malebranche, *The Search after Truth*, trans. T. M. Lennon and P. J. Olscamp (Columbus, Oh., 1980), 332。

[28] Boyle, *A Free Inquiry into the Vulgarly Received Notion of Nature*, in *The Works*, ed. T. Birch, 6 vols. (London, 1772), v. 165.

[29] 关于机械论者遇到的一系列困难，见 A. Gabbey, 'The Mechanical Philosophy and its Problems: Mechanical Explanations, Impenetrability and Perpetual Motion', in J. C. Pitt (ed.), *Change and Progress in Modern Science* (Dordrecht, 1985), 9-84; M. D. Wilson, 'Superadded Properties: The Limits of Mechanism in Locke', *American Philosophical Quarterly*, 16 (1979), 143-150。

第四章　后亚里士多德主义的激情与行动

出了更复杂的解读，其中有些解读提出，虽然物体与上帝比较起来是被动的，但是它们也并不像前文所概述的那样全然被动。这种观点的倡导者之一是霍布斯，他关于抗力的论述，系以物体的一种叫作"努力"的属性为基础。所谓"努力"，译自拉丁文 conatus——它派生于一个意谓"努力"或"奋力"的动词 conari。[1] 霍布斯指出，给弓弩施压，弓弩会弯曲；然而一旦解压，弓弩立即弹回原位。弓弩有此抗力，是因为施加于弓弩的压力并未消灭弓弩内在的"努力"或运动。所以说，至少有一部分物体是不会全然被动地接受行动的，相反，它们努力使自己恢复到它们被迫离开的原位。[30]

或许意义更加深远的是，笛卡尔也采取了类似的思路，在物体的运动与物体的 vis 或能力之间划出了一条界线：

> 在这方面，我们必须慎加注意，什么是一个物体施动于另一个物体、或抵抗另一个物体之行动的能力。这种能力仅仅在于，万物都倾向于尽其所能地坚守原来的状态，保持第一定律[2] 所赋予它们的原样。因此，如果一个物体与另一个物体是相连的，便具有抵抗与它分离的能力；如果一个物体与另一个物体是分开的，则具有保持分开状态的能力。同理，静止的物体具有保持静止状态的能力，从而也具有抵抗任何可能改变其静止状态的东西的能力；运动中的物体则具有坚持自己的运动的能力，也就是继续以

---

[1] 霍布斯的 *De Corpore* 是用拉丁文撰写的，故采用拉丁文术语 conatus（conari）；当佚名译者将此作翻译成英文时，该术语被译为 endeavour。在哲学意义上，conatus 表示一个物天生具有的自我保全和改善的倾向，霍布斯、笛卡尔、斯宾诺莎、莱布尼茨等十七世纪哲学家对此说有重大贡献。

30 Hobbes, *Elements of Philosophy: Concerning Body*, 347。参见 Brandt, *Hobbes' Mechanical Conception of Nature*, 294 f; G. B. Herbert, *Thomas Hobbes: The Unity of Science and Moral Wisdom*（Vancouver, 1989）, 25–54。

[2] 第一定律，first law，即笛卡尔在同一本书中阐述的"自然的第一定律"：在没有外力干预下，每一个物保持其原状，因此一个运动的物体继续其运动，直到被外物终止。

第一部分

相同速度、朝相同方向移动的能力。[31]

笛卡尔似乎是说，物体具有抗变的能力，而抗变，是不同于外力带给一个物体的运动的。正如霍布斯将"努力"鉴别为物体内部的运动，同样，笛卡尔也没有表示物体的这种能力不是运动，因此他也没有发明一个激进的或迥异的行动概念。实际上，两位哲学家都是在暗示，物体的内部运动遵守着一些不一定会被外力摧毁的相对稳定的模式，因此，物体的抗变容力可以经历多次与外力的互动而幸存下来。如霍布斯所说，当坚硬的物体——

> 被压缩或被膨胀时，如果将压缩或膨胀它的力量移除，它会恢复原状。因此毋庸置疑，当压缩或膨胀该物体的力量被移除时，该物体内部的这种能使其恢复原位或原状的运动，或努力，也不会被消灭。[32]

这种容力，是在一个物体施动于另一个物体时，开始运行或实现的一种能力（例如抵抗被分离）。为了解释物理性物体的行为方式，自然哲学家必须认识这种能力，并将其纳入考虑。机械论者不应当认为，物体只是像容器一样，接受运动（首先由上帝、然后由其他物体引起）、存储运动和传递运动；他们必须承认，物体互动的性质另外也取决于物体抵抗外部运动的容力——笛卡尔有时称之为能力或力量（*vis*），有时称之为行动（*actio*）。

---

31 Descartes, *The Principle of Philosophy*, in *Philosophical Writings*, ed. Cottingham et al., vol. i, II. 43。在这段引文中，*vis* 始终被译为"power"。参见 M. Gueroult, 'The Metaphysics and Physics of Force in Descartes', in S. Gaukroger(ed.), *Descartes: Philosophy, Mathematics and Physics*(Sussex, 1980), 169–229; A. Gabbey, 'Force and Inertia in the Seventeenth Century: Descartes and Newton', in S. Gaukroger(ed.), *Descartes*, 230–320。

32 Hobbes, *Elements of Philosophy: Concerning Body*, 347–348.

第四章　后亚里士多德主义的激情与行动

上述说法是否意味着物体是主动的呢？显然，它并不暗示物体像上帝那样具有自发运动的容力。据推测，物体抗变的能力来源于上帝，该能力只有在议中的物体受动于另一个物体时，才变成实在。然而上述说法确实暗示着，并非任何情况都适合于将一个物体对另一个物体的影响描述为一种激情，或者将另一个物体称为受动者。无可否认，当运动被转移给一个物体时，该物体是在受动，但是这种描述也掩盖了一个事实：该物体同时也是在抵抗这个运动向其转移。而且，由于抗力是一种原力，它不依存于外力，因此——笛卡尔似乎主张——可以恰当地将它划入行动范畴。

不独笛卡尔一人认为物体在一种有限的意义上是主动的。一个由伽桑狄创立、由沃尔特·查尔顿在英格兰推而广之的伊壁鸠鲁学派认为，上帝在创造原子的同时，"用一种内能或动因——也许可以视之为自然物行动或运动的初始因"，去"激活"原子，或者说，使原子"受精"。原子之所以运动，不是因为它们被移动，而是因为它们具有自行运动的能力："这种每一个合成物体都被自然赋有的运动能力，必须归因于该合成物体的微粒[1]所固有的同质运动性"。[33] 此外，在牛顿之前的英格兰，也有人提出另一些从本体论上看更加夸张的主动物质概念。[34] 例如，波义耳在发表于1692年的一部遗著中说，"在一切合成物体中"，都有某种空气般缥缈、轻盈、发亮的精灵，它们是"其所在的一切物体的能量、能力、力量和生命的唯一本性，也是发生在这些物体身上的变化的直接原因"。[35] 罗伯特·胡

---

[1] 微粒，particles，指不可分割的最小物或最小成分，应相当于上文的"原子"（atoms），而非较晚近的"粒子"概念。

33　Charleton, *Physiologia Epicuro-Gassendo-Charltoniana: Or a Fabric of Science Natural upon the Hypothesis of Atoms*（London, 1654）, 126, 269.

34　见 J. Henry, 'Occult Qualities and the Experimental Philosophy: Active Principles in Pre-Newtonian Matter Theory', *History of Science*, 24（1986）, 335-381; id., 'Medicine and Pneumatology: Henry More, Richard Baxter and Francis Glisson's *Treatise on the Energetic Nature of Substance*', *Medical History*, 31（1987）, 15-40。

35　Boyle, *The General History of the Air*, in *Works*, ed. Birch, v., 641. 另见 G. Giglioni, 'Automata

113

克认为，由于振动是物体及其成分的根本属性，所以自然中没有任何东西"作为一个物体，其微粒在世界大舞台上是静止的，或怠惰的、不活跃的；盖因这有违于宇宙大布局"。[36]

物体拥有主动能力的观点，极大地帮助了新型自然哲学拓展其解释范围，但是这种观点也不乏风险。一方面，它可能被贴上物活论[1]的标签，那是卡德沃思在《宇宙真正的智力系统》中抨击过的一种无神论。[37] 另一方面，它可能被视为亚里士多德主义形式概念的悄然复归。笛卡尔明确驳斥了后一种谴责，他坚称，他所指认的那种物体能力不是一种本形，而是一种模式：

> 如果那些相信本形的人说，本形自身就是其行动的直接本原，此话当然大谬不然；但是如果你不认为本形与主动属性不是一码事，此话就不会显得荒唐了。我们不否认主动属性，但是我们说，主动属性不应当被认为比模式有更高的真实性，如果这样认为，则等于将主动属性视为本形了。[38]

将物体的抗力归类为一种模式或属性，笛卡尔就能避免被人指责说：这是另一种面目的本形，它扰乱了原来井井有条的本体论。然而正如牛顿的研究工作所证明的，很难不怀疑形式概念正在死灰复燃。在《光学》中，牛顿仍然觉得有必要提醒读者：不同于经院里的论

Compared: Boyle, Leibniz and the Debate on the Notion of Life and Mind', *British Journal for the History of Philosophy*, 3（1995），249-278。

36 Hooke, *Micrographia…Or some Physiological Descriptions of Minute Bodies made by Magnifying Glasses, with Observations and Enquiries thereupon*（London, 1665），16.

[1] 物活论，hylozoism，或万物有生命论，是一种哲学理论，认为一切物质都有生命，生命是物质的一个属性。

37 见 J. Yolton, *Thinking Matter: Materialism in Eighteenth-Century Britain*（Oxford, 1983），3-13。[卡德沃思的《宇宙真正的智力系统》，英文书名为 *The True Intellectual System of the Universe*。——译者]

38 Descartes, Letter to Mersenne, Jan. 1642, in *Correspondence*, 208.

述，他本人论述的那些隐秘的能力在方法论上是值得尊敬的：

> 如果告诉我们，每一种物都赋有一种隐秘的特定属性，该物藉此而行动，并产生显见的结果，此话等于废话。但是，如果从现象中得出两三条总的运动原理，然后告诉我们，有形物的属性和行动是如何遵从这些显见的原理的，那将是在哲学中迈出的一大步，纵使这些原理的原因尚待发现。[39]

鼓吹物质拥有主动能力的人时而辩称，机械论哲学的基础是一种被动的、惰性的物质概念，由此，他们夸大了他们自己与机械论哲学之间的分歧程度。我们已经发现，这幅夸张的漫画未能考虑到的事实之一，是那种至少被一部分机械论者归属给物体的主动能力。他们承认，物体之间的互动需要两方面的主动能力——行动者将其运动转移到受动者的主动能力，受动者反抗被改变的主动能力；而这就等于承认，必须将主动能力赋予受动者，才能解释受动者身上发生的情况。仅仅说它受动，那是不够的；还必须认为它在以某种方式行动，从而促成了它自己的最终状况或结果。这种分析，模糊了我们刚开始讨论的行动与受动之间泾渭分明的界线，也修改了一个看法：人们可以一清二楚地辨认主动的行动者与被动的受动者构成的因果序列。这种分析承认，物理性物体比上述说法所暗示的要复杂得多，同时，这种分析还将一个通常专用于灵魂的观点转用于物理性物体，那个观点就是：当灵魂在感觉时，它不可能只是被动地接受运动，而是必须具有一种理解该运动的主动容力。正如拉尔夫·卡德沃思所言："当灵魂在感觉时，它的这种激情不仅仅是一种十足的激情或经受，因为，它是一种含有几分主动活力的深思熟虑或知觉，……它必然在一定程度上来源于灵魂本身的某种内部生命

---

[39] Newton, *Opticks, Based on the Fourth Edition* (New York, 1979), 401-402.

力。"[40] 在卡德沃思看来，不应当将灵魂的深思熟虑能力简化为物体的任何能力都能进行的运动。但是，对物体互动的解释，和对灵魂被动能力——例如知觉能力——的解释，有着一种共同的结构。在这两种情况中，受动者都是既行动，又受动。

上文探讨的关于行动与激情的诠释，全都抛弃了本形概念，但也保留了一个来自亚里士多德哲学的观点：不同种类的存在物展现了不同程度的主动性。这些诠释不外乎有两个目的，一方面是在哲学上被接受，另一方面是被纳入解释性的理论架构。不出所料，我们看到，物质被置于天平的最被动的一端，尽管它绝非全然是惰性的，却也缺乏任何自发运动的主动能力。同样不出所料，上帝被分派的角色是主动性的完美典范。这两个概念之间的地带，是反亚里士多德主义哲学家的工作范围，他们继续追问卡德沃思在议论灵魂内在活力时暗示的那些问题，并将他们对行动与激情的理解用来解释生物，包括人类和其他。他们的宗旨仍然是摆脱关于本形的空谈，摆脱能力概念的滥用，而达成新的理论。正是在这种语境下，他们着手研究激情，质疑和修正一个既定观点，即激情应当被理解为感性灵魂的被动能力。

不言而喻，反思灵魂及其激情的任务受制于多种压力，来自哲学，也来自神学。尽管如此，逾越亚里士多德主义画卷天然局限性的抱负依然十分抢眼。如前所述，这方面的主要问题在于，怎样以一种非同义反复的方式，去解释灵魂拥有哪些不同的能力，它们的相互关系又是什么。但因历代哲学家将五花八门的能力归于灵魂所有，这项复杂的任务变得更加复杂。任何提供一元化理论的尝试，如果必须适用于意志、记忆、消化等一切能力，都将是难以实现的。因此，提供一元化理论的渴望倒是有助于减少那些归属于灵魂的能

40　Cudworth, *A Treatise concerning Eternal and Immutable Morality* in *A Treatise concerning Eternal and Immutable Morality With A Treatise on Freewill*, ed. S. Hutton（Cambridge, 1996）, 51.

第四章　后亚里士多德主义的激情与行动

力的数量,而减少数量的抱负也得到了各项医学进展的支持,以及舆论的支持——越来越多的人认为,肉体的某些功能可以从机械学角度加以解释。如果确实是这样,一些以往归属于灵魂的能力,例如繁衍和营养,就可以用物理学术语重新解读为合成体的能力了。然而,研究这些反亚里士多德主义假说的哲学家们,不仅其角度各不相同,而且他们拥戴和憎恨的信条也不同。虽然他们一致同意,必须抛弃亚里士多德哲学中被认为最有害的成分,但是他们尝试实现这个目标的方法却大相径庭,其中每一种方法都各有得失。哲学研究的优先顺序也千差万别,这尤其表现在,十七世纪发展了多种多样的创新性激情理论,每一种都仿佛灵机一动似地采用一个不同的方案,去解答如何将激情构想为灵肉两方面状态的问题。本书第二部分的余篇将讨论四种最具实力和影响力的答案,即笛卡尔、马勒伯朗士、霍布斯、斯宾诺莎四人的尝试,他们每人都提交了一份关于灵魂激情的全新诠释,每一份也都基于一种对激情与行动的意义以及两者之间的区别的更宏观理解。

117

第二部分

第五章　解决界线问题：笛卡尔和马勒伯朗士

像他们的前辈一样，早期现代激情理论家对情感的表征明察秋毫，认真地观察着恋人脸红、嫉妒者面色发白、愤怒者面部扭曲且浑身发抖等现象。他们对情感的肉体征候深感兴趣，视之为诊断工具和操控手段，因为，恰如塞诺尔在《激情之用》中指出的那样，"野心家在一个窥破其激情的人面前，是赤裸裸毫无遮拦的"。[1] 但是更具形而上学癖好的作者还致力于去解释，这些揭示性的肉体状态怎样关联着我们的激情体验，包括欲望、悲伤、快乐等等——无论他人察觉与否。他们以这条进路研究情感问题，乃因他们相信，激情既存在于肉体中，也存在于心灵中，从而又相信，任何一份令人满意的分析都须尽量符合下述要求：它必须解释肌肉抽搐、身姿手势、变颜变色等给各种感受定性的肉体征候；它必须解释我们的情感体验是怎么回事；然后它必须解释这两者怎样互相关联。简言之，它必须将激情放在一份关于灵魂与肉体关系的总论之中加以解读。建立一种如此雄心勃勃的理论的必要性，以及产生它的难度，在十七世纪得到了广泛的认识。仅有为数不多的哲学家敢于担当这种

---

[1] Senault, *The Use of the Passions*, trans. Henry Earl of Monmouth (London, 1649), 99.

第二部分

系统性阐述激情的任务，然而凡是担当此任的人，无不趁机彻底思考了心灵哲学领域的一些最基本问题。

本章和下一章将讨论四份不同的研究，每一份都大胆迎接挑战，将激情定位于灵魂与肉体两者中，并解释激情怎样表现在两者中。笛卡尔和马勒伯朗士将肉体和灵魂论述为两个分立的实体，然后在此框架中解读激情；对于激情的肉体表征，他们也秉持一致的意见。但是对于激情作为思想而具有的性质，他们的意见并不相同，这个分歧影响了他们各自关于灵魂中的行动与激情的更宏观概念。第六章将探讨另外两种理论，两者均未把激情的物理特征和心理特征分别指派给两个不同的实体。霍布斯的唯物论，尤其是斯宾诺莎的灵—肉双重性质论，导致了影响深远的情感解读，基本上颠覆了本书第一部分所讨论的亚里士多德主义者建构的行动与激情理论。这四份论述之间的差别，反映了早期现代哲学领域的激情论战是多么富于生气和创新，真可谓百花齐放、百家争鸣。不过，这些变奏曲之下的主旋律，仍是响彻整个早期现代哲学的几种再三复奏的主题。为了理解当时发生的情况，我们必须首先从万花丛中择出这些主题，然后设法追踪它们引发的多种变体。

十七世纪的当务之急是研究激情的跨界性——实际上，激情横跨在两条边界上，一条是灵魂与肉体之间的边界，一条是肉体与周围物理世界之间的边界。这里讨论的四位泰斗全都颇具代表性地认为，无论怎样划分灵魂与肉体之间的界线，激情在界线的两边都会出现；他们还认为，情感既是一种思想，同时也是一个物理性事件。但是，一旦激情发生在一个人的肉体内，就能传染其他人；情感一经表达，就能使其他人也产生难以控制的情感。激情的体验是一种不由自主的思想过程，发生在个人的肉体内，并传递在众多个人的肉体之间，它将人与人捆绑在一起，或迫使人与人分离，还导致一个人对那些被他认为与自己同类的造物作出嫉妒或同情、倨傲或谦恭的反应。

第五章 解决界线问题：笛卡尔和马勒伯朗士

肉体的敏感反应是我们情感生活的组成部分，有必要予以论述。必要性并不限于那些将激情视为肉体状态的分析，而是贯穿于所有关于激情在灵魂中的位置的讨论。如果我们的肉体能被他人的情感传染，那么激情似乎一定是肉体的思想，或者是关于肉体的思想，它记录我们的肉体状态，也记录肉体状态经受的变化。与亚里士多德主义决裂的过程使得这个问题的研究既紧迫，又困难，而我们即将讨论的四位泰斗的解决之道，不约而同，是将激情作为二阶属性来分析，也就是说，将激情视为这样一种思想：它像色、香、味一样，不是独立于我们周遭事物的一种属性，而是我们与周遭世界互动的结果。然而同时，这种解读又稍嫌别扭地伴随着另一个认识：激情是一些变化性极强的反应，它们能考虑我们的感受和环境。我们对一种环境产生什么感觉，取决于我们怎样解读它，在这个意义上，激情似乎是一些很复杂的判断。因此，回荡在整个十七世纪的一个问题是，既然情感似乎兼有较为本能的一面和更加思考性的一面，那该如何在两者之间平衡和协调呢？答案将显现在四位泰斗识别那些作为思想的激情、并描述其功能的艰苦过程中。

这个难题不是孤零零地出现的，要想处理它，必须兼顾另一个后亚里士多德主义主题，那就是将灵魂诸能力统一起来的必要性——如第四章所议。亚里士多德主义哲学家设想的各种能力，以及几百年来关于它们如何与灵魂联系起来的争议，此时已开始被认为陈旧过时。从事消化的消化能力和从事感觉的感觉能力可以休矣，不同的能力之间传递的神秘信息也可以休矣！然而，超越旧思路的任务绝不是一件斩钉截铁、说一不二的事情，它天然带有某些思想损失，它要求哲学家既考虑到，思想分为多种——包括记忆、激情、感官知觉等，也考虑到，不同的思想之能产生，并不需要靠不同的能力。如下文所示，这条新思路是渐渐发展起来的，途中有过多次倒退和重新出发。但是无论如何，这些主题构成了十七世纪哲学语境的一个重要成分，在此语境内，笛卡尔、马勒伯朗士、霍布斯和

第二部分

斯宾诺莎撰写并提出了他们的理论；同时，这些主题也提供了一把钥匙，用以索解他们所达成的观点的深远意义。下面我们将看到，其中每一位作者是如何考虑它们的，又是如何将激情视为肉体与心灵两方面的状态，并对激情形成一系列雄心勃勃的理论的。

笛卡尔论灵魂

对于一些与亚里士多德主义灵魂理论相关的问题，笛卡尔的处理是最大胆、最著名的尝试之一。他义无反顾地偏离了所谓物有灵魂才有生命的观点。亚里士多德及其信徒认为，任何拥有营养和繁衍能力的生物必有某种形式的灵魂，笛卡尔却选择了较狭隘的定义，辩称，有灵魂的造物与无灵魂的造物之间的界线，要依照有思想的造物与无思想的造物之间的区别来划定。根据这种观点，思想是灵魂的本质。思想不是一种时而出席、时而缺席的属性，而是一种作为灵魂之组成部分的能力。因此，只要灵魂存在，灵魂就永远在思想。[2] 于是问题来了：什么算是思想？在那个时代，即使笛卡尔把——譬如——消化划归为一种思想，也不足为怪。然而事实上，他采取的观点是，思想仅限于我们对之有意识的那些状态。我们一般不会意识到自己的营养和繁衍过程，但是我们不可能——笛卡尔如是说——意识不到自己的感觉、知觉、想象、记忆、怀疑、决意、理解、感受激情的过程。因此，这些就是各种各样的思想。只有能如此思想的造物才有灵魂。

上述观点的支持力量来自当时日新月异的医学理论，它们已经越来越表明，过去分配给营养灵魂或生长灵魂的能力，此时可用纯粹的物理学语言进行机械性的解释了。笛卡尔在《人体论》的序言

---

[2] Descartes, Letter to Arnauld, 4 June 1648, in *The Philosophical Writings of Descartes*, ed. J. Cottingham *et al.* (Cambridge, 1984—1991), iii. *Correspondence*, 355.

第五章　解决界线问题：笛卡尔和马勒伯朗士

中指出，虽然"有人将某些功能，例如心跳和脉动、胃里消化食物等等，划归给灵魂"，但是它们"不涉及任何思想，只是肉体运动而已"。[3]因此，它们被笛卡尔从新分配给了肉体，这种转移意味着，譬如，植物绝对不拥有灵魂。然而，笛卡尔不仅主张植物没有灵魂、动物有灵魂，他还辩称，许多能力在人类身上是与思想携手而来的，在动物身上却是纯机械性的。当一只狗欢迎它的主人时，或者当一匹马识途返家时，任何思想都未曾发生。[4]这些行动应当完全被归因于肉体运动，而狗和马对此运动是毫无意识的。只有人类才能思想，只有人类才拥有灵魂。[5]

精神性和物质性的这番重组具有一系列深远的影响。影响之一关乎死亡。过去认为，当灵魂离开肉体时——或者说因为灵魂离开了肉体——死亡便发生了；此时的观点却变为，从根本上，死亡在于肉体的衰朽。无论人类抑或动物，当他们的肉体像钟表或机器一样渐渐磨损，不再能产生热量、不再能运动时，他们便死亡了。[6]与此相关的另一个影响关乎不死性。[1]亚里士多德的经院主义信徒曾经感到很难坚持一个正统天主教观点：人类肉体是可以衰朽的，而人类灵魂是不死的，当肉体死亡时，灵魂即离开肉体。他们的困难在于，他们已经声称一切生物皆有灵魂，那就暗示着，葱头或蟑螂必然具有不亚于人类的不死性。为了阻止这个荒谬结论，他们当然可以辩称，唯有智性灵魂幸免于死亡，营养能力和感性能力[2]则与肉

3　*Description of the Human Body*, in *Philosophical Writings*, ed. Cottingham *et al*., i. 314.
4　关于笛卡尔对动物的看法，见 P. Harrison, 'Descartes on Animals', *Philosophical Quarterly*, 42（1992），219-227; S. Gaukroger, Descartes: An Intellectual Biography(Oxford, 1995），278-290。这个主题的更广泛讨论，见 P. Harrison, ' Animal Souls, Metempsychosis and Theodicy in Seventeenth-Century English Thought', *Journal of the History of Philosophy*, 31（1993），519-544。
5　关于笛卡尔摈弃三重灵魂论，见 Letter to Regius, May 1641, in *Correspondence*, 182。
6　Descartes, *The Passions of the Soul*, in *Philosophical Writings*, ed. Cottingham *et al*., i. 5 and 6.
[1]　不死性，immortality，或永生、不朽。
[2]　这里所说的营养能力和感性能力，因与前面的智性灵魂相对，所以实际上是营养灵魂和感性灵魂的另一种说法。可参见本书第53页（边码）关于三重灵魂的译注。

125

第二部分

体一同死亡。但是这个说法并不利索，反而引起了一些棘手的问题，指向灵魂诸能力在后生命[1]中的性质，而且损害了灵魂的统一性。笛卡尔观点的潜在优势之一是，它提供了一个办法，可以一箭双雕地克服这两个困难。笛卡尔主张，灵魂带着自己的全部能力完整地存活下来——它仍旧能够思想。而且，既然唯有人类才拥有灵魂，那就唯有人类才拥有不死性。[7]

当笛卡尔试图逾越亚里士多德学说的限制时，他的关键的另一步是将肉体和灵魂视为两种不同的存在。人类的肉体属于广延领域，系由物质构成，服从那些统治一切物理性物体的法则；灵魂却是精神的，不广延，故不具有空间属性。这种观点绕开了难题，不必通过一连串洋洋洒洒、艰苦卓绝的论辩，去说清灵魂的各种能力在肉体中的各种寓处。例如阿奎那认为，视的能力位于眼睛；[8] 又如许多 *via moderna* 的吹鼓手声称，视的能力存在于肉体的每一个部位。[9] 但是在笛卡尔看来，说什么灵魂诸能力分布于浑身上下，那简直是胡言乱语，因为它们根本不是一种可以"位于"任何地方的东西；不

---

[1] 后生命，afterlife，哲学和神学概念，也可表达为 life after death 或 hereafter，系指人的肉体死亡之后，人的本质部分，即意识或灵魂，继续作为人的一种生命形式而存在。此语与中文的"来生"或"来世"并不对等。

7 见 L. E. Loeb, *From Descartes to Hume: Continental Metaphysics and the Development of Modern Philosophy* (Ithaca, NY, 1981), 114–126; M. Rozemond, 'The Role of the Intellect in Descartes' Case for the Incorporeity of the Mind', in S. Voss (ed.), *Essays in the Philosophy and Science of René Descartes* (Oxford, 1993), 97–114; E. and F. S. Michael, 'Two Early-Modern Concepts of Mind: Reflecting Substance and Thinking Substance', *Journal of the History of Philosophy*, 27 (1989), 29–48。

8 Aquinas, *Summa Theologiae*, ed. and trans. the Dominican Fathers (London, 1964—1980), 1a. 77. 1.

9 所谓 *via moderna* [现代路线]，是经院主义哲学的最后一个重要流派，是一场自觉地反对托马斯主义者所采取的 *via antiqua* [古代路线] 的运动，其最有影响力的倡导者是奥卡姆的威廉 [William of Ockham]。见 K. Park, 'The Organic Soul', in C. B. Schmitt and Q. Skinner (eds.), *The Cambridge History of Renaissance Philosophy* (Cambridge, 1988), 477–478; N. Kretzmann, 'Philosophy of Mind', in id. and E. Stump (eds.), *The Cambridge Companion to Aquinas* (Cambridge, 1993), 128–160。另见 B. C. Copenhaver and C. B. Schmitt, *Renaissance Philosophy* (Oxford, 1992), 39–43。

第五章 解决界线问题：笛卡尔和马勒伯朗士

过，依然可以在某种非广延的意义上认为"灵魂确实与整个肉体结合在一起"，所以"不能说它只存在于肉体的这个部位而不存在于其他部位"。[10] 因此，解释灵魂的能力如何工作的任务虽未被取消，却已被改变。第一，现在只需处理思想能力了；第二，现在无需将思想能力安置到肉体的任何具体部位了。实际上，笛卡尔现在面临的任务是，解释纯机械的肉体和纯精神的灵魂究竟能否互动，以及怎样——如他所声称的——在大脑中心的松果腺那里互动。[11]

除了讨论灵魂的能力位于何处的问题以外，笛卡尔还希望在灵魂内部消除诸能力之间的界线，克服"将灵魂的不同功能比作人们扮演经常相互对立的不同角色"的谬误。[12] 既然"我们体内只有一个灵魂，而且这个灵魂内部也不分为各种不同的部分"，[13] 所以不能将灵魂划分为智性灵魂、感性灵魂和营养灵魂。进而言之，灵魂并不拥有各种不同的能力；相反，灵魂只拥有唯一一种能力，即思想能力。这是走向统一的第一步，从此就无须解释不同能力之间是怎样互动的了——如果只有唯一一种能力，这个问题将不再成立。但是又该怎样解释多种多样的思想呢？笛卡尔告诉我们，所有思想都是灵魂的唯一能力所从事的不同工作，而这唯一能力，依其不同的功能，

---

10 灵—肉合成体的存在论地位是长期辩论的主题，关于这种辩论，见 M. Gueroult, *Descartes' Philosophy Interpreted according to the Order of Reasons*, trans. R. Ariew (Minneapolis, 1985), 97-124。最近付梓的一篇资讯丰富的论文是 L. Alanen, 'Reconsidering Descartes' Notion of the Mid-Body Union', *Synthese*, 106 (1996), 3-20。

11 关于心灵与肉体的互动，见 R. C. Richardson, 'The "Scandal" of Cartesian Interactionism', Mind, 91 (1982), 20-37; J. Cottingham, 'Cartesian Dualism: Theological, Metaphysical and Scientific' in id. (ed.), *The Cambridge Companions to Descartes* (Cambridge, 1992), 236-257; P. McLaughlin, 'Descartes on Mind-Body Interaction and the Conservation of Motion', Philosophical Review, 102 (1993), 155-182; L. E. Loeb, *From Descartes to Hume*, 134-149; N. Jolley, 'Descartes and the Action of Body on Mind', *Studia Leibnitiana*, 19 (1987), 41-53; E. O'Neill, 'Mind-Body Interactionism and Metaphysical Consistency: A Defence of Descartes', *Journal of the History of Philosophy*, 25 (1987), 227-245。

12 Descartes, *Passions of the Soul*, 47.

13 同上。

分别"被称为纯粹的智力，或想象，或记忆，或官觉"。[14]当这唯一能力"让它自己连同想象一起作用于'通感'时，就被称为视、触等等；……当它让自己仅仅作用于想象，俾以产生新的图像时，就被称为想象或设想；当它独力地行动时，就被称为理解"。[15]笛卡尔论点的冲击力似乎依托于他的下述见解：只要将灵魂的一切状态定义为各种思想，便能化解它们之间怎样"交流"的问题——譬如，我们怎么能在知觉的帮助下改变记忆，怎么能利用想象提高理解。亚里士多德主义在灵魂内部划分了各种界线，据说这使人很难明白，感性灵魂的状态是怎么做到随时达于智性灵魂的，或者相反，另外，感性灵魂的渴望又是怎么做到随时达于意志的，等等。但是，一旦将灵魂一元化，致使"它既感性又理性，它的所有渴望都是决意"，[16]困难便自行消解了。灵魂的所有思想都可以互达，当我们思想的时候，我们也能思考我们的其他思想。

这种论辩逻辑的可信性，有赖于两个互相关联的主张。首先，此论在某种程度上巧妙利用了一个观点：同类事物可以被联系起来，用同一套原理去解释。这个假说曾经支撑了关于灵魂与肉体之间关系的各种亚里士多德主义诠释——正因为运动、决意等不同的容力一概是灵魂的能力，从而全部属于同一个种类，所以它们能相互影响。这个假说也导致笛卡尔的著作引起了一个问题：虽然我们可以解释思想怎样与其他思想互相关联，物体又怎样与其他物体互为因果，但是我们无法解释肉体运动怎样与思想关联，以及相反。第二，同类事物能够互动的主张，在笛卡尔看来，必须立足于一份关于怎样才能如此的论述；就是在这一点上，亚里士多德主义栽了筋斗，它未能自洽地论述灵魂诸能力是怎样互相关联的。相反，笛卡尔提

---

14 Descartes, *Rules for the Direction of the Mind*, in *Philosophical Writings*, ed. Cottingham *et al.*, i. rule 12.
15 同上。
16 同上。

出的各种思想之间的互达性却说得通,因为思想都是有意识的。如果我能有意识地产生一个思想,我就总是能使这个思想去影响我同样有意识的其他思想。[17] 笛卡尔主张灵魂只拥有思想能力,并主张所有的思想都是有意识的,如此一来,他便能提供一份灵魂一元化的全新论述,由此解决了灵魂诸能力之间如何交流的老问题。[18]

诸如此类的偏离之举,在笛卡尔的灵魂论述与经院主义灵魂模式之间划出了一道分水岭,并创造了一种关于思想主动性的革命性分析。但是在某些方面,这两种模式之间又有极强的延续性。[19] 笛卡尔声称,思想不仅包括决意和理解,而且包括感觉、记忆、想象,以及激情体验。乍看上去,智性灵魂和感性灵魂的分界好像由此被抹煞了,其实仍然留有一些痕迹。笛卡尔沿袭他的亚里士多德主义前辈的思路,认为较之智性能力,感性能力与肉体的关系更为密切,所以他声称,决意和理解只是发生在灵魂中,而感官知觉、激情、某些记忆、某些幻想,却要依靠灵魂与肉体的互动。没有形体的灵魂是不可能——譬如——看东西或尝东西的。此外,笛卡尔也在一定程度上坚守了灵魂的主动能力和被动能力之间的旧有分界,虽然他在"思想"的总范畴下将过去的感性能力与智性能力合并了,但是他也将主动性与被动性的一部分旧涵义依然保留下来。笛卡尔强调了本书第四章讨论过的一个观点:"同一样事物,对于起点而言叫作主动,对于终点而言叫作被动。"[20] 这适用于思想与思想之间的关系,

---

17 这个论点,是笛卡尔在 *Passions of the Soul* 第 19 条中讨论决意时提出的。
18 当然,这个解决方案成功与否是有争议的,例如马勒伯朗士提出异议说,笛卡尔对思想的论述建立在一种能力概念的基础上,但是这种能力概念与亚里士多德主义能力概念一样含糊,并未对心灵的思想容力作出令人满意的分析。见 Malebranche, 'Éclaircissements', in *De la Recherche de la Vérité*, in *Œuvres complètes*, ed. G. Rodis Lewis (2nd edn., Paris, 1972), iii. 144; trans. T. M. Lennon and P. J. Olscamp as *The Search after Truth* (Columbus, Oh., 1980), 622。
19 见 Rozemond, 'Role of the Intellect', 97–114; A. Maurer, 'Descartes and Aquinas on the Unity of a Human Being: Revisited', *American Catholic Philosophical Quarterly*, 67 (1993), 497–511。
20 Descartes, Letter to Hyperaspistes, Aug. 1641, in *Correspondence*, 193.

第二部分

也适用于物质世界,只不过在物质世界,行动与激情都是本地运动,而在非物质世界,"行动"一语指任何一个发出移动力量的东西,"激情"一语指任何一个扮演被移动角色的东西。[21] [1] 思想与思想之间的互达性,使得任何思想都可以施动于任何其他思想,而且任何思想既能充当行动,又能充当激情,例如,"智力既能被想象激发,又能作用于想象。同理,想象能作用于感觉,……反过来感觉也能作用于想象"。[22] 在这里,行动与激情等同于因与果。然而,笛卡尔还以我们不应当感到意外的一种方式承认,在某种意义上,灵魂的不同能力展现了不同程度的主动性。他说,我们的思想——

> 主要分为两大类:一类是灵魂的行动,另一类是灵魂的激情。我称之为灵魂的行动的那些东西,全都是我们的决意,因为我们体验到,它们直接产生于我们的灵魂,并且似乎仅仅依存于灵魂。而在另一方面,我们身上出现的各种知觉或各类知识,可以笼而统之地称为激情,因为通常并不是我们的灵魂使它们成为这种样子,相反,我们的灵魂永远只是从它们所表现的事物那里接受它们。[23]

决意是灵魂的行动,因为决意似乎仅仅由灵魂决定,或者换一个方式表达:因为灵魂不单拥有体验决意的能力,而且拥有发起决意的能力。据此,在任何时候,只要我们愿意,我们就能开始决意。与此相反,其他某些思想却是激情,因为它们必须靠其他事物将它们在灵魂中激起。例如,我的视野中必须有一棵山毛榉树,我才能看

---

21 Descartes, Letter to Regius, Dec. 1641, in *Correspondence*, 199.
[1] 此句中的"行动与激情",对应于上面笛卡尔引文中的"主动与被动"。仍需注意这两组词语在本书中往往是同一个意思的两种表达。
22 Descartes, *Rules*, rule 12.
23 Descartes, *Passions of the Soul*, 17;另见 13。

见一棵山毛榉树。

哪些思想属于哪一类？笛卡尔在讨论灵魂的激情或知觉时，他鉴定出五个种类。第一类是"我们将其与外物——即我们的感觉能力的对象——相关联的那些知觉"。[24]当外界的运动引发肉体表面的运动，肉体表面的运动又激发元精[1]——一种最细腻和最敏感的物质——在神经系统的运动时，我们对外物产生知觉。神经好比一些绷紧的绳子，将大脑连接到肉体的各个部位，因此，一根神经的任何节点上的运动都立刻传递给大脑。[25]各个不同的感觉器官的运动汇集到通感（即大脑上的那个整合视觉、嗅觉、听觉等等的部位），最终使元精在容纳松果腺的脑室中运动起来。这又导致松果腺的一种运动，然后该运动在灵魂中引起某种感官知觉。我们的感官知觉绝对是在灵魂中，而不是在肉体中，"因为，当灵魂沉浸于狂喜或深思的时候，我们发现整个肉体保持无感觉状态——即使它在被各种对象触动"。[26]尽管如此，感官知觉还是由肉体引起的，更直接地则是由大脑引起的。[27]

感官知觉继而引起第二种激情，即我们的记忆和想象。元精将通感的运动转移给、并印刻在大脑上一个叫作幻想的部位，该部位大到足以改变形状，并接受运动给它打上的印记，犹如蜡接受印戳。如此这般，感官知觉被贮存下来，[28]随时可被灵魂体验为记忆，或体验为梦想或空想。笛卡尔似乎是说，当那些与实际上不在场的事物有关的运动印刻在松果腺上时，这一类的想象便发生了。[29]虽然笛卡尔

---

24 Descartes, *Passions of the Soul*, 23；另见 *Rules*, rule 12。
[1] 元精，animal spirits，或作动物精气。
25 Descartes, *Principles of Philosophy*, in *Philosophical Writings*, ed. Cottingham *et al.*, vol. i, IV. 189. 另见 *Optics*, in *Philosophical Writings*, Cottingham *et al.*, i. 166.
26 *Optics*, 164.
27 同上。
28 *Rules*, rule 12.
29 Descartes, Conversation with Burman, in *Correspondence*, 344.

第二部分

关于记忆和想象的讨论都很复杂，甚至都有点含糊，但是显然，他认为这两类思想都是激情——至少有些时候是。[30] 然而在另一些地方，他又追随亚里士多德，承认，不期而至的记忆和想象有别于我们主动建构或唤起的记忆和想象。如果我们试图想象一种不存在的东西，例如客迈拉，[1] 或者，如果我们将心灵运用于只能靠智力理解的东西，例如几何图形，那么这时候，我们产生的思想"主要有赖于决意，正是决意使得灵魂意识到了它们"。这些情况通常被认为是行动，而非激情。[31] 另外，笛卡尔在一封信中，还谈到了他自己的幻想生活和他特有的控制方式：

> 在这里我每晚睡眠十个小时，从来没有什么心事搅醒我。睡眠使我的心灵长时间地徜徉在树林、花园和魔宫之中，我在那里品尝只有在神话里才能梦想的一切快乐，渐渐地，我把我的昼梦和夜梦混为一体了；当我明白我是醒着的时候，这只会使我的满足感更加完满，也使我的所有感官共享满足——因为我还不至于严苛到不许它们去享受一位哲学家必须违背良心才能享受的东西。[32]

同样的机制不仅解释了感官知觉，还导致另外两种知觉。其一，当外物引起神经系统的运动，该运动再被转移给松果腺，然后在灵魂中被体验时，或者当肉体本身的内部运动被如此转移时，产生的是我们将其与肉体相关联的知觉，例如饥、渴等渴望，或热、疼、

---

30 Descartes, Letter to Mersenne, 11 June 1640, *Correspondence*, 148。另见 V. M. Foti, 'The Cartesian Imagination', Philosophy and Phenomenological Research, 46（1986）, 631-642; D. L. Sepper, 'Descartes and the Eclipse of Imagination', *Journal of the History of Philosophy*, 32（1994）, 573-603.

[1] 客迈拉，chimera，希腊神话中一种吐火的雌性怪物，其形象通常被描绘成狮子、山羊和蛇的组合体。

31 Descartes, *Passions of the Soul*, 20.
32 Letters to Balzac, 15 Apr. 1631, in *Correspondence*, 30.

第五章 解决界线问题：笛卡尔和马勒伯朗士

湿等感觉。其二，肉体本身引起的——但在更多情况下是外物引起的——肉体运动，导致的是快乐、愤怒等在狭义上被称为激情的情感。如果说感官知觉与外物相关联，感觉与肉体相关联，那么激情却是另一类知觉，"其效应我们觉得仅仅发生在灵魂内部，但是我们一般不知道有任何直接的原因可以将它们关联起来"。[33] 它们是"灵魂的知觉、感觉或情感，它们被专门地与灵魂关联起来，它们是由元精的某种运动引发、保持和巩固的"。[34] 而且，它们"使得灵魂去向往那些在自然看来对我们有益的东西"。[35]

因此，像经院主义前辈一样，笛卡尔将灵魂中的一系列在他看来取决于肉体对灵魂的影响的状态划到了同一个范畴。同样，像经院主义前辈一样，笛卡尔将所有这些状态的被动性解释为：它们是被外物引起的。正如阿奎那曾将灵魂接受表象[1]的能力划归为被动，笛卡尔也继续强调，灵魂接受表象的容力是一种被动性。[36] 不过笛卡尔解释说，这意味着神经的运动实实在在地给大脑打上了印记——改变了它的形状。[37] 肉体内的运动作用于松果腺，松果腺内发生的改变再作用于灵魂。此外，阿奎那曾辩称，感官知觉、感性想象、记忆、激情是感性灵魂的能力，它们只能在灵—肉合成体中实施；而笛卡尔在描述这些状态时，措辞也惊人地相似，他辩称，我们在自己身上还体验着——

> 某些其他东西，它们既不能仅仅被关联于心灵，也不能仅仅被关联于肉体。它们来自……心灵与肉体的亲密无间的结合。这

33　*Passions of the Soul*, 25.
34　同上书，27。
35　同上书，52。
[1]　表象，representation，指心灵面对客体时，形成的一种认知性图像或符号，亦即客体在心灵内的一种再现。
36　Descartes, Letter to Princess Elizabeth, 6 Oct. 1645, in *Correspondence*, 170–172.
37　*Rules*, rule 12.

张清单包括：第一，饥、渴等欲望；第二，心灵的那些不仅仅构成思想的情感或激情，如愤怒、快乐、悲伤、爱等情感；最后是一切感觉，如痛苦、快乐、光、色、音、嗅、味、热、硬，以及其他的可触属性。[38]

至此，我们的论述似乎暗示着，被笛卡尔鉴别为激情的东西，恰好是被亚里士多德主义者描述为感性灵魂之能力的东西。然而情况并非如此，实际上，笛卡尔还讨论了第五种知觉，即理解，不过它在笛卡尔关于思想种类的描述中，占据着一个稍嫌别扭的位置。笛卡尔在一封致雷吉乌斯的信中指出，严格说来，理解像其他知觉一样，是心灵的被动，[39]而决意则是心灵的主动。只有当灵魂在某种意义上接受观念[1]的时候，灵魂才能理解。然而在实操中，很难将这一知觉[2]区别于主动的决意。"如果我们不理解我们所决意的事物，我们就不可能对该事物产生决意；如果我们不对某事物产生决意，我们就很难理解该事物。因此，在这个问题上我们并不容易将主动性和被动性区别开来。"[40]而且，理解也迥异于我们此前讨论的其他知觉：其他知觉有赖于肉体的运动，但是灵魂单靠它自己就能理解。灵魂不能始发自己的理解，如同它能始发自己的决意那样。然而，心灵固有的观念，或者从灵魂与肉体的互动中产生的观念，能被灵魂理解——灵魂能识别它们的一些相互关系。可见，笛卡尔的激情范畴，或曰知觉范畴，横跨了感性灵魂与智性灵魂之间的旧边

---

38 *Principles*, I, 48.
39 同上书，I. 32。
[1] 观念，idea。在笛卡尔的哲学中，idea 通常表示心灵中形成的关于客体的图像/意象（image）或表象（representation），如在《第一哲学沉思录》中，他说："Some of my thoughts are like images of things, and it is to these alone that the name 'idea' properly belongs."
[2] 这一知觉，指理解。
40 Letter to Regius, May 1641, in *Correspondence*, 182。另见 *Passions of the Soul*, 19。

界,也横跨了他本人在两种不同的思想之间划分的新边界:其中一种思想产生于灵魂与肉体的亲密无间的结合,另一种思想可以单独产生于灵魂。若要将一种思想定性为被动,其前提必须是灵魂被施动——要么被肉体施动,要么被灵魂自己施动。

笛卡尔论激情

因而,灵魂的大部分激情是对肉体运动的被动知觉。有了这个总的定性,笛卡尔便能将激情恰切地榫入一幅思想实体[1]的总图了。同时笛卡尔还提供了一份长篇论述,志在解释激情的成分和功能,更细致地区分激情与前文所讨论的其他知觉,并概括激情在思想和行动中发挥的作用。在《论灵魂的激情》中,笛卡尔"不是作为一位演说家或道德哲学家,而只是作为一位自然哲学家",[41]或者说,作为一位对灵魂一元化极感兴趣的自然哲学家,去探究上述主题的。他对灵魂一元化的兴趣,尤其表现在他对阿奎那的激情理论的抨击上。笛卡尔应当是很熟悉阿奎那的激情理论的,他早年在拉弗莱什求学时,必定从道德哲学课本中读过厄斯塔什·圣保罗提供的概要,[42]后来也必定读过《神学大全》本身。[43]笛卡尔批判托马斯主义的矛头之所向,是贪欲和愤欲之间的区分,他指出,这等于是宣称灵魂只拥有两种能力——一是欲望,一是愤怒。"但是,既然灵魂以同样的方式也拥有惊奇、爱、希望、焦虑的能力,并由此拥有在

---

[1] 思想实体,thinking substance,笛卡尔哲学术语,指心灵/灵魂,其对应概念是 extended substance 或 corporeal substance,指身体/肉体。这种划分表现了笛卡尔二元论的典型特征。

41 'Mon dessein n'a pas été d'expliquer les passions en orateur, ni même en philosoph moral, mais seulement en physician.' *Les Passions de l'âme*, ed. G. Rodis Lewis (Paris, 1988), 63.

42 Descartes, *Les Passions de l'âme*, 'Introduction', 21。关于笛卡尔的早年教育,见 Gaukroger, *Descartes*, 38–61.

43 笛卡尔在一封信中强调,他不短缺读物,手头就有一本《神学大全》,见 Letter to Mersenne, 25 Dec. 1639, in *Correspondence*, 142.

它自身中接受其他每一种激情的能力，……那么，我不明白他们为什么偏偏把所有的激情都归属于欲望和愤怒。"[44]

笛卡尔在精心设计他自己的激情定义时断言，将激情描述为知觉（les perceptions）、感觉（les sentiments）或情感（les émotions）都是恰当的。[1]称之为知觉，我们能提醒人们注意，它们不是灵魂的行动，也就是说，它们不是决意。称之为感觉，我们是在表示，它们"被接受到灵魂中的方式，与外在感官的对象被接受到灵魂中的方式完全一样，而不会以其他方式被灵魂认识"。但是，笛卡尔继续说，最好称之为情感，这不仅是因为，情感一语可指一切种类的思想，"又尤其是因为，在灵魂可能拥有的一切种类的思想中，没有任何一种比激情更强烈地刺激和搅扰着灵魂"。[45] 在以上三种描述中，前两种旨在强调，灵魂的激情像感官知觉一样，是被动的。第三种则添加了一层新的、但很熟悉的意思：激情可以格外有力和格外骚动。虽然笛卡尔绝未认为激情是病态的，但是他承认，只要它们出现在灵魂中，灵魂肯定骚动不宁，生活的航道也不再可能风平浪静。

笛卡尔的激情定义，不仅含有这种警告意味，而且它希望更鲜明地对照激情与其他种类的思想，从而将激情是什么固定下来。知觉是我们对外在事物的体验，例如对遥远的钟声和耳边的叫声的体验；感觉被我们体验为存在于肉体中，例如脚疼；激情则被我们体验为存在于灵魂中。例如，当我们快乐地问候一位返乡的朋友时，我们的快乐有一个外在对象，还可能有肉体效应。但是快乐的感情本身不在外部世界，也不在肉体中，而是在灵魂中。这种论述能不能定义和定位激情，有赖于两个标准，一个是现象方面的，一个是原因方面的。究其原因，激情是"由元精的某种运动引发、维持和

---

44 Descartes, *Passions of the Soul*, 68.
[1] 以括号标示的文字是本书作者苏珊·詹姆斯的夹注。下同。
45 同上书，28。关于笛卡尔所给的定义，见 J. Deprun, 'Qu'est ce qu'une passion de l'âme?', *Revue philosophique de la France et de l'Étranger*, 178（1988），407–413。

巩固的";[46]究其现象,激情像决意一样,存在于"灵魂中"。但是,既然灵魂在笛卡尔看来"与广延无关",[47]这个空间描述显然就是比喻性的了。所谓激情存在于灵魂中,这与其说是指明了激情的所在地,毋宁说是表明了空间元素在激情中的缺位。快乐在何处?它不在空间中的任何地方;它在灵魂中。但是从总体上看,笛卡尔的定义将灵魂呈现为横跨在两个类别之间,与每一边都有一些共同点,但又不完全符合任何一边。一旦将激情在现象和原因方面的性质都纳入考虑,我们发现,激情像游牧民族一样,跨界地徘徊在知觉和决意之间,在灵魂的激情与行动之间,在直接依存于肉体的状态和不直接依存于肉体的状态之间。它们以一种无序而迷人的方式,在分界线的两边露面。

实际上,笛卡尔更多谈论的是激情由什么引起,而非激情是何种体验,后一主题只有根据他对前一主题的论述才能得到最好的探究。如前所述,那条以激情为其中环节的因果序列,其开端与那条导致感官知觉的因果序列极其相似。[48]在这两种情况下,元精都是沿着神经而运动,从感觉器官开始,继而抵达大脑,并在脑室中运动起来。接下来可能有两种效应发生。第一种是,脑室中的运动可能将元精推向其他神经,从而导致一些物理性事件,例如血液冲向心脏附近,或者四肢上的肌肉发生收缩。这种纯物理机制解释了动物的所有行为(由此,一只羊在它并未感到恐惧的情况下逃离一头狼),[49]不仅解释了呼吸、消化等非自觉反应——据笛卡尔说,无论在人类还是在动物身上,这些反应都只有物理性的原因;[50]也解释了条

---

46 *Passions of the Soul*, 25, 29.
47 同上书,30。
48 见 G. Hatfield, 'Descartes' Physiology and its Relation to his Psychology', in Cottingham (ed.), *Cambridge Companion to Descartes*, 335–370.
49 Descartes, *Discourse*, 134, 139–140; *Passions of the Soul*, 38.
50 *Passions of the Soul*, 13, 16.

件反射行为，例如一个人突然瞥见某物扑面而来，马上举起一只手遮挡自己的脸。这些行为的原因，"如同一块表的运动仅仅是由它的发条和齿轮组构的力量引起的一样"。[51] 然而在人类身上，还可能发生第二种效应：脑室中的运动可能使松果腺运动起来，由此导致灵魂的某些知觉，它们可能是感觉表象，[1] 也可能是激情，端取决于该运动的具体构成。[52] 如果是激情，两种效应通常同时出现。松果腺运动不仅在灵魂中导致激情，还在肉体中导致新的运动，因此情感往往伴有典型的肉体表征，[53] 笛卡尔不惮其烦地一一列举道，害羞伴有脸红，恐惧伴有发抖，悲伤伴有面色灰白，等等。

笛卡尔进一步延伸机械学分析法，指出，与其他知觉不同的是，激情有不止一种原因。在很多情况下，激情像感官知觉一样，起源于外物所引起的感觉器官的运动。例如，当一条蛇出现时，我不仅看见它，而且感到恐惧。[54] 有时候，激情起源于肉体的内部运动，"例如，当血液的浓度恰当，比平日更容易在心脏里膨胀时，它会使散布在心脏口的神经松弛，并引起一种运动，该运动继而导致大脑中的运动，由此在心灵中产生一种自然而然的快乐之情"。[55] 在这两个案例中，因果序列都遵循着前文追踪过的方向，即从肉体到松果腺，再从松果腺到灵魂。但是，如果激情是由其他思想导致的，因果序列就会逆转。正如元精的流动可以转变松果腺并导致激情，思想也可以触动松果腺，由此改变元精在大脑中的方向。即使按照笛卡尔的标准，此时的机制也被逆转了，下面的例子是明证："如果我们想象自己正在享受一件好事，这个想象行动本身不含快乐之情，但是

51　*Passions of the Soul*, 13, 16.
[1]　感觉表象，sensory representations。
52　*Passions of the Soul*, 31–34.
53　同上书，46。
54　同上书，51。
55　*Principles*, IV. 190.

它导致我们的元精从大脑流到这些神经［指心脏周围的神经］所在的肌肉中，这又导致心脏口扩张，心脏口的扩张再引起心脏的微细神经的运动，最后必然导致快乐之情的产生。"[56] 可见，此处有一种从灵魂到肉体到灵魂的三段式交流：最初的想象行为使松果腺运动起来；松果腺将元精推到心脏周围的神经上；这个运动继而将元精推到大脑，元精在那里使松果腺运动起来。最终，松果腺的运动导致了快乐之情。综观这些不同的因果序列，我们能看出，笛卡尔将激情视为一种特别广泛的思想，既可由肉体运动造成，又可由其他知觉造成。当我们知觉时，我们体验到情感，当我们想象和记忆时，我们也体验到情感。而且，既然笛卡尔认为，即使更抽象的思想过程通常也导致激情，那么当然，思想一般说来都是激情性的。

笛卡尔不仅努力用机械学语言解释激情是怎样产生的，而且用它来解释激情是怎样变化的。他提出，肉体运动与激情之间存在着一些"由自然判定"的常规联系，因此不同的人在情感上无论怎样互相雷同都不奇怪。[57] 有些激情可以追溯到人类作为个体而存在的初始，追溯到灵魂最初与肉体结合之际。在那个时刻，笛卡尔推测，灵魂的第一批激情——

> 必然是这样产生的：在有些情况下，血液或其他某种进入心脏的液体成为了一种比平日更适合的燃料，足以维持作为生命之本的热量，[58] 这导致灵魂有意识地与这种燃料结合，也就是爱上该燃料；同时，元精从大脑流向某些肌肉，它们能刺激方才燃料进入心脏时经由的那些肉体部位，从而使该部位输送更多的燃料。这些部位包括胃和肠，它们的躁动可增进渴望；也包括肝和肺，它

56　*Principles*, IV. 190.
57　Descartes, *Passions of the Soul*, 94.
58　见 A. Bitbol-Hespériès, 'Le Principe de vie dans *Les Passions de l'âme*', *Revue philosophique de le France et de l'Étranger*, 178（1988），416-431.

第二部分

们可被横隔膜肌肉所挤压。这解释了为什么同一种元精运动从一开始就有爱相随。[59] [1]

但是，个人体验的激情也取决于其他一些因素。首先取决于个人的大脑形状和纹理，松果腺的同一种运动激起某些人的恐惧，却可能激起另一些人的勇气和豪气。[60] 其次取决于肉体——取决于血中的胆汁或其他体液的含量，[2] 这些东西影响着血温和血流。更重要的是，一个人容易产生何种激情的倾向会随着此人的经历而不断地改变。每当大脑中发生一次与某种激情相关联的运动，元精都会在大脑中穿行，开辟一套变化不息的沟渠组构，让元精流入其中。[61] 这个程序在子宫中就开始了，母亲的肉体运动在子宫中转移给胎儿，并能对胎儿柔嫩的大脑产生一种印记式的影响。例如，一位嗜好某种水果的孕妇能把她的嗜好传递给胎儿，[62] 改变胎儿的大脑，使之在未来的生活中，凡遇此果，便馋涎欲滴。同样的程序将随着个人经历和习惯而继续下去。如果一个孩子喜欢和猫嬉耍，猫的表象所导致的孩子大脑中的运动便与爱的感觉相连；他越是喜欢猫，这种运动就把大脑中的某条沟渠变得越大，元精也就越是可能穿行于这条沟渠，使猫所引起的爱变得越强烈。同理，如果一只友好的猫突然发怒和挠人，孩子的元精则开始沿着另一条沟渠运动，它不仅将猫和恐惧相

59　Descartes, *Passions of the Soul*, 107.
[1]　笛卡尔《论灵魂的激情》这一节（107 节）标题为 The cause of these movements in love。顺便说明：笛卡尔著作如同其他哲学典籍，其英译本不止一种，各版之间在措词上也许稍有出入；我们可从"参考书目"中得知苏珊·詹姆斯采用的是哪种版本。
60　Descartes, *Passions of the Soul*, 39.
[2]　体液，humours，昔人认为人体含有四种主要的液体，它们在人体中的相对比例决定了人的心理状况：blood（血液，与火爆狂热相关）、phlegm（黏液，与冷静迟钝相关）、yellow bile（黄胆汁，与易怒相关）、black bile（黑胆汁，与忧郁相关）。
61　Descartes, *Passions of the Soul*, 39, 72.
62　Descartes, Letter to Mersenne, 30 July 1640, in *Correspondence*, 148; Letter to Meysonnier, 29 Jan. 1640, in *Correspondence*, 144.

连，而且与那条将猫和爱相连的沟渠背道而驰。

除了从机械学角度解释我们的经历怎样不断地改变我们的激情，笛卡尔还致力于解释为什么有些激情比其他激情更强烈，有些激情比其他激情更持久。它们的强度和回弹性各不相同，既是因为大脑中元精流动的沟渠深度不同，从而使——我们今日仍会这样说——某些情感更加根深蒂固；也是因为元精本身的力度不同。很多经历仅仅激起一些比较和缓的激情，以致我们几乎注意不到，但是也有一些激情来得猝然而有力；总之，激情的强度和持久性取决于引发激情的那些运动本身的力度。"例如我们看到，曾在生病期间怀着强烈的厌恶服用过某种药的人，日后只要食用或饮用任何味道相似的东西，便立刻感到同样的厌恶。"[63] 同样的机制也解释了童年创伤的后果："当一个孩子还在摇篮中时，玫瑰花的气味可能曾导致他的剧烈头痛，或者一只猫可能曾惊吓他，却未引起任何人注意，也未给他留下任何记忆，但是他当时对玫瑰花或猫的厌恶将在他的大脑中留下印记，直到他生命的终结。"[64]

笛卡尔认为灵魂的一切思想都是有意识的，这个观点极大地影响了他关于昔日经历所产生的情感效应的论述。今人也许用无意识记忆去解释童年创伤的后遗表征，笛卡尔却认为，除了用大脑的物理性布局去解释以外，别无他法。笛卡尔明确指出，关于可怕的猫的记忆已经荡然无存，唯一存留的是一道脑褶，犹如一张纸上的摺痕，[65] 由于它的存在，一个人每次被猫引起的神经运动一定导致那种在灵魂中引起恐惧的松果腺运动。[66] 记忆和经历在解释激情时的大部分

63　Descartes, *Passions of the Soul*, 107.
64　同上书，136。
65　Descartes, Letter to Meysonnier, 29 Jan. 1640, in *Correspondence*, 143; Letter to Mersenne, 11 June 1640, in *Correspondence*, 148; Letter to Mesland, 2 May 1644, in *Correspondence*, 233.
66　Descartes, *Passions of the Soul*, 136。进一步的讨论见 G. Rodis Lewis, *Le Problème de l'inconscient et le cartésianisme*（Paris, 1950），38–103。

解释力，在这里被彻底转译成了物理形状和物理运动，它们能够携载那些塑造了我们个性的昔日激情的信息。当笛卡尔从一个人的行为上推论此人一定受过猫的惊吓时，笛卡尔不是在试图找回逝去的记忆，也不是在考虑无意识是怎么回事。他是在设定，有那么一个事件，它的唯一踪迹只是留存在肉体中。因此，激情来自两种前提条件：一方面，重复的肉体运动可以改变大脑，加强事件与情感之间的联系；另一方面，这种联系能够通过灵魂中的回想而产生。可见，灵魂的倾向与肉体的倾向一起促成了我们的情感生活模式；由于我们在两方面的反应都如此灵敏，所以不难解释为什么情感因人而异，为什么人的性情能够永动不息。我们一边巡游人间，我们的激情一边不停地改变；只不过，对于每一个具体的个人而言，"由自然判定"了其松果腺的某个特定运动必然于某个特定时刻，在其灵魂中导致某种特定激情。[67] 一个首次遇见某种野生动物的人，也许将此物知觉为一种奇怪的、非同寻常的东西，同时感受到一种激情，笛卡尔称之为好奇，并定义为对陌生事物的惊异。相反，如果一个人先前已经遇到过这种动物，而且他的经历已经使他相信它是危险的，那么他所经受的激情将是焦虑。

　　正如激情有物理性的前因，激情也有物理性的后果。笛卡尔在讨论这个问题时，转而用一种功能模式进行解释。那些触动感官的事物之所以引起我们的激情，并不是因为它们自身的多种多样。实际上，我们之所以对事物作出激情反应，是因为它们以不同的方式影响我们——要么有害于我们，要么有益于我们，"要么总体说来很重要"。如笛卡尔所说："激情的功能只是在于，它们使得灵魂去向往那些由自然判定对我们有益的东西，并且去坚持它自己的这个决意；那种在一般情况下导致激情的元精躁动，也导致肉体运动起来，

67　*Passions of the Soul*, 36.

以帮助我们获得这些有益的东西。"[68] 此论有几个很熟悉的特点。传统上认为，某些事物自然地有益于、或有害于我们，而我们的激情能被适当地调整，俾以追求前者而规避后者。笛卡尔承袭了这条思路，同时承认它在某些情况下不符合直观。自然本身是仁慈上帝的造物，只要自然将松果腺的运动与某些思想连接在一起，[69] 我们的激情一定对我们有潜在的益处。诚然，我们的经历可以改变我们天生被赋予的倾向，但是在这些倾向被改变——也许向坏的方面——之前，它们被设计出来一定是为了增进我们的福祉；然而我们很难看出怎样把这条理论用于某些情况，比如，"虽然我不可能相信自然会赋予人类任何一种永远只有害处、而绝无益处或可嘉功能的激情，但我还是很难猜到［羞怯以及与勇敢相对立的害怕或恐惧］究竟能服务于什么目的。"[70] 不过，除了偶然的例外，我们的激情显然能增进我们人类作为自然存在的福祉，因为它们能唤起我们对那些——用笛卡尔常用的措辞来表达——对于我们很重要的事物的情感。有益于我们和有害于我们的事物都属于这个范围，但是其中也包括我们更广义地感兴趣的事物。例如，我们对陌生事物给予特殊关注，就很可能于我们有益，因此笛卡尔说，我们很容易产生 *l'admiration*——即惊异——这一激情。[71] 最后，当笛卡尔重申感官知觉与感性渴望之间的经院主义区分，并且在此基础上声称激情将我们推向行动时，我们发现了又一套熟悉的概念组合。他告诉我们，在元精导致的所有运动中，我们可以鉴别出两个种类：第一类"向灵魂表现那些刺激感官的客体，或那些发生在大脑中的印象；这类运动对意志没有影响"；第二类"对意志确实有影响，能引发激情，或引发那种伴随着

68　*Passions of the Soul*, 52.
69　同上书，44; *The Treatise on Man*, in *Philosophical Writings*, ed. Cottingham et al., i. 102.
70　同上书，174, 175。这里议论的两种激情是 *la lâcheté* 和 *la peur ou l'épouvante*。
71　见本书第 7 章。

第二部分

激情的肉体运动"。[72] 笛卡尔继续说,因此,一方面我们拥有一些不与灵魂的行动发生冲突的知觉,它们不直接影响意志,也不能直接反对意志;另一方面,我们又拥有一些能影响意志的激情。[73] 而且,这就是激情的功能。"需要注意的是,[爱、恨、欲望、快乐、悲伤等激情]全都由自然判定了与肉体相关联,并且属于灵魂——只要灵魂与肉体是结合在一起的。因此,它们的自然功能是,促使灵魂赞同和帮助那些能保全肉体,或者能以某种方式完善肉体的行动。"[74] 一方面,这个文段比较狭义地规定了一种福祉,一种至少我们的一部分主要激情旨在确保的福祉,即保全和完善肉体。另一方面,笛卡尔又暗示,这条标准不应作太严格的解读。诚然,只因为我们有肉体,所以我们才体验激情;但是,我们作为灵—肉合成体,我们的福祉远不止于保全和完善肉体本身。这种更广义的福祉,才正是激情帮助我们去获得的东西。[75]

如我们在前文所见,下述因果关系在某种程度上是由自然判定的:最初是那种引发激情的肉体运动,然后是激情本身,最后是激情所导致的肉体运动。在动物身上,说到底,输入和输出之间只是纯机械的关系,当羊看见狼时,羊的感觉器官的运动导致羊撒腿就逃,其中不涉及任何思想。相反,在人类身上,却有一种激情介入这项行动,但它不一定总是对结果有很大的影响。譬如一名面临枪林弹雨的士兵,在他转身而逃的时刻,他可能感到了恐惧;但是无论如何,他反正是逃了,那么说到极限,他的行动也可能有一点无意识的性质,使得他的反应与羊的反应不无相像。但是比较而言,

---

72 Descartes, *Passions of the Soul*, 47.
73 同上。
74 同上书,137.
75 例如,骄傲和羞耻的功能是把我们推向美德,见 *Passions of the Soul*, 206。关于自我保全,见 A. O. Rorty, 'Descartes on Thinking with the Body', in Cottingham (ed.), *Cambridge Companion to Descartes*, 371-392。

第五章　解决界线问题：笛卡尔和马勒伯朗士

无意识行动在人类身上是更为鲜见的。笛卡尔提出，一般说来，人类的激情在塑造人类的行为时，发挥着一种更微妙的原因作用。问题由此而生：激情究竟是怎样发挥原因作用的？激情必须是怎样的一类思想，才能促使我们去规避肉体的伤害，而追求肉体的健康和完善？作为一个首要条件，我们可以指出，如果激情有比较确定的对象，比如俄耳甫斯的爱的对象是欧律狄克，欧律狄克的恐惧的对象是一条蛇，激情似乎就能更好地实现自己的功能。但是笛卡尔没有阐明，如果激情的对象是模糊的，甚至有没有对象都很难说，则激情可能是什么情形。血液运动导致的一种无名快乐，或胆汁过剩造成的一种无名忧郁，照样能——哪怕最小限度地——促使我们追求有益于我们的事物。一个不知道自己为何忧郁的人，照样可以体会到自己的心境是不愉快的，这可能足以促使此人设法摆脱这种心境。同理，无对象的快乐也可能被人体会为一种愉快的心境，值得保持下去。无对象的激情的困难在于，它们几乎没有告诉行动者，到底应当怎样追求健康或避免伤害；与此相对，有明确对象的激情给了我们更多的理由继续行动。但是，激情发挥功能并不取决于有没有可辨识的对象，实际上并非一切激情都有可辨识的对象。

　　在探询上述问题时，我们还需要知道，怎样才能知觉到一件事是有害还是有益。我们怎样把事物区别为可爱的、可意的、可羡的、侮辱性的，等等？笛卡尔讨论这个问题，是围绕着感官知觉与激情之间的一种类比而展开的，乍见之下，如此类比好像得不到预期结果。以日常的观点看，物理性的对象似乎具有一些可被我们的感觉器官接受的属性，因此我们能知觉它们的颜色、质感或气味；但是它们似乎不具有任何与此类似的评价属性，我们不能像我们知觉到一条蛇是绿的、滑溜溜的那样，知觉到它是危险的。笛卡尔分两步颠覆了这个观点，首先是不同意这个观点所依赖的关于感官知觉的论述，然后是重估感官知觉与激情的类似性。两步中的第一步，出

第二部分

现在他的著名论点中：色、香、味、音、质地等可感属性是客体的二阶属性。也就是说，它们不是客体的本质属性，[1]而是客体的相对属性，是通过外物的或人体的物理属性，并通过人类心灵的属性，加以理解的。例如，草之绿依存于我们与草的互动，而不是单独依存于草。但是这个事实往往逸出了普通的理解范围，因为此类属性用我们的眼睛看起来，好像存在于外物中。"在人类看来是绿的"这一属性乔装成了"是绿的"这一属性，必须靠哲学天才来揭开它的面具。

笛卡尔在《哲学原理》中论述如何避免这种谬误时，采用的标题为"怎样才能清楚地认识感觉、情感和渴望，虽然我们对它们的判断常常是错误的"。[76]就可感属性——例如颜色——而言，我们必须小心，不要因为草在我们的知觉中是绿的，就轻易推导草本身是绿的；就感觉而言，我们也必须同样小心，不要因为脚痛，就轻易推导疼痛存在于心灵之外的任何地方。[77]那么现在，关于第三类知觉，即感受或激情，情况又如何呢？笛卡尔没有讨论这个问题，不过，既然他的标题里包含了"情感和渴望"，那就暗示着，他意欲以同样的方式解读情感；而且，前文中关于什么是受动的讨论也表明，知觉[2]一般也被包括在受动的范畴内。如前所述，当心灵受动于肉体运动时，被归类为知觉的思想便产生了。但是心灵并非完全被动地接受这些运动；毕竟，心灵一定有某种特质，能使心灵将有些运动体验为感觉，将另一些运动体验为激情，等等。因此，心灵一定在

---

[1] 二阶属性，secondary qualities，或称 dyadic properties；在下文中也被描述为"关系属性"，即 relational properties。与二阶属性对应的是本质属性，即 monadic property，见下文。

[76] Descartes, *Principles*, I, 66. 'Quomodo sensus, affectus et appetitus, clare cognoscantur, quamvis saepe de iis judicemus'.

[77] 同上书，I. 67。

[2] 知觉，perceptions，这里应指情感——参看上文的措辞："第三类知觉，即情感或激情"。此外，下文中的"思想"（thoughts），也指一类激情。

第五章 解决界线问题：笛卡尔和马勒伯朗士

某种意义上与肉体运动进行互动，在这种情况下，激情像其他知觉一样，一定也是一种关系属性，是通过外物运动或人体运动与人类心灵的互动，加以理解的。继续将激情与感官知觉进行类比，那么，外物本身不是可爱的、可怕的、可意的，等等，而是对于人类来说显得可爱或可怕。而且，我们了解激情的这个特点比了解感官知觉的这个特点还更容易，因为我们不是把激情当作外物的属性来体验，而是在我们自己的灵魂中体验。

因此，激情中包含的针对心灵之外对象的利弊评价，不是一种存在于外部世界，等待我们去解读的东西。然而，仅凭这个说法本身，并不暗示事物或事件没有道德属性；相反，它们很可能具有某些基本的评价属性，正像它们具有形状、体积等基本的物理属性一样。但是，这个说法又确实暗示着，人类在日常生活中没有知觉到这些评价属性并作出反应。人类觉得他们所体验的评价是一些激情，它们如同知觉一样，使他们能相当自如地应付环境。颜色、质地、气味等给我们提供了对自然世界的一种理解，由此，我们能对外物进行一揽子关系到我们的生存和福祉的区分。同理，我们对欲、爱、恨、悲等等的鉴别，也给我们提供了一揽子同样有益于我们的生存和福祉的区分。当然，这种类比也有其局限性：我们的知觉相对而言是稳定的，因此，譬如，草始终看起来是绿的，笛子笃定可以发出高音，而我们的激情却是可塑得多，时时都在变化。而且，较之知觉，激情因人而异的程度要高得多。尽管如此，这两组属性仍有共同点：虽然两者皆未告诉我们世界本身是什么样子，但是两者皆使我们能在世界中自如地生活。

将激情分析为二阶属性，便廓清了激情在本体论上的地位。但是这并未提供多少线索，以解答人类怎样知觉这些关系性的、评价性的属性。此处的第一个困难是，在知觉方面，据笛卡尔说，物质微粒的常规布局支持了我们对色或味的知觉，而在激情方面，似乎却没有类似的东西给予支持。我们对"这条蛇何以使我们把它看作

第二部分

绿的"可以提供一个基本的回答,而对"我们何以觉得它可怕"却无法提供类似的分析。笛卡尔可能回应说,这种不相似是因为,譬如我们体验为颜色的那种微粒运动,与我们体验为激情的那种运动迥然不同。众人对物体颜色的看法是基本一致的,对色度变化的看法也是基本一致的,这一事实证明我们可以主张,我们的色觉依赖于我们能够对运动的常规模式作出相对恒定的反应。你和我之所以能一致认为——譬如——蛇是绿的,乃是因为传输到你眼中的运动与传输到我眼中的运动是相似的,又是因为这些运动在经过我们的肉体时没有太大的改变。同理,我俩日复一日、月复一月地继续把蛇看作是绿的,也说明传输到我俩大脑中的运动与我俩灵魂中的知觉之间的关系没有太大的变化。

然而我们已经知道,我们体验为激情的那些运动并非以如此稳定的方式传输着。元精采取的路径,以及由此导致的松果腺运动,在一段时间以后能够改变,松果腺运动引起的激情也如此。但是这不会形成太大的问题,当然也就不会迫使笛卡尔去设置一些不同的物理组态,让它们在传输过程中专门被体验为激情。实际上,同样的运动既导致我们体验颜色等知觉属性,也导致我们的情感反应。它们可以使我们把蛇看作绿的,它们也一样可以使我们对蛇感到惊异——不是因为蛇拥有某种神秘的、令人惊异的属性,而只是因为我们知觉到的东西既是长而绿的,又是陌生的。不过,健康的人体虽不常发生一种甚至能改变色觉的剧变,却可以发生、且确实发生一种能改变激情的剧变。一条绿蛇可能最初引起惊异,后来却激起恐惧。

解谜的线索似乎在于肉体运动。但是,从物理角度尝试分析情感,我们能走多远?事实上,激情有赖于一套复杂的解读(例如,我必须认识到我从未看见任何像蛇一样的东西,我才能对它产生惊异;我必须相信蛇是个威胁,我才能对它产生恐惧),这意味着,与其说激情是元精流动的结果，毋宁说激情是灵魂中发生的判断和推导的结果；因此这给笛卡尔的方案投上了一道阴影。然而他毫不沮丧。

在笛卡尔看来，构成我们激情的那些评价性知觉，就像我们的感官知觉和感觉一样，也是一些基本的、自然的东西。自然判定我们能体会颜色和声音，同样，自然也判定我们能体会环境对我们有益还是有害；自然判定我们能将我们的某些肉体状态体验为痛或痒，同样，自然也判定我们能将我们的某些肉体状态体验为有益或有害。而且，我们区分——譬如——令人愤怒的局面与令人恐惧的局面的那种容力，也会标记在我们的肉体上。层层叠叠的体验，不妨说，都被记录在松果腺运动与灵魂激情之间的关系上，以致我们无需进行判断，就能感觉某个局面是可怕的——很简单，我们就是将其体验为可怕的。一个明显的困难在于，不易看出肉体运动与思想之间的相互关系怎么能解释各种激情的明晰性。我们的情感取决于一大群因素，包括环境因素，即发生特定事件的特定环境，所以无法一眼看出，何以能用笛卡尔提出的办法，去解释我们如此复杂的、与环境息息相关的解读。如果这个问题好像没有令笛卡尔烦恼，则一部分原因在于，依他的观点，激情通常与判断联袂而至，判断可以修正激情。假设俄耳甫斯最初看见守卫冥界入口的卡戎时，心中充满恐惧，那么后来，他一旦想到他的音乐将说服卡戎放他入内，最初的恐惧之情就可能被修正。激情被如此这般地不断转变，因此很难看出它们有些什么现象学内容，以及它们细腻到什么程度。[78] 不过毋庸置疑，笛卡尔的分类法暗示了激情是非常细腻的，例如嫉妒与野心就有区别。反过来这又暗示着，那些在灵魂中引起激情的肉体

78　因此，如果采取纽伯格的进路，将当代对两种分析情感的方法——即认知学的和生理学的——之间的区分套用于笛卡尔，将毫无助益。见 M. Neuberg, 'Le Traité des passions de l'âme de Descartes et les théories modernes de l'émotion', *Archives de philosophie*, 53（1990）, 479–508。

第二部分

运动携载着大量的信息。笛卡尔提出，有些激情有对象，有些激情却没有对象。有些激情基于复杂的解读，有些激情却没有我们确知的理据——例如笛卡尔举出的怕猫案例。从现象学角度看，有些激情相对而言比较"原始"，例如性欲的潮涌或忧郁的云翳，有些激情却几乎难以避免地会被视为判断。在几乎所有这些情况下，外物的或人体的运动所导致的激情都混杂着意志所促成的激情。但是，尽管我们知道这两种成分都涉入其中，我们往往说不出最终产生的感情中，有哪些侧面归因于这一种，有哪些侧面归因于那一种。

在近期，恰如在十七世纪，人们讨论笛卡尔主义时倾向于关注它事实上从哪些方面摈弃了亚里士多德主义，也就是关注它对三重灵魂的重组，以及它对灵魂与肉体之间的一种二元划分的推介。讨论的重点历来置于笛卡尔所谓灵魂和肉体是两种不同实体的论断，以及该论断的下述蕴义：人类诸属性只能够要么被分析为肉体的运动，要么被分析为非广延灵魂的思想。[79] 讨论中通常忽略的一个问题是，笛卡尔在何种程度上继续认同亚里士多德主义心理学的某些特点——例如声称感官知觉与激情是灵—肉合成体所表达的能力。笛卡尔力求既维持灵魂与肉体之间的形而上学划分，又主张有些状态"不能单独归因于肉体，或单独归因于灵魂"。他以最接近亚里士多德主义的风格，将感官知觉和激情都包括在这些状态中。虽然激情是思想，从而被分配给灵魂，但因它们对肉体的依赖，它们又逾越了边界，因此，为了理解它们是什么以及怎样工作，必须如笛卡尔暗示的那样，将它们的肉体起因纳入考虑；正是在这个程度上，它

---

79 有些作者抵制诱惑，没有过分简化笛卡尔二元论的蕴义，这些作者包括：A. O. Rorty, 'Cartesian Passions and the Union of Mind and Body', in *Essays on Descartes' 'Meditations'* (Berkeley and Los Angelese, 1986), 513–534; A. Baier, 'Cartesian Persons', in *Postures of the Mind* (London, 1985), 74–92; G. Rodis Lewis, 'La Domaine proper de l'homme chez les cartésiens', in *L'Anthropologie cartésienne* (Paris, 1990), 39–83; J. Cottingham, 'Cartesian Ethics: Reason and the Passions', *Revue internationale de philosophie*, 50 (1996), 193–216。

第五章　解决界线问题：笛卡尔和马勒伯朗士

们横跨在笛卡尔划分的界线之间，然而也正因为跨界，它们给他的下述信条打上了一个问号：肉体和灵魂从事不同的活动——物质从事运动，灵魂从事思想。如前所述，笛卡尔连篇累牍地维护这个观点，并极力解释物质性的运动怎样与精神性的思想发生关联。但是在此过程中，他又强调，激情彻底地依存于肉体，乃至我们对一种情感的整个体验过程不仅包括精神成分，而且包括物理成分。此外他还辩称，人的情感习惯仿佛储存在肉体里——在大脑的褶皱和布局里。综观这些论点，我们不难想象，一位笛卡尔主义灵魂观的辩护士，如果在哲学上不是那么严谨，完全可能得出结论说：肉体从事思想，而肉体的思想中也包括激情。

有些学者将《第一哲学沉思录》当作笛卡尔的哲学遗嘱，由此对笛卡尔主义作出一种片面的解读，过分强调甚至误解灵魂与肉体之间的分界。[80] 而且，这种进路不惜牺牲笛卡尔对人类情感的兴趣，以突出他对人类的非评价性知觉的兴趣。如前所述，人类作为有形造物，其思想是以两种方式表现世界的：世界既包含具有某些物理属性的对象，又包含对我们有益或有害的对象。前一种表象方式属于感官知觉，后一种属于激情，但是两种方式同样重要，同样无处不在，因此我们在体验自己的肉体和外部世界时，仿佛在看一个千变万化的万花筒，由各种互相关联的知觉状态和情感组成，而我们在不断地对这个万花筒作出改变、评价、反应，以及修正。我们的知觉和激情有意识地记录我们的肉体状态，形成信息流，以图维持和保全我们自己——尤其是作为一种如此这般的有形造物；另一方面，我们的激情也灵敏地回应我们的思想。感官知觉"来自外界"，我们对感官知觉的思考不导致新的感官知觉。激情却不是这样的情

---

[80] 例如见 M. D. Wilson, *Descartes* (Londn, 1978)；H. Frankfurt, *Demons and Madmen* (Indianapolis, 1970)；T. Sorell, *Descartes* (Oxford, 1987)；G. Dicker, *Descartes: An Analytical and Historical Introduction* (Oxford, 1993)。这些学者违背了笛卡尔本人在 *Conversation with Burman* 中的告诫。见 D. M. Clarke, *Descartes' Philosophy of Science* (Manchester, 1982)，3—7。

况。外在刺激物引起激情,想象——即我们的很多思想的一个重要组成部分——过程也引起激情。不仅我们对世界的体验充满着激情,我们对这些体验的思考也充满着激情,犹如一整块丝绸。将人类行为理解为情感性的,并将情感理解为弥漫在灵—肉之中,这种理解对于笛卡尔之重要,不亚于对他的前辈们。事实上,这正是他所继承的经院主义哲学的特点之一,但是经过了他的重组和提炼。也许我们尤其需要认识到,所谓情感体验,据笛卡尔说,不是一道由情感的光与影编织成的背景,上面叠加着思想,而是思想这一整体中的成分。同时,情感体验也不是一种显然"非理性的"思想,相反,如前所述,许多激情都是一种经过精细调整的关于我们自身利益的知觉。诚然,笛卡尔确实识别了一些专业化的、比较抽象的理知模式,它们的设计目的就是要摆脱激情的影响,但是我们必须以他对"普通的"激情性思想的分析作为语境,去看待这些理知模式。由于灵魂与肉体之间全面而深入的互联,因此,无论是肉体状态的变化还是思想模式的变化,均引起激情。我们一生都在经受微妙反转的、变化不息的情感,它们指引和改变我们的行动,所以是我们人生体验的中心特点。[81]

激情能在灵魂与肉体之间跨界流动,与此相配,激情也能跨越肉体与周围世界之间的界线。思想藉由激情,对肉体的状态极其敏感,肉体则有它自己的正常和反常运动体系。肉体的疾病被情感的不安伴随着——来自肉体的不同器官的血液急遽地改变温度和流速,导致一连串激情,犹如风云变幻。[82] 此外,我们不断地受到周围世界的感染,对他人、他人的举止言谈、我们阅读的书籍、天气、音乐、我们居住的房屋以及千万种其他事物,都作出情感反应。如此之多

---

81 关于笛卡尔的激情论述殊异于通常硬派给他的那些理论,还可见 Cottingham, 'Cartesian Ethics', 193–216。

82 Descartes, *Passions of the Soul*, 15.

第五章　解决界线问题：笛卡尔和马勒伯朗士

的情感穿过我们布满毛孔的皮肤，使得我们的情感生活永不间歇和变化多端，往往超出了我们意识到的程度。情感生活不仅保护我们免受伤害，而且使我们与肉体之外的物质世界发生联系。这个已经出现在笛卡尔著作中的主题，后来被马勒伯朗士继承并大大地发展了。马勒伯朗士怎样以一种既有延续、又有反差的方式分析激情问题，就是我们接下来需要调查的。

马勒伯朗士重新定位激情

笛卡尔一言九鼎的激情分析，不仅被他的信徒修正和发展，[83] 而且一众不那么虔诚的追随者亦如此。后者形成了一个才华横溢的、但也有点令人迷茫的族裔，其中有人遗传了笛卡尔的唇形，有人继承了笛卡尔忧虑的眼神。在这群衣钵传人当中，举足轻重的一位是尼古拉·马勒伯朗士。比笛卡尔年少四十岁左右，马勒伯朗士是一位奥拉托利会会员，在巴黎度过一生，并在那里撰写了一系列著作，其中最有名的是《真理的探求》，以两卷本分别初版于1674和1675年。马勒伯朗士忠诚地坚守笛卡尔对灵魂与肉体的分界，并重申笛卡尔关于肉体运动与激情为伴的论述，但是同时，他也在哲学和神学领域献身于一系列其他的研究事业，旨在整合成一个独特的哲学体系，因此他的笛卡尔主义承受着交叉压力。在他的研究中，最首要和最著名的是，他没有信服笛卡尔关于灵魂与肉体在松果腺处互相联系的论述，而摈弃了这种论述，便阻断了激情是肉体运动导致的灵魂状态的可能性，从而也就影响了他的激情分析。此外，马勒伯朗士还感到，必须在一定程度上保留亚里士多德主义三重灵魂中的知觉与渴望之间的分界。笛卡尔将灵魂的主动渴望状态一概简化

83　例如 Louis De La Forge, *Traité de l'esprit de l'homme* in *Œuvres philosophiques*, ed. R. Clair (Paris, 1974), 69–349。

第二部分

为决意，马勒伯朗士却坚持经院主义观点的一个版本，认为我们既有感性渴望，又有智性渴望，前者以可感物为目标，后者以全称观念[1]为目标。这个区分同样也直接影响了马勒伯朗士对激情的理解。最后，马勒伯朗士的研究中贯穿着一种关于哲学目的究竟是什么的看法。对于他，可不像对于笛卡尔，科学地理解自然世界并不是追求 sagesse[2] 的一个重要而迷人的侧面；相反，时髦地沉醉于自然世界，将使我们偏离哲学的真正任务，那就是认识我们自己，亦即上帝的造物当中最得宠、却也最不幸的一群，因为我们居然以寻求宽恕和救赎为最高目标。可见归根结底，《真理的探求》——或为马勒伯朗士最伟大的著作——首先是对人性的探求、对我们自身真相的探求，只有认识了自己，我们才能弥补原始堕落造成的后果，尽可能做好救赎的准备。这种研究方向影响了马勒伯朗士的整个哲学，也反映在他对激情的一种奥古斯丁主义分析中，也就是将激情分析为灵魂在罪之重压下的无序冲动。在马勒伯朗士关于灵魂的论述中，在他对灵魂诸般激情的具体诠释中，表现了他是多么希望上述几种思想流派能在一个既是现代的、又是救赎性的哲学体系中和谐共存。

笛卡尔与马勒伯朗士之间最著名的分歧，在于他们对灵魂与肉体之间关系的不同论述。[84]笛卡尔辩称，灵魂与肉体在松果腺处互动，马勒伯朗士却否定了这一假定，认为完全站不住脚：

> 我无法理解为什么某些人居然想象，在血液和元精的运动与灵魂的情感之间，有一种绝对必要的关系；小小几粒胆汁在大脑中猛烈地翻腾，于是灵魂必定被某一种激情所搅动，而这种激情必定是愤怒，而不是爱。一个关于敌人过错的想法，或者一种轻

---

[1] 全称观念，universal ideas，即共相的、非个体的观念。
[2] sagesse，法文，"智慧"。
84 见 T. M. Schmaltz, 'Descartes and Malebranche on Mind-Body Union', *Philosophical Review*, 101（1992），281–325。

第五章 解决界线问题：笛卡尔和马勒伯朗士

蔑或仇恨的激情，与一部分血液冲击大脑某个部位的物理运动之间，能够设想出什么关系呢？他们怎么能说服自己相信，这两者互相依存，并相信，精神和物质这两个如此遥远和如此矛盾的东西之间的结合或关联，居然是由别的办法、而不是由造物主那永动而全能的意志导致和维持的？[85]

这个文段表明，马勒伯朗士解决自己的问题，靠的是采纳一种偶因论的观点，认为上帝创造了宇宙，并在宇宙中维持各种物理事件和各种思想之间的恒定关系。例如，每当我的视网膜受到一种特定的刺激，我就产生一棵山毛榉树的观念。但这不是因为第一个事件导致了第二个事件，而是因为上帝创建的世界秩序就是能让这种相互关系永远成立。因此，我的观念的主要成因是上帝的意志，它表现在他制定的法则中。与此对照，我的视网膜受到的刺激，只是我产生视知觉的一个偶因，或者不妨说，一个将上帝创建的这种相互关系激活了的事件。我们的激情体验也以同样的方式，与元精的运动发生关系，比如某次运动与爱相关联，某次运动与愤怒相关联，不一而足。[86]

偶因论提供了一个办法，使我们能继续认为激情横跨在灵魂与肉体之间的分界线上，并继续坚持笛卡尔主义观点，主张肉体运动的各种细微变化在某种意义上解释了各种激情之间的差别。然而它也提供了一个办法，使我们能绕开笛卡尔关于松果腺内所发生的情况的玄想。偶因论的观点不诉诸因果式互动，而诉诸上帝的属

---

85 Malebranche, *De la recherché de la vérité*, ii. 79; trans. Lennon and Olscamp, 338–339.
86 关于马勒伯朗士的偶因论 [occasionalism]，见 T. M. Lennon, 'Occasionalism and the Cartesian Metaphysic of Motion', *Canadian Journal of Philosophy*, suppl. vol. I (1974), 29–40; Loeb, *From Descartes to Hume*, 191–228. 关于马勒伯朗士所摈弃的几种有关灵—肉关系的观点，见 S. Nadler, '*Malebranche and the Vision in God: A Note on the Search after Truth III. 2. iii*', *Journal of the History of Ideas*, 52 (1991), 304–314。

155

性，这些属性超出了人类的理解能力，我们至多知其大概。我们知道上帝制定了一揽子主导肉体、灵魂、灵—肉关系的法则，但是我们不指望自己能理解所有这些法则是什么，遑论理解上帝是怎样维护这些法则的。"最令人惊异的事情，莫过于我们发现的那些自然关系——人类灵魂各种倾向之间的、人类肉体各种运动之间的、灵魂倾向与肉体运动之间的自然关系。这一整套隐藏的连锁关系（enchainement）是一个奇迹，那是我们怎样惊异都嫌不够，也怎样都不可能理解的。"[87]

虽然偶因论斩断了灵魂与肉体之间的直接因果关系，但是它允许马勒伯朗士保留了笛卡尔对这条界线两边情况的很多分析。在马勒伯朗士看来，肉体的运动以笛卡尔所说的那种方式发挥着作用，灵魂的运动也如此，而且灵魂拥有的唯一能力是思想。[88] 不过，思想由理解容力和决意容力来表达，其中每一种容力各表现为不同种类的思想。论及理解，马勒伯朗士辩称，心灵具有一种通过知觉去理解的能力，这是一种接受物之观念的被动能力，类似于肉体接受物之形象的被动能力。[89] 该能力可以三种方式施行。[90] 其一，在场的可感对象给感觉器官造成印象，该印象继而被传达给大脑，致使灵魂知觉到 sentiments ou sensations。[1] 其二，当灵魂向它自己表现不在场的可感对象时，灵魂是在想象，这个过程需要在大脑中形成意象。其三，当灵魂直接向它自己表现非物质的对象时，灵魂能发生纯知觉，无需形成任何有形的意象。（感官知觉和想象与有形的事件相关，但是纯知觉与有形的事件无关，纯知觉是人类与非物质存在[2]

87　Malebranche, *De la recherche*, II. 70; trans. Lennon and Olscamp, 332.
88　关于马勒伯朗士对灵魂的分析，可阅读一篇优秀论文：Rodis Lewis, 'Domaine proper de l'homme', in *Anthropologie cartésienne*, 39–99.
89　Malebranche, *De la recherché*, i. 43; trans. Lennon and Olscamp, 3.
90　同上书，66; trans. Lennon and Olscamp, 16。
[1]　sentiments ou sensations，法文，"感情或感觉"。
[2]　非物质存在，non-material beings，应指上帝和天使。

共有的理解方式。）以这三种方式知觉到的意象也分成三种。在最简单的层次上，意象可以是孤立的表象，例如我开始在脑子里显现我最近看见的一幅画。在较复杂的层次上，意象可以是对两个或更多事物之间的关系的知觉。在最复杂的层次上，意象可以是一系列理知（raisonnements），即对若干个事物之间的关系的知觉，简言之，就是对若干个判断之间的关系的知觉。[91]

因此，马勒伯朗士用知觉一语指所有那些与决意相对的思想。关于决意，他接下来说，意志从上帝那里"接受"一种向往总体之善的恒常倾向，有点像是物质能"接受"运动。但是，物质 toute sans action，[1] 物质无力停止它自己的运动或改变运动的方向；而意志在某种意义上却是主动的（agissante），因为灵魂有能力决定它自己对总体之善的向往——它使它自己倾向于那些令它愉快的对象，并确保它自己在某些特定种类的对象中终结。[92] 另外，正如知觉分为不同的种类，倾向也分为两类：一类是上帝不断施加给我们的向往总体之善的自然倾向，另一类属于激情——我们倾向于爱自己的肉体，以及一切有益于保全肉体的东西。

为了更清楚地了解这两种不同的思想，[2] 我们必须更密切地检视它们在何种意义上被视为主动和被动。马勒伯朗士对被动性的解释，听来也许更耳熟，他说，知觉的被动性在于灵魂"接受"观念。知觉被这些观念改变，却没有能力改变它们，而只能重现它们。至于意志将它自己的冲动引向善的能力，其主动性质则更难捉摸一些。在《真理的探求》中，马勒伯朗士首先以传统方式，将意志描绘为一种盲目的能力，它必须命令理解力把观念表现给它才行。它能对

91　Malebranche, *De la recherché*, trans. Lennon and Olscamp, 7–8.

[1]　*toute sans action*，法文，"无行动"。

92　Malebranche, *De la recherché*, trans. Lennon and Olscamp, 5。另见 T. Schmaltz, 'Human Freedom and Divine Creation in Malebranche, Descartes and the Cartesians', *British Journal for the History of Philosophy*, 2（1994）, 35–42。

[2]　这两种不同的思想，指决意（或意志）与知觉。

不同的表象作出不同的反应，但是它本身不包含任何表象供它开展工作。不过，马勒伯朗士的同时代批评家指出，将意志描绘为盲目的指挥官，这可悲的形象等于走回头路，以过时的语言说什么灵魂诸能力互相命令、服从、听取、运动，云云。马勒伯朗士在1677—1678年发表第三版《真理的探求》时，他在书内所附的一系列"澄清"中回应了这些批评，但他此时好像改变了立场。他回答说，意志命令理解力的说法，不应当 au pied de la lettre [1] 理解，这只是用一种古色古香的、唤起往昔记忆的老话来表示：但凡灵魂中有一个特定的观念，那么，只要意志愿意思考这个观念，便可以思考它。根据马勒伯朗士的另一条公式，意志只要有欲望，就能实现自己的欲望；由于意志能发起自己的倾向，因此意志是主动的。

至此我们有了如下的图景：灵魂知觉事物→灵魂接受表象，表象则给灵魂提供一批观念→意志得以从这个观念库中唤来某个特定观念。然而，意志的功能不仅在于对知觉进行思考，也在于对知觉作出各种反应，而意志的不同反应，据马勒伯朗士说，取决于它区别对待两种不同的判断的能力。如果是在判断或推论什么是真，意志便给予或不给予赞同；如果是在判断什么是善，意志便不仅赞同那个善物，并且向其移动，而意志之所以能这样做，是因为人类行动者有能力知觉某物是否适合于或有益于他自己，由此建立他自己与议中对象之间的 rapport de convenance。[2]

关于意志怎样与这两类知觉[3]发生关联，马勒伯朗士的论述超出了他在"澄清"中概括的对灵魂主动性的看法。诚然，灵魂的知觉随时可达于意志，因此意志能将注意力集中在它选择的任何知

---

[1] au pied de la lettre，法文，"按字面"。
[2] rapport de convenance，法文，马勒伯朗士哲学用语，"契合关系"；可用英语表达为 relation of suitability。
[3] 这两类知觉，应是上文中提到的两类判断的另一种说法，指对什么是善和什么是真的知觉或判断。

觉上，但是，意志本身是一种向往总体之善的冲动，这决定了它在扫视知觉时采取哪个方向，以及它对哪些判断表现出兴趣。意志并非漫不经心地浏览观念库，而是搜寻那些可满足其天生的向善渴望的知觉。意志在判断真时，也就是说，在判断事物之间关系如何时，意志给予默许或赞同，但是意志本身不受触动，正如马勒伯朗士所言，"la vérité ne nous touché pas"。[93][1] 然而，关于善的判断却能触动意志，促使它以两种方式行动，一是默许议中的判断，一是爱——或曰向往——被判断的对象。[94]

因此，我们对自己的福祉的关怀属于意志。正因为意志有向善的性质，所以我们对世界的兴趣是选择性的，我们最大的关注点是事物对我们有益还是有害。上帝使人类灵魂具有爱上帝及其一切作品的自然倾向，不由自主。其中首要的自然倾向是意志本身，它是一种向往总体之善的意向。此外，我们还拥有两种向往特殊之善的自然倾向：一是 amour propre，[1] 亦即向往那些有助于我们的自我保全和福祉的事物；二是向往那些对我们有益的其他造物，或向往我们所爱之物。[95] 以上三种冲动，作为灵魂的倾向，是我们与天使等无形体智慧共有的。可以将其理解为，无论我们的肉体存在与否，我们都倾向于爱上帝及其造物——即使我们死亡时灵魂离开了肉体，这些倾向仍与我们同在。然而除此以外，上帝还给了我们一种保全自己肉体的倾向，其丰富多彩的表现，便是我们的各种激情。激情是"当某种不平常的运动发生在元精和血液中时，自然地影响着灵魂的那些情感"，[96] 它们发挥着促进肉体保全和福祉的功能。马勒伯朗

93　*De la recherché*, i. 52; trans. Lennon and Olscamp, 9.

[1]　引文为法文："真理不触动我们。"

94　*De la recherché*, i. 53; trans. Lennon and Olscamp, 9.

[2]　*amour propre*，法文，"自爱"、"自尊"。

95　*De la recherché*, ii. 4; trans. Lennon and Olscamp, 268.

96　同上书，78; trans. Lennon and Olscamp, 337。

159

第二部分

士充分展开这个观点,历数了人类易犯的错误。在理想状态下,激情的功能应当是既保护肉体的福祉,又继续服从灵魂的福祉;但是在我们的堕落状态下,我们过分地重视激情。这时我们不受我们的自然倾向的指引,反而沦为我们肉体的奴隶,听命于肉体的疾呼。马勒伯朗士修改了感性灵魂的渴望与智性灵魂的渴望之间的经院主义划分,将两者分别与自然倾向和激情结合在一起。自然倾向的目标是我们真正的善,也就是我们非物质性的灵魂的福祉;激情的目标却是我们那吵吵嚷嚷、蛮横无羁的肉体的福祉。在有德者的身上,对肉体的关注坚决从属于对灵魂的关注,但是我们芸芸众生服从的,却是以肉体福祉为目标的激情冲动。因此,只要说到激情,就等于已经说到了这样一类冲动:它们标志着,由于过分关注肉体,人类的感受性遭到了歪曲。[97]

马勒伯朗士论激情与决意

在马勒伯朗士看来,体验激情是一个分为七步的复杂过程,由一系列细致绵密地互相关联着的思想和运动组成。[98] 其复杂精密,部分地来源于马勒伯朗士的偶因论,又在某种程度上是因为他保留了灵魂的感性活动与智性活动之间的分界,但同时也是由于他的意志理论所致。马勒伯朗士不可能像笛卡尔那样,用肉体的运动去解释激情,因此,对于激情的自然原因,他需要寻求一种更加可以接受的论述,于是他辩称,激情起源于心灵对知觉的主体与客体(该客体可以是在场的,也可以是想象的)之间关系的判断。例如,一个人想象自己受到了严重的污辱,或者,一个人在大街上邂逅了旧情人;但是单凭这两样知觉本身,是不会引起此人的激情的,只有当

---

97 *De la recherché*, ii. 78-79; trans. Lennon and Olscamp, 338-339.
98 同上书, 87-99; trans. Lennon and Olscamp, 347-356。

第五章 解决界线问题：笛卡尔和马勒伯朗士

他的意志——那一如既往的求善的意志——将它自己的冲动引向这些知觉时，他才能体验某种 *sentiment*，[1] 即某种与意志活动密不可分的心灵变化，如愤怒或快乐。至此，这样一个序列完全可以发生于无形体的存在；[99] 但是当它发生在人类身上时，还伴有其他变化。在人类身上，意志的活动与元精的运动发生关系，元精的运动再引起激情的肉体征候，并导致我们的行动。（例如一个愤怒的人也许会脸红脖子粗，还会去打那个侮辱他的人。）而且，元精的运动还引起灵魂中的变化，因为元精流动的力度与灵魂的向善冲动的强度，以及随之而来的感情的强度，是互相匹配的。我们的"机器"——如马勒伯朗士所称——的作业强化了我们的激情，在此过程中，又提高了我们对事态的利与害的意识。

马勒伯朗士的论述，甚至比笛卡尔的论述更有力地强调了激情是灵—肉合成体的特征，乃由运动和思想共同组成。但是，笛卡尔将激情归类为知觉，因此属于被动状态；马勒伯朗士却把意志的活动也吸收到激情中去，从而将激情分析为既有传统意义上的被动成分，也有传统意义上的主动成分。愤怒、爱等感情，不仅与肉体运动、而且与决意，都有着极其紧密的关系，因此激情性感受不仅像笛卡尔所说的那样与运动匹配，而且是意志冲动的自然结果。"意志活动是心灵的 *sentiments* 的自然原因，反过来，心灵的这些 *sentiments* 又对意志活动的定势予以支持。"因此在那个自认为受辱的人的案例中，感受恨的过程是，"他对恶的知觉激发了他的意志活动，恨是该意志活动的自然结果，然后该意志活动又被它自己导致的这种 *sentiment* 所支持。"[100]

马勒伯朗士如此安排意志的地位，说明他颇从奥古斯丁那里受

---

[1] *sentiments*，法文，"情感"。
99　*De la recherché*, ii. 91; trans. Lennon and Olscamp, 350.
100　同上。

惠。[101]无论在马勒伯朗士关于激情是什么的论述中,抑或在他关于人类条件[1]的观点中,都可以追踪到奥古斯丁的启发。奥古斯丁曾在《上帝之城》中讨论激情是什么,他提出,除了痛苦和快乐是由肉体引起的以外,[102]其他所有情感的源头一律只是灵魂,从本质上说一律是意志的行动。情感的实际发生过程可能遵循我们的意志,也可能偏离我们的意志;或如奥古斯丁所言,情感与意志可能彼此相宜,也可能不相宜。但是这些相宜或不相宜不只是被我们记录在案的一些事实,而更是被我们体验为激情。

> 当这种相宜的表现形式是追求我们之所愿时,我们用欲望一语去描述;快乐一语则描述了我们实现欲望时的满足。同样地,当我们与某物不相宜,不愿意它发生时,意志的行动便是恐惧;但是当我们与某物不相宜,它却违背我们的意愿而发生了,意志的行动便是悲伤。总体而言,意志的对象要么是被追求的,要么是被规避的,根据这两种不同的性质,一个人的意志相应地被排斥开去,或被吸引过来;同理,意志也不断变化,变成各种不同的感情。[103]

这些决意的情感本质,也因为奥古斯丁将它们描述为爱的各种样态,而得到了揭示。"努力争取拥有被爱之物的那种爱是欲望;拥有和享受被爱之物的那种爱是快乐;规避被爱之物的对立面的那种爱是恐惧;对立面发生时对它感到的那种爱是痛苦。"[104]在这几对关系

101　见 G. Rodis Lewis, 'Augustinisme et cartésianisme', in *L'Anthroplogie cartésienne*, 101-125。另见 ead., *Problème de l'inconscient*, 25-33。关于奥古斯丁对十七世纪哲学的影响,见 J.-F. Nourrisson, *La Philosophie de St. Augustin* (Paris, 1865), ii. 186-281。

[1]　人类条件,human condition,简言之,系指那些构成人类存在(human existence)的各种要件,如出生、成长、情感、道德等等。

102　Augustine, *The City of God*, ed. D. Knowles (Harmondsworth, 1972), 14.15.

103　同上书, 14.6。

104　同上书, 14.7。

中，第一对关系较为一目了然：欲望和爱，完全可以说是爱的两种样态，两者都是我们面对相宜之物时体验的决意，该相宜之物推动我们以某种方式向着它运动——寻求它，设法留住它，等等。但是，所谓恐惧和悲伤也是爱的另外两种样态，此中的关系就不那么直接了。惧怕某物，等于与某物不相宜，等于将它视为对你所爱之物的威胁，故应规避或克服它。因此，惧怕某物等于决意规避该物；事实上，这个决意是恐惧的表达。但是同时，这个决意又是爱的表达，表达了你对可怕之物所威胁的某个对象的爱。如果我们没有爱和欲望，我们就没有理由规避任何东西。所以在某种意义上，恐惧是爱的一种样态：它以爱为前提，它是爱的表现，由此也是爱的组成部分。同一逻辑也适用于悲伤。悲伤也是爱的一种样态——爱某种我们会因其受损害而悲伤的事物。[105]

奥古斯丁将激情诠释为意志的行动，不用说，这当然被马勒伯朗士进行了修正，他认为，意志必须有一个对象供它评价。意志需要有知觉供它作出反应。而且，奥古斯丁将情感等同于决意，由此也模糊了两种思想之间的界线——一种是仅仅依存于灵魂的思想，另一种是依存于灵魂与肉体的思想。这条界线在笛卡尔主义哲学中唱的可是重头戏。如我们所见，马勒伯朗士很谨慎地看待这个问题，他不仅将决意区别于 *sentiments*，而且将灵魂的感觉区别于人类作为有形体的存在才能体验的更强烈激情。不过，尽管存在这些分歧，他仍然受惠于奥古斯丁的下述观点：决意不仅是一个表示赞同的行动，而且是一种生动活泼的、有着很大的潜在力量的情感。马勒伯

---

105 关于奥古斯丁对激情和意志的论述，见 Nourrisson, *Philosophie et St. Augustin*, ii. 28-42; É. Gilson, *Introduction à l'étude de St. Augustin* (Paris, 1929), 162-176; A. Dihle, *The Theory of the Will in Classical Antiquity* (Berkeley and Los Angelese, 1982), 123-144; Gerard O'Daly, *Augustine's Philosophy of Mind* (Berkeley and Los Angeles, 1987), 尤见 40-60; Charles Kahn, 'The Discovery of the Will: From Aristotle to Augustine', in J. M. Dillon and A. A. Long (eds.), *The Questions of Eclecticism* (Berkeley and Los Angeles, 1989), 234-259; E. J. Hundert, 'Augustine and the Divided Self', *Political Theory*, 20 (1992), 86-103。

朗士利用这个观点，提供了一份关于激情强度的理论性分析。笛卡尔曾经像是补记一样地追加说，激情比其他知觉更具煽动力，还能使意志运动，[106]但是在他对激情本身的论述中，没有用任何字句解释为什么会得如此，而只是声称，激情监控我们肉体的福祉。相反，马勒伯朗士却把激情的这些特点纳入了他的分析。他认为，我们对善恶的反应容力寓于我们的意志，而意志在永不停息地求善。正是由于我们让意志与知觉发生了关联，我们才能达成对知觉的评价；正是由于意志是心灵的一种格外主动的容力，我们才能根据这些评价而行动。[107]既然激情本身是对肉体上的利与害的评价，激情必然涉及决意。与其说我们所体验的情感触动了意志，毋宁说它们是决意的自然结果，反过来它们又支持决意。如此看来，如果激情不导致行动，倒是奇怪的了，因为据马勒伯朗士说，意志的活动与元精的活动是息息相关的。决意，除了别的意义之外，正是行动在心智上的对等物。

意志的诸般属性也能或多或少地解释 sentiments 的蓬勃生气。既然 sentiments 是决意的自然结果，它们便继承了意志的某些属性，也反映了意志的专心求善。马勒伯朗士解释说，心灵甫一知觉到一个新的对象，意志的整个活动立刻转向该对象，[108]意志在细察该对象时的那种专注，反映在激情的强度上。意志的运行本身就是一种强有力的现象，而当元精在我们周身流动时，元精的运动进一步增强了它。如前所述，马勒伯朗士是通过一系列空间隐喻表达这些概念的。我们对知觉的激情反应不是疏离的，或遥远的，相反，一种知觉刚刚过来靠近我们，并以一种不容忽视的方式触动我们，激情就产生了。

106　Descartes, *Passions of the Soul*, 28.

107　关于马勒伯朗士的决意概念，见 P. Riley, 'Divine and Human Will in the Philosophy of Malebranche', in S. Brown (ed.), *Nicolas Malebranche: His Philosophical Critics and Successors* (Assen, 1991), 49–80。

108　Malebranche, *De la recherche*, ii. 88; trans. Lennon and Olscamp, 347.

于是，物理接触的结果从肉体领域转移到了精神领域，使得这些有益或有害的接触既激起意志，也引起激情。

马勒伯朗士的灵魂分析也折射出另一个影响深远的奥古斯丁主义信条：激情——被解释为决意——是人类救赎之本。当我们决意以正确的方式向着正确的东西行动时，当我们爱真正可爱的东西或者怕真正可怕的东西时，我们的激情在道德上是正确的。但是，当我们行动的意向未能反映事物真正具有的价值时，譬如当我们贪求复仇、金钱、胜利等被上帝漠视的东西时，我们的激情是错误的。[109] 如果人的意志是善的，且方向正确，这种人被奥古斯丁描述为上帝之城的居民。当上帝之城的居民感受各种激情时，譬如当他们惧怕永罚、渴望救赎、热爱做善事时，他们的决意是在以正确的力度走向正确的事物。与此相反，肉欲之城[1]的居民却总是犯错误，因为他们的意志被引入了歧途。他们爱错了对象，所以他们对事物的反应方式在道德上是不恰当的。[110] 马勒伯朗士进一步追随奥古斯丁，认为原罪的最要命的后果之一是人类的意志变得狂乱无序。在吞吃分辨善恶之树的果实以前，亚当和夏娃的意志和情感是有正确方向的，但是自从他们犯罪以来，人类的决意就很糟糕了。它不再遵从它自己的自然倾向，对肉体的关注超出了保障肉体福祉之所需，错乱了优先顺序。它对肉体知觉和其他可感事物作出了不恰当的反应，在寻求善的过程中转向了这些东西，其结果是，我们最强烈的情感居然总是关切着我们自己的有形存在。我们的有罪，表现在我们的意志和激情的性质上，如果没有神恩的干预，我们无法逃避错误的冲动而变得有德行。

109　Augustine, *City of God*, 14. 15.
[1]　肉欲之城，City of Flesh，典出《圣经·犹大书》第1章第7节："又如所多玛、蛾摩拉和周围城邑的人，也照他们一味的行淫，随从逆性的肉欲，就受永火的刑罚，作为鉴戒。"
110　同上书，14. 9。

第二部分

　　将激情解读为决意的结果，马勒伯朗士将主动和被动元素双双糅入了激情。只要激情是感觉，它们就携载着被动涵义；但是，只要激情是意志的运动，它们就是主动的行动，是求善的表现，而求善正是意志的本质。我们既可以认为马勒伯朗士把意志变得更被动了，也可以认为他把激情变得更主动了，端取决于我们怎样解读他的论述。不过，我们更熟悉的是，在他对情感之功能的大胆分析中，总还是情感的被动侧面占着上风。我们在前文中看到，笛卡尔采取一种通行的观点，认为激情在肉体的变化中表达。只要激情引起的运动果真具有功能性，这种运动的主要目的就是造福于那个在肉体中发生该运动的人，例如，当某人感到渴望的时候，此人的心脏会向大脑发送大量的元精，从而使肉体做好准备，随时去获取此人渴望的对象。[111]血液和元精在体内的这些运动，也会影响到体表和整个肉体系统，导致我们脸红或脸白、微笑或蹙眉、退缩或松弛，这使得他人能够辨识我们的激情，也使得教师、牧师、医生或自然哲学家能够研究激情。但是，尽管我们的激情能被他人解读，这一事实本身却不具有任何功能意义，也就是说，不会使激情变得更有容力，去引导我们去追求在自然看来有益于我们的事物。

　　然而，据马勒伯朗士说，激情的肉体表征有一种极其重要的功能，超出了个人肉体的生存和福祉。他告诉我们，不妨尽可能地强调，当外物映入我们的眼帘，并机械地[1]激起情感时，所有这些情感都把相应的表情散布在我们的面容上。[112]比如，假设我被恐惧压倒，我的情感将不由自主地反映在我的脸上，甚至反映在我的全身。更重要的是，当他人看见我的表情时，他人往往会机械地体验某种有益于全社会福祉的激情，并相应地行动。比如，当你观察到我脸上

111　Descartes, *Passions of the Soul*, 106.

[1]　机械地，mechanically。此语似是马勒伯朗士英译本的常用语，在下面的引文中经常出现；本书作者苏珊·詹姆斯所用的对应单词则是 involuntarily（不由自主地）。

112　Malebranche, *De la recherche*, ii. 121–122; trans. Lennon and Olscamp, 377.

166

第五章　解决界线问题：笛卡尔和马勒伯朗士

的恐惧表情时，你也可能害怕起来。你的反应的强度与我的原发激情的力度成正比，马勒伯朗士断言，情况就应当如此。当大善或大恶迫在眉睫时，我们大家必须一起予以注意，互相团结，俾以共同求善避恶。不过，较轻的激情不会引起如此显著的肉体表现，因为此时不需要表达特别迫切的焦虑，也就不应当去影响他人的想象力，或使他人分心了。[113]

可见，或多或少是通过肉体的表征，激情才得以完成它们担负的任务的。由于他人解读和回应了激情的肉体表征，我们才能共同从事不仅有益于个人，而且有益于我们所属的整个社会的保全行动。在马勒伯朗士看来，这种激情机体——如他所称——有着精妙的社会后果。[114] 在有些情况下，比如在上例中，激情的效应是一种模仿：我的恐惧使得你也害怕，我的惊奇使得你也诧异。但是在另一些情况下，一个人的激情在另一些读懂此人肉体表征的人心中引起的是互补性感情。比如，一位自命不凡的达官贵人，其举止、步态、语调、高扬的下巴颏，在在暴露了他的自傲和对别人的轻蔑，小人物一见到这种 *grandeur*，[1] 立刻感觉到并表现出尊敬或崇拜的激情。据马勒伯朗士说，这样做是十分正确的。

> 当一个人面对一位高官，或一位盛气凌人的权贵时，他有必要……又自卑又怯懦，甚至表演一场内敛之戏，露出一副谦逊的面容和诚惶诚恐的神情。因为，想象力在面对一种可感的 *grandeur* 时向其屈服，并向其展示屈服的外在标志和内心崇拜的外在标志，是一种有益于肉体福祉的做法，几乎屡试不爽。不过，这是自然地、机械地发生的，并未对意志采取任何行动，而且往往不顾意

113　*De la recherché*, trans. Lennon and Olscamp, 377.
114　同上书, 122; trans. Lennon and Olscamp, 377。
[1]　*grandeur*，法文，"伟大"。关于"伟大"概念，本书其他章节有专门讨论，如见第 7 章。

第二部分

志的反抗。[115]

这类互动的设计师显然选择了实力政策，所以他把我们造就成了这副模样：当我们能够成功时，或者当我们别无良策时，我们将他人纳为己用；反之，我们则以我们肉体福祉的名义，屈服于权力和地位的专横命令。然而，其他一些激情的动因好像又暗示着，上帝是一位更慈悲的设计师。当某种大善可能失去时——

> 一个人的脸上自然地呈现愤怒和绝望的表情，它来得如此生动和意外，以致能消除和平息最猛烈的敌意。这可怕而又突兀的死亡景象，被自然之手画在一张痛苦的面孔上，终止了敌人的元精和血液的运动，使之不再催促敌人去复仇，仿佛敌人被打蔫了一般。此时，敌人的心变得可以接近了，并转向了好意，于是自然之手在那位不幸者（此人一看见敌人停止动作并改变表情，胸中就油然生出希望）的脸上绘出一种谦卑和顺从的神情；同时，敌人的元精和血液也接受了一种先前不可能接受的印记，他开始机械地经历一些伴随着同情而来的运动，这些运动使得他的灵魂自然地倾向于慈善和怜悯。[116]

撇开被马勒伯朗士认为有益于生存的那些情感交流，这段论述留下了一个醒目的特点——它将激情描述为一种社会现象。如同他的前辈一样，马勒伯朗士认为，我们对自己觉得有益或有害的任何事物都会作出激情反应。他将这个观点与另一个传统观点相结合：上帝固然赋予我们爱他的一切作品的自然倾向，但是我们最强烈的倾向

115　*grandeur*，法文，"伟大"。关于"伟大"概念，本书其他章节有专门讨论，121；参较 Pascal, *Pensées*, trans. A. J. Krailsheimer (Harmondsworth, 1966), 25。

116　*De la recherche*, ii. 92–93; trans. Lennon and Olscamp, 351.

168

第五章　解决界线问题：笛卡尔和马勒伯朗士

还是爱我们的人类同胞。作为人类，我们对他人的情感有着格外灵敏的反应，激情的自然而然的肉体表征使得这种敏感性成为可能。我们通常不由自主地表达情感。我们也经常不管自己喜欢不喜欢，都在解读和回应他人的激情。"因为上帝以其无限的智慧，已经将人类自我保全所需的行动的一切源泉和原理放进了"人类的肉体；而且，"虽然灵魂必然亲睹了它自己的机器的运行，虽然它之所以被它自己的机器推动，是因为它与肉体结合的法则所致，但是在它的各种活动中，没有一个活动不是以此为真正原因的"。[117] 因此，无论什么激情，都是同一种性质的力量，它们在人与人之间川流不息，将我们交织在一张为着我们个人的和集体的利益而运行的同情之网中。对于激情来说，肉体的界线根本不是界线，激情能穿越人与人之间的距离。

拜马勒伯朗士的偶因论所赐，这些力量或曰激情既有了肉体成分，也有了心理成分。但是激情在人与人之间交流的过程是肉体的，或如马勒伯朗士所说，是机械的。一个人的激情关联着此人肉体内部的运动，然后该运动蔓延到体表，并改变体表的形态。当他人知觉到这个情况时，他人的感觉器官的运动便转移到元精，再从元精转移到大脑；当大脑的运动发生时，他人也体验着一种特定的激情。将激情的交流描述为机械的，马勒伯朗士是在呼唤大家注意这个交流过程的性质，而不是在暗示，我们全都以同样的方式解读和回应——譬如——某个特定的面部表情。相反他强调，我们的激情因我们的肉体构造而异，随着我们的肉体变化而变化；他还指出，同一个对象可以给不同职业、不同生活方式的人造成不同的影响。[118] 因此，正像在笛卡尔的论述中一样，马勒伯朗士也认为，我们"机

117　*De la recherche*, ii. 93; trans. Lennon and Olscamp, 351.

118　同上书, 117; trans. Lennon and Olscamp, 373。另见同上，i. 148-149; trans. Lennon and Olscamp, 64。

169

械的"反应是微妙而又极其明晰的。马勒伯朗士以他那典型的方式，对人性的这个侧面作出了一种无情的乐观主义解释：如果我们靠谨慎和警惕来保全我们的肉体，那我们一分钟也活不下去，幸亏上帝对我们的设计是：让我们的肉体本身蕴含某些行动的机制（ressorts）和原理，以促进肉体本身的生存。然而，马勒伯朗士的一些同时代人可不那么乐天，他们认为激情的可转移性是一个威胁。我们在他人的激情面前极其脆弱，他人的激情能从四面八方伤害我们；而且，无论我们愿意与否，我们永远在对他人的激情作出反应，在此过程中，随着我们与他人之间的关系模式被加强或被改变，我们也在让自己被改变。我们极易受到他人的身姿语言、面部表情、言谈话语的感染，因此，即使我们只是遭遇一次普普通通的社交生活，我们的精神纯度恐怕也难以维持。皮埃尔·尼科尔是《波尔罗亚尔逻辑学》的作者之一和著名的道德学家，[1]他谈起这个话题来口若悬河：年轻人尤其容易结交损友，而且这种社会关系可能持续一生；[119]戏院观众的灵魂会受到演员传达的爱情、愤怒、复仇、野心的腐蚀；[120]即使拉拉家常，也可能增进一份令人讨厌的、有损人格的交情。尼科尔将言谈话语指认为首犯，他鼓吹沉默是金——唯有寡言少语的退隐生活能有效地保护灵魂，避免社交的危险。[121]在无法采取如此决绝的策略的情况下，任何重视自己道德价值的人必须以怀疑的眼光看待世界，同时必须考虑到，激情是只管按其自身的力学原理而行的，根本不管那将伤害我们还是保护我们。

思索激情的这个特点，马勒伯朗士其实是在研究一个曾引起广大作家和艺术家的共同兴趣的主题。对于演说家，表达和交流情感

---

[1] 关于尼科尔和《波尔罗亚尔逻辑学》（*Port Royal Logic*），可见本书第159页正文和译注。
119　Nicole, *De l'éducation d'un prince*（Paris, 1670）, 28.
120　Nicole, 'De la comédie', in *Essais de morale*（Paris, 1672）, iii. 211.
121　Nicole, 'Discours où l'on fait combine les entretiens des homes sont dangereux'，同上，ii. 261。

第五章　解决界线问题：笛卡尔和马勒伯朗士

是劝服术的不可或缺的成分；对于诗人和剧作家，用语言的力量去煽动激情是看家本领；对于画家，情感的画法形成了一系列棘手的美学和技术问题，曾引起广泛的热议。在相关讨论中，有一份分析闻名遐迩，并在多种意义上具有代表性——那是夏尔·勒布伦在法国皇家绘画及雕刻学院的一次 *conférence*[1] 的内容。勒布伦是一位多产的画家，当时炙手可热，曾受路易十四之聘，为王宫设计壁炉、挂毯和家具，并为凡尔赛宫的国王和王后套房作装潢。作为叙事性绘画的大师，勒布伦深知在大型画作中表现多种情感的困难，于是他一边演讲，一边展示一系列描绘激情的表征的图例，一边分析身体各部位——如眉毛——在惊奇、悲伤、恐惧等状态下的运动（见图2）。演讲的主要意图是给画家们提供指南，但是在讲稿的导言中，勒布伦随手借用了笛卡尔关于一些导致激情的肉体运动的论述。

惊奇　　　　　　　　　　　仇恨或嫉妒

图2　夏尔·勒布伦在"关于一般表情和特殊表情之演讲"中采用的图例（1688年）

[1] *conférence*，法文，"演讲"、"报告"、"会议"。

第二部分

121　　　　如果你想表现欲望，你可以这样画：眉头在眼睛上方高高抬起，双目大睁，瞳孔位于眼睛中央，并熊熊燃烧；鼻孔紧缩，并稍稍向眼睛靠拢；嘴巴也比在前一种行动［爱］中张得更大，嘴角则更后退；舌头可能在唇边露出；面部比在爱中更火热。所有这些运动都显示了灵魂的躁动，此种躁动系由元精引起——元精促使灵魂去向往某种在灵魂自己的表象中是有益的东西。[122]

　　诸如此类的观察，解析了面部表情，也分析了肉体的物理性运动，前者是马勒伯朗士的激情交流理论之所倚，后者被马勒伯朗士视为自然而然和不由自主。马勒伯朗士声称，毫无疑问，"无论灵魂怎样抵抗，它都时常不能阻止它自己的机器的运行，也不能令其以别种方式运行，除非灵魂有能力栩栩如生地想象出另一个对象，该对象的公开踪迹也许能改变元精的方向"。[123] 虽然这种诠释准确地说明，有些激情是我们无力控制的，是由一位关心人类生存与福祉的仁爱上帝故意设计的；但是这种诠释并非不言而喻地符合马勒伯朗士的一个看法，也就是，在被他鉴别为激情的那些变化过程中，含有意志的行动。如果它们确实含有意志的行动，它们绝不可能像马勒伯朗士所宣称的那样：不由自主地发生。

122　　上述困难是马勒伯朗士意志理论的众多歧义之一，它们使他的著作成为了同时代批评家的众矢之的，把他拖入了多回合的、无定论的口角。马勒伯朗士将一种主动元素纳入他的激情分析，由此捕捉到了激情的强大力量，以及激情与行动的密切关系。但是这种解读也让他很难提供一个模型，以示我们怎样被激情主宰，或者我们怎样作出不由自主的情感性反应。换作另一位哲学家，是完全可能

122　Le Brun, *Conférence sur l'expression générale et particulière*, in *The Expression of Passions*, ed. J. Montagu (New Haven, 1994), 135.

123　Malebranche, *De la recherche*, ii. 93; trans. Lennon and Olscamp, 351.

172

第五章　解决界线问题：笛卡尔和马勒伯朗士

逃脱这个困境的，只需将强烈激情的公认的不可遏制性说成是纯粹的自我放任——意志薄弱者发明的一种现象——即可。但是马勒伯朗士不能采取这条出路。在他看来，情感的不由自主性对于情感履行其功能至关重要，可以在人与人之间创造情感的、而非兴趣的纽带，从而将人们焊接成共同体。由于马勒伯朗士不肯放弃激情使人性变得脆弱的观点，所以上述困境对他来说一直存在。他坚持认为，如果没有激情之力，个人不可能在情感和道德上被自己的体验所塑造，也不可能对书写在别人脸上的情感保持敏感和易感，由此刺破人际的漠然。正因为人与人之间的某些情感关系是不由自主的，是一种人人都被卷入的自然同情，所以它们不能被归属于意志。然而，正是意志本身的探索活动引发了我们的激情。

在这里，马勒伯朗士似乎把人类意志的无序解读为意志之力的局限性，他由此而提供的一幅图景，比笛卡尔关于人类控制激情的能力的描述更为悲观。尽管笛卡尔并非对人类前途真正乐观，但是他谨慎地倾向于认为，在某种意义上，一切激情尽在我们的掌控之中：我们可以逐渐学会调整它们，使之符合我们对自己以及对环境的深思熟虑的理解，最终，我们将学会仅仅产生正当的愤怒，仅仅渴望值得向往的东西，如此等等。为了达到这种最高境界的自治，我们必须反抗意志的自然倾向，不许它轻易赞同我们的激情；相反，我们必须婉转行事，周全考虑一个行动的后果，反复考虑一种激情的含义，如此等等。主动的意志与被动的理解应当通力合作，以致——如笛卡尔所言——两者的运行几乎密不可分，一同逐渐地巩固和改变我们的情感构造。虽然马勒伯朗士也承认，我们确实能以这种方式改变某些激情，但是他也很警觉这项技术的局限性。一方面他认为，幸运的是，我们无法篡改仁慈的上帝为了增进我们的生存机会而创造的种种情感反应；另一方面他又认为，即使我们明知我们真正的善并不在可感王国中，我们照样无力阻止自己的意志去

173

探索可感王国。因为我们罪孽深重，所以哪怕我们拼命致力于改变激情的方向，也不足以使我们自己变得善良有德。

因此，控制激情具有一些深远而又重要的道德意义和神学意义，它们反映在马勒伯朗士关于激情功能的讨论中，正如他提醒我们的那样："所有这些东西都是不由自主的。……自从原始堕落以来，它们就在我们身上了，由不得我们自己。"[124] 同时，他对情感的组成成分的详细分析使我们注意到，被动的知觉与主动的意志之间泾渭分明的笛卡尔主义界线含有一些更令人困惑的侧面。虽然笛卡尔声称"意志天生自由，不可约束"，[125] 但是这个宣言并不妨碍他承认，激情导致的行动有时是不由自主的，或者说，尽管情感有时与我们的判断相左，我们还是不情不愿地被这些情感所控制。马勒伯朗士的激情理论凸显了意志之力的这类局限性，它既强调意志在何种程度上与灵魂的其他容力进行一种整体性的合作，又强调意志的灵敏反应在何种程度上削弱了意志让自己运动起来的能力，然而这种能力正是意志的主动性之源。由此，马勒伯朗士在行动哲学领域提出了一系列问题，有待我们在第四部分讨论。

124　*De la recherche*, 990; trans. Lennon and Olscamp, 349.
125　Descartes, *Passions of the Soul*, 41.

第六章　心灵激情与肉体激情的同一：
霍布斯和斯宾诺莎

我们在前文中看到，虽然笛卡尔和马勒伯朗士两人的哲学忠诚大相径庭，但是对于解释激情是什么这一任务，他俩的进路倒是基于某些共同的前提。两人都坚信，肉体与灵魂之间存在一条泾渭分明的本体论界线，因而在分析激情时，两人都只好将其划分为肉体的和精神的这两种不同的成分，并将某种关系安排到两种成分之间。而且，两人都继承了一个亚里士多德主义信念，认为灵魂中有两种思想——主动的决意和被动的知觉，并认为必须据此而解释激情。这种本体论立场在当时的影响深入人心，也提供了一个框架，供人们思考心灵问题以及激情在心灵中的位置；但是它也引发了一些困难，使这个框架赖以为基础的一些假说成了问题。

早期现代哲学家虽然歧见纷纷，却还是得以达成一个共识：任何一份对激情的系统分析，都必须被放进一个关于肉体与灵魂的总论之内，让肉体与灵魂在其中得到单独的以及联合的考虑。这个问题不可能被置之不理，因此，各种现有的解决方案孰优孰劣不能不引起时人的注意。如果肉体和心灵是两个分开的实体，如果运动和

第二部分

思想属于两个不同的范畴,我们就必须能以某种方法解释两者之间似乎存在着的相互关联。遗憾的是,随着新科学一同问世的论述全都未能获得普遍的认可。有许多哲学家赞成马勒伯朗士的意见,认为笛卡尔所谓发生在松果腺处的交互作用完全站不住脚,同样,也有许多哲学家不肯信服偶因论。上帝将思想配以肉体活动,这一程序的纯然神秘性,被许多偶因论者视为他们自己的论点中的一个长处,却被其论敌视为一个短处。在论敌们看来,凡是崇尚不可知性的理论统统有瑕疵,哪怕只是因为它们违反了一个根深蒂固的推定,即认知世界是人类力所能及的一件事情。放弃这个美好的理念,至少不啻为一种被神学养成的懒惰,还经常伴随着一种对已经取得的成果的蒙眼自欺——斯宾诺莎正是这样指责那些辩称上帝创造了有形体的实体的哲学家的。"它究竟会是被什么神力创造出来的呢?"他质问,"他们对此一无所知,这清清楚楚地说明他们自己都不懂自己在说些什么。"[1] 既然偶因论者——例如坚信上帝创造世界的人们——陷入了不懂自己在说什么的危险,那么,灵魂状态如何与肉体状态相关联的问题仍然尚待解决。

围绕着知觉与决意的分界而组织起来的一些对灵魂本身的分析,也同样成问题。虽然笛卡尔和马勒伯朗士沿用了这两个经院主义类别,但是如前所述,他们又坚称理解与意志并不是灵魂的两种不同能力,而是两种可以互达的思想,因此根本不存在什么两者不得不互相交流的问题,于是据说,亚里士多德主义的一个严重局限被克服了。然而,关于这两种不同的思想究竟是怎么回事,笛卡尔和马勒伯朗士都只是满足于修订现有的诠释,继续利用经院主义哲学曾经用来描述它们的那套语汇。在这个程度上,他们的研究与他们正式表示反对的那个传统其实还是一脉相承。譬如他们相信,当心灵

---

[1] Ethics, in The Collected Works of Spinoza, ed. E. Curley (Princeton, 1985), vol. i, I. p. 15, s. I.

第六章 心灵激情与肉体激情的同一：霍布斯和斯宾诺莎

接受事物的印象时，心灵在理解事物，这个过程差不多像是蜡接受印戳；又如，意志对善的知觉予以赞同是一种运动，尽管不是物理运动。笛卡尔和马勒伯朗士坚持用铭印和运动的说法分析思想，以此暗示，这种分析方法有别于他们所批判的亚里士多德哲学语言。谈论什么"本形"或"形式因"也许是痴人说梦，不过"心灵的运动"倒是尚未作废的通货。然而，他们对经院主义灵魂理论的这种半推半就的摈弃，被他们所参与的一场哲学剧变弄得摇摇欲坠，因为，对经院主义哲学的批判很难就此打住。一旦经院主义哲学语言被质疑，其中一些惯于用来讨论思想的说法必然要被重新审视，至少在一部分哲学家的眼里，它们已不再合格。

挑战知觉与决意之间的分界，需要极大的智性勇气，不仅因为这条界线有着现象学方面的强大支持，而且因为它给自愿行动[1]的概念奠定了基础，而自愿行动被认为是基督教救赎的根本。笛卡尔谨慎地信仰正统宗教，希望避免神学争议，马勒伯朗士则怀抱极其虔诚的宗教信仰，因此，在他们二人对思想的看法中，意志保持着核心地位，决意也依然是灵魂主动性的范例。但是，有些哲学家出于这样那样的原因，不那么笃信基督教教义，于是能从更有利的立场考察意志和理解的性质，并考察那些用来描述它们的隐喻。本章关注的将是霍布斯和斯宾诺莎，两人都被时人疾声遣责为无神论者，两人都彻底而激烈地质疑一种对这些类别的亚里士多德主义认识。霍布斯，大概在某种程度上依恃他的恩主们的有力庇护，[2]一面刻骨仇恨有组织的宗教，一面无情批判那些被用来解释心灵的隐喻，他

---

[1] 自愿行动，voluntary action，即出于意志的行动、自觉的行动。
[2] 霍布斯的恩主（patrons）主要是卡文迪什家族。该家族初为德文郡伯爵（Earls of Devonshire），后德文郡伯爵四世受封为公爵，成为德文郡公爵一世。霍布斯终生与该家族关系密切，共经历它的四代伯爵：一世（1552—1626），二世（1591—1628），三世（1617—1684），以及四世亦即德文郡公爵一世（1640—1707）；这四位的名字都是威廉·卡文迪什（William Cavendish）。

第二部分

由此锻造了一种彻头彻尾的唯物论，将意志与知觉之间的界线抹煞得干干净净。斯宾诺莎，一名被开除教籍的犹太人，居住在阿姆斯特丹城内或城外，占据了一种特殊的位置，几乎不被基督教教义的喧哗叫嚣所骚扰，得以在心灵的行动和激情之间构筑这样一条界线，它与决意和知觉之间的界线毫无瓜葛。对于前文已经指认的两个问题，即肉体与灵魂之间有什么关系，以及灵魂的思想是什么性质，霍布斯和斯宾诺莎分别提出了解决方案，其中吸纳了肉体是广延的和运动的这一当时已经耳熟能详的观点，由此，他们分别构筑了全新的框架，供他们定位和分析激情。因此，他们二人研究情感的方法与前文所议的那些方法同样有系统性，但是他们离开经院主义又远了一步，并且提供了极富创新性的关于激情与被动性的诠释。

霍布斯：思想作为运动

霍布斯摈弃经院主义，主要在于他异常凶猛地拒绝经院主义使用的语言。他提醒布拉姆霍尔，[1] 谬误和无知可能隐藏在经院主义术语的庄严外衣之下："我同样要恳求您主教大人注意，最大的欺诈和骗局通常掩藏在诚实交易的伪装之下。我们看到魔术师在变戏法之前，通常挽起袖子，许诺要行天公地道之事。"[2] 而这些激怒霍布斯的"戏法"之一，是用"隐喻式运动"[2] 解释心灵的作业，尤其是解释自愿行动的开端。如前所述，心灵一般被认为向着它的激情对象而

---

[1] John Bramhall（1594—1663），阿马大主教（Archbishop of Armagh），安立甘教（Anglicanism）信徒和著名辩护士，他曾针对霍布斯的唯物论，并针对清教和罗马天主教对英国国教（Church of England）的谴责，为英国国教顽固辩护。

2 John Bramhall, *A Defence of True Liberty from Antecedent and Extrinsicall Neccessity*（London, 1655），153。[早期现代书名中，有些单词的拼法不同于现代。——译者]

[2] 本书在这里的文字是 metaphysical motion，然而，霍布斯《利维坦》第一部分第六章中的原文是 metaphorical motion，因此本书似有误，霍布斯的原意应是"隐喻式运动"，而非"形而上运动"。

第六章　心灵激情与肉体激情的同一：霍布斯和斯宾诺莎

运动，但是"经院学派在纯粹的行进渴望或移动渴望之中，根本没有发现实实在在的运动"，然而"由于他们必须确认有某种运动，所以他们把这种运动称为隐喻式运动。这只不过是胡言乱语罢了，因为，虽然话语也许可以被称为隐喻式的，物体和运动却不能被称为隐喻式的"。[3]霍布斯与之搏斗的这个问题，总体说来并未引起同时代的反亚里士多德主义者的太大困扰。例如，笛卡尔随时准备支持心灵运动的概念，他既乐于定性具体的思想类型，也乐于解释灵魂可以怎样施动于肉体。在一封致亨利·莫尔的信中，笛卡尔承认："我在我自己的心灵中发现的唯一一个表现上帝或天使怎样让物质运动的观念，就是那个向我显示，我如何意识到我能通过自己的思想让我的肉体运动的观念。"[4]如此解释我们的体验，听起来非常自然，因此它说服了大多数哲学家相信，可以将某些种类的思想理解为与物理运动很相像。

这种观点当时普遍流行，它奠定了一种其他很多理论赖以为据的主动概念。因此，抛弃这种观点堪称一项极端激进的计划，霍布斯并非每一次都能成功地贯彻到底。例如，当他在《法的原理》的开篇陈述他的立场时，他将肉体的动力区别于心灵的动力，[5]后来又为两者分别提出了定义：肉体的动力，是肉体使其他物体进行运动的力量或能力；心灵的动力，是心灵"使它自己所寓的肉体进行动物运动"的能力。[6]这样的公式是一种约定俗成，但是在一定程度上，它有违于霍布斯本人试图不靠"隐喻式运动"去论述思想的不懈努力。而霍布斯对思想的论述，反过来又极大地影响了他对我们所关

3　Hobbes, *Leviathan*, ed. Tuck (Cambridge, 1991), 38.
4　Letter to More, 15 Apr. 1649, in *The Philosophical Writings of Descartes*, ed. J. Cottingham et al. (Cambridge, 1984—1991), iii. *Correspondence*, 375.
5　*Elements of Law*, ed. F. Tönnies (2nd edn, London, 1969), 2。关于霍布斯心理学理论的反亚里士多德主义性质，见 T. A. Spragens Jnr., *The Politics of Motion: The World of Thomas Hobbes* (London, 1973)，尤见 187–193。
6　*Elements of Law*, 27–28.

注的两个主题的讨论——一个主题是激情的物理性质和心理性质，另一个是这两种性质的相互关系。

霍布斯认为，我们对颜色、声音等等的感官知觉，是外部运动作用于我们的感觉器官和神经而引起的。他在1645年完成的一篇光学论文中，坚定地倡导这个观点，提议把其他的解释性假说统统扫进垃圾堆，其中包括一些旧有的观点，例如所谓可见素的存在，[1]又如"视神经中有亿万根纤维，通过它们，物体对大脑发生作用，并使灵魂听从它；以及其他无数诸如此类的胡说八道"。[7]知觉，以及来源于知觉的想象和记忆，其实是"运动、躁动或更迭给我们造成的幻象，是客体在我们的大脑或精神中制造出来的；或者是我们头脑中的某种内在物质"。[8]而且，我们归属给客体的种种偶性和属性，其实只是"表面现象和幻象"；世上唯一独立于我们而存在的事物，仅仅是"那些造成这类表面现象的运动"。[9]尽管霍布斯对肉体工作原理的分析不及——譬如——笛卡尔来得细致，但是他同样执着地认为，我们能在人类肉体和其他物体中发现的唯一能力就是运动。然而，当他开始谈论思想时，他彻底背离了我们此前讨论的那些理论。笛卡尔和马勒伯朗士将思想解释为灵魂对肉体状态的知觉和反应，而霍布斯似乎将思想等同于物理运动。他在英文版《论物体》中解释说，所谓感觉，"是有感觉的动物的某种内部运动，由客体的一些部位中的某种内部运动引发，再由各种媒介传达到那个特定器官的

---

[1] 可见素，visible species。霍布斯在《利维坦》第一章"论感觉"中反驳亚里士多德主义者时指出："他们说，视觉发生的原因是，可见的物体向四面八方散发一种可见素，用英文说就是散发可见的形状、幻象……。"

7 *A Minute or First Draft of the Optics*, in *The English Works of Thomas Hobbes*, ed. Sir William Molesworth (London, 1839—1845), vii. 470. 关于这篇论文的日期，见 J. Jacquot and H. W. Jones, Introduction to *Thomas Hobbes: Critique du 'De Mundo' de Thomas White* (Paris, 1973), 72–73。

8 Hobbes, *Elements of Law*, 4.

9 Hobbes, *Elements of Philosophy: The First Section, Concerning Body*, in *English Works*, ed. Molesworth, i. 7.

第六章　心灵激情与肉体激情的同一：霍布斯和斯宾诺莎

最中心处"。[10] 但是不难料想，霍布斯不认为这种内部运动是单向的。人类肉体不是全然被动地接受外物在它里面引起的运动，实际上，人类肉体"由于它自己内部的自然运动"也会作出反抗或反应；正因为人体的这种反作用，"幻觉或观念产生了"。[11] 因此，与感觉有关的观念来源于外部运动与肉体内部运动的互动。

　　这份论述的最惊人的特点在于它略去了什么。它没有谈到心灵接受运动，也没有讨论肉体与灵魂之间的交流。取而代之的是，它将感觉表象[1]分析为一种运动。霍布斯承认，动物的肉体运动一定有某种独特之处，方能解释动物对表象的体验，否则，桌子之类的无生命物体不也能产生感觉吗？毕竟，它们也能受到外物的影响并对外物作出反应啊。霍布斯提出，感觉的过程不仅需要我们有体验幻觉的容力，而且需要我们有比较和区别各种幻觉的容力——其前提条件是我们能记住幻觉。（如果没有这种容力，我们将无法把我们自己对一头骆驼和一匹马的感官知觉区别开来。）虽然无生命物体也对外部运动作出反应，但是它们的肉体构造无法使它们将运动留存下来，所以它们不能产生作为感觉之组成部分的幻觉。[12] 这个论点没有彻底回答反对者的意见，因为它未能终结一种可能性：无生命物体说不定也能产生稍纵即逝的幻觉。产生幻觉和形成观念之间，出现了一个缺口，前者与一个物体对外部运动的反应发生在同一瞬间，后者则有赖于一个物体的留住运动的容力。霍布斯似乎实际上或多或少地承认了这种区别。[13] 不过他的主要兴趣是想强调，人类的体验有赖于留住幻觉的能力，因此需要——甚至等于—— 一种特殊的物

10　Hobbes, *Elements of Philosophy: The First Section, Concerning Body*, in *English Works*, ed. Molesworth, i. 391；参较 *Leviathan*, 14。
11　*Elements of Philosophy: Concerning Body*, 391.
[1]　感觉表象，sensory representation。
12　同上书，393。
13　同上书，394。霍布斯坚定地倡导威廉·哈维（William Harvey）的血液循环理论，见同上，Epistle Dedicatory, p.viii。

181

理过程。

那些在大脑中构成幻象、幻觉或观念的运动,不是终止于大脑,而是继续前往心脏,在那里帮助或阻碍肉体的生命运动(即血液循环),[14] 从而引起一些被我们体验为快乐和痛苦,或体验为激情的变化。耐人寻味的是,笛卡尔认为感官知觉和激情都是紧跟着大脑中的运动而来的,霍布斯却认为感官知觉和激情是同一个运动的两个不同阶段,由于该运动与肉体的不同部位互动,所以被体验为两个不同种类的思想。霍布斯支持一种通行的观点,将感觉定位于头脑,将情感定位于心脏,这种"地理学"的一个理论依据是:心脏是我们维持生命所必不可少的那种运动的发生地,而且心脏与激情密切相关。因此,外物不仅造成感觉表象,而且造成激情——只因为外物的运动影响我们的生命运动。[15] 进而言之,类似的机制也解释了我们在梦中体验的情感。大脑与那些生命攸关的部位的互逆运动导致了表象和感受,这些表象和感受的构成可以用物理术语来解释,例如用内部器官的热度,或不同黏液的降临,来解释,因此——譬如——噩梦被归因于脾旺。[16] 如我们在第五章所见,笛卡尔利用观念或表象的所在位置,区分了感官知觉与激情:我们将感官知觉体验为外物的属性,将激情体验为发生在灵魂之中。霍布斯同样从物理学角度论述了这种区别:幻想似乎在我们的体外,因为幻想是对某个起源于肉体之外的运动的反应;激情似乎是在我们的体内,因为构成激情的那种运动发生在肉体内部的器官中。[17]

因此,情感是自觉的思想,是我们对肉体运动的体验。不过据霍布斯说,这种体验不在灵魂——作为肉体的对立面——"之中"。

---

14 *Elements of Philosophy*, 407.
15 同上书, 28, 31。
16 同上书, 9。
17 关于它们的工作程序,见 D. Sepper, 'Hobbes, Descartes and Imagination', *Monist*, 71(1988), 526–542。

第六章　心灵激情与肉体激情的同一：霍布斯和斯宾诺莎

此处霍布斯似乎是在说，思想正是运动：不仅感官知觉是运动，激情也是运动。然而，如果是这样，激情的性质就必然以某种方式反映出肉体运动的属性——实际上这正是霍布斯接下来要解释的。人类肉体保持着某些内部运动模式，例如血液的循环模式，这对于肉体正常发挥功能来说至关重要。当外部运动冲击肉体时，外部运动与肉体的内部运动发生相互作用；如霍布斯所说，肉体具有一种抗变的容力，他称之为"努力"，译自拉丁文 conatus。有时候，努力是无意识的，例如，当我们的肉体设法适应外界温度的变化时，我们往往意识不到肉体正在发生热胀或冷缩。但是也有一些时候，努力是"被感觉能力的运动促成"的，例如，大脑中发生了一种运动，它被体验为热，然后它可能继续前往心脏，在那里被体验为不适或痛苦，一位感觉到不适或痛苦的行动者就可能从阳光下转移到阴凉处。

我们天生倾向于对快乐和痛苦这两种自觉情感作出反应，霍布斯相信，这种倾向的起点"甚至是在胚胎时期：胚胎在子宫里的时候，便以有意识的运动使它自己的肢体进行活动，俾以规避任何使它苦恼的事，或追求任何使它快乐的事"。[18] 从受孕的那一刻，人类即被赋予了保全自己的肉体、并维持肉体运转的容力，这种容力既通过有意识的运动，也通过无意识的运动，发挥其作用。有意识的努力在最初时刻只是极端雏形的状态，胎儿和婴儿只能将为数比较有限的幻觉或观念体验为令人快乐的或令人痛苦的。但是随着我们的经验与日俱增，我们也日益懂得什么东西一定会是可喜的，什么东西一定会是有害的，我们幼稚的努力也日臻完善。[19] 而且，努力是激情的基础，"当它趋向我们凭经验知道是令人愉快的事物时，它被

18　*Elements of Philosophy: Concerning Body*, 407.
19　见 P. Hurley, 'The Appetites of Thomas Hobbes', *History of Philosophy Quarterly*, 7（1990），391-407。关于这种对人类反应的论述有哪些局限性，见 T. Sorell, *Hobbes*（London, 1986），82-87。

第二部分

称为渴望,也就是一种逼近;当它闪避令人苦恼的事物时,它被称为反感,也就是逃开"。[20] 随着我们日渐学会区分各种不同的渴望和反感,我们体验的激情也越来越多,不过这些激情"一律属于渴望和反感,除了纯粹的快乐和痛苦以外"。[21] 有一些最简单的渴望和反感是我们对当前努力的体验,例如,悲伤是我们未能在外部运动面前保全自己肉体时的体验;但是更多的渴望和反感来源于我们把旧运动(记忆)与新运动(感官知觉和想象)进行比较的能力,例如,希望是对未来快乐的渴望,要想体验希望,我们必须能够根据我们的当前状态和我们的往昔经验,形成某种预期。但是据霍布斯说,所有这些成分,包括记忆中的快乐、往昔的事件、当前的知觉,以及预期,都必须被视为物理运动。我们将自然世界解读为由各种对我们有益或有害的事物组成,从某个角度说,这样的解读相当于一种物理性反馈机制,它逐步地完善我们对自己的肉体运动的反应。

如此诠释激情,霍布斯把一系列关于灵魂或心灵的熟悉论点转换成了一种肉体基调。但是在他的观点与同时代二元论者的观点之间,仍有惊人的连续性。像笛卡尔和马勒伯朗士一样,霍布斯也认为,人类肉体抵抗变化,而激情协助它抵抗变化。激情的功能是,鼓励我们规避对肉体有害的事物和追求对肉体有益的事物。像笛卡尔和马勒伯朗士一样,霍布斯也没有狭义地诠释这种需求。我们对不同意我们哲学见解的人发怒,正像——譬如——我们渴望吃一顿维持生命的饭,这两种情况应当同等地被理解为,我们是在增进自己肉体的利益。然而,较之第五章所议的那两位哲学家,霍布斯将这条论辩逻辑推得更远。笛卡尔和马勒伯朗士采取的谋略是在肉体情感与灵魂情感之间划出界线,并辩称这两者可以背道而驰;霍布斯却不这样做。如果激情只是我们对肉体运动的体验,如果并没有

---

20 *Elements of Philosophy: Concerning Body*, 407.
21 同上书,409。

第六章 心灵激情与肉体激情的同一：霍布斯和斯宾诺莎

什么灵魂去思考或干预肉体运动，那么我们的一切情感必须用同样的方法被解释。即使一些最离不开大脑的激情，比如学习几何的欲望，也必须被理解为 conatus 或"努力"的运行，从本体论上说，这种努力是肉体上的，它由两组互动的运动组成。

虽然这似乎就是霍布斯的观点，而且，虽然他在《利维坦》第三部分捍卫了一种道德主义的立场，但是，按上述逻辑进行的任何解读，必须从他的沉默之声中把部分内容凑齐。不过，他的沉默之声被那些给他贴上无神论者标签的同时代人听得清清楚楚，他们认为，他的观点与基督教各宗的教义如此抵牾，无法榫入其中任何一派，以至于，即使指认他是一种与基督教世界观南辕北辙的唯物论的开山鼻祖，也不算是时代误植。尽管他们言之凿凿，但也还是很难看出，究竟有哪些形而上学主张是默默暗藏在霍布斯文本中的，这主要是因为，虽然他有时断言——譬如——感觉是运动，但是他从不试图解释这话应当如何理解。感觉和运动是一码事吗？如果是，何以是？然后，这个核心问题又被蒙上了另一层阴翳，因为霍布斯的大部分学说——包括他对激情的分析——的解释力，有赖于读者是否熟悉不同类型的思想以及它们与行动的关系。只有从现象学角度去考虑感官知觉、记忆和激情，我们才能明白霍布斯对这些问题要说什么；而且，他的大部分论说的前提假定是，我们能料理自己的思想，能根据一个思想去修改另一个思想。这种自反能力如何转化成物理性的因与果？这个问题依旧是朦胧而无定论的。因而思想与运动之间的关系也依旧是朦胧而无定论的。

霍布斯：激情作为渴望

渴望和反感是我们对肉体的自我保全之努力的自觉意识。只要肉体以一种能被描述为还活着的方式继续发挥功能，那些构成努

185

第二部分

力的内部运动就在持续，既然如此，我们就绝不可能没有激情而活着。一旦内部运动——亦即各种渴望和反感——停止，我们就死了，变成了尸体，不再是人类。但是只要内部运动在持续，我们就不得不服从激情，不得不在一辈子欲壑难填的贪求中，追求短暂的满足。霍布斯在《利维坦》第十一章指出："欲望终止的人，与感觉和想象停顿的人一样不可能活下去。幸福，乃是欲望从一个目标向另一个目标不断迸发，达到前一个目标仅仅是给后一个目标铺路而已。"[22] 在这里，像在其他地方一样，霍布斯将渴望等同于欲望，并将其解释为一种不息的奋斗，以期获取和牢牢掌握一些手段，去实现令人满意的生活。[23] 霍布斯对激情的这个特点的论述，是基于一个更宽泛的概念，他称之为能力，[1] 并识别出肉体的营养能力、繁衍能力、运动能力，以及心灵的知识能力。[24] 除此以外，他认为还有一些能力，属于那些拥有财富、地位、友宠、运气的人。所有的能力各在我们谋求自我保全的过程中发挥不可或缺的作用。一旦我们开始从经验中得知他人可能施加于我们的利与害，他人——根据其能力的大小——就变成了我们渴望的对象，并被我们评价为盟友或敌人。因此，我们对能力的评价是我们自身努力的一个侧面：为了保证我们自己的满足，我们会估价他人相对于我们自己的能力而言拥有怎样的能力，并且逐渐懂得，财富、权威和友谊，正像知识或物理力量一样，也是各种形式的能力。霍布斯告诉我们，承认别人拥有比我们自己更大的能力，意味着尊重别人。他在《法的原理》中说："（在内心）尊敬一个人，即等于认为或承认，此人拥有异于或多于

22　*Leviathan*, 70.
23　同上。
[1]　能力，power，或力量、权力，等等，在霍布斯的行文中，各义视情况而被侧重，汉译无法一语而尽，读者自察之。
24　*Elements of Law*, 34。另见 R. Rudolph, 'Conflict, Egoism and Power in Hobbes', *History of Political Thought*, 7（1986），73-88。

第六章　心灵激情与肉体激情的同一：霍布斯和斯宾诺莎

我们的能力，足以与我们竞争或较量。"[25] 而且，一个人被认为值得尊重，往往有助于此人保持其能力。且举一个有点无礼的例子：一个穷人承认一个富人可以毁掉自己，他会小心避免冒犯富人，这便维持了富人的安全。但是在此处，如《利维坦》第十章证明的那样，霍布斯心里还有一些更隐晦的承认模式，它们均围绕着尊重概念而起，并可使我们对多种能力的可能后果保持极其灵敏的反应。[26] 由于他人奉献给我们的承认维持了我们的某种能力，我们将其体验为乐事。"人们从自己被给予的尊敬或不尊敬的迹象中，到得快乐或不快乐，这两种激情的性质就在于此。"[27] 因而，我们对激情的易感也是对尊敬的易感，我们对尊敬的易感则又表现了对能力的易感。这是努力——一种高于一切的自我保全倾向——的有意识的一面。

对激情的这种诠释，尤其清楚地反映在霍布斯在《法的原理》第九章列举的头两种具体情感中：自豪和自卑。[28] 他将自豪定义为这样一种激情："它来源于我们对自身能力的想象或看法，认为超过了我们的竞争者的能力"，它"被不喜欢它的人称为骄傲，被喜欢它的人……称为恰如其分的自我评价"。[29] 与它相对的激情是自卑或自弃，"来源于我们对自身荏弱的了解"。[30] 在这两条定义之后，是霍布斯从亚里士多德《修辞学》中提取的对勇敢、报复、愤怒、希望等等的传统诠释。[31] 不过，当霍布斯——譬如——将希望定义为对未来之善的预期时，他通过总结提醒我们，应当将希望理解为对能力增长的预期。霍布斯声称，人生如赛跑，"我们必须认为它没有别的目标，

25　*Elements of Law*, 34.
26　见本书第 7 章。
27　*Elements of Law*, 36.
28　同上书，36-37。
29　同上书，37。
30　同上书，38。
31　指出这一点的是 L. Strauss, *The Political Philosophy of Hobbes: Its Basis and its Genesis*, trans. E. M. Sinclair (Chicago, 1963), 36-41。

第二部分

也没有别的花环,唯有争当第一"。一切激情都是这种勇往直前的冲刺的不同侧面:

> 努力是渴望。
> 怠忽是纵欲。
> 认为他人落后是自豪。
> 认为他人超前是自卑。
> 因后瞻而失利是自负。
> ……
> 充满活力是希望。
> 疲惫厌倦是绝望。
> 努力赶超是好胜。
> 篡夺推翻是嫉妒。
> ……
> 继续赶超是幸福。
> 放弃进展是死亡。[32]

与此相映成趣,《利维坦》中的情感讨论却没有把优先权给予自豪和自卑(或自弃),而是把渴望、欲望、爱、反感、恨、快乐、悲伤鉴定为主要的或单纯的激情。[33]自豪只是作为快乐的一种形式而出现——"快乐来源于人对自己力量和能力的想象";自弃只是作为一种悲伤而出现——它来源于人对自己"缺乏能力的看法"。[34]在《利维坦》中,霍布斯开列的主要激情的清单更加接近于同时代哲学家的清单,但

---

32 *Elements of Law*, 47-48.
33 *Leviathan*, 41。关于霍布斯在理论上的这种变化,见 A. Pacchi, 'Hobbes and the Passions', *Topoi*, 6 (1987), 111-119; G. B. Herbert, *Thomas Hobbes: The Unity of Science and Moral Wisdom* (Vancouver, 1989), 92f.
34 *Leviathan*, 42.

是他没有修改关于激情究竟是什么的论述,所以激情仍旧是人对能力的永不餍足的基本追求的种种表现。[35]

这种分析的言外之意是:激情是我们对事物之善与恶形成的概念,而议中的善与恶又取决于关系。渴望是我们对自身运动与外物运动之间的互相作用的体验,因此,渴望在本质上是我们的一种解读,也就是解读外物凭借其相对于我们自身能力而言所拥有的那些能力,可能施加于我们的利与害。因此,我们觉得——继而爱上、渴望或喜欢——对我们有益的那些事物,其实就是我们觉得能保持或增进我们能力的那些事物。在这里,霍布斯对所谓激情使我们倾向于保护自己肉体的旧观点施加了一种独特的诠释,但是再一次,他与前文讨论过的其他哲学家背道而驰,因为他拒绝区分这样两种概念:一种是包含在激情中的对善的关系性的知觉,一种是事物本身的善或恶。

> 每一个人从他自己的角度,将那些使他喜欢或高兴的事物称为善,而将那些使他不喜欢的事物称为恶。由于每一个人的构造和其他人不同,所以他们对善与恶的基本区分也互不相同。而且也不存在什么……绝对的善。即使我们归给全能的上帝的那种善,也只是他对于我们来说的善。我们将那些使我们喜欢和不喜欢的事物称为善和恶,同理,我们将那些造成善和恶的属性或能力也称为善和恶。[36]

比如,俄耳甫斯对于那些受益于他的能力的人来说是善的,对于那些受害于他的能力的人来说是恶的,还可能对于某个特定的人来说是时善时恶的;然而上帝呢,我们可能认为,上帝对于每一个人来

35　*Leviathan*, chs. 6 and 10.
36　*Elements of Law*, 29;另见 *Leviathan*, 39。

说永远都是善的。但是这并不表示上帝是绝对的善，或上帝本身是善；而表示，所有那些承认上帝拥有无边无际的力与善的人，他们作出的评价是殊途同归的。

根据霍布斯的论述，激情是一种追求能力的基本努力的表现，激情使我们倾向于采取增加能力和抵抗其损失的行动。激情是思想，但是至少从辞源上看，激情带有运动的涵义。霍布斯指出，"渴望"和"反感"这两个单词"是我们从拉丁文得来的，两个都有运动之意，一个表示趋近，另一个表示退避"。然而，议中的运动不可能是"隐喻式的"，绝不能像马勒伯朗士那样解释它们，譬如解释为心灵的倾向。它们必然是物理性的，所以霍布斯接下来将激情——即我们趋近或退避客体的努力——识别为"运动的小小开端，发生在人体内部，然后表现为行走、言谈、打击等可见的行动"。[37]因此，激情是导致行动的思想。但是我们仍需弄清激情还有什么其他特点，尤其要弄清怎样将激情套入知觉与决意之间的传统分界。激情是我们必须赞同的知觉吗？或者，激情是决意——亦即赞同之举或趋往之举——吗？霍布斯答曰：两者都不是。他辩称，决意确实是行动的直接先导，但这并非因为决意是一种为了评价知觉的可靠性而发挥作用的特殊思想。当我们权衡自己要做什么的时候，我们考虑一序列互相更替的渴望和反感，例如，我首先想到睡一个回笼觉该是多么惬意，接着马上记起半小时后我就要出门，这种思虑很快被一种温暖感所压倒，但是旋即又让位于对迟到的担忧。到了某个时刻，摇摆不定的心理终于结束，"最末那一个与行动或不行动直接相连的渴望或反感"，据霍布斯说，就是"我们称为意志的东西"。[38]在我起床之前的那一瞬间，我决定或决意要起床。不过，这个决意行为的卓异之处，仅仅在于它在行动之前的那个思想序列中所占据的位置，

---

37 *Leviathan*, 38.
38 同上书，44。

除此以外它毫无特殊可言，与其他的渴望或反感并无二致。因此，激情既含有一些被其他哲学家送给知觉的特点，也含有一些被其他哲学家留给决意的特点。像知觉一样，激情是一些向我们表现事物之利弊的观念；但是同时，激情又像决意一样，充满渴望，能将我们推入行动。笛卡尔曾说，有两种不同的成分——知觉和决意——出现在行动之前，霍布斯却抹煞了笛卡尔的观点所依托的这条界线。我们的激情不是什么有待鉴定真伪的表象，而已经是对事物真伪形成的概念，因此也已经是一种确认。[39]

这个观点带来了若干个重大后果。首先它暗示，与笛卡尔的观点截然相反，决意和知觉其实是同一码事。心灵的思想能力不是以两种互相合作的方式而工作的，相反，心灵只有唯一一种能力，即形成各种思想的能力，这些思想引发其他的思想，有时还导致行动。第二，霍布斯否认任何思想是"自由的"——取"非外因的"之意。没有什么自因的决意，只有渴望，而渴望本身是我们对由某种原因所决定的肉体运动的体验。这种修正版的激情概念，如本书的未来章节所述，深远地影响了关于激情在解释行动原因时发挥什么作用的讨论；而它与我们当前兴趣的更密切关系则在于，它对于激情与行动之间差别的一些既成诠释可能有哪些影响。如前所述，激情与行动之间的分界经常联系着知觉与决意之间的分界——知觉被视为被动，决意被视为主动。一旦这条界线瓦解了，我们便须面对一个问题：有一些思想比另一些思想更为主动的说法是否仍能成立？从因果观点出发，霍布斯一定会辩称：这种说法不能成立，因为所有的思想都是由其他思想引起的，并能引起其他思想。而且，感官知觉和激情只是运动的两个阶段，一个阶段引发另一个。可是下面的说法是否仍能成立呢：有一些激情帮助我们进行生命攸关的运动，

---

39 见 R. Tuck, 'Hobbes' Moral Philosophy', in T. Sorell (ed.), *The Cambridge Companion to Hobbes* (Cambridge, 1996), 184–186。

第二部分

另一些激情则阻碍之，因而，有一些激情增加我们极力追求的能力，另一些激情则减少之？耐人寻味的是，霍布斯没有用主动性和被动性的语言，去定性此种区别。例如，他没有说，我们快乐的时候比我们悲伤的时候更主动，他也避免像其他作者津津乐道的那样去暗示：我们的能力越是增加，我们就越是完美、越是接近于神。相反，霍布斯坚定不移地认为，行动与激情是因与果。将一个思想视为因，它是主动的；视为果，它是被动的。但是，这两种不同的定性来源于思想在一个运动过程中所处的地位，而非来源于思想本身固有的属性。

这种不仅大胆而且赤裸裸的唯物主义激情理论，确乎涤荡了很多无疑会被霍布斯描述为垃圾的观点，但是在此过程中，它也产生了它自己的问题。一方面，它的立足点是肉体与心灵的同一，这一点尚待说个明白。另一方面，霍布斯顽固地拒绝将主动性与被动性的区分运用在思想王国中，此种态度令他的读者很难下咽。这两个问题使斯宾诺莎如坐针毡，于是他反思霍布斯的理论，推出了关于激情在肉体和心灵中的位置的又一种构想。

斯宾诺莎：肉体与心灵的同一

斯宾诺莎关于肉体与心灵的论述，包含在一种关于实体[1]的形而上学总论以及一种与之相关的知识观中。为了充分理解他有些什么关于人类的话要说，我们需要首先概括一下他的哲学的几个特点，它们乍看起来好像与我们当前的问题无关，实际上却是我们理解他如何处理这个问题的前提。很多议题汇集于此，任何一种速撮其要的尝试，都不可能全面把握它们的复杂性，也不可能公正对待那些关于如何解读它们的争论。然而，它们也许能从战略上解释斯宾诺莎的研究进路，指明他的立场中有哪些特征最密切地关系到他对激

---

[1] 实体，substance。

第六章　心灵激情与肉体激情的同一：霍布斯和斯宾诺莎

情——他更喜欢称之为感受——的分析。

让我们从知识的特性开始。斯宾诺莎在《伦理学》中铺陈的首要原理之一是，认知一个结果，有赖于、并包含着认知它的原因。[40] 求知活动不断地将我们推回到因果链上，让我们去探问某个特定事物的原因，乃至原因之原因，如此等等。如果这番探询正如斯宾诺莎所相信的那样，能使我们获得对自然的充分理解并归于平静，那么，我们求因的逆行之旅必将终止于一个能够自成原因和自我解释的东西，它完成了我们对它所引发的一序列结果的认知。斯宾诺莎像他的许多同时代人一样，认为这趟逆行之旅必将终止于实体，但是他对这个要求格外较真儿。我们不应当满足于声称，笛卡尔的广延实体的概念形成了一个自我解释的基础，在此基础上，人能最终达成对物体的理解；因为，广延实体本身依赖上帝，故不是解释性的因果链的终点。我们也不应当满足于回溯到一个所谓造物主上帝的人格化概念，因为，虽然我们可以张口就说什么"上帝以他的意志创造并维持世界"，但我们还是不能理解上帝是怎么做成此事的，这意味着我们设置的因果关系是糟糕的神秘学。实际上，我们寻找的是一种在概念上和本体论上都能自证自足的实体观，它能为解释自然充当一种明白易懂的基础。如斯宾诺莎所言："实体，我理解为：自在的、并通过其自身而被认识的东西，也就是说，实体的概念不需要借助于另一物的概念，无须通过另一物而形成。"[41]

这样的实体会是怎么一回事呢？斯宾诺莎在《伦理学》中担当的首要任务之一是论证：实体必然是独一无二的。如果实体应当成为唯一的解释终点，我们就必须告别笛卡尔描绘的宇宙图幅，那里有无数个不同的实体呼唤我们去解释它们的相互关系。其实任何一种有限的东西都很难满足这个要求，因为永远都有可能究问它的原

40　Spinoza, *Ethics*, I. A 4.
41　*Ethics*, I. D3.

第二部分

因。于是斯宾诺莎阐明了一种实体概念，让实体本身成为一种原因秩序，由此构成一套最普适的、从解释的角度看也是最有力的因果概念，可以统管一切存在物。[42] 但是，这到底怎样充当解释的终点，致令进一步的刨根问底变成多余呢？这里很重要的一点是，斯宾诺莎所理解的实体，并不是一种与自然万物分开的存在——它不像犹太教—基督教[1]的上帝那样与他的造物们分开。相反，它是一切自然物所遵守的一种秩序，只要一个个的自然物作为一个个的示例而体现着它，它就存在。我们不必追踪自然物之间的因果关系，以说明它们在因果上与一个叫作实体的其他物相关联。相反，当我们追踪自然物之间的关系时，我们已经预设了那个实体的存在。此外，追踪因果关系不仅是要找出事物的直接原因，还需要弄清具体的因果关系是如何例示通则的，而这些通则又是如何例示更大的通则的。寻求更具力量和广纳性的解释的旅程要想抵达终点，我们必须能达成一些足以解释万物，并消除对自然的一切困惑感的解释性原理，据斯宾诺莎说，实体就能起这样的作用。实体正是统管和解释一切存在物的解释性原理。因此，当我们沿着解释性的因果链往回追寻时，我们将抵达一个不必继续走下去的终点，此时，"这又作何解释？"的问题变得再无意义。如果我们真能达成如此高级的洞见，我们将百分之百地理解自然的运行之道，这也将等于以唯一可能的方式认识自然为何如此运行。

---

42 见 E. Craig, *The Mind of God and the Works of Man* (Oxford, 1987), 46-47; L. E. Loeb, *From Descartes to Hume: Continental Metaphysics and the Development of Modern Philosophy* (Ithaca, NY, 1981), 104-105; G. Lloyd, *Part of Nature: Self-knowledge in Spinoza's 'Ethics'* (Ithaca, NY, 1994), 7-10。关于斯宾诺莎论点的更详细讨论，见 H. E. Allison, *Benedict de Spinoza: An Introduction* (New Haven, 1987), 44-63; A. Donagan, *Spinoza* (Hemel Hempstead, 1988), 77-95; E. Curley, *Behind the Geometrical Method* (Princeton, 1988), 3-39; R. S. Woolhouse, *Descartes, Spinoza, Leibniz: The Concept of Substance in Seventeenth-Century Thought* (London, 1993), 28-53; 88-93; 150-163。

[1] 犹太教（的）—基督教（的），Judeo-Christian，此语将犹太教（Judaism）和基督教（Christianity）组合在一起，以指它们共同的渊源和一些共同点。

第六章　心灵激情与肉体激情的同一：霍布斯和斯宾诺莎

实体并非静态地、抽象地陈述着那种统管自然的最有力的原因概念，而是作为实在的例证体现着自然中的原因概念。对于包括笛卡尔在内的一批十七世纪哲学家而言，自然之所以遵守法则，是因为上帝的决意：上帝的决意比喻性地推了一把，启动了自然，并且令其继续不停地运行。然而，斯宾诺莎敦促我们换一种眼光看问题。实体不需要被别的东西——如上帝的意志——启动，因为实体本身含有自己的动力原理。由于自然的因果秩序是一种逻辑秩序，从中可以得出对一切自然现象的完整解释，所以它能满足我们的一切智性好奇。

斯宾诺莎还补充说，实体与上帝是同一码事，因此上帝是自然的恒定不变的原因秩序。然而，实体或上帝要想满足我们方才设定的条件，它必须能解释我们提出的每一种关于世界的问题，以及我们感到困惑的每一种体验。例如，它必须既能解释我们对广延世界的体验，也能解释我们对自己的思想的体验，而且，它必须以一种我们觉得可以理解的方式去解释它们。斯宾诺莎认为，思想和广延是两种在类别上如此不同的东西，以致我们简直看不出两者之间怎么可能互为因果。[43] 因此，实体必须能适应和解释各种从类别上来说是迥异的、不可约的自然现象；实体之所以能做到这一点，乃因它不是一种可以一言以蔽之地描述的东西。这个观点被表达为：实体具有不止一种属性，[1] 而所谓属性，是一种"在智性看来，构成实体之本质的东西"。[44] 因而可将实体视为由各种不同的本质构成，其中包括人类智性所熟悉的两个本质，即思想和广延。我们人类能够将实

43　*Ethics*, I. A5.

[1]　斯宾诺莎用"attribute"表示"属性"概念，他对此的定义是：attribute is "what the intellect perceives of a substance as constituting its essence"。见下文。

44　*Ethics*, I. D4。关于这个艰深的主张，见 W. Kessler, 'A Note on Spinoza's Concept of Attribute', in M. Mandelbaum and E. Freeman (eds.), *Spinoza: Essays in Interpretation* (La Salle, Ill., 1975), 191-194; J. Bennett, *A Study of Spinoza's 'Ethics'* (Cambridge, 1984), 60-66; Curley, *Behind the Geometrical Method*, 23-30; Donagan, *Spinoza*, 69-73; Woolhouse, *Descartes, Spinoza, Leibniz*, 34-51。

第二部分

体设想为一种统管所有广延的秩序，如此一来，实体便完成了我们对一切有形物体的解释。可见，斯宾诺莎的广延属性与笛卡尔的广延实体概念十分相像，两者都认为在此之外别无他物。然而，与笛卡尔不同的是，斯宾诺莎还以同样的方式对待思想属性：在思想属性下考虑的实体，是统管一切思想的秩序。当我们从一种属性切换到另一种属性时，我们为同一个秩序提供了两种解释，为同一个整体提供了两种描述，其中每一种都从一个特定视角将整个自然包罗进了一张因果网，但是其中每一种又都漏掉了现实世界的某些侧面，因而有其局限性。对世界的广延属性的论述，无论多么包罗万象，都不告诉我们思想是怎么一回事；反之亦然。而且，既然实体必须能将一切可能的解释终结掉，所以斯宾诺莎规定，原则上可以认为实体的属性不止我们耳熟能详的那两种，而是无数，亦即能有多少就有多少。实体被设计出来，不仅是为了解答我们实际产生的困惑，而且是要解答任何智性可能产生的困惑。

斯宾诺莎在详述这份雄心勃勃的解释时，首先他告诉我们，上帝是万物的内因。[1] 我们在求知过程中回溯的一切因果链，无不终结于上帝或实体；把上帝与他导致的结果分开是解释不通的，所以上帝就是内因。[45] 其次他告诉我们，上帝的无限性导致了无限多的事物。[46] 也就是说，我们可以从实体推导出一大批可能的结果，丰富得足以支持我们的所有解释。斯宾诺莎将这些可能的结果——他称之为样式——定义为"实体的分殊，[2] 即在他物内，并通过他物而被认识

---

[1] 内因，immanent cause。
45　*Ethics*, 1. P18.
46　同上书，I. P16。
[2] 分殊，affections，斯宾诺莎哲学术语。本译者沿用传统译法（如贺麟，商务印书馆，1983），将其译为"分殊"，而不译为"情状"、"变体"等。但可指出，现代对affection的通行解读是视其为modification或variation（变体）的同义语，如在Everyman Classics丛书的 G. H. R. Parkinson 英译本（1989）中，便采用modifications一词，但同时将affectiones作为夹注："By MODES（modus）I understand the Modifications（affectiones）of a substance; or, that which is in something else through which it is also conceived."

第六章　心灵激情与肉体激情的同一：霍布斯和斯宾诺莎

的东西"。[47]据说样式有两种：无限样式和有限样式。[1]无限样式来源于上帝之属性的"绝对性"，是永恒的。有限样式也来源于上帝之属性，但是受到其他有限样式的限制，[48]例如，某片树叶的运动是由风引起的，风又是由……如此等等。那么，有限样式的因果链怎样关联到无限样式，从而关联到实体呢？若欲解释某一个特殊事件，仅仅将另一个特殊事件说成它的直接原因是不够的。只有当我们将特殊事件视为通则的示例时，换言之，只有当我们将有限样式视为无限样式的示例时，我们才能更好地认知自然。斯宾诺莎举例说，人们用其他特殊事物的属性去解释某一个特殊事物的行为模式，但是所有这些特殊事物其实都在例示那些统管物理性的动与静的通则。

于是我们可以主张，实体是统管整体自然的原因性秩序。但是对实体的更加详细的描述，则必须从一个具体着眼点，在一种具体属性下，才能进行。我们在每一种属性下识别的解释性关系，都是对一个唯一的因果关系的不可约描述。这不仅是对自然整体的各种不同描述，而且是对自然整体所遵从的那种秩序的各种不同描述。一种属性的任何一个样式，譬如广延属性的任何一个样式，都将与其他每一种属性的样式相匹配。广延属性的各种样式之间的因果关系，也将折射在所有其他属性中。导致的结果之一是，广延的各种样式将反映在思想的各种样式中。如斯宾诺莎所说的那样："观念的秩序和关系，相同于事物的秩序和关系。"[49]在广延属性下打量的实体的每一种样式都有一个相应的观念，亦即在思想属性下打量的实体的一个样式。这不仅适用于广延的简单样式，例如极其微小的物体

47　Spinoza, *Ethics*, I. D5.
[1]　无限样式，infinite modes；有限样式，finite modes。
48　见 G. Deleuze, *Spinoza et le problème de l'expression*（Paris, 1968），174-298；Allison, *Benedict de Spinoza*, 63-74；Donagan, *Spinoza*, 102-107；G. Lloyd, *Spinoza and the 'Ethics'*（London, 1996），42-45。
49　*Ethics*, II. P7.

第二部分

的形状和运动,而且适用于复杂样式,例如人类的肉体。人类的肉体是一个合成物,由多种不同的部件构成,这些部件之所以构成一个人,是因为它们遵从同一种相对稳定的动与静的模式,而且肉体作为一个整体,与观念作为一个整体是相应的。[50] 所有的合成物体皆如此,甚至自然本身作为整体也如此,所以人类在这方面毫不特殊。而且,不仅是广延的各种样式与各种观念相应。一切属性的一切样式都在思想属性中有相应的描述,所以思想包含着一个对自然整体秩序的观念,可以从每一个可能的侧面去打量。斯宾诺莎将这个整体知识的观念称为上帝之智。[1]

每一个广延样式都与一个思想样式相关联,这暗示着,整个广延的自然也是思想。不过斯宾诺莎并不是说,植物、桌子,或者哺乳动物的心脏,像人类一样思想着;他只是在指出,所有这一切事物的观念都存在于上帝之智中,以致——譬如——屋顶的瓦片上生出的一丛苔藓也是一个观念。然而它是怎样的一种观念呢?如前所述,与物体相应的观念折射着物体的复杂程度。由于人类是一种非常复杂的物体,所以它的观念也是复杂的,而观念的复杂则解释了人类思想的某些属性,例如自觉性。与此相映成趣,一丛苔藓的肉体以及与之相应的观念,比较而言却是十分简单的。虽然我们不大说得出简单的观念是怎么一回事,但是我们能推断出,它们与我们人类所体验的思想判若云泥。[51]

思想属性和广延属性之间的这种优美的同步性,为斯宾诺莎关于人类肉体与人类心灵之间关系的讨论铺平了道路。他告诉我们,与人类肉体相应的观念是人类心灵:"心灵与肉体是同一的个体,只不过一时在思想属性下被认识,一时在广延属性下被认识

---

50 M. Gatens, 'Spinoza, Law and Responsibility', in *Imaginary Bodies* (London, 1996), 110-113.
[1] 上帝之智,God's intellect,本书在其他一些地方也作 divine intellect。
51 见 Allison, *Benedict de Spinoza*, 96-100; Lloyd, *Spinoza and the 'Ethics'*, 38-41。

第六章　心灵激情与肉体激情的同一：霍布斯和斯宾诺莎

而已"。[52] 如前所述，人类肉体是一个合成体，由许多更小的物体构成，这些小部件"以某种固定的方式互相传达其运动"。[53] 与人类肉体相应的那个观念，亦即人类心灵，也同样复杂，是由所有那些构成肉体的个别部件的"许许多多观念"组合而成的。[54]

然而，我们该怎样理解心灵是肉体的观念呢？一方面，由于观念的秩序和关系也是事物的秩序和关系，所以在上帝之智中，存在一个与人类肉体及其反应相应的完整观念。上帝对所有构成人类肉体的部件，对所有与人类肉体互动的物体，对所有与此相关的法则，都有一个观念。[55] 因而我们可以说，心灵是上帝对肉体的观念。[56] 我们可以用这种说法来解读斯宾诺莎的断语：肉体内发生的任何事件都被心灵所知觉。[57] 不过，这只是技术性地使用"心灵"一词，殊异于通常的用法，所以我们依然不知道该如何理解下述主张：我们的心灵——如我们所能体验的那样——乃是对我们的肉体的观念；发生在我们的肉体中的任何事件都会被我们的心灵所知觉。斯宾诺莎依靠其中第一个主张去解释人类体验中的一些常见特点，比如，我们每一个人都对自己的肉体有自觉，因此我对我自己的脚疼有一个观念，而对你的脚疼却没有任何观念。[58] 但是这些主张究竟该作何理解，仍有待于弄清楚。

所谓人类心灵是对人类肉体的观念，这个说法乍见之下，好像要沦为若干种不言而喻的反对意见的牺牲品。第一，似乎显而易见的是，人类的很多观念并不是对肉体的观念，而是对肉体之外的事物的观念——我们对物理性的客体，对自然的运行，对抽象的存在

52　*Ethics*, II. P21 s.
53　同上书，II. P24。
54　同上书，II. P15。
55　同上书，II. P19。
56　同上书，III. P1。
57　同上书，II. P12。
58　同上书，II, P13。

物，都有观念。第二，我们对自己肉体内发生的很多事件根本没有自觉观念，例如，被斯宾诺莎的同时代人描述为元精运动的所有那些活动过程，我们对之并无自觉。因此，在人类的心灵与肉体之间，似乎存在着不匹配的情况，至少我们普通人认为如此；这就使得斯宾诺莎的观点成了胡说。为了回应第一种反对意见，斯宾诺莎含蓄地敦促我们将自己对心灵与肉体的普通看法都加以修正，注意一下那种产生于感觉、记忆和想象的肉体观念。诚然，我们通常以为，我们的感觉和记忆给予我们的是物理性外物的观念，但这是误解。斯宾诺莎沿袭先前我们在笛卡尔和马勒伯朗士关于二阶属性的论述中追踪过的那条思路，提出，人类的感觉确实产生观念，但不是对外物本身的观念，而是对外物与人类肉体之间关系的观念；事实上，"我们对外物形成的观念更多地表明了我们自己肉体的情况，而不是更多地表明了外在物体的性质"。[59] 这种解读暗示着，那些从想象中得来的、通常被视为对外物的观念，最好被理解为对肉体与外物之间关系的观念。在此意义上，可将这些观念理解为，它们也是一些对肉体的观念，而所有那些对肉体的观念——据斯宾诺莎说——就构成了心灵。

但是，对于第二种反对意见，即我们对自己肉体内发生的很多事件根本没有自觉观念，又该怎样回应呢？在某种程度上，斯宾诺莎对此作出了让步。他同意，人类的肉体由许多更小的物体构成，虽然上帝之智对它们有一个观念，人类对它们却要么没有观念，要么只有一种极其微弱的观念。例如，我可能对我的肉体保持体温的那种自稳机制没有观念，但是对自稳机制的某些成分——发抖或流汗——有观念。然而，在考虑怎样才能拥有那种构成心灵的肉体观念时，斯宾诺莎的焦点较少集中在肉体的部件上，而更多地集中在作为整体的肉体上，以及整个肉体与周围世界的互动上。他没有采取解剖学家的专业进路，而是强调我们从感觉体验中获得的有关人

---

59 *Ethics*, II. P16. c2；另见 P18 s。

第六章　心灵激情与肉体激情的同一：霍布斯和斯宾诺莎

类肉体的常识，以图达成一个观点：只有当我们的肉体影响他物和被他物影响时，我们才有肉体观念。我们并不是首先——譬如——通过肉体的感觉而形成一个肉体观念，然后再通过感官知觉而形成世间其他物的观念。相反，我们是通过肉体与外物之间的因果互动，在同一时间形成肉体和外物的观念。所以，由此生成的那个观念——即构成我们的心灵的那个观念——不是一个孤立的存在物，而是一个对人类肉体作为一张因果互动网之组成部分的观念。[60] 再一次，这个概要暗示了一种办法，供我们解读所谓人类心灵是人类的肉体观念的说法。同时，它也初步表明，当斯宾诺莎声称心灵中对肉体内发生的每一个事件都有一个观念时，他的意思可能是什么。根据前面的论点，我们的许多观念都产生于我们的感觉体验，是我们对肉体与周围世界之间的因果互动的观念。如果斯宾诺莎同时还认为，所有的感觉体验都是自觉的，则结论必然是，人类对自己的一切感觉体验都有观念，因而对肉体与外界的互动也都有观念。就想象而言，心灵中对肉体内发生的每一个事件确实都有一个观念。

　　这些论点也许能使我们明白斯宾诺莎致力于什么目标，但是我们很难看出它们能使他的观点具有说服力。即使我们考虑到，斯宾诺莎主张最好将我们的外物观念理解为我们的肉体观念，并考虑到，斯宾诺莎强调肉体的整体性以及肉体与外界的关系，但是好像仍有一道很大的缺口，横亘在肉体观念与肉体本身之间——前者（据斯宾诺莎说）等同于人类心灵，后者则毫无疑问是一个极端复杂的物理性物体。譬如，人类明明对自己肉体的许多方面根本没有观念，我们为什么罔顾这一事实呢？斯宾诺莎声称人类对肉体与其他事物之间的一切因果互动都有观念，这一主张明明不合情理，我们为什

60　见 A. Rorty, 'Spinoza on the Pathos of Idolatrous Love and the Hilarity of True Love', in R. C. Solomon and K. M. Higgins (eds.), *The Philosophy of (Erotic) Love* (Lawrence, Kan., 1991), 360–365; Lloyd, *Part of Nature*, 10–25; M. Gatens, 'Power, Ethics and Sexual Imaginations', in *Imaginary Bodies*, 125–145。

第二部分

么要接受呢？这些问题仍旧赫然在目，所以我们必然会被拉回去，重新声称，肉体观念是上帝之智所拥有、而非人类心灵所拥有的一个完整观念。

为了化解这些批评，也为了更深入地理解斯宾诺莎的观点，一个有助益的做法是记住：尽管我们能够想象一种存在于上帝之智中的肉体观念，我们自己却并不实际拥有它；尽管我们能够想象一份关于肉体各部件，以及由此构成的整个肉体，以及整个肉体与他物之间关系的完整叙述，我们自己在这方面的知识却极其匮乏，比较而言也极不完整。斯宾诺莎将上述论点表达为：存在于上帝之智中的那些观念是充分的，有限的人类之智通过想象而获得的那些观念则是不充分的。后者之所以不充分或不完整，乃因它们是关系性的观念，如前所述，它们是关于我们的肉体与外物之间因果关系的观念，它们既显示外物的信息（即外物如何影响我们），也显示我们自己肉体的信息（即肉体如何被影响）。但是它们不显示事物在这些关系之外又是怎样的，在此意义上，这类观念是一种歪曲的误报。而且，它们东鳞西爪，仅仅标明了议中之物的一部分原因属性，也仅仅标明了物体互相影响的一部分方式。因此，它们未能充分描绘那些构成某物之本质的原因属性，也未能反映那些仅凭该物之观念便可明察的结果。当斯宾诺莎进一步展开这个论点时，他采取了一种熟悉的观点，认为我们对二阶属性的感觉体验仅仅带给我们一种不全面的、关系性的对外物的知识，并且将此回读于肉体。因此，人类在感遇物理性物体时所获得的关于自己肉体的知识，绝不比人类对那些物体本身的知识更充分，或者更清楚。

只要我们是通过想象去了解外部世界，我们的观念就是不完整的。这个说法也适用于我们的肉体观念，它们确实远远不及上帝之智中的充分观念。[61] 如果我们像上帝，我们就会拥有一个完整的肉体

---

61 *Ethics*, II. P29。另见 Lloyd, *Part of Nature*, 43–75。

观念；但是，既然我们只是如此这般的人类，我们就只能设想一个完整的肉体观念。如果我们像上帝，我们的心灵就会无限地强大有力；但是，既然我们只是如此这般的人类，我们对世界的理解就只能是不完全的和混乱的。由此，斯宾诺莎赞同了前面提出的反对意见。他承认，我们的肉体观念与上帝之智中的完整观念之间是有差距的，他也承认，上帝之智中的完整观念完全吻合肉体本身的情况。但他同时也认为，人类心灵就是对人类肉体的观念。反过来说，有一种物理性的存在物，即人类肉体，等同于人类心灵。要想弄清这到底会是怎样一种存在物，我们的主要线索在于斯宾诺莎的论断：它等同于我们对它的观念，而我们知道它是不充分的。人类对自己的肉体有一个不完整的观念，它来自想象。由此推论，与这个观念相应的肉体也同样不完整，仅由我们有点了解的那些部件和互动构成。它正是我们所知道的那样的肉体，是人类对之拥有一种观念的肉体。如此这般的一种存在物，也许看上去有一种很危险的不稳定性，随着我们对它的观念的变化而变化。以此而言，它当然不再能够被视为一种稳定的、持久的、其属性不依存于人类对它的知觉的物体。然而，这似乎恰恰是斯宾诺莎的观点的必然蕴义——既然他认为，我们的不充分知识来源于我们的肉体与周围环境之间的因果关系；反过来，这个观点对于他所谓心灵是肉体观念的理论又具有核心意义。

　　将心灵和肉体视为两种互配属性——一种是思想，一种是广延，斯宾诺莎由此改变了心灵与肉体如何关联的问题。此时，问题已不再是设法在两个互相独立的存在物之间寻找一种联系，而是设法解决两份迥异的描述怎么能够成为对同一个事物的描述。一个思想怎么会是一个肉体观念？一个肉体运动怎么会是一个思想？如此改变进路，带来了不少费解之处，但是，如果我们像斯宾诺莎一样，相信它们是能够解决的，那么此种改变对于我们认知激情将有深远的意义。据斯宾诺莎说,每一个具体的思想都是思想属性的一个有限样式,等同于广延属性的一个有限样式。更具体地说,一个人的思想就是一个关于肉体内发生的事件的观念。以一种激情性思想为例,譬如,我们能够通过列举愤怒的心理学原因,对愤怒进行完整的心理学解释,并对那个以愤怒作为其观念的肉体事件进行完整的物理学解释。我们做不到的,是将笛卡尔式的激情分析为物理的和心理的两种成分,因为,此时两者之间已不再可能存在任何可理解的关联。斯宾诺莎辩称,所有的思想一概如此,从而他彻底摒弃了在独立于肉体的思想和有赖于肉体的思想之间的区分。虽然他在《伦理学》的末尾赞成说,可能有一种存在物,肉体对它来说不那么重要,但是他的论点的蕴义终归是:一切思想,无论是理解力作出的判断,还是感官知觉,抑或是激情,一律是我们的肉体观念。它们之间的现象学差异,可能只是反映了一个事实:它们是对不同的肉体事件的不同观念;但是任何思想都不缺乏肉体上的对应,所以都不同于笛卡尔和马勒伯朗士认可的纯知觉。至此,斯宾诺莎对肉体与心灵之间关系的分析已经告诉了我们很多有关激情的事情。但是接下来,当他开始讨论思想与思想之间的因果关系,并将思想区分为主动一类和被动一类时,他提供了关于思想之特性的更详细论述。

激情与努力

如前所述,我们的许多观念都不充分,它们不是关于事物按其本身样貌的观念,而是关于事物如何影响人类肉体的观念,因此它们只提供了一幅东鳞西爪、歪曲失真的关于世界的图景。我们的某些思想,包括一些在传统上被归类为知觉的思想,似乎必然是不充分的。我们的感觉、感官知觉、记忆,连同它们引发的幻想,全都是按照事物在我们看来的样子,通过我们的肉体对一系列刺激作出

第六章　心灵激情与肉体激情的同一：霍布斯和斯宾诺莎

反应，而形成的事物观念。如果考虑一下，应该如何解释一种我们对之仅仅具有不充分观念的肉体状态，例如一种被我体验为我对一棵山毛榉树的感官知觉的肉体状态，那么显而易见，我们必须诉诸至少两个因素：山毛榉树，我的肉体。再转向思想属性，同样显而易见的是，为了解释我的一棵山毛榉树观念，我们也必须诉诸至少两个因素：我的心灵（即我的肉体观念），那棵山毛榉树观念。暂且忘掉斯宾诺莎论述的不同属性将他卷入了何等的繁难和重复，我们可以看出，在上述两种情况中，我都不是那个观念的唯一原因，也不是那种肉体状态的唯一原因。我的肉体不可能产生与山毛榉树观念相应的物理状态，除非如斯宾诺莎所说，我的肉体被一棵山毛榉树施动。我的心灵也不可能知觉一棵山毛榉树，除非我的心灵被一个其他观念施动。综上所述，斯宾诺莎总结道，当我们仅仅充当某种肉体状态或心灵状态的部分原因或不充分原因时，我们在受动。[62]

在这份抽象而冷峻的分析中，斯宾诺莎捕捉到了被动性的一些熟悉涵义。其中一个涵义与因果有关：当一件不可能由我们自己造成的事情发生在我们身上时，我们是在受动，或曰被动。另一个涵义吸纳了霍布斯的一个主张："如果能力被施加于受动者，则行动者具有能力；如果能力被施加于行动者，则受动者具有能力。"[63] 为了受动，我们必须能够反动，而由于我们的反动是受动的必要条件，所以它充当了一部分原因。因此，当我们充当某个结果的一部分原因时，我们在受动。而且，这两个关于被动性的诠释都反衬了下述行动概念：当某物是某个结果的唯一或十足原因时，该物在行动。

斯宾诺莎不仅认为，当我们体验感觉、感官知觉等等的时候，我们在受动，而且认为，当我们体验激情或感受时，我们也在受动。顾名思义，我们的"感受"乃是我们对他物怎样"感染"我们而形

62　*Ethics*, III. D1.
63　Hobbes, *Elements of Philosophy: Concerning Body*, 129.

成的观念，其前提是我们这一方必须有反动的容力。而且，正是这种反动所具的性质，将激情与其他种类的知觉作出了区别。据斯宾诺莎说，我们的各种反动，亦即我们的各种激情，表达了我们保全自己的存在的一种努力——此乃我们的本质。因此，这些反动或激情是一切自然物共有的一种特点在人类身上的示例。实体本身，以及它所包含的所有因果子系统，[1] 以及一切个别物，都在努力保全自己的存在。整个自然都在展现这种努力，或曰 *conatus*，它是整个自然及其每一个组成部分的本质，因此万物都有一定的保全自己和抵抗毁灭的能力。[64] 就物体——包括人体和其他物体——而言，我们有理由认为它们都表现了 *conatus*，例如表现在抗变能力上，正如本书第四章所述，当时新兴的原子科学的鼓吹者是承认抗变能力的。就心灵而言，斯宾诺莎辩称，我们通过反作用于其他物而保全我们自己的努力，是激情。因此，我们的爱和恨、希望和恐惧，在在表达了我们保全和增加自身能力的天然倾向——此乃我们的本质。[65] 斯宾诺莎在阐明这个观点时，迫不及待地强调，我们的外物观念不是单单被我们接受而已，如同接受投影在墙上的图片，相反，它们是我们对外物能够怎样维持和毁坏我们保全自己存在的能力的微妙解读。他说，若将这些观念描述为知觉，那是误导性的，因为"知觉"一语携载着太多的被动涵义，"似乎表示心灵被其对象施动"。他认为应当将它们称为观念，因为"观念"一语"似乎表示心灵的行动"。[66]

我们的 *conatus* 究竟怎样塑造我们的反应？斯宾诺莎告诉读者，心灵和肉体的共同努力叫作渴望，它包括了所有那些使我们成为如

---

[1] 因果子系统，causal subsystems。
64 斯宾诺莎通常称这种能力为 *potentia*，间或称之为 *vis*。
65 见 A. Matheron, 'Spinoza et le pouvoir', *Nouvelle critique*, 109（1977），45–51; M. Della Rocca, 'Spinoza's Metaphysical Psychology', in D. Garrett（ed.），*The Cambridge Companion to Spinoza*（Cambridge, 1996），192–237。
66 *Ethics*, II. D3.

第六章 心灵激情与肉体激情的同一：霍布斯和斯宾诺莎

此这般的人类个体的自我保全容力——使我们既存在于思想属性下，又存在于广延属性下。心灵的单独努力叫作意志。当渴望是自觉的情况时，则叫作欲望（即 *cupiditas*）。[67][1] 因此，欲望是 *conatus* 的主要表征，是我们为了保持自己的能力，而对世界作出迫切反应的一种天性。这个关键的主张将人类描述为：他们压抑不住地、顽强不懈地执着于生命，只有当他们被某种比他们自己更强大的东西摧毁时，这种执着才消泯。某些看上去像是自我毁灭的形式，如厌食或自杀，只能用我们肯定会与之搏斗到最后一刻的某些外因去解释。

虽然欲望——或 *conatus* 本身——是我们最基本的激情，但是它也被另外两种激情所补充，后二者标示着我们的自我保全之企图的成与败：当我们的能力增加时，我们感到快乐（*laetitia*），当我们的能力减少时，我们感到悲伤（*tristitia*）。以上三种主要的激情，每一种都有许多变体，三种相加，便是我们对我们自己努力保全自我的那种倾向的体验，以及对我们自己在此过程中的成与败的体验。[68] 个人感觉到的每一种情感，都记录了此人当前与先前相比较的能力水平。如果某人的能力是从一个较高水平下降到某一个特定程度，此人感到 *tristitia*，而如果另一个人的能力是从一个较低水平上升到同样的一个特定程度，此人感到 *laetitia*。在这个意义上，我们的激情反映了我们的个人历史，并取决于我们过去的能力的高低。

斯宾诺莎对各种具体激情的定义，是以下述主张为基础的：我们追求能力的努力表现在我们对周围世界的反应上。例如，爱是在某个外因增加了我们的能力时，我们所感到的激情，因此，爱是一种快乐，这种快乐伴随着一个关于该外因的观念。恨是一种悲伤，与之相伴的是对那个减少我们能力的对象的观念。嫉妒是一种对他

67　*Ethics*, III. P9 s.
[1]　以括号标示的文字是本书作者苏珊·詹姆斯的夹注。上文和下文中均同此。
68　见 Lloyd, *Spinoza and the 'Ethics'*, 73–83; Allison, *Benedict ed Spinoza*, 124–140。

人的恨，因为他人以其快乐减少了我们的能力，从而使我们悲伤起来。这些定义保留了一个熟悉的观点：激情具有功能性，它们是对有益于我们或有害于我们的事物的观念。不过，斯宾诺莎并未简单地断言人类天生倾向于自我保全，而是将激情的功能解释为一种更广义的倾向——即自然万物保全自身之存在的倾向——在人类身上的表现。人类只是自然的一部分，人类的激情只是一个更恢宏的因果律模式的一部分。斯宾诺莎将激情整合到了一个更广阔的形而上学构架之中，由此他也对激情促使我们去追求的善作出了独特的诠释：善是关系性的，我们守望那些对我们有益的事物；同时，善是由我们的 conatus 所决定的，那些对我们有益的事物，恰恰是那些能使我们保持和增加自我保全能力的事物。因此，激情是一种使我们倾向于追求自我保全能力的思想。但是，既不像亚里士多德主义传统的拥护者们，也不十分像笛卡尔，斯宾诺莎没有明确地指出，激情使我们倾向于保护自己的肉体能力。由于他将肉体和思想视为同一，因此他得以摈弃肉体的善与灵魂的善之间那道永远飘摇的界线，也得以辩称，人人都在努力追求他们认为能增加自己——作为一种有限的和有形的智性生物——的能力的任何事物。简言之，激情服务于我们的完整自我。

　　斯宾诺莎赞成同时代人的意见，认为激情之所以因人而异，既是因为各人不同的肉体构造和性情——这两者在他看来几乎是对两种不同属性下的同一事物的描述；也是因为各人不同的体验，又是因为各人根据自己对相似物的知觉，不假思索地形成的联想和类比原则。如果某一个对象与某一种激情联袂而至，两者之间的联系便永久盘踞下来，所以一个人一朝被一只鸟吓到，日后会害怕所有的鸟。[69] 如果某一个对象与某一种激情联袂而至，日后我们遇见相似的对象时，心里也会产生那种相连的激情，所以一位妇女看见一个长

---

69 *Ethics*, III. P14.

第六章　心灵激情与肉体激情的同一：霍布斯和斯宾诺莎

得像自己女儿的姑娘时，可能产生慈爱之情。[70] 最后，我们还模仿他人的感受。如果我们遇见一个与我们自己相似的对象（例如另一个人），而该对象正在快乐或悲伤，这时，即使我们对该对象并无特殊感情，其激情却会传染我们，所以一个人在大街上经过一个哭泣的男孩身旁时会怜悯他，而听见一个路人欢乐作歌时又会振奋起来。[71]
像前文已经讨论过的那些作者一样，斯宾诺莎也认为，我们的激情既来源于较为偶然的、带有个人经验色彩的联想，也来源于更广泛的、在大多数人身上都能发现的情感模式。激情的肉体表征使得我们能读懂他人的激情，并作出可预测的反应。这两条不同的规律也许可以被解释为 *conatus* 的不同侧面，但是在第一种情况中，更容易看出 *conatus* 的作用。我们倾向于将事物与激情联系起来，这是一种从经验中学习的方式，它通常发挥有益于我们的作用，虽然偶尔也产生一些特异性的后果，譬如一个人毫无道理地惧怕鸟或猫，但那仅仅是我们为一种总体说来非常实用的倾向付出的一点代价。第二种情况，即我们的模仿天赋，却更令人费解一些。这里较难一目了然地看出，我们悲他人之悲如何有益于我们的自我保全——既然悲伤本身意味着能力的降低。斯宾诺莎辩称，当我们怜悯他人时，尽管我们的能力因他人的悲伤而降低，但是这促使我们试图去摧毁那个导致他人悲伤的原因，从而提高我们自己的能力。例如，怜悯之情可能促使圣弗朗西斯将自己的一半斗篷送给一个冻僵的流浪汉，[1] 减轻流浪汉的寒冷之后，圣弗朗西斯可能感觉自己也更舒服了。足见怜悯导致仁慈。马勒伯朗士一定会辩称，这种对共善[2]的追求本身是激情的一个功能，被设置在我们的 *conatus* 之中，但是斯宾诺莎

---

[70]　*Ethics*, III. P16.
[71]　同上书, III. P27。
[1]　圣弗朗西斯（St. Francis of Assisi, 1181/2—1226），意大利天主教修士和传教士，赠袍给穷人是他的著名轶事，乔托曾以此为题作画。
[2]　共善，common good。

不这样说。相反，他主张，模仿的倾向固然使人仁慈，但也有显著的反社会后果。当我们看到某人喜爱某物时（譬如当朗斯洛特看到亚瑟王对圭妮薇尔的喜爱时），[1]我们也想喜他们之所喜，由此我们充满嫉妒和野心。[72] 可见我们的激情并未使我们倾向于追求共善。又因为我们对他人所流露的感情极其敏感，所以我们的激情反倒经常促使我们以有害于周围其他人的方式，去追求我们自己的利益。conatus 作为一种保持和增加我们自己的能力的倾向，总含有一点粗暴的意味，反映在我们天生易发的某些"自动的"[2]倾向中。

这些倾向时刻都在工作，然而它们绝非 conatus 的全部功能。有些激情是主观专断的同情和反感，大多数激情则是对外界可能施加于我们的利与害的一种更丰富的区别性解读。正如斯宾诺莎强调的那样，在大部分情况下，爱与恨，或悲伤与快乐，并不是我们被动地体验着的感情，而是我们主动地参与建构的一些观念。因此，为了更清楚地了解激情是怎样一种特殊类型的思想或观念，也为了充分理解激情在何种意义上是被动的，我们必须设法弄清斯宾诺莎所说的"观念"[73]是什么意思。为了做到这一点，我们应当考虑一下，斯宾诺莎如何让"观念"契合他关于心灵中有哪些种类的思想的更广泛论述。更具体地说，一旦我们理解了斯宾诺莎怎样消除知觉与决意之间的界线，从而与亚里士多德和笛卡尔的灵魂理论断绝关系，[74]我们就开始明白"观念"是什么了。

据笛卡尔说，意志有两个最显著的属性，一是能对判断表示同

---

[1] 据英国亚瑟王传说，圭妮薇尔是亚瑟王的王后，朗斯洛特是亚瑟王的最勇敢圆桌骑士，他与王后之间的恋情导致他与亚瑟王之间的争战，并以悲剧收场。

72 *Ethics*, III. P32.

[2] 自动的，或无意识的，automatic。

73 拉丁文为 conceptus，见 *Ethics*, II. D3。[此句中的"观念"，英文为 conception，与拉丁文 conceptus 对等。——译者]

74 见 Lloyd, Part of Nature, 77–104; Gatens, 'Spinoza, Law and Responsibility', 109–113; J. Cottingham, 'The Intellect, the Will and the Passions: Spinoza's Critique of Descartes', *Journal of the History of Philosophy*, 26（1988），239–257。

意，二是自由地这样做。斯宾诺莎却彻底反对其中第二个定性，他声称，意志"必须被一个原因所决定，才能存在，才能以某种方式产生结果"。[75] 决意，作为思想的有限样式，必须被其他有限样式所引起，并参与构成一个序列，去例示思想属性的因果总秩序。这个主张具有双重意义。一方面，斯宾诺莎在此将决意纳入了实体的原因秩序，确保了整个人类心灵是自然的一部分，并受制于自然法则。另一方面，他摈弃了唯意志论这一神学信条，[1] 也一并摈弃了必须用上帝的无限意志去解释自然的观点。就连上帝，也不能被描述为能够自由地决意，因为决意是自然事件，它被包含在实体之整体性当中，它和实体的运动一样，也是被原因所决定的。决意是一种原因秩序——即上帝之智——的表现，因此我们不必担心到头来只能将其解释为：这是一位不可理解的上帝的显然任意为之的决意。

可见，决意有原因，决意是思想。然而是怎样一种思想呢？对于这个问题，斯宾诺莎承袭了笛卡尔的观点，认为当心灵"肯定或否定某物为真或某物为假"时，心灵在决意。斯宾诺莎还特地指出，这种意志概念不同于阿奎那等经院亚里士多德主义者和马勒伯朗士所青睐的意志概念——对他们来说，意志是冲动或渴望，接近于欲望。斯宾诺莎却坚称，决意并不是"心灵向往或规避某物的欲望"。[76] 但是他也一样不愿意认为，有一种思想——即决意或断定或同意——不同于知觉。在笛卡尔的灵魂画像中，判断既需要知觉，

---

75 *Ethics*, I. P32。另见 II. P48，在那里斯宾诺莎还说，心灵并不具有各种能力，心灵中只有具体的决意，如欲望、爱等等。因此，意志或理解之类的能力"要么是纯粹的虚构，要么仅仅是我们动辄从特殊物 [particulars] 中推导出来的形而上存在或共相 [universals]。因此，智性和意志只不过是这样那样的观念，或这样那样的决意，犹如所谓'石性'只不过是这块或那块石头，人只不过是彼得或保罗"。(II. P48 s.)

[1] 唯意志论，voluntarism，简单说来，是一种认为意志高于智（intellect），也高于情（emotion）的思想流派。而作为神学概念的唯意志论，则主张将上帝视为某种形式的意志。与唯意志论相对的是唯智论（intellectualism），后者作为神学概念，认为上帝之智（divine intellect 或 God's intellect）占首要地位。

76 *Ethics*, II. P48 s.

又需要决意。[77]例如,我看见一棵绿色的山毛榉树,并同意或肯定这个知觉,然后可能达成一个混乱的判断:树是绿的。但是我们也许会纳闷,作出判断真的需要两种不同的思想吗?斯宾诺莎提出这个问题的办法是设问:观念只要是观念,那么它们是否就已经包含了肯定?[78]他的结论是:确实已经包含了肯定。观念不是图像或图画,被动地等待着心灵来肯定其真伪。相反,它们已经是对事物之是非的见解或想法,因而它们已经是肯定。

这个结论有若干重大寓意。它意味着决意和知觉是同一码事,[79]这与笛卡尔的看法截然相反。心灵不再以两种合作的方式来行使它的思想能力,心灵只有唯一一种能力,即形成观念并引发新观念的能力。我们也不再把判断分析为知觉的结果和一种表示同意的行动,我们只需将其分析为观念即可。因此,一切思想、感官知觉、记忆、激情、纯知觉,等等,一概属于唯一的一个种类。它们全都是断定或判断,[80]因此,只要我们在知觉或想象,我们就在肯定或判断。[81]激情的基本性质亦如此。爱某物,就是断定此物会增加我们的能力;恨某物,就是断定此物会减少我们的能力,如此等等。

斯宾诺莎辩称心灵内并没有知觉与决意的区分,由此他与一种即使较坚定的反亚里士多德主义者也死抱着不肯放手的经院主义灵魂概念断绝了关系。虽然有些哲学家在统一心灵的工作中取得了长足的进展,不再认为心灵的能力是各自分离而又互相交流的,但是他们仍有迫切的理由要保留这两种思想之间的界线。只要这条界线留在原地,能力分立的危险便近在眼前。例如,我们很难调和笛卡尔的下面两个论点:一方面他坚称,决意与我们对决意的知觉其实

---

77 Descartes, *Principles of Philosophy*, in *Philosophy Writings*, ed. Cottingham *et al.*, i. 34.
78 *Ethics*, II. P49.
79 同上书, II. P49 c。
80 同上书, II. D3
81 同上书, I. P49 s。

第六章 心灵激情与肉体激情的同一：霍布斯和斯宾诺莎

是同一码事，[82]另一方面他又声言，知觉和决意是两种迥然不同的活动，其中一种寄生于另一种。[83]斯宾诺莎一刀斩断了亚里士多德哲学的这种后果，他否认思想中包含着这两种不同的活动，而将它们合并成一种活动。他反复提醒我们，知觉呈现了一部分以往人们认为决意才拥有的主动性，同时他将决意吸纳到思想的因果过程中去，使决意有了先天的断定性。因此，虽然思想依旧分为不同的种类，譬如，记忆依旧可以区别于纯知觉，但是思想已不再被视为一种混合物，由知觉和意志这两种成分构成。

斯宾诺莎减少和统一了心灵的能力，这种斯多葛主义的做法，极大地影响了思想能在何种意义上被理解为主动或被动的问题。[84]他抛弃主动的决意与被动的知觉之间的分界，由此摆脱了一种区分被动性与主动性的权威方法，取而代之的是，他认为一切思想都是被引起的，并且是能够被引起的。那么现在还有任何理由说某些思想比另一些思想更被动吗？我们在前文中读到，有些思想只有当我们受动时才产生，现在斯宾诺莎将这个条件与他描述为行动的一种思想进行对照。如果我们自己只是某个思想或观念的部分原因，或不充分原因，以致该观念的原因不能仅仅用我们的心灵来解释，那么我们是在受动。但是，如果我们拥有充分的观念，该观念的原因能够仅仅用心灵来解释，那么我们是在行动。这会是怎样的情景呢？首先，一个观念的原因只能用其他那些引起该观念的观念来解释；因此，如果一个观念的原因只能用心灵来解释，则解释该观念的那个观念必然是一个复杂观念——即心灵——的一部分。既然心灵是我们的肉体观念，那就意味着，一个肉体观念必然被另一个肉体观

82　Descartes, The Passions of the Soul, in *Philosophy Writings*, ed. Cottingham *et al.*, i. 19.
83　Descartes, *Principles of Philosophy*, I. 32.
84　见 P. O. Kristeller, 'Stoic and Neo-Stoic Sources of Spinoza's *Ethics*', *History of European Ideas*, 5（1984）; S. James, 'Spinoza the Stoic', in T. Sorell（ed.）, *The Rise of Modern Philosophy*（Oxford, 1993）, 289-316。

念所解释。此处很难不兜圈子，然而斯宾诺莎的观点好像就是如此。当我拥有一个不充分的猫的观念时，该观念的原因有赖于一个猫的观念和一个我自己的肉体的观念。但是，当我拥有一个充分的——譬如——三角形观念时，该观念的原因并不有赖于我的肉体与其他物之间关系的观念，它的唯一原因只是我的心灵。有些因果关系发生在肉体与其他物之间，但也有一些因果过程发生在肉体内部，相对而言独立于外部环境。这些过程的观念形成了较为自足的因果链，我们将其体验为观念的逻辑序列，其中每一个序列都完全来源于一些不取决于我们如何被外界影响的观念。如果心灵拥有的是这种充分观念，心灵就能——不妨说——自动产生观念；而当心灵以这种方式思想时，心灵在行动。[85]

  这种心灵主动性的观点听起来有点熟悉。一个具体的思想过程究竟是主动的还是被动的，取决于它所含的那些观念是怎样被引起的。斯宾诺莎主张，一个思想过程所含的观念必须是被心灵本身引起的，该思想过程才是主动的——当他如此主张的时候，他捡起了一种经常被归属在决意名下的特点，亦即自发性或自因性。同理，他又主张，如果心灵被其他的事物观念施动，被动的思想过程便发生了——当他如此主张的时候，他利用了激情与结果之间的标准关联方式。斯宾诺莎观点的非常之处在于，他没有根据功能上的区别，去表述思想的主动性和被动性，而是让一个思想的主动性依存于该思想的原因史。因为充分观念完全是由心灵中其他观念引起的，又因为心灵对它自己的一切观念都是自觉的，所以，正是由于充分观念的所有前因都是已知的，充分观念便是完整的。不同于不充分观念，充分观念不是东鳞西爪的，故而也不是歪曲失真的。可见，这两种观念之间的差异最终属于认识论范畴，而非心理学范畴；它是我们已知的观念——在上文所概括的意义上——与我们未知的观

85　见 Donagan, *Spinoza*, 136-140; Allison, *Benedict de Spinoza*, 101-109。

第六章 心灵激情与肉体激情的同一：霍布斯和斯宾诺莎

念之间的差异。

从这种论述可以得出结论说，激情像各种其他思想一样，也是在我们受动时获得的不充分观念，但因激情是我们的 *conatus* 的表现，所以激情又有别于幻想、感官知觉等等。只要我们努力保全我们自身的存在，我们就体验激情；而我们，作为依赖周围世界而存活的一种有限存在物，永远都在努力保全自我，所以我们永远都在体验激情。因此，我们的激情性反应并非只是被某些特定的经历所激发，而是随时都在运行，只不过，特定个人的历史使得特定个人的激情成为其个人特有的和与众不同的。如果悲哀中的俄耳甫斯面对朋友的极力安慰却完全无动于衷，那不是因为他的 *conatus* 停止了工作，而是因为他在那一刻并不认为安慰是一种能增加他的能力的善。

至此，我们追踪了斯宾诺莎如何修正对心灵中的被动性的传统理解。当我们充当部分原因，并被外物施动时，我们是被动的。在这两个标准下，当我们的判断表现了我们的 *conatus* 时，这些判断便是激情。然而，主动性与被动性的对立还有一个至关重要的涵义，在斯宾诺莎的哲学中被彻底抹煞了，那就是心灵与主动性的联系以及肉体与被动性的联系。如前所述，这种联系在某些机械论哲学家中间仍有很大影响。他们认为，包括人体在内的物体都没有能力导致它们自己的运动，所以都是被动的；他们还认为，与物质性世界的这个特点截然相反的是，人类心灵具有决意的容力。然而在斯宾诺莎看来，这种不对称根本不可能存在。肉体与心灵是放在两种属性之下观察的同一码事。而且，*conatus* 是在两种属性中都表现出来的同一种能力；肉体的任何事件，只要构成了肉体自我保全的一种努力，都匹配着一个观念，该观念构成了心灵的相同努力。我们从快乐变成悲伤、从悲伤变成快乐，这些转变对应着我们肉体能力的增减。如斯宾诺莎所言："如果任何一个事物的观念增加或减少、促进或抑制我们肉体的行动能力,则它也增加或减少、促进或抑制我们心灵的思想能力。"[86]

正如我们很难指明心灵的某个观念等同于某个肉体观念,同样,肉体能力与精神能力相应的说法也有违常理。可以肯定,在我对自己的癌症有观念以前很久,此病已经能减弱我的肉体能力了;那是否也可以肯定,我的许多激情都跟我的肉体能力和健康没有关系呢?为了更好地理解斯宾诺莎的立场,我们需要探索几条思维逻辑。其一是尝试以某种非理论性的方式,去理解激情能够增加或减少肉体能力的观点。例如,当爱给恋爱之人带来活力、决心和目标时,爱能够增加能力。同理,某些形式的悲伤以无精打采和麻木不仁为标志,这些现象可以被解释为自我保全能力的减少。悲伤时的麻木和暴怒时的盲目,会压倒我们正常的知觉能力和反应能力,使我们在生理和心理上都变得毫无防护和无能为力。我们也许可以概括说,悲伤的人比其他人更易生病、更易忽略自己、更易受伤,快乐的人则更健康、更有回弹力。再转向生理方面,我们同样也能大致勾勒肉体变化与激情之间的相应关系——这个议题在早期现代的有关论文中占有一定分量。斯宾诺莎也许像很多同时代人一样,认为某些肉体状态能与我们对福祉的某种感觉相关联,例如忧郁与疾病联袂而至,等等。如果确实如此,我们的疑问就不是:斯宾诺莎在坚持一种完全站不住脚的理论;而是:当他声称一切激情同时也是肉体能力的变化、反之亦然时,他在夸大其辞。我们能意识到激情的发作,但是在很多情况下,我们根本不知道怎样识别那些据说伴随激情而来的肉体能力的增减。

这一点,我想斯宾诺莎本人也会同意。由于我们对自己的肉体只具有不充分的观念,所以——在他看来——我们不大知道肉体能做什么和不能做什么。然而,肉体能力与精神能力相匹配的论点并

---

[86] *Ethics*, III. P11.

第六章 心灵激情与肉体激情的同一：霍布斯和斯宾诺莎

非来自我们有限的经验，故不会因为我们不能对其表征提供一份现象学描述而受损。相反，这个论点是思想属性与广延属性之间的平行关系所含的一个寓意。如果观念的秩序和关系等同于物的秩序和关系，则观念之间的任何因果关系必然有一份物理性的描述，反之亦然。如果心灵是我们的肉体观念，则心灵中各观念之间的任何一个因果关系必然与肉体中各物理状态之间的某一个因果关系相匹配。最后，如果心灵的 *conatus* 等同于肉体的 *conatus*，则其中一方的能力增减必然与另一方的能力增减相匹配。此论赖以为基础的东西，比那些在想象中拼凑的不充分观念要强固得多，因此我们的任务是设法让我们的自我认知与它一致。

此处斯宾诺莎在肉体与心灵的因果之间，以及肉体与心灵被认为拥有的主动性与被动性之间，设定了一种百分之百的匹配关系。如果主张，当心灵拥有充分观念时，心灵在行动，那么与此的相应主张就是，当肉体是充分原因时，肉体在行动。如果主张，当心灵中的观念不充分时，心灵在受动，那么与此相应的主张就是，当肉体是不充分原因时，肉体在受动。心灵与肉体是放在不同属性下加以描述的同一件事，所以两者只能共同行动或受动。心灵与肉体是同样地有力或无力，于是被动肉体和主动心灵之间的对立荡然无存。然而，这种解读漏掉了斯宾诺莎论述中的某种东西，即一种残留的不对称，它暗示着，心灵比肉体更主动的观点在他的哲学中仍留有一定意义。[87]虽然斯宾诺莎执着地认为，心灵的努力和肉体的努力是互相对应的，但是他又强调，心灵能思考它自己的观念。我们对世界的反应是各种非正式的、却又很复杂的理解和计算的结果——不仅是理解和计算如何保持心灵的能力，而且是理解和计算如何保全肉体。我们认为自己是一种需要靠心灵与肉体合力保全的有形体的生物，这种想法构成了我们的 *conatus* 的一个重要元素。

---

[87] 见 Lloyd, *Part of Nature*, 121–141。

第二部分

斯宾诺莎主张："心灵尽可能地努力想象那些增加或促进肉体的行动能力的东西。"[88]他还主张："当心灵想象那些减少或抑制肉体的行动能力的东西时，心灵尽可能地努力回忆那些使这类东西无法存在的东西。"[89]从这两个主张中浮现的蕴义是，心灵能反思和考虑肉体。这两个命题，以及《伦理学》中继续提出的许多命题，肯定会误导二十世纪的读者，因为它们暗示着，心灵中充满了那种其目的在于保全肉体的幻想。但是我们必须记住，斯宾诺莎笔下的"想象"不仅包括我们今天所说的想象，也包括感官知觉、感觉和记忆。[90]（例如，"当一个人想象他所爱的对象被毁灭时，他会悲伤"，[91]这个说法是在告诉我们，当一个人发现或看见他所爱的对象被毁灭时，他会悲伤。）如此解读，我们将或多或少地更容易理解"心灵尽可能地努力想象那些增加或促进肉体行动能力的东西"，这种说法确实描绘了心灵在我们努力避祸的日常行为中发挥的作用。假设你和某位熟人的谈话一般会让你精神颓丧（我们至今仍然如此措辞），那么，你一看见她沿街走来，马上决定假装没有看到她，做出一副另有所思的样子，眼睛盯着别处，脚下也开始加快了步伐。既然斯宾诺莎认为事物与观念之间没有因果关系，他一定会把上述序列分析为两条因果链。一方面，你对那位熟人的不充分观念促使你作出一个决定，该决定导致你对自己的肉体产生一系列观念——例如显得另有所思，等等。另一方面，从你的肉体与那位熟人的肉体的相互作用中产生的那种运动，导致了你的肉体的另一系列运动——例如你在加快步伐时的腿部运动。这两个系列都是你的 *conatus* 的表现，而在解释它们时，不妨说，却是心灵打头阵：正是因为你心里知道这位熟人一

88　*Ethics*, III. P12.
89　同上书，III. P13。
90　关于这个看法的由来，见 J. M. Cocking, *Imagination: A Study in the History of Ideas*（London, 1991）。
91　*Ethics*, III. P19.

第六章　心灵激情与肉体激情的同一：霍布斯和斯宾诺莎

般会给你造成什么影响，而且你心里渴望规避这种影响，所以你才假装没有看见她。你决定，要设法保护自己免遭与她谈话很可能带来的悲伤或能力的减少。当你这样做的时候，你同时是在防止自己的肉体能力的任何减少——即与任何悲伤相对应。当你设法避免悲伤之情的时候，你同时是在努力避免遇见任何减少肉体能力的东西。

或许有人反驳说，在此类案例中，肉体行动能力的增加和减少，只是对应着心灵通过追求快乐和规避悲伤而保全它自己的努力。此言不假。但是我们也不难想象心灵直接思考肉体福祉的一些案例。当一个囚徒试图想出一个办法解开捆绑手脚的绳索时，她在努力想象一种能增加肉体行动能力的东西。同理，当一位妇女自忖，她一到家就要躺上半小时，以摆脱她的头疼时，她也在努力想象一种能增加肉体行动能力的东西。在这两个案例中，我们再一次诉求了心灵能策略性地思考它自己的肉体观念的容力。因此，虽然斯宾诺莎认为这个心理过程必然有相等的物理过程，但是他或多或少将心灵放在了首位。

当我们理解 conatus 的肉体运行和精神运行时，另一个不对称的迹象浮现在斯宾诺莎关于肉体与心灵努力追求能力的论述中。如前所述，肉体的 conatus 在于，肉体倾向于通过保持动与静的恰当比例而保全它自己。相应地，我们也许会解释说，心灵的 conatus 在于，心灵倾向于通过规避悲伤而保全它自己。但是实际上，斯宾诺莎将心灵的 conatus 解释为一种不仅要保持、而且要增加它自己的能力的努力。我们不仅努力规避悲伤，而且努力使自己尽可能地快乐。既然斯宾诺莎已经声称，肉体与心灵的努力是放在不同属性下观察的同一件事，他为什么又要提出这种与前论如此不和谐的不对称性？他为什么既不说心灵与肉体通过保持其能力而保全它们自己，也不说心灵与肉体通过保持或增加其能力而保全它们自己？在这两种可选择的说法中，斯宾诺莎的激情分析似乎将他绑定于第二种。如果

156

219

快乐和悲伤分别等同于增加能力和减少能力，如果这两种情况我们确实都能体验，那么这些精神波动必然对应于肉体的物理运行。我们必然有理由主张，至少人类的肉体不仅倾向于抵抗那种扰乱动与静之间的比例——人的个性化即来自这种比例——的运动，而且倾向于通过增强自己的抗力而提高自己的稳定性。这种提法并不特别牵强，但是斯宾诺莎没有这样说。看起来很可能是，他对人类 *conatus* 给出的不对称描述反映了一种对被动肉体与主动心灵之间的传统分界的残存的坚守。斯宾诺莎的同时代人一定同意：肉体拥有某种保全它自己的能力。但是心灵所拥有的反思它自己思想的那种创造性能力，给心灵带来的东西却不止于此。它使得心灵增加了自我保全的能力。

第三部分

第七章　激情与谬误

阿尔诺和尼科尔在《波尔罗亚尔逻辑学》[1]的序言中哀叹，进行准确判断的容力是稀有之物。他们警告道，常识可不像人们想象的那样平常，缺乏常识不仅是我们在科学中犯错误的原因，也是我们在日常生活中饱受谬误之苦的原因。无根无据的争执、无中生有的诉讼、轻率的判断、仓促的冒险，在在来源于我们不能区分真伪，来源于我们在虚荣和冒失的驱使之下，随随便便作出决定，而不肯承认自己因为太无知而不能达成明智的判断。[1] 诚然，熟练掌握正确推理的原理有助于克服这些缺点，但是逻辑学家历来严重地夸大了这些原理的效用，却无视一个痛苦而又明显的事实：受过逻辑学教育的人也经常像其他人一样不擅理知。可见，正式的原理不足以提高理知能力。此处需要的是一种思想艺术，一种改善我们的判断的

---

[1] 阿尔诺（Antoine Arnauld, 1612—1694），法国神学家和哲学家，詹森主义者，世称笛卡尔之后最杰出的思想家；尼科尔（Pierre Nicole, 1625—1695），法国神学家和哲学家，詹森主义者。两人合著 La Logique, ou l'art de penser，英译名 Logic, or the art of thinking，别称 Port-Royal Logic，即《波尔罗亚尔逻辑学》，乃因阿尔诺家族资助的波尔罗亚尔修道院而得名。

1　*La Logique ou l'art de penser*, ed. P. Clair and F. Girbal (Paris, 1981), 16-18; trans. and ed. J. V. Buroker as *Logic or the Art of Thinking* (Cambridge, 1996), 6.

第三部分

方法,它能影响我们生活的方方面面,还能反抗两种谬误之源——一是我们对虚假外表的易感性,一是我们的意志的无序性,后者表现在 amour propre、[1] 兴趣和激情上。[2] 回到激情主题,《波尔罗亚尔逻辑学》的两位作者采用了一个当时已很熟悉的论点:激情蒙骗我们相信我们与周围世界的关系正是世界本身的实际状况。两人问道,我们是不是经常发现,人们在他们认为讨厌的人身上,或者在有违于他们的感情、愿望或兴趣的人身上,看不出任何优点?他们的这些倒霉的激情对象,在他们眼里显得鲁莽、傲慢、愚昧,而且毫无信仰、毫无荣誉感、毫无良心。再考虑一下爱可以怎样改变我们的态度吧。因为所爱之人是不可能有任何瑕疵的,所以他们欲求的每一件事都是正当而合理的,他们反感的每一件事都是无理而荒唐的。[3]这些倾向大概已经足以让我们神智昏乱了,但是我们的 amour propre 还要来雪上加霜,把我们变得极端地自以为是和抗拒学习。我们深信自己的情感反应都是正确的,这又说服我们深信任何与我们的情感不同的人都是错误的。陶醉在自作聪明的暖意之中,我们使自己相信,我们只需宣布一下自己的意见,人人都会点头称是;出于嫉妒和眼红,我们死不肯承认他人的知识或情感胜过我们一等;[4] 由于担心自己显出一副无知的蠢相,我们如此推理:"Si cela était, je ne serais pas ne habile homme."[5][2]

当然,激情与谬误结盟是古已有之、稀松平常的事。理知与激情成为一对标准的对立面,就已经暗示了激情是不理性的;如本书第一章所述,这个看法又被一些常见的描述加强和坐实,例如将激情描述为病态的、任性的、邪恶的、压倒性的。又如,激情扭曲我

---

[1] amour propre,法文,"自爱"、"自尊"。
2 La Logique ou l'art de penser, 261;trans. Buroker, 204.
3 同上书, 262-263;trans. Buroker, 205。
4 同上书, 266;trans. Buroker, 206-207。
5 同上书, 264;trans. Buroker, 206。
[2] 引号内的法文为:如果如此,我就不是个聪明人啰。

们的理解，把我们引入歧途，把我们扫离"理知号"良舰的甲板，交付给汹涌不息的海浪。然而，这些无处不在的比喻多少有些仪式化的味道；如本书第二部分所述，早期现代哲学家们其实并不认为激情总是蛮不讲理的。相反，无论他们是否将激情归入判断范畴，他们一致认为，激情是些复杂而又微妙的反应，它们将我们性格和环境的许多特征都记录在案。与其探问激情是否全然的不理性，毋宁探问激情是否命定只能实现严格限制的目标。激情是为了保护我们免遭肉体上和心理上的伤害而工作的，所以它们有效地屏蔽了有害的见解，将我们卵翼在一个半真半假的世界，不经过一番挣扎则无法逃离。

关于激情以各种方式使我们趋向谬误，本章的后文中将予以讨论。不过，激情把我们引入歧途的假定也引发了另一组认识论问题，它们将成为本书第三部分其余章节的主题：我们能否通过战胜激情而克服激情使我们极易遭受的谬误？如果不能，我们又能怎样巧用激情，使之有助于，或者至少不损害，我们对真理的探求？近期不少诠释者将他们对十七世纪哲学的论述聚焦于理知与激情之间的对立，并得出结论说，当时取得的颇有问题的研究成果之一，是将理知构想为中性的、科学的、排空了情感的活动，同时将科学描绘为控制一个去魅的世界[1]的手段。[6]我将提出，这类解读严重地低估了十七世纪哲学在试图分析激情与科学探询——或哲学探询——之间关系时的老练程度，而且忽视了情感在求知行为中扮演的角色。正如阿尔诺和尼科尔指出的那样，为了克服谬误，我们必须爱真理，这种特殊的情感倾向将能指导我们的思想和行动。十七世纪哲学家绝未将理知与激情割裂开来，而是提供了一系列丰富多彩的理论，

---

[1] 一个去魅的世界，a disenchanted world。马克斯·韦伯从诗人席勒借得 disenchantment 一语，用作他的社会学术语，指以理性化消除神话、降低神秘主义价值的过程。一个去魅的世界是一个现代化、世俗化的世界，一个入魅的世界（an enchanted world）则相反。
6 见本书第 1 章注 8、注 66。

225

第三部分

去解释爱真理可能是怎么回事,以及这份爱可能在怎样的环境中滋生和繁荣。[7]

二十世纪认识论的特点是,倾向于关注知识本身的特性,而不是关注求知的必要条件。[8] 这个倾向直到近期才扭转,然而它可能已经妨碍了我们发现和赏识十七世纪的上述思路。另一种妨碍,也许在于二十世纪研究者对早期现代盛行的怀疑论的普遍兴趣。[9] 虽然这种兴趣很重要,但是过分强调当时的怀疑论往往使我们分心,忽视了十七世纪哲学家在何种程度上认为知识是人类力所能及的,并且在何种程度上致力于研究怎样能够获得知识。诚然,以笛卡尔为代表的一些哲学家迎击的是一个如何抵挡怀疑主义魔鬼的认识论问题,但是也有很多哲学家认为,知识的拦路虎主要是心理学问题。为了获得 *scientia*,[1] 我们必须改造我们自己的无序的自然倾向,学会识别和抗击激情使我们极易遭受的谬误。而且,我们在求知过程中必然会经历信心危机,这并不表示我们对求知的可能性丧失了信念,而表示我们怀疑自己是否有能力战胜自己天性中的某些破坏性侧面。

在第三部分的稍后章节中,我将探讨三份不同的——但在一定程度上互补的——研究,它们旨在弄清,在求知过程中怎样才能遏制和管制激情的破坏性潜能。第八章讨论的观点是,我们能借助一

---

7 关于这个主题的某些讨论,可见 B. Shapino, *Probability and Certainty in Seventeenth-Century England* (Princeton, 1983)。
8 这种方法的典型的例子,是探讨什么是知识的必要和充分条件,如见 A. J. Ayer, *The Problem of Knowledge* (Harmondsworth, 1956); E. Gettier, 'Is justified true belief knowledge?', in A, Phillips (ed.), *Knowledge and Belief* (Oxford, 1967), 144-146; R. Nozick, *Philosophical Explanations* (Oxford, 1981), 172-196。
9 关于早期现代怀疑主义盛行的典型论述,见 R. Popkin, *The History of Scepticism from Erasmus to Spinoza* (Berkeley and Los Angeles, 1979)。另见 R. Popkin, *The Third Force in Seventeenth-Century Thought* (Leiden, 1992)。
[1] *scientia*,法文,"知识"、"科学"、"真知"。见本书第 8 章"Dispassionate Scientia"中的详述。

种情感性的、而非激情性的理知，去逃脱和反抗激情。第九章讨论的见解是，虽然激情永远与我们同在，但是我们能管制激情性思想的某些习惯，使之服务于论证性知识。[1] 第十章将讨论一种知识观，它认为知识本身是一种情感——虽不是理知的对立面；第十章还将提出，十七世纪的知识观纠结在两种理念之间，一种将认知想象为分，一种将认知构想为合，这两种理念相互冲突，尚待协调。

十七世纪哲学家认为激情理所当然地是谬误之源，他们不少人都开列和分析了激情使我们极易犯下的错误。其中被最广泛地承认的一种错误，也许就是我们凭着自己的情感去解读世界的坏习惯。沙朗评论道，当灵魂被激情搅扰的时候，我们的感官"看见和听见的每一样事物都和实际情况大相径庭"。[10] 尼科尔阴郁地坚持说，我们对真理的爱主要被我们用来说服自己相信，我们所爱的东西是真理。[11] 雷诺兹说，当灵魂充满激情时，"更加清晰而赤裸的真理之光就被阻止和改变了"。[12] 霍布斯解释道，激情导致的是一种教条式学习，"其中没有哪一点不是充满争议的，因为它所比较的是人，[2] 夹杂着人的权利和利益，在这里，理知经常与人相悖逆，同样，人也经常与理知相悖逆"。[13] 这种众口一词的悲观主义论断，以培根的一番揶揄为其先声：

---

[1] 论证性知识，demonstrative knowledge。有些哲学家，如洛克，把知识分为三种（intuitive, demonstrative, and sensitive），论证性知识是其中一种，指通过一系列中间观念而推导出来的非直接知识，例如我知道 A 大于 B、B 大于 C，则我通过论证或推论而知道 A 大于 C。

10　Charron, *Of Wisdome*, trans. S. Lennard(London, 1608), 38; 比较: Aristotle, *On Dreams*, in *The Complete Works of Aristotle*, ed. J. Barnes(Princeton, 1984), vol. i, 460^b 1–16.

11　Nicole, *Essais de morale* (Paris, 1672), iii. 35.

12　Reynolds, *A Treatise of the Passions and Faculties of the Soul of Man* (London, 1640), 69.

[2] 霍布斯主张：教条式学习（dogmatical learning）比较的是人，由于夹杂着人的权利和利益而充满武断性和争议性；与此相反，数学学习（mathematical learning）比较的是数字和运动，所以是客观而无争议的。

13　Hobbes, *The Elements of Law*, ed. F. Tönnies(2nd edn., London, 1969), Epistle Dedicatory, p.xv.

第三部分

> 人类理解力不是干燥的光,而是被意志和情感掺了水;由此产生的那些科学,不妨称之为"随心所欲的科学"。人更容易相信他愿其为真的东西。因此,他拒斥困难的事物,由于不耐烦研究;他拒斥清醒的事物,由于它们限制了希望;他拒斥自然中较深刻的事物,由于迷信;他拒斥经验之光,由于自大和骄傲——唯恐自己的心灵看起来似为琐屑无常的事物所占据;他拒斥未被普遍相信的事物,由于要顺从凡俗的意见。总之,情感点染和侵染人类理解力的方式是不可胜数的,有时是难以觉察的。[14]

赖特提出,我们无法免疫于这类谬误,因为激情占领了我们,阻止我们去考虑那些赞成或反对某个观点的理据。激情蒙蔽了智慧:"犹如一个人关闭另一个人的眼睛而使其盲目,不是靠夺走其视力,而是靠阻止其视力,使它不能行动"。即使理解力试图控制情感,"想象力却给我们的智慧之眼戴上了绿眼镜,使它除了绿色以外什么也看不见,也就是充当了激情的因由"。[15]

这些来自不同源头的说法表明,时人不仅根深蒂固地相信激情把人引入歧途,而且习惯于借助一系列同样根深蒂固的隐喻,去阐明这个信念。如我们所料,最顽固的一个隐喻是将激情描绘为盲目,与此相反的一个隐喻则是知识所导致的清明视野。培根也再一次老调重弹,将偏见、欲望、激情、偏爱,以及对名利的渴望,描述为心灵被遮蔽和真理之光被模糊。[16]培根将激情遮蔽心灵比喻为乌云遮蔽太阳,赖特将此比喻为遮蔽双眼,两者都暗示了激情的外在性,个中蕴义是激情阻隔在我们与真理之间。而且,两者也都暗示了激

---

14 Bacon, *Translation of the Noveum Organum*, in *Works*, ed. J. Spedding *et al.* (London, 1857—1861), iv. 57.
15 Wright, *The Passions of the Mind in General* (2nd edn., 1604), ed. W. W. Newbold (New York, 1986), 128.
16 *The Advancement of Learning*, ed. G. W. Kitchin (London, 1973), 56.

情者会失去方向：犹如迷失在雾中的旅行者，我们不再知道自己身在何处，或走向何方。马勒伯朗士的说法也传达了同样的观念，但是他更加强调情感的力量，宣称激情"用虚假的光使心灵眼花缭乱，蒙蔽心灵的眼，使心灵满目漆黑"。[17] 如此看来，知识不仅有赖于光，而且有赖于光度——光度决定我们看得是否清楚，因此，太强的光照和太弱的光照都能导致谬误。早期现代作者们进一步发挥这套光学比喻，又将激情比作色彩。培根描述说，激情浸染或点染我们的认知，[18] 赖特将激情比作绿眼镜，两人都利用了一种色彩观，认为色彩使事物有了情感性质，从而错误地表现事物。这种比喻汇集了一系列来自炼丹学、修辞学、绘画的混合涵义，其中一些涵义容后讨论。在绘画中，色彩被认为是绝对危险的东西：

> 虽然素描有时也会骗人，以一种虚假的相似性……描摹生命和运动，……但是彩画永远骗人，它们不仅对于生命和精神的各种感受和属性显示出一种更加栩栩如生的力量，而且经常利用那些可爱的点缀和堂皇的装饰的迷人快感，蛊惑我们的视觉。因此在这里，我们切勿忘掉……一种审慎而警觉的节制。[19]

在上述所有领域，色彩都与机巧相连，从而也与欺骗相连，成为赤裸而透明的真理的反面。

这些俯拾即是的比喻，均将激情描绘为天生具有歪曲、蒙蔽、误导的性质，但是我们仍需弄清，它们是怎样影响一种认为激情威胁知识的更广泛的哲学观点，并且反过来被这种观点所巩固的。这

---

17 Nicolas Malebranche, *De la Recherche de la Vérité*, ed. G. Rodis Lewis, in *Œuvres complètes*, ed. A. Robinet (2nd edn., Paris, 1972), i. 67; trans. T. M. Lennon and P. J. Olscamp as *The Search after Truth* (Columbus, Oh., 1980), 17.

18 见 J. C. Briggs, *Francis Bacon and the Rhetoric of Nature* (Cambridge, Mass., 1989), 70–71。

19 Franciscus Junius the Younger, *The Painting of the Ancients* (Farnborough, 1972), 285.

第三部分

些隐喻是怎样保持其影响力和中心地位的呢？哲学家们在论述情感使我们极易遭受的谬误时，又是怎样头头是道地表达这些隐喻的呢？[20] 既然他们认为，我们个人的激情塑造了我们个人与世界交集的方式，既然他们断定，我们的激情很可能误导我们，那就不难得出一个结论：我们普遍受到了欺骗。然而，这里究竟发生了何种谬误？这些谬误究竟怎样来源于我们对自己所遭逢的激情的解读？下面我将讨论我们充满激情的天性使我们常犯的四种错误。

谬误与投射 [1]

激情使我们极易遭受的第一种谬误的原因，关系到本书第二部分讨论过的一个观点：激情本身类似于二阶属性，因此是关系性的——它们记录着外部运动与我们肉体的内部运动之间的关系。譬如，欧律狄刻对蛇的畏惧，是她所体验的一种既有赖于蛇、又有赖于她自己的肉体构造之特点的运动。马勒伯朗士解释道：

> 我们的感觉出现谬误的最普遍原因是……我们将实际上发生在我们灵魂内的感觉归属于我们肉体外的客体。我们将色彩附加在物体表面，将光、音、嗅分配给空气，将明明是因运动而变化的肉体部位的痛痒感，绑定于肉体所遇的物体。激情也大致如此。我们将我们自己心里的一切倾向，如我们的善良、我们的温文、我们的恶毒、我们的苦痛，以及我们心灵的所有其他属性，全部草率地归属于那些导致——或者说似乎导致——其产生的对象。

20　关于这个主题的其他讨论，见 J. Barnouw, 'Passion as "Confused" Perception or Thought in Descartes, Malebranche and Hutcheson', *Journal of the History of Ideas*, 53（1992），397-424。

[1]　投射，project，心理学术语，指人将自己内在的情感、价值等归属于或归因于外在世界的人或物上。

第七章 激情与谬误

一个从我们心中唤起一种激情的对象,在我们看来,它本身似乎就以某种方式含有那种当我们想起它时,它在我们心中唤起的激情。[21]

这一见解的各种翻版,不仅被马勒伯朗士所坚守,而且如前所述,也被笛卡尔和斯宾诺莎所秉持,因此,他们既表达了一种共同观点,又面临着解读方面的共同问题。其中一个问题关乎马勒伯朗士的类比[1]是否有说服力。他辩称,在常规情况下,我们总是将色彩和其他二阶属性解读为外部世界的属性,而我们的日常知觉体验也从未明明白白地揭示:物体之所以看上去有色彩,只是因为人类就是这样被设定了要体验某种套路的大脑运动。同样,马勒伯朗士似乎是在说,人们也将自己的情感属性归给了外界的物体。同意蛇是绿色的人不一定同意蛇是可怕的;某个觉得蛇很可怕的人通常意识不到自己产生恐惧的一部分原因在于自己的倾向。但是后面这条主张只有部分的说服力,因为我们其实经常承认,我们的激情是我们特有的,来自我们的体验。当笛卡尔强调我们将激情定位在灵魂中时,他实际上指出了激情与感觉属性之间的一种非常重要的不可类比性:我们对二阶属性的体验促使我们相信,我们是在被动地接受对外物的知觉;而我们将激情体验为仅仅在灵魂之内,这种体验却应当提醒我们留意激情的关系性。

为了应对这个问题,一位笛卡尔主义者可以承认,由于我们只是不充分地利用我们的能力去理解我们自己的激情,所以我们会犯马勒伯朗士描述的那种谬误。我也许可以断定他是可恨的、她是可爱的、它是可怕的,同时却觉察不到这些判断中植入的视角。然而仍需问一问:人类的这个习性体现了何种谬误?此处我们可以分别

---

21 *De la Recherche*, ii. 113; trans. Lennon and Olscamp, 370. 另见 T. M. Schmaltz, 'Malebranche's Cartesian and Lockean Colours', *History of Philosophy Quarterly*, 12(1995), 387–403.

[1] 指马勒伯朗士将感觉(senses)与激情(passions)进行类比,如上面的引文所示。

231

第三部分

检视两种批判。第一种、也是不言而喻的一种是：我们倾向于投射自己的情感，这使我们对我们自己的天性，以及对我们与外部世界的关系，保持着一种哲学上的误解。如果欧律狄刻判断蛇本身是可怕的，她是犯了一个哲学错误——未能看出"可怕"属性其实是关系性的。这类谬误有两个相辅相成的后果：第一，它们将外部世界并不拥有的属性派给外部世界，从而帮助形成了一种对外部世界的错误观念；第二，它们维护了一种关于人类情感的错误概念。但是，衡量一下我们从激情中收获的实际利益，我们也许还是觉得这类谬误妙不可言。虽然欧律狄刻误解了她的恐惧的组成成分，但是从实用的观点看，她怕蛇怕得对。只要我们的激情实现了增进我们作为有形生物的福祉的功能，我们的哲学错误又算得了什么？

这里讨论的几位作者都认为这种错误意义重大，也都通过指出哲学谬误与现实谬误之间的关系而捍卫了他们的观点。当然，欧律狄刻式的案例并不鲜见，在这类案例中，缺乏理论认识并不妨碍我们产生适合于环境的情感。正如欧律狄刻的故事所示，她对蛇的恐惧，是个明智的判断。但是，当——如同经常发生的那样——我们的激情不适当或不够适当时，哲学上的无知就对我们调整激情的容力形成妨碍了。此时我们将看不到，需要一个主体和一个客体才能产生激情，而我们的这种盲目将成为拦路石，使我们不能识别自己的倾向，从而不知道究竟是将他物知觉为可怕的还是可爱的，等等；这种情况又会阻断我们的批判性反思，从而无法改变我们自己的情感反应。

哲学地理解我们的激情的组成成分，能使我们避免另一类错误和另一种来源的伤害。只要我们以为激情是外物所具有的属性，独立于我们而存在，则将如马勒伯朗士所言，我们很容易误以为，任何一种激情都可以被任何一个人所知觉："我们认为所有的人都从对象中接受和我们一样的感觉，出于同样的理由，我们也认为所有的人都因为同样的事而被激发同样的激情，……人人都爱我们之所爱，愿我们之所愿。"[22] 稍稍改变此论的措辞，我们也可以说，我们容易被激情引入歧途，是因为我们——错误地——以为自己像平面镜一样直接反射外部世界，由此，我们草率地把自己发落到了一种科学知识之研究对象的被动地位。[23] 为了让我们自己摆脱这种广泛而深入的误解，我们必须首先重温人类体验的关系性和情境性，学会根据他人和外物与我们的相对关系而将其考虑为可怕、可恨等等。此外，我们也必须懂得，既然激情取决于人的构造和性格，从而因人而异，那我们就不要指望什么共同的情感了。重织我们与周围世界的关系，消除我们的观点是中性的这一幻觉，我们将获得一个工具，供我们批判性地思考外物与我们的肉体之间的关系。即使我们不确切知道这些关系怎样出现，或者不确切知道什么东西与什么东西有关系，我们也不再注定要接受激情——连同激情所含的谬误——的表面价值了。

投射之谬误，从根本上说，是一种功能性的自然习性，同时也是一种局限，是一种不知不觉地根据外物与我们自己的关系而评价外物的倾向。培根发现了这个问题，所以他说，"无论感官的知觉还是心灵的知觉，总是依个人的量尺，而不是依宇宙的量尺"——马勒伯朗士曾赞同地引用了这个文段。[24] 因为我们未能意识到，我们是在判断我们所知觉的事物所拥有的一种相对于我们而言的价值，所以我们不仅误解了什么是激情，而且将事物对我们的价值误解为事物本身的价值。

时人相当普遍地发现和讨论了这些危险，与此同时，也有一些哲学家，如霍布斯，还识别出了心理投射使我们极易遭受的另一种

22　*De la recherche*, ii. 113; trans. Lennon and Olscamp, 370.
23　见 Bacon, *Advancement of Learning*, 132：心灵像"一面魔镜，充满迷信和欺骗。"
24　Malebrache, *De la recherche*, i. 278; trans. Lennon and Olscamp, 136: 'Omnes perceptions tam sensus quam mentis sunt ex analogia hominis, non ex analogia universe.' 见 Bacon, *Translation of the Novum Organum*, 54。

谬误。霍布斯辩称，我们不仅将实际上的关系属性误解为本质属性，而且总是幻想出一揽子与我们的激情相符的对象。例如，我们总是为了自己的未来安全而陷入极度的焦虑，这种焦虑是如此强烈，以致它"必须找到某个事物作为其对象"。[25] 我们不是直面这类恐惧，而是经常为它想象出一个可怕的对象，一个"不可见的力量或行动者"，供我们规避之，或安抚之；[26] 而且，在此过程中，我们使世界充满了根本不存在的存在物。霍布斯尖锐地评论说，对不可见的事物的恐惧"是一粒自然的种子，它生发了人人妄称为宗教的东西，而对于那些以其他方式崇拜或惧怕这种力量的人，则生发了迷信"。[27] 可见，我们的激情不仅歪曲了我们对事物属性的理解，而且导致我们误解了事物本身。

时间和比例的谬误

我们对可感物的观念大都充满了情感，但是早期现代哲学家普遍认为，最强烈的激情还是由那些实实在在地呈现给感官的对象引发的。一般说来，感官知觉唤起的激情比记忆或幻想唤起的激情更为强烈。这种走向，当霍布斯将记忆说成"衰减的感觉"时，得到了优美的描绘。他告诉我们，记忆中的幻影"仿佛随着时间而磨蚀。……记忆有点像我们隔开一大段距离看事物时发生的情况，由于相距太遥远，我们看不清对象的细部；同理，在记忆中，事物的许多偶性、位置和细部……因为隔开一段时间而衰减和丧失了"。[28] 霍

25　*Liviathan*, ed. R. Tuck (Cambridge, 1991), 76.
26　同上。
27　同上。关于迷信，见 D. Johnson, *The Rhetoric of Leviathan: Thomas Hobbes and the Politics of Cultural Transformation* (Princeton, 1986)。
28　*Elements of Philosophy: The First Section: Concerning Body*, in *The English Works of Thomas Hobbes*, ed. Sir William Molesworth (London, 1893—1845), i. 398. 另见 *Leviathan*, 15—16。

布斯依靠一种普通寻常的、然而很有影响力的修辞手法,将过去之物描绘为在空间上比较遥远。这个比喻不仅被用来刻画记忆的知觉属性,而且被用来表达记忆的情感属性,因此,当记忆中的激情向远方倒退时,便被视为在衰减之中。至于幻想,作为一个由空想、虚构和对未来的推测构成的混杂包裹,其意义更不明朗,但是至少在某些情况下,我们能理解其中的要点:此类思想唤起的激情不如感觉体验唤起的激情那样生动逼真。例如,发现自己身陷火海比想象自己身陷火海更可怕。

霍布斯的论述暗示着:某些种类的思想比其他种类的思想在情感上更为强烈,与此相应,激情的时间焦点是在当下。根据定义,记忆引起的激情较弱,属于过去;对未来的想象性推测也唤起较弱的情感。巴斯噶大力推行这个观点的一种奥古斯丁主义修正版,他指出,与其说我们最强烈的激情指向当下,毋宁说指向最近的将来和最近的过去。我们的欲望是针对未来的情况,但是我们全神贯注的一般是短期目标;同理,我们的爱、悲伤、愤怒更容易针对最近,或极近的过去,而非针对发生在绝对当下的事物。实际上,当下甚至是一种我们难以凝视的空白。[29] 然而,也有许多早期现代哲学家乐于将当下视为强烈激情的焦点。例如斯宾诺莎非常明确地说:"如果其他情形相等,一个未来或过去事物的意象……要弱于一个现在事物的意象;因此,如果其他情形相等,对一个未来或过去事物的感受要弱于对一个现在事物的感受。"[30] 而且他认为,我们较强地受到最近的过去或最近的将来的影响,较弱地受到遥远事物的影响;我们的体验的力度集中在当下,然后沿着过去和未来这两个时间方向而逐渐衰减。[31]

29　Blaise Pascal, *Pensées*, trans. A. J. Krailsheimer (Harmondsworth, 1966), 47.
30　*Ethics*, in *The Collected Works of Spinoza*, ed. E. Curley (Princeton, 1985), vol. i. IV. P9.
31　同上书,IV. P10。

第三部分

上帝之智和上帝之仁的永远的吹鼓手，马勒伯朗士，也捍卫上述次序。我们理应格外被我们的感官知觉所感动，这一点至关重要，因为我们的福祉恰恰有赖于我们对周围事物的反应能力，我们可没有资本让自己更加受到记忆的迷惑，而不去警惕身边的一匹惊马。然而，尽管这种布局总体说来对我们有好处，但它也使我们极易遭受谬误。[32] 我们在解读世界时，更多地考虑呈现在感官面前的事物及其引发的激情，更多地考虑最近发生的事，更多地考虑最近的将来，而较少考虑遥远的思想和感情。因此，我们的判断总是向着此时此地而倾斜，所以我们的判断并不可靠。培根也说："情感主要着眼于当下；……理知则着眼于未来和永久。……因此，想象更被当下所占据，理知却往往被击败。"[33] 理知之所以被击败和被压倒，乃因我们对当下的观念太生动、太有力，致使我们太匆遽地归纳总结，而忽略了应当去"反复探究遥远而多样的事例，因为公理被这类事例拷问，犹如被火煎熬"。[34] 简言之，我们对当下的激情投入使我们的归纳习惯变得潦草马虎。同时，这也使我们很难对未来产生强烈感情，譬如很难对后生命[1]中的惩罚产生畏惧。[35] 可见，谬误的原因不仅在于引发我们情感的那些体验具有天生的不充分性，而且在于激情本身的时间焦点——它影响了我们的一切体验。

如果时间将一种失真，从而也是一种谬误，引入了我们的激情，比例便是另一种失真或谬误的来源。许多论述激情的十七世纪作者坚信，我们的情感取决于我们怎样知觉事物相对于我们而言的大小，同时他们一般认为，我们对大小的评价并不精确。例如，笛卡尔差不多是顺带地指出：激情天生容易过分，因为，当激情表现善与恶

32　*De la Recherche*, i. 177; trans. Lennon and Olscamp, 79–80.
33　*Advancement of Learning*, 147.
34　Bacon, *Translation of the Novum Organum*, 56–57.
[1]　后生命，afterlife，见本书第 88 页相关译注。
35　例如见 Pascal, *Pensées*, 427。

时，通常使其显得比实际上更大、更重要。[36]霍布斯辩称，我们根据他人与我们的相对关系而评价其能力的大小，因此，"高度评价一个人便是尊敬他，低度便是不尊敬他。但是这里的高与低，应当与每个人给自己定下的级别相比较而去理解"。[37]将这条思路发展得最充分的，也许是一些探讨 grandeur 与 petitesse——或曰伟大与渺小——概念的作家。这两个词语，既用来描述物理性的大小，也用来描述隐喻性的大小，譬如天空之大，农人之微，官员之威，或某人德行之高低。它们隐含的一个概念是：我们的感受是比较而言的，因此，我们对他人或外物的感觉取决于他人或外物与我们比较起来结果如何。这是我们身上深植的特性，是我们认知世界的方法的最基本特点。但是它也导致我们犯下重大而普遍的错误。

我们的激情向往着伟大，这表现了我们倾向于区别对待新奇事物与熟悉事物。当我们被新鲜或奇谲的事物打动时，我们体验 admiratio（英文译为"惊羡"或"惊奇"，法文译为 l'admiration），[1]这种激情攫住我们的感觉器官，使我们专注于议中之物。[38]纯粹的新奇是引起惊羡的决定性原因，通常也是一种对大小的反应。笛卡尔指定 l'admiration 是第一激情，是我们甫一知觉某个对象时首先体验的激情；他不加评论地补充道，我们对 grandeur 或 petitesse 感到惊奇，然后他指明，尊重和轻蔑是惊奇之情的两个主要变体。[39]这两者又依

36　*The Passions of the Soul*, in *The Philosophy Writings of Descartes*, ed. Cottingham *et al.*（Cambridge, 1984—1991）, i. 138. 另见笛卡尔的 Letter to Princess Elizabeth, 15 Sept., 1645, in *The Philosophy Writings*, iii. *Correspondence*, 267。

37　*Leviathan*, 63.

[1]　以括号标示的文字是本书作者苏珊·詹姆斯的夹注。下同。

38　关于这种"第一激情"的意义，见 B. Timmermans, 'Descartes et Spinoza: De l'admiration au désir', *Revue internationale de philosophie*, 48（1994）, 275-286; L. Irigaray, *An Ethics of Sexual Difference*, trans. C. Burke and G. C. Gill（London, 1993）, 77-80。关于它在笛卡尔所称的注意力修辞学 [rhetoric of attention] 中的地位，见 T. Carr, *Descartes and the Resilience of Rhetoric*（Carbondale, Ill. 1990）, 52-54。

39　我们对渺小事物的轻蔑是否可能导致了我们以多寡为标准去理解性别差异，Irigaray 对这个问题进行了饶有趣味的思索。见 Irigaray, *Ethics of Sexual difference*, 76。

第三部分

其对象而被进一步细分：对自己的尊重和轻蔑是虚荣和谦卑，对他人的尊重和轻蔑是敬仰和藐视。[40] 这一组激情在笛卡尔理论中的地位有点问题，因为它们不需要评价其对象的善与恶、利与害。这使它们有违于笛卡尔的激情定义：激情是促使我们去做有益于我们本性的事情的感受。于是，它们很别扭地坐落在笛卡尔归类体系的边缘地带：作为我们在灵魂内体验的感情，它们被纳入激情范畴，但是作为不关心我们利益的感情，它们被排除在激情范畴之外。

虽然笛卡尔没有解决这个矛盾，但是他将上述各种形式的惊奇区别于所有其他激情也还说得通。惊奇本身如何能够不含道德评价，这个问题也许不是很难理解。惊奇产生在人们邂逅一个太异样的事物，以致没有办法评价它的时候——例如当阿兹特克人初次见到西班牙枪炮的时候，或者产生在我们只顾注意一件事物的新奇，而根本想不到要考虑它的善恶的时候。让我们想象：一位罗马居民于1667年走过一个街角，却猝然看见贝尼尼新近塑成的一座埃及式方尖碑，矗立在一头石雕大象的背脊上。当我们邂逅一个因其环境或语境而显得新奇的对象时，情况是不那么直接的，此时想象力会继续体验一些东西。在这类案例中，我们是有办法对善恶作出初步评价的，因此惊奇会被其他激情尾随而来。不过笛卡尔也许还是会辩称，惊奇本身对我们已经知觉到的评价性区分始终保持无动于衷。

那么，尊重——亦即惊奇于他人之 *grandeur*——的情形又是怎样的呢？若未断定某人在某方面是善的，我们能尊重此人吗？若未考虑某人卑劣或不够善，我们能轻蔑或藐视此人吗？就第一种情况而言，从表面上看，尊重似乎与道德判断密切相连。比如，尊重一位哲学泰斗的 *grandeur*，不完全等于惊奇。这并不是我们纯粹对她那惊人的外貌叹为观止，所以感到折服，而是惊羡她的见识和成

40　*Passions of the Soul*, 53–55.

就——反过来说，这种情感的前提是她的这些属性很有价值。然而它们的价值是一种关乎善与恶、利与害的道德价值吗？是。她的学识、她探求真理的献身精神、她的创造性，等等，无疑是一些具有道德价值的属性，正像笛卡尔讨论的许多引起欲望、雄心等激情的属性一样。

这个论点有违于笛卡尔所说的尊重之情不涉及道德评价，它暗示着，至少在某些情况下，尊重之情是涉及道德评价的。但是事情还不止于此。esteem——即 *l'estime*——与 *estimer* 有关系，在笛卡尔及其同时代人看来，它处于"评价"与"惊羡"之间。[1] 它携载着一种涵义，即对某物给出意见，也许是通过估算某物的大小或重量而评价该物；同时它也携载着价值涵义。当笛卡尔说 esteem 不需要考虑我们已经知觉到的善或恶时，他无疑是在利用其意义上的这种模棱两可。对 *grandeur* 的 *esteem*，可以只是承认某人按流行标准来看大量地拥有某物，譬如大量地拥有权力、珠宝、学识，或纯体积。同理，esteem 也可以只是欣赏某人身上的与道德无关的属性，譬如某人因衣着精美而被 esteem。但是，由于这两种估算很快就变成对于某人带给我们的利或害的评价，因此并无一条牢固的界线可将这两种估算与道德评价区别开来。很难从 esteem 和轻蔑中排除掉道德评价，因此也很难支持笛卡尔的下述观点：尽管 esteem 和轻蔑是确定无疑的激情，它们却不关心我们的利与害。

这种矛盾，在马勒伯朗士更详尽地讨论我们对 *grandeur* 和 *petitesse* 感到的惊奇时，也有所反映。[41] 马勒伯朗士忠于自己的笛卡

---

[1] *estime* 和 *estimer*，法语。前者为名词，意为"评价"以及"尊重"；后者为动词，意为"评价"。英语单词 esteem 则兼名词和动词，并兼"评价"和"尊重"之意。显然，*estime* 和 esteem 均有双重意义，本书作者认为笛卡尔利用了这种模棱两可，故本译者对这两个单词不予翻译，以便读者贴近书中论点。

41 关于这个问题，见 G. Rodis Lewis, 'Malebranche "moraliste" ', *XVIIe Siècle*, 159（1988），175–190。

尔主义信仰，他以一种当时已经耳熟能详的方式，开宗明义地将 *l'admiration* 定义为：当我们第一次见到某物，或在一个不熟悉的环境中见到一个熟悉的事物，或遇到一个新观念，或知觉到某些观念之间的新联系时，我们心灵中体验的一种愉快之情。[42] 他继续说，惊奇本身将事物视为自在的，或视为看上去是自在的，而不考虑事物与我们的关系，也不考虑事物的利与害。[43] 但是，如果我们惊羡的事物显得伟大，惊奇之后接踵而至的便是尊重或敬仰，而如果事物显得渺小，便引起轻蔑和藐视。[44] 自我惊奇则会导致一大串激情。譬如，惊羡自己的完美无缺，我们会感到骄傲或自豪，等等，同时还会感到对他人的轻蔑。恰如其分地自视 *grandeur*，会产生自重；恰如其分地惊羡自己的力量，会引起自立自强的愉快。相反，如果我们感到自己不完美，我们会产生令人气馁的激情：悲伤、厌恶自己、仰慕他人、谦卑，等等。自视 *petitesse* 导致卑贱；自视荏弱导致恐惧。

虽然马勒伯朗士列举的惊奇的各种变体要多于笛卡尔的清单，但是他们二人提供的总体图景并无二致。两位作者都认为，我们对 *grandeur* 和 *petitesse* 感到惊奇，而我们的惊奇又导致一些不同的情感，主要取决于我们是在注视自己还是在注视他者。对于相对而言的 *grandeur*，我们作出比较而言的判断，这似乎被认为理所当然；但是关于为什么会如此，马勒伯朗士则超越了笛卡尔的论述，提供了三种可以分而论之的解释。

第一，我们常将自己与他人或外物进行比较的倾向，以及由此而生的情感，共同组成了我们寻求上帝之旅的一个侧面。虽然人类的意志如此无序，但是它或多或少知道有一种善能使它自己平静，从而它会把它自己引向一种无限的存在——十全十美、无限聪明、

---

42 *De la Recherche*, ii. 119; trans. Lennon and Olscamp, 375.
43 同上书，119-120; trans. Lennon and Olscamp, 375-376。
44 同上书，120; trans. Lennon and Olscamp, 376。

永生永存、无所不能，等等。同时，意志也会把它自己从显然有限的存在——亦即渺小——那里引开。然而意志并不完美，所以当某些事物的观念呈现给我们时，如果它们与我们自己比较起来显得伟大，我们便觉得它们与上帝有几分相像，并对它们产生我们本该留给上帝的一些激情。我们的意志"热爱一切伟大、非凡或含有无限性的事物，这是因为，意志未曾在平凡而熟悉的事物中找到对它自己而言的真正的善，于是它想象自己将在自己未知的事物中找到它"。[45] 这种倾向使人极易被事物的——而非上帝的——*grandeur* 所感染。例如，人们倾向于敬仰天文学，只因为这门科学的研究对象都是些伟大恢宏的事物，无限地高出于我们周围的凡人凡事。[46] 与热爱 *grandeur* 相对，人们又倾向于蔑视那些显然与上帝毫不相像的事物，包括小的事物，譬如人们一般对昆虫嗤之以鼻。如马勒伯朗士所言："因为动物相对于我们的肉体而言是渺小的，所以我们不知不觉地将其视为绝对的渺小；因其渺小，则又是可鄙的，仿佛肉体本身可以渺小似的"。[47] 第二，作为对上述分析的补充，马勒伯朗士论述了伴随着我们的 *grandeur* 和 *petitesse* 观念而来的肉体运动，以此帮助解释，为什么我们过度地关注那些拥有 *grandeur* 的可感物。因为我们对 *grandeur* 的观念永远被元精的大量运动相匹配，所以伟大的事物在我们看来比渺小的事物更强大、更真实、更完美，而且激起我们更强烈的激情；相反，我们对渺小事物的观念仅仅被小量的运动相伴随。[48]

以上两个论点又与第三个论点相连，后者所讨论的，与其说是他物对我们的灵魂显出的 *grandeur*，毋宁说是灵魂本身的 *grandeur*。马勒伯朗士提出，不妨说，激情大体上是这样对它自己说理的：

45　*De la Recherche*, ii. 5; trans. Lennon and Olscamp, 269-270.
46　同上书，i. 21; trans. Lennon, xxvi. 同上书，ii. 127; trans. Lennon and Olscamp, 382。
47　同上书，i. 91; trans. Lennon and Olscamp, 31。
48　同上书，ii. 120; trans. Lennon and Olscamp, 381。

第三部分

  我不得不根据我所拥有的观念去判断事物，而在我的一切观念中，最可感的观念是最真实的，因为它们给我的印象最强烈。因此我不得不根据它们去判断。当我所惊奇的事物含有一个关于伟大的可感观念时，我应当依照那个观念去判断，所以我必须尊重和热爱这个 *grandeur*，并注意它的对象。实际上，我思考这个观念时感到的那份愉快就是一个自然的证明，证明我对它加以关注乃是于我自己有益的。毕竟，当我思考它时，我觉得我似乎变得更伟大了；当我的心灵怀有一个如此伟大的事物的观念时，我觉得我的心灵似乎也阔大起来。当心灵一无所思时，心灵便不复存在；如果我的心灵所思考的观念变大了，我觉得我的心灵似乎也随之变大；如果我的心灵专注于一个较小的观念，我觉得我的心灵也变得更小、更逼仄。因此，保持这个伟大观念便是保持我的存在的 *grandeur* 和完美，从而让我有理由对我的存在感到惊奇。……经由我和伟大事物的联系，我变成了一种伟大的存在。在某种意义上，我通过我对伟大事物感到的惊奇而拥有了伟大事物。[49]

  在以上独白中，"激情"这一角色追踪了灵魂如何进行一种复杂精细的、自我拔高的自反。灵魂对那些被它知觉为伟大的对象所感到的尊重之情，扩展到——不妨说——并且附加到了灵魂本身，由此把主体和对象都包含在内了。尊重是灵魂与其对象的合一，是一种着魔状态。在这里，灵魂利用了马勒伯朗士的下述观点：感受可以从一个人传染给另一个人，例如当你把你的悲伤传染给我的时候。情感被描述为：它们是自由飘荡着的，它们是一种必须首先与某个物体的运动发生联系的心灵状态，不过，联系一旦发生，它们便可离开该物体，从而与它们的原始对象分立。你在朋友逝世时感到的悲伤传染给我之后，你的悲伤可能失去特殊性，可能被我附加在某

---

49 *De la Recherche*, ii. 133; trans. Lennon and Olscamp, 387.

个完全不同的东西上，譬如附加在黑暗的二月天上。然后"激情"这一角色又将这种解读返回到它自己身上。首先，一个关于外物之伟大的观念在灵魂中激发了尊重，但是一旦尊重之情产生，灵魂便能将它附加在它自己身上，由此模糊了自我与他者之间的分界。

马勒伯朗士放弃作者之声，将这段独白放进"激情"的口中，从而让他自己远离了他的激情分析所导致的一个无疑最有趣的结果。如果激情被归类为知觉，我们很容易认为它们是表象，类似于感官知觉、记忆，等等。我听见的一个声音一定是某物发出的声音，即使我无法精确地描述音源；同理，我的悲伤也一定有个对象，即使我对该对象的分析是不完全的和歪曲失真的。但是，如果激情涉及某种形式的意志——如果激情是我们以某种方式施加于知觉的感情，那么，一种激情就可以长期存在，一会儿被附加于这个对象，一会儿被附加于那个对象，一会儿不被附加于任何特定对象。激情还可以在灵魂内部自行从事一系列运动，与理解中的一系列观念互动，但不是纯粹地反映这一系列观念。而且，激情的肉体表征能使激情从一个人迁移到另一个人，织成一张既诱捕我们、又支持我们的情感之网。

为什么马勒伯朗士在探索这个观点时如此迟疑和步步为营？答案把我们带回了认识论主题。人类在思考自我形象时，将其与 *grandeur* 联系起来，然后他们倾向于保持和保护他们从中得到的快乐，而马勒伯朗士是深深怀疑这种倾向的。虽然他震撼于人类在何等惊人的程度上这样做着，但是他和同时代人一样坚信，这种倾向把我们引入了歧途。尽管"激情"发表的上述论调十分诱人，却充满欺骗性，缺乏可靠性。[50]我们对 *grandeur* 的易感，弄昏了并且颠覆了我们的理知，事实上，这是我们对多种谬误的易感。[51]

50　*De la Recherche*, ii. 134; trans. Lennon and Olscamp, 387–388.
51　同上书，32; trans. Lennon and Olscamp, 296。

第三部分

　　由于我们太容易被属于想象范畴的思想所感动，因此我们动辄将 grandeur 与善混为一谈。对于除了上帝以外的一切存在物而言，在相对大小与相对价值之间都没有必然的关联。例如，我们相信星辰是恰如其分的崇敬对象，或者哪怕只是相信，星辰由于与人类相比非常大，所以具有极大的重要性，然而这些信念是纯粹的谬误。其次，我们倾向于根据事物与我们的相对关系去衡量事物，倾向于采取人类的视角，但是这并不吻合上帝之眼的观点，只有后者才构成真理，从而构成知识。我们对那些在我们看来具有 grandeur 性质的事物所产生的激情蒙蔽了我们，使我们无法看到它们——以及我们自己——在上帝的万物宏图中其实无足轻重。同理，我们对那些我们认为无足轻重的事物所感到的轻蔑是一种夸张而错误的反应，掩盖了它们作为上帝造物中的一分子的价值。就连昆虫，马勒伯朗士提醒我们，也是惊人地美丽和多样。[52] grandeur 歪曲了我们对事物重要性的评价，这个说法中含有一种对以自我为中心的评价角度的震惊。如果根据事物与我们的相对关系去衡量事物，grandeur 将完全以 moi[1] 为焦点，违背了基督教的自灭[2]和人神合一的热望。阿尔诺和尼科尔曾明确表示他们对蒙田的嫌恶，觉得他喋喋不休地谈论自己是一种不虔敬。[53] 马勒伯朗士秉持同样的意见，他严厉地、甚至居高临下地宣称："如果喋喋不休地谈论自己是一种缺点，那么，像蒙田那样没完没了地夸赞自己就是一种冒犯，更是一种愚行，因为这不仅是一宗违背了基督教的谦卑的罪，而且是一种对理知的侮辱。"[54] 尼科尔坚称，grandeur 几乎对立于基督教的一切美德。[55] 最后，

52　*De la Recherche*, ii. i. 90–91; trans. Lennon and Olscamp, 31.
[1]　*moi*，法文，"我"。
[2]　自灭，self-annihilation。
53　*Logique*, 269.
54　*De la Recherche*, i. 364; trans. Lennon and Olscamp, 187.
55　*Essais de morale*, ii. 234.

第七章　激情与谬误

激情是我们对事物之可感属性的直接或间接反应——我们总是被物理性的大小、财富的展示、官员的华袍所感动。不幸的是，对可感领域的关注使我们相应地对可知领域变得麻木，由此又对只有智性才能理解的真理变得盲目。按照感官的标准去打量，巨物和荣誉比美德和正义显得更伟大、更真实。[56]

那一类令人觉得具有 *grandeur* 性质的事物如此深刻地影响着我们的激情，以致这些主要的谬误会采取一些特有的形式。首先，它们表现在我们寻求科学知识的努力中，致使我们的许多努力被严重地误导。第一，我们会被吸引到巨大的、古老的、奇异的事物上去。[57] 马勒伯朗士不仅谴责天文学家们一辈子"粘住望远镜的端口不放"，而且他还挖苦蒙田者流，嘲笑他们对珍奇陈列室、奇装异服、文物研究的时髦兴趣："敬仰，夹杂着愚蠢的好奇，促使我们寻找哪怕是锈迹斑斑的古老徽章，小心翼翼地保藏年深月久的灯笼和虫蛀的拖鞋。"[58] 学者们在研究这类事物时，将他们从中发现的 *grandeur* 迁移到他们自己身上，他们的自负或虚荣因此而扶摇直上。第二，他们对这些貌似不同凡响的事物的知识为他们赢得了别人的惊羡，而别人的毕恭毕敬又进一步增加了他们在学术上的自鸣得意。第三，就连这些毕恭毕敬的崇拜者，也通过将自己与公认的饱学之士扯上关系，而变得自负起来，他们同样把自己对学者及其学问的敬仰附加到了自己身上。

这些 *faux savants*——如马勒伯朗士所称[59][1]——并非必然要生产百分之百的假货，而是将各种关于中国制品、雅典历史、印度宗

56　Malebranche, *De la Recherche*, ii. 127; trans. Lennon and Olscamp, 381.
57　当笛卡尔指出人们认为困难的问题比简单的问题更有吸引力的时候，他好像在暗示这个观点。见 *Rules for the Direction of the Mind*, in *Philosophical Writings*, ed. Cottingham et al., i. 33。
58　*De la Recherche*, i. 282; trans. Lennon and Olscamp, 138–139.
59　同上书，287; trans. Lennon and Olscamp, 141。
[1]　*faux savants*，法文，"伪学者"、"冒充的学者"。

第三部分

175 教的事实组装起来。马勒伯朗士轻蔑地论述说，他们的活动万变不离其宗，无论涉及体积、年龄还是距离，都离不开对大尺度的兴趣，将 grandeur 赋予五花八门的事物。例如，我们也许料想，一枚硬币或护身符只会因其 petitesse 而引起轻蔑，马勒伯朗士却发现，他们反倒利用其古老，将其捕入了一张宏大的 grandeur 之网。他们不满足于认为，人类倾向于尊重大于自己的事物，还要得寸进尺地认为，人类尊重时间久远和空间遥远的事物。像这样随随便便、毫无节制地使用唯一一种归类法，导致一种本来就成问题的心理学理论疲劳过度。不过话说回来，早期现代激情理论家并不能理所当然地直斥这种观点。除了已经提到的那个问题（即人们料想较小的事物会引起轻蔑）以外，还有一个困难是，我们对遥远和久远事物的激情往往要弱于我们对当前事物和状况的激情。如果我们对一枚护身符的评价聚焦于它在空间和时间上的遥远源头，我们对它产生的无论什么激情，都一定比较微弱和无关紧要。

马勒伯朗士对 grandeur 的诠释给人的印象是，它干脆利索地切中了 faux savants 的弊病；而当他话锋一转，提出一连串新的理据去贬低文物研究时，又加强了这个印象。他指出，他们的第一个失利在于，他们的研究主题是那一类我们只能对之获得一些臆度的东西。对可感物的研究不可能独力产生作为真哲学之标志的确然性，所以其结论缺乏可靠性，也不及那些以无可争议的第一性原理为基础的研究成果有价值。faux savants 的动机也很可疑。他们的研究不仅是被一种激情——即他们对某些事物的惊羡——鼓舞起来的，而且是被一种激情——即他们从工作中获得的自负——维持下去的，而自负本身就是谬误的温床。他们给自己的臆度投入的这种情感，引导着他们的研究，使他们看不见追求更高真理的宝贵价值。进而言之，既然他们的研究对象之 grandeur 本身是一个幻觉，来源于按表面现象草率地理解世界，那么他们的自负也就是装腔作势了，这种装腔作势感染了他们的崇拜者，而这些崇拜者对高深知识的敬仰反过来

246

又窒息了他们对真哲学的兴趣。

马勒伯朗士的抨击不仅是为了揭露许多同时代人的伪装，而且服务于一种论辩术目标，那就是为机械论学者的头脑聪敏和情感纯洁正名。研究物质微粒原理的哲学家们既要抵挡 *grandeur* 的谄媚，又要反抗可感领域施加于人的情感拉力，才能一心专注于纯可知领域。当他们的结论是以一些无可争议的原理为依据时，它们拥有 *faux savants* 的结论所缺乏的确然性。至于动机，机械论者的行动不是被大群崇拜者的关注激发起来的，因为他们的研究对象一般说来既不刺激，又不惊人，正如马勒伯朗士解释的那样："臆度的知识比真哲学的知识更能引起惊羡。"[60] 那种提高 *faux savants* 的名声和自负的动力在这里毫无用武之地。在一场智性的、总体说来又是政治性的关于科学研究之正确方向的辩论中，马勒伯朗士通过分析 *grandeur* 与科学探询之间的关系，未明言地采取了一种立场，坚定地站到了机械论方法论的一边。他倡导新科学，不单是因为新科学的成果在认识论上的地位，也是因为新科学的从事者在相关问题上的心理取向。对微小事物感兴趣的机械论者必须能对众人所理解的 *grandeur* 背转身去，这是一种需要情感力量和情感应用的本领。为了获得科学知识，我们必须避免错误地屈服于一种极其普遍的激情，即被事物的相对大小所打动的自然倾向。

然而故事不止于此。我们对 *grandeur* 的知觉还有一种相关的而且更重要的表征，表现在我们对社会等级的态度上。伪学者名声之所系的那个情感序列在这里朝着有利于王公、官员和贵族的方向运行。社会等级的装饰物，如华丽的马具、炫目的服装、宫殿之巍峨、法庭之肃穆，培养了人们对王公大臣和各级官员的敬仰，甚至

60　*De la Recherche*, i. 282; trans. Lennon and Olscamp, 138。参较：Descartes, *Discourse on the Method of Rightly Conducting one's Reason and Seeking the Truth in the Sciences*, in *Philosophical Writings*, ed. Cottingham *et al.*, 147。

对食客随从的敬仰——后者通过与权重位高者攀上关系而提高和维持他们自己的自负。例如，一位君王的七情六欲"永远是时髦的，他的爱好、激情、游戏、言谈、习惯，总之，他的一切行动"都会成为时尚所趋，[61] 乃至廷臣们惟君王马首是瞻："从爱好哲学转向爱好声色犬马，又从厌恶声色犬马转向厌恶哲学。"[62]

马勒伯朗士对廷臣的轻蔑态度是一望而知的。他们对君王之 grandeur 的痴迷压倒了他们的批判能力，把他们引向一条愚昧的奴性之路。然而，在一种人人有染的普遍现象中，他们只是一部分最极端的牺牲品而已。

> 做一位有钱、饱学或德高之士，这份名声在旁人或近者的想象中引起一种十分有利于我们的倾向，使他们匍匐在我们脚下，激发他们来支持我们，鼓励他们产生一切可以保全我们的存在、增加我们的 grandeur 的冲动。因此，人将自己的名声作为一种为了舒舒服服地活在世界上而必须拥有的善来保存。[63]

177 在这里，如同——更著名地——在巴斯噶的研究中一样，也如同——较不著名地——在霍布斯的研究中一样，我们发现了一个观点：grandeur 是一种力量，它引起的那些激情很容易被操纵。马勒伯朗士告诉我们，拥有 grandeur 的人会极力保持它。巴斯噶则补充说，那种看得见的伟大具有强大的效应，地方治安官深知如何利用它：

> 他们的红袍，他们用来将自己包裹得像毛茸茸的猫一样的貂皮，他们端坐断案的法庭，王室纹章，这一切威严的阵仗都十分

---

61 Malebranche, *De la Recherche*, i. 335; trans. Lennon and Olscamp, 169.
62 同上书，336; trans. Lennon and Olscamp, 169–170。
63 同上书，ii. 26; trans. Lennon and Olscamp, 290。

248

第七章　激情与谬误

必要。如果内科医生没有长袍和骡马，如果饱学的博士不戴方帽，不穿超大的袍子，他们就绝不可能欺世盗名，令人觉得这套如假包换的行头无法抗拒。如果他们拥有真正义，如果内科医生拥有治病的真技艺，他们就不需要方帽了，因为这些科学靠其自身的威信便能博得敬仰。然而，由于他们仅仅拥有想象中的科学，他们便不得不诉诸这些虚荣的设置，俾以打动想象力，这才是他们真正关心的，其实这就是他们赢取敬仰的手段。[64]

通过激起我们的情感，*grandeur* 产生了权威、力量和知识之效，但也不过如此而已，就像皇帝的新装，那只是我们生动的想象和迫切的激情使我们不得不遭受、并且甘愿遭受的一种谬误或幻觉。

我们倾向于根据事物与我们的相对关系而评价事物，这导致我们作出错误的估算，或者最乐观地说，理据不足的估算。出现这类谬误，有时是因为我们将自己当作了定点：衬托着一个皮匠的自我形象去衡量，一位身穿红袍和貂皮的地方治安官当然呈现伟大的属性。但是，研究 *grandeur* 的十七世纪哲学家进一步动摇了用来定义 *grandeur* 的比例尺，因为——采用马勒伯朗士的第三个论点——他们又用它来反观"自我"。我们不仅对那些发射出相对于我们而言的伟大光芒的他人和外物充满激情，同时我们也以我们施加于他人和外物的同样激情，来评价我们自己的 *grandeur*。因此，我们进行比较的两个依据都是不稳定的。这种更复杂的情况使我们再次注意到，自我激情并不是单纯地以一种超然的理性态度，去致力于——即使力有不逮地——使它自己的福祉最大化。相反，自我激情是被它自己的激情史所塑造的，因而它可以是怯懦的、野心勃勃的、仁爱的、或卑劣的。它除了将它那充满热情的本性导向外界，也将其施加于

---

[64] Pascal, *Pensées*, 44. 另见 C. Lazzeri, *Force et justice dans la politique de Pascal* (Paris, 1993), 39–55。

它自己,因此,怯懦者往往低估自己的能力,高傲者喜欢高看自己,不一而足。

我们的天性使我们极易产生的激情之一,是虚荣或自负,即一种由于被高看而过分高看自己的倾向。[65] 一开始,我们从对我们进行评价的他人的立场来评价我们自己,如果他们惊羡我们,我们也采纳这种评价。这里强调的是 grandeur 的关系性,以及促成 grandeur 的那些激情。我惊羡地方治安官,而只要我惊羡他,我就尊重他的意见、渴望他的嘉许、巴望取悦他;简言之,我不仅通过我的行为方式,而且通过我的感觉方式,去维持他的 grandeur。因而在某种程度上,地方治安官的 grandeur 依存于我。马勒伯朗士说:"一支军队的将军依存于他的所有士兵,因为他们人人对他仰之弥高。这种奴性每常导致他的骁勇 [générosité];[1] 由于他渴望那些看得见他的人尊重他,所以他往往不得不牺牲掉其他更合理和更迫切的欲望。"[66] 实际上,当我们读到马勒伯朗士这段关于依存性的分析时,我们很难不想到——尽管是年代误植——黑格尔的主人与奴隶之说。[2]

但是,为什么马勒伯朗士及其同时代人认为,从官员、学者之流的 grandeur 中产生的自重一般说来是过度的、谬误的、虚荣的呢?毕竟,我们可以按霍布斯的思路去辩称:这些人的能力足够真

65　Malebranche, *De la Recherche*, i. 289 f; trans. Lennon and Olscamp, 143。比较: Hobbes, *Leviathan*, 46; Spinoza, *Ethics*, IV. P58.

[1]　以方括号标示的法文是本书作者苏珊·詹姆斯的夹注。法文 générosité 在这里的英译文是 valour, 即"骁勇"。虽然 générosité 今义偏重"宽宏、大度", 相当于英文的 generosity, 但其古义亦为"骁勇", 故这里取其古义。

66　*De la Recherche*, i. 84; trans. Lennon and Olscamp, 343.

[2]　所谓年代误植, 是指马勒伯朗士(1638—1715)与黑格尔(1770—1831)不是同时代人, 马勒伯朗士时代尚未有黑格尔所论的主—奴关系。盖黑格尔在其《精神现象学》(*Phenomenology of Spirit*)中论述了一种"主—奴辩证法"(master-slave dialect), 出现在"Self-Consciousness"一章的"Independent and Dependent Self-Consciousness: Lordship and Bondage"这一小标题之下。对主—奴辩证法的一种解读是:无论主人还是奴隶, 都不能被认为是充分自觉的, 或具有十足自我意识的, 自觉性不可能凭个人去实现, 而是一个社会现象, 有着相互依存性。

实，因此他们的自重，或如霍布斯所称，他们的自豪，是绝对恰如其分的啊。答案的第一部分在于，如前所述，那些被尊为 grandeur 的对象与他们所唤起的激情并不匹配。惊羡和敬仰之情应当与对象的伟大程度成正比。敬仰上帝，或因某人的真智识而敬仰某人，是恰如其分的。相反，因其一身红袍而敬仰一个华而不实的傻瓜，或因其口若悬河地引用古籍而敬仰一个假冒的专家，却是不恰如其分的。答案的第二部分倚靠的观点是，我们将不当的激情和错爱的倾向延伸到我们自己身上。正如我们动辄被他人的饰物和表演所眩惑，我们也被自己的饰物和表演所欺骗。地方治安官被自己的红袍深深感动，伪学者被自己的天才和学问深深感动，用一丁点儿暂时的权威性乔装打扮之后，他们再也看不见自己是平凡之辈。这种自我评价，较之我们对他人的类似评价，是一样的滑稽和离谱，但是在自我评价中，我们尤其难以发现和承认这种滑稽和离谱。巴斯噶说得不错："一件如世人之虚妄这样明显的事，居然只得到如此少的承认，以致当人们听说追求 grandeur 是一桩蠢事时，反倒觉得怪异和惊讶；这一点是最值得注意的。"[67]

我们很难认识到，我们归属给自己和他人的那份 grandeur，并非来自我们对他们实际拥有的属性的正确理解，而是来自我们根据自己的激情而赋予他们的属性。这个困难是客体化的一个例证——我们已在前文中发现，客体化被视为人类心理的一个重要特点。我们极易惊羡他人的 grandeur，也极易惊羡自己的 grandeur，却未能看出，grandeur 本身不是他人或我们自己的属性，而是基于某些特定倾向的一组关系——最初我们倾向于进行比较性的评价，同时对于比例极其易感；然后这种倾向导致敬仰和服从；继而又造成自豪和自负。如果人们看出地方治安官只是一个跟他们自己大同小异的人，他的 grandeur 就会轰然坍塌。为了弄清 grandeur 的运作方式，

---

[67] Pascal, *Pensées*, 16.

第三部分

也为了克服深植在我们的激情中的谬误，我们必须从相对关系的角度看待我们自己，将我们自己视为一种在情感上互相依存——哪怕经常违背自己的更佳判断——的造物。同时，我们还须学会质疑我们根据大小而评价事物的自然倾向，学会克服我们对社会等级的尊重和敬仰之情。

但是仍须问一问：我们应当在多大程度上尽力纠正这些倾向？我们又有多大的可能纠正这些倾向？如第五章所述，马勒伯朗士辩称，我们在面对强于我们自己的人时产生的那种顺从感，既是天生的，也更是后天调适而来的，因此我们也许不应当将它连根拔除。要想让激情发挥应有的功能，增进我们作为有形造物的福祉，我们必须一面保持自己对可感世界的 *grandeur* 的易感性，一面避免过度的或不当的尊重和轻蔑。但是，尊重在什么情况下是过度的，在什么情况下是不当的？一名廷臣大可以抗议说，他的福祉恰恰有赖于被马勒伯朗士及其追随者视为谬误的那种敬仰和惊羡。马勒伯朗士则一定会回答说：这名廷臣，较之他自己愿意承认的程度，更深地受制于 *grandeur* 的动力。两人的话或许都是对的。然而，在两人南辕北辙的观点背后，都隐藏着马勒伯朗士的论述内包含的一种矛盾：一方面他声称，那些使尊重得以维持的激情是上帝所赐的，而且是功能性的；另一方面他又声称，这类激情促成了一个腐化堕落的社会。为了幸存下来，我们必须易感于强大的人和物的 *grandeur*；但是同时，这种易感性在我们身上制造了一种有害的社会忠诚和知识忠诚。

因此，克服与 *grandeur* 有关的谬误是一件微妙的事。在社会生活中，我们必须变得有能力打断那个由我们对体积的初始尊重而引起的情感序列，也就是说，虽然我们在强力面前可能低眉顺眼，但是我们必须学会不要把我们对强力的惊羡迁移到我们自己身上。同时，对于相对的大小，我们必须培养一种适度的易感性。这个要求在各行各业都很重要，在哲学领域尤其紧迫。笛卡尔、马勒伯朗士等基督教哲学家，以及斯宾诺莎等非基督教哲学家，一致认为 *grandeur* 附着于无限者，并认为上帝——无论对之作何理解——是值得尊重的。此外，这种对大小的正确解读应当优先于其他一切解读，而它的表现形式是：不大关心社会等级，也不大关心物理性的大小。致力于研究昆虫、原子等较小事物的自然哲学家并非不为 *grandeur* 所动，而只是解读的方式不同，他们将上帝的 *grandeur* 迁移到上帝的一切造物身上，而不是仅限于那些以人类标准衡量的芸芸大者。这方面的进展使马勒伯朗士得以主张，根据比例对事物作出反应的倾向是一种顽固的心理特性，是人类各种各样的态度——有的明智、有的错误——的原因。那些将其哲学认知运用于 *grandeur* 问题本身的真正哲学家，能够将我们动辄考虑可感物之大小的错误倾向，改造成一种对比例的有益理解，这种理解能够超越可感视野，扫除它所导致的谬误。怀疑论者也许要问：有鉴于此，那么是否可能存在这样一位不信上帝的机械论者——他对微小事物的兴趣，并不靠他对宇宙之大和人类之微的赏识来保持；或者要问：自然本身的恢弘浩大是否能激发一种非宗教的尊重，表现在对自然中一些微小事物的迷醉上。然而，这些都不是马勒伯朗士讨论的问题。

反复无常之谬

最后，我们需要考虑一下那些削弱我们求知能力的激情的另一个特点，亦即它们内在固有的躁动性。当激情被比作狂风吹起的巨浪时，[68] 就是在描述这个特点；当培根声称情感不喜欢持之以恒的研究工作时，则是在更严峻地阐明这个特点。为什么情感如此反复无常？有一种答案的依据是，情感记录着肉体运动，并随之变化——

68　例如 Spinoza, *Ethics*, III. P59 s。

第三部分

既然元精在不断地运动，我们的激情便也在不断地运动。[69] 这种解释又分为几个方面。第一，我们的情感很容易被打断，因为我们最强烈的激情一般都是被我们的感官知觉唤起的，而感官知觉本身又受制于我们只能有限控制的某些变化。声音、气味、肉体的感觉，很容易导致联想，并改变我们灵魂中的气候，结果我们发现自己感到莫名的暴躁、阴郁或沉静，竟将手头的工作抛诸脑后。第二，我们的其他一些可感物观念亦如此，因此幻想和不期而至的记忆也有上述效果。第三，激情有它们自己的动力模式，例如，当快感餍足时，便让位于新的欲望。

激情鲜有平静之时，且激情都很强烈，这两点使它们能摧毁我们的注意力，从而削弱我们求知的努力。即使我们一时能平息情感，去进行寻求真理的艰苦卓绝的脑力劳动，情感仍会出于其反复无常性，难以长期地保持平静。马勒伯朗士弹起这支曲子来，如行云流水般畅达无碍。他告诉我们：感觉或激情引起的最末一个印象会打破心灵的最密切关注，元精和血液携裹着心灵一同奔流，不断地把心灵推向可感物；顺应感觉的洪流实在太舒服，逆洪流而动实在太费劲，所以心灵极少想到要反抗。[70]

关于激情的躁动性，另一种解释所依据的观点是，激情是被意志的各种变体引起的。如前所述，由于意志永不满足，所以我们的爱和快乐很快就会变得平淡无味；除非上帝之仁使得人类意志能找到它一直寻找的善，否则它注定要浪迹不已。意志的躁动性"是导致我们无知，并导致我们在不计其数的学科上陷入谬误的主要原因之一"。[71] 这种低效，不妨说，由于意志自己的激情所具的性质而变得更加低效，因为意志并不是悠悠闲闲地、或勤勤恳恳地、或仔仔细

---

69 Descartes, Letter to Princess Elizabeth, 1 Sept. 1645, in *Correspondence*, 264.
70 *De la Recherche*, i. 469; trans. Lennon and Olscamp, 249.
71 同上书, ii. 5; trans. Lennon and Olscamp, 270。

细地寻求真理，而是被一种燃烧的焦渴所炙烤，被焦虑和渴望所驱遣。在这种玩命的状态下，意志一会儿着迷于这个，一会儿着迷于那个，简直不肯停下来看一看它自己已经找到的东西，相反却永远被它自己的失望所鞭策。[72]

在极端情况下，激情的躁动迹近于疯狂。霍布斯解释说，对一切事物无区别地报以激情是一种轻狂和精神涣散；[73] 有些人"一旦进入了讨论，他们思想中闯入的任何念头都会使他们脱离目标，一再地跑题，长时间地扯闲篇，以致完全不知所云"——这些人受制于一种愚行，它有时是由过分的惊奇或缺乏经验引起的，有时是由一种古怪的 grandeur 概念引起的，这使得"在他看来伟大的东西在别人看来却微不足道"。[74] 疯狂和知识在此被视为互相对立。激情使我们躁动不宁，从而颠覆了求知行为所要求的稳定和专注。

本章探讨的激情的各种特点表明，激情对求知者远远谈不上友好。激情将一种自我中心的视角强加给我们，使我们的感觉随着时间、空间和比例——而这一切却是根据肉体去衡量的——而变化，由此歪曲了我们对世界的观照。激情不宁的动力绑架了我们的专注，判处我们听命于支离破碎、稍纵即逝的 aperçus。[1] 而且，这些靠不住的情感促成了一种客体化世界观，而这种世界观是我们必须克服的，否则我们无法认知，在我们所认为的现实世界的建构中，我们自己所扮演的角色。如此看来，激情简直是一场认识论上的灾难。不过，既然我们有时也能做到减少我们的无知，所以激情大概并没有对知识形成一道密不透风的障碍吧。根据一批十七世纪哲学家的格外缜密的考察，我们的一条逃亡之路是培养一种理知，俾以在激情的有害影响面前刀枪不入。这种可能性将在本书第八章予以探索。

---

72 *De la Recherche*, i. 405–406; trans. Lennon and Olscamp, 212.
73 *Leviathan*, 54.
74 同上书，51。
[1] *aperçus*，法文，"瞥见"、"觉察"。

第三部分

第二个策略与第一个并不矛盾，那就是利用激情去始发并维持我们的求知活动。各种各样的激情都能点燃我们的兴趣，复兴我们渐渐萎顿的热情，这一点将在本书第九章予以讨论。最后，有些十七世纪哲学家将知识视为一种情感状态，在他们看来，某种特定的情感气质不仅是知识的条件，而且是知识本身的一个侧面。他们的观点将是本书第十章的主题。

第八章　冷静的真知

培根在《学术的进步》中说："在激情和不安的风暴中降临的，是谬误的阴云。"[1] 由此他摆出了一个显而易见的问题：如果激情损害和阻碍我们求知的企图，我们怎样才能扭转或限制其破坏力？看起来，任何渴望知识的人都必须直面这个问题，为此，十七世纪哲学家继承和发展了一大批解决之道，无不根据一种关于我们所能获得的见识的总概念而进行了剪裁。在日常生活中，我们加工的原料是那些来自感觉体验的观念，它们也许或多或少有着不错的依据，但是缺乏确然性。在平常情况下，我们对这些观念进行推理，也就是说，我们至少让其中一部分观念经受批判性的反思，比如我自忖：那只鸟真是一头食雀鹰吗？或者纳闷：那是悲伤的泪水还是快乐的泪水？可见，非正式推理的容力是一种"自然的"技能，我们在事件的正常过程中，总会带着或多或少的关心和决心，去运用这种技能。然而，我们也能批判性地思考那些被我们用来评价我们自己的观念的标准，这是一种二阶反思性，它使我们能将这些标准头头是道地表述出来，并提炼成法典化的规章，以指导我们达成确定无疑

1　Bacon, *The Advancement of Learning*, ed. G. W. Kitchin (London, 1973), 56.

第三部分

的、而不仅仅是高度可能的结论。在许多早期现代哲学家看来，只有自觉地运用这样的标准，我们才能认识清楚而明晰的观念是什么，并为推理活动制定一套保真性的规则。如此装备起来之后，我们便能从一个真实观念走向另一个真实观念——要么从原理出发，一环接一环地向后推导到结论，要么从有待确立的结论出发，一环接一环地向前推导到相关原理。随便采取这两条路径中的哪一条，任何观念的真实性都因为该观念处于一个完整的序列之中而得到了保障，而且归根结底，任何观念的真实性也都锚定于一个无需论证的自明原理。

要想夯实这种正统的 *scientia*[1] 概念，它的鼓吹者必须能够使他们自己确信：人类能够从自己的理知中肃清激情引起的失真和谬误。但是，由于激情被公认为在人类的思想中发挥着强大而又广泛的作用，所以没有理由指望这是一桩唾手可得的易事。因此，怎样驯服或超越激情、俾以毫无偏差地认知自己和认知世界，便赫然耸现为一个很大的问题。十七世纪哲学家提出了若干解决方案，或曰不充分的解决方案，其中最具雄心的几种，乃是围绕着 *scientia* 与 *opinio*[2]——即确然知识与或然知识——之间的分界而组织起来的，它们将在本章的第一部分占据我们的注意力。

可感观念与可知观念

许多早期现代哲学家理所当然地认为，只有当我们确信自己对某个说法的理解没有被激情经常引起的谬误所歪曲时，我们才能肯定该说法是正确的。因此，*scientia* 必须免疫于激情的认识论影响。

---

[1] *scientia*，拉丁文，"知识"、"科学"；但从上下文看，十七世纪哲学家强调其确然性、真理性、科学性的涵义，本书作者苏珊·詹姆斯也将其解释为 certain knowledge（确然知识），故本译者将其译为"真知"。
[2] *opinio*，拉丁文，"臆度"、"意见"。

第八章 冷静的真知

为了弄清为什么早期现代哲学家认为 *scientia* 是有可能获得的,有必要首先考虑一下可知观念与可感观念[1]之间的区别,这种区别当时被用来标志两种事物观念之间的界线:一是那些能被感觉的事物的观念,一是那些在原则上不能被感觉的事物——无论是美德、数字、思想抑或上帝——的观念。可感观念又分为几种:我们获得可感观念的最基本方法是通过感官知觉,但是我们也能通过记忆或想象,对我们并没有实际感觉到的可感物形成观念。我可以将玫瑰色的佩特拉城想象为一座我能亲眼看见的城市;即使我回忆一场——譬如——不含任何视觉或听觉图像的谈话,我也把它记忆为一种当初它出现时我感觉到的东西。可感物的观念,以及由可感物直接引起的观念,例如记忆,与纯知觉形成了对照:纯知觉是一种根本不依存于可感物,或者仅仅与可感物有遥远关系的观念。笛卡尔采用了这种对照的一个加强版,他解释说,我们对大致上呈三角形的物体的可感观念,不会帮助我们获得一个完美三角形的观念。[2] 马勒伯朗士附和笛卡尔的看法,他断言,无需在大脑中形成有形的图像,心灵便可表现精神性的事物、事物的共相、共同的思想、某个标准事物的观念,或广延的观念。[3] 所有这些观念都是靠理解或智性的一己之力而获得的,这些观念本身及其对象均被描述为可知的。如笛卡尔的例子所暗示的那样,科学知识的标准是由数学制定的,而数学研究的对象就是可知物,例如标准图形、数字和各种运算——其中没有一样是可感的。如果任何其他的学问自诩具有科学身份,它们也必须符合这个标准才行。[4] 因此,道德科学的研究对象被认为是各

---

[1] 可知观念与可感观念,intelligible and sensible ideas。
2 *Objections and Replies to the Meditations*, in *The Philosophical Writings of Descartes*, ed. Cottingham *et al.* (Cambridge, 1984—1991), i. 262, 'Fifth set of Replies'.
3 *De la Recherche de la Vérité*, ed. G. Rodis Lewis, in *Œuvres complètes*, ed. A. Robinet (2nd edn., Paris, 1972), i. 66; trans. T. M. Lennon and P. J. Olscamp as *The Search after Truth* (Columbus, Oh., 1980), 16.
4 Descartes, *Rules*, in *Philosophical Writings*, ed. Cottingham *et al.*, i. rule 12。数学与科学之间的关

第三部分

种抽象美德,以及一种关于非可感之善的概念。也因此,笛卡尔认为自然哲学的研究对象是可以被数学定义的事物。我们对具体可感物形成观念,例如这枚金戒指,或那个金盐瓶,从这些观念中我们又对金子形成一个可感观念:它是一种黄色的、发光的、软的金属。但是这个可感观念在自然科学中扮演着一个比较边缘的角色,它需要与一个关于金子的可知观念协同工作,俾以根据其原子的大小和运动去定义金子。我们无法用感官去知觉该观念,而必须依赖心灵的眼睛。

但是这两种观念,即可感观念和可知观念,与我们的激情有何关联呢?如前所述,我们最强烈的感受被认为是由呈现给我们感官的事物激起的,较弱的激情则属于记忆和想象。因此,奠定我们的常识并指导我们的行动的可感观念大都充满激情,我们从中产生的信念或臆度也极易因激情的影响而失真。再转向 *scientia*,我们必须问一问,既然 *scientia* 聚焦于可知物观念,这对科学探询活动的抗激情能力是否有任何影响呢?回答这个问题的最佳进路是首先考虑一下,我们的可感物观念是怎样激起我们的情感的。感官知觉被认为能唤起强烈的激情,这是因为,感官知觉的对象是在场的,而既然在场,便处于一种当前就能有利于我们或有害于我们的地位。继续检视其他种类的可感观念,如记忆和幻想,它们之所以能激起情感,是因为,尽管它们的对象显然不在场,但它们的基础还是感官知觉——它们是对那些已被感觉的事物的记忆,或者是对那些含有可感觉元素的事物的幻想。当我们回忆可感的事物和事态时,我们有时将其视觉化地置于一个与我们相对的空间关系中,例如,我也许回忆我从某个特殊角度观看贝尼尼的方尖碑,或者从房间的后部聆听一首长笛协奏曲。同理,我们的一些幻想也含有我们与外物之间

系在早期现代有着大量的论辩,见 S. Gaukroger, *Descartes: An Intellectual Biography* (Oxford, 1996), 104-186; W. R. Shea, *The Magic of Numbers and Motion* (Canton, Mass., 1991)。

的空间关系,例如,我也许想象珠穆朗玛峰高耸在我的头顶,或者想象一位朋友打开房门让我进去。不言而喻,并非所有的记忆和幻想都涉及这类图像,但是,即使不出现图像,也仍可能有某种东西来标志一段记忆,犹如重拾某个可感物一样。当我们回忆可感物时,我们将其考虑为曾经出现在我们面前的对象,也就是曾经处于一种与我们相对的空间关系中的东西。我们也许并不回忆这种空间关系是什么,但是我们仍将议中的对象理解为一种我们可以与之、或者曾经与之发生空间关系的东西。我们的许多幻想和对未来的推测也如此,比如,一个人想象他自己在1654年沿着阿姆斯特丹的运河散步,或者自忖他将与谁共进晚餐。

　　正是借助于这个特点,所以我们对可感物的感官知觉、记忆、幻想才能激起我们的感受。我们最强烈的激情属于感官知觉,盖因感官知觉表现的是当前有益于或有害于我们的事物,而只要我们想保护自己的福祉,我们就会认真地注意这种事物。即使现场没有任何东西唤起我们显著的情绪(房间安静而又平静,里面的一切也令人放松),我们仍保持着现场适应性,随时可对令人惊慌的噪音或房门的开启作出反应。较弱的激情伴随着记忆和想象而来,而记忆和想象是对感官知觉的概念性拟像,模仿着在场事物的属性。当某人回忆有一次他受到怠慢的情景时,他可能再次感觉到当时折磨他的愤怒之情,复演那或多或少出于明智判断的、有助于他当时增进福祉的努力的激情,只不过他的愤怒及其肉体表征如今减弱了一些。同理,我们可以预料,我在想象珠穆朗玛峰时体验的惊奇,较之我在看见真的珠穆朗玛峰时将会感到的惊奇,那简直算不得什么。这种分析很容易引起争议。我们可以辩称,它过分强调了视觉性,从而过分强调了记忆和想象的空间性,同时它也过分简单化地论述了我们对在场事物的反应与我们对不在场事物的反应之间的关系。尽管如此,它还是提供了一种方法,用以解释和捍卫一个假说:可感观念唤起我们的激情,可知观念则不唤起我们的激情。可感观念之所以唤起我们的激情，乃因它们表现了那些占据或能够占据与我们相同的空间的事物，故能为了善或恶的目的而影响我们。既然激情的功能是确保我们关注我们作为有形造物的福祉，激情的对象必然是我们有理由感到恐惧、嫉妒等情绪的事物。相反，可知观念不占据任何与我们相关的空间位置。虽然一个具体的不完美三角形能够处于我的前方或左方，一个完美三角形的观念却不能够。一个与我没有空间关系的事物不可能影响我的肉体，因而也不可能直接唤起我的激情。就连广延——其本身具有空间性——观念，也与我们没有空间关系。为了思考一个广延观念，我们必须形成一个可知观念，该观念并不将广延表现为一种其本身与别的事物有空间关系的东西。

如果说可感观念和可知观念具有彼此迥异的空间属性，那么，它们的时间属性也截然不同。读者在前一章看到，我们对在场事物的激情被公认为强于对过去和未来事物的激情。而在这一章读者可以看到，如果我们的记忆或幻想的对象是曾经在场或可能在场的可感物，而且它们由此曾经或将能有益于或有害于我们，我们就会对过去或未来的情况产生激情。但是这里仍与可知观念存在着强烈的对比：可知观念是永久的或不变的，与我们完全没有时间关系。因此，可知观念不是一种能唤起激情的观念。

这些论辩说明，可知观念具有一些抗激情的特点。激情从可知观念旁边滑过，犹如水从鸭的脊背上滑过。既然 scientia 是我们对可知观念及其关系的知觉，scientia 也同样不给激情任何机会来抓住它。主张科学论证中的可知观念序列不引起激情，似乎能解决我们的问题——如果 scientia 不激发情感，它就不会犯下由充满激情的观念所引发的错误。然而这个结论是一柄双刃剑。如果构成 scientia 的可知观念不唤起欲望或快乐，则又会出现新的问题：到底是什么促使我们为 scientia 而费心？scientia 对我们的控制到底是一种怎样的控制？到底是什么鞭策我们一路奋进，从论证走向一种保证正确的认知？第一个回答倚靠的观点是，即使 scientia 本身不受激情影响，我们的感受还是发挥着促进和保持我们求知活动的不可或缺的作用。我们天生赋有激情,激情使我们对周围世界作出灵敏反应,并把我们送上求知之路。如第五章所述,*admiratio*,或曰惊羡,被认为特别适合于这项任务,[5]因为惊羡是我们对自己觉得新奇或惊人的事物所感到的激情,它驱使我们学习并保持新信息,从而播下了产生一种更系统的知识的种子——如霍布斯所说,"它激起了我们去探知原因的渴望";[6]或如笛卡尔所言,人若没有它,则往往极其无知。[7]可见惊奇被一致认为有用,但是它的地位仍然充满争议,它周围的层层疑云透露出,有些人对于必须依靠激情才能获得 *scientia* 的说法深感忧虑。一方面,我们似乎除了激情以外别无选择;可是另一方面,激情引起的谬误损害我们知觉的严重危险依然存在。

在对惊奇和与之相关的激情的早期现代讨论中,可以发现有几位论者试图减轻这种威胁。著名的一例是,笛卡尔将某些生理特性归属给惊奇,试图由此斩断激情引起的肉体运动的性质与激情本身的可变性之间的联系。其他一切激情都伴有心脏或血液的变化,唯独惊奇存在于元精向大脑的奔流——为的是让肉体没有办法考虑其他事情。惊奇不会促使我们运动,我们也不会脸红,发抖,或展现情感的任何其他肉体信号。相反,当惊奇击中我们的时候,元精集中到大脑,使我们的感觉器官始终瞄准那抓获了我们注意力的东西。[8]令人迷惑的是,笛卡尔接下来又调整了这个说法,承认惊奇毕竟还是与运动兼容,并将惊奇与惊愕进行对比,认为惊愕是惊奇的超级版,它让我们完全不能动弹。如果我惊奇于贝尼尼的方尖碑,我也许围着它打转,从各个角度打量它;但是如果我惊愕,我会瞠目结

---

[5] 哲学始于惊奇,这个见解起源于柏拉图(*Theaetetus* 155d),并被亚里士多德重申(*Metaphysics* 982^{b}12)。
[6] *Leviathan*, ed. R. Tuck(Cambridge, 1991),42.
[7] *The Passions of the Soul*, in *Philosophical Writings*, ed. Cottingham *et al.*, i. 75.
[8] 同上书,71。

舌，呆若木鸡，折服得无法进一步探究。也就是说，对新奇事物的激情性反应有两种，一种过分地恒定，另一种富于建设性而且适度。这个观点在十七世纪相当常见。例如，培根利用同样的区分解释说："惊愕是由心灵专注于一个认知对象而引起的，所以它通常不移不动。盖因在惊愕中——不像在恐惧中——元精是不奔腾的，而只是保持安定，变得不那么易动。"[9] 马勒伯朗士诉诸一对既相异又极其相似、甚至互相重合的激情。他说，当我们惊奇时，我们变得专注，我们的情感对象被清晰地（nettement）表现给我们的心灵；只有当惊奇使我们好奇（curieux）时，我们才从方方面面考察一个对象，并使自己尽可能对它作出可靠的判断。因此，只有当惊奇激起好奇时，我们才开始从事那种使我们能学到知识的探究。[10]

由笛卡尔概述、并由马勒伯朗士修订的惊奇的生理组态，旨在强调那些能使惊奇成为求知源头的特点。既然 admiratio 本身是一种注意或专注，它当然能战胜躁动，否则躁动将成为情感的标志，还将助长情感对求知的阻力。此外，惊奇居于大脑中，不受那些令我们烦恼和分心的肉体运动的侵染。这种与大脑相关的涵义，表现在马勒伯朗士的通常充满焦虑的希望上——他希望，只要我们小心谨慎，我们也许能让惊奇服务于探求真理，因为在一切激情中，惊奇对心脏的影响最小，不会激起摧毁理知的运动。[11] 不过，惊奇固然因其静止性而有别于其他激情，并带有一种使它与知识结盟的宁静涵义，但是激情与运动之间的联系已经太过牢固，所以这种诠释承受了很大的压力。

为惊奇或惊羡"解毒"的努力不可能轻易成功，这种困难的一个迹象表现在关于惊奇或惊羡究竟算不算一种激情的争论中。如前所述，笛卡尔辩称，元精向大脑——即惊奇的所在地——的运动足

---

9 *Sylvana Sylvanum or a Natural History in Ten Centuries*, in *Works*, ed. J. Spedding et al. (London, 1857—1861), ii. 570.

10 *De la Recherche*, ii. 132; trans. Lennon and Olscamp, 386.

11 同上书，130; trans. Lennon and Olscamp, 385。

以使惊奇有资格成为一种激情。但是他的两位最认真的读者并不十分确定这一点。马勒伯朗士持骑墙态度，承认惊奇是一种激情，但是一种不完全激情。[12] 斯宾诺莎解决问题的方法有所不同，他断言惊奇根本不是一种感受。我们的思绪是通过我们各观念之间的联系而集成一体的，但是当我们遇见某个新事物时，我们获得了一个与任何东西都没有瓜葛的观念，于是我们的思绪被打断了，并且黏着于那个外来的新观念，直到能够再次向前运动。[13] 这种情况确实唤起惊奇，然而惊奇并非激情，因为它不能被解释为一种标志着我们能力增减的感情，或被解释为我们追求能力的一种表现。相反，它打断了这些东西。[14] 斯宾诺莎的分析——它很重视惊奇是由全新事物激发的这一主张——再次强调了激情与运动的联系，这种运动包括从一个观念到另一个观念的运动，以及肉体内部的运动。

征召激情来促进 scientia 可谓困难重重，困难的另一个迹象表现在关于哪些激情能最好地扮演这个角色的争论中。马勒伯朗士很怀疑，一种如惊奇这样静态的情感是否真能完成分配给它的这项任务，因此他选择了一种更为流动的激情——好奇。[15] 但是如此一来，他一脚踏上了危险的地基。正是这种使好奇充满魅力的流动性，在同一时间也带来了破坏稳定性的躁动，而躁动却是激情的最大缺点之一，它能——霍布斯解释道——导致"心灵的一种瑕疵，人们称之为轻率；轻率固然也透露了元精的流动，然而是过分的流动"。[16] 在霍布斯看来，一如在马勒伯朗士看来，轻率迥异于好奇：好奇是一

---

12 *De la Recherche*, ii. 119; trans. Lennon and Olscamp, 375.
13 *Ethics*, in *The Collected Works of Spinoza*, ed. E. Curley（Princeton, 1985）, vol. i, III. P52.
14 同上书，III. Definition of the Affects, IV, p.532。
15 一份关于好奇的作用的相似论述，见 Bernard Lamy, *Entretien sur le science*（1684）, ed. F. Girbal and P. Clair（Paris, 1966）, 54–58。
16 *The Elements of Law*, ed. F. Tönnies（2nd edn, London, 1969）, 50。在极端情况下，元精和激情的过分流动被视为一种疯狂，这是一种精神错乱概念，Michel Foucault 在论述精神病院作为禁闭疯人、强制其安静的手段时给予了探讨，见其 *Madness and Civilisation: A History of Insanity in the Age of Reason*, trans. R. Howard（London, 1967）。

第三部分

种对因与果刨根究底的激情，或如霍布斯所言，好奇"只不过是探求，或发明创造的才能，拉丁文称之为 Sagacitas 和 Solertia"。[17][1] 两位作者将好奇等同于从因到果的推理活动，等同于心灵在探求这些演绎性关系时觅遍一系列假说的过程，"恰如一头西班牙犬嗅遍田野，直至找到一种气味；或如一个人搜遍字母表，俾以开始写一首押韵诗"[18]——如此这般，两位作者把好奇的流动性变成了优点。这种诠释的最坚定倡导者也许是霍布斯，他将一种特殊地位给予了好奇：不同于快乐、悲伤等激情，好奇是唯独人类才拥有的，而人类探知各种自然原因的渴望是举世无双的。[19] 正因为人类被赋予了好奇，所以他们才去给万物命名并得以达成定义，这些定义便是哲学的开端。[20] 对好奇的这种善意解读与一大批较恶意的诠释背道而驰，后者强调的是 scientia 应当克服的反复无常性。[21] 例如，雷诺兹有一次将好奇描述为 ambulatio animae，即灵魂的漫游或心灵的徜徉——毫无目的，缺乏专注；另一次还将好奇解释为窥探他人事务。[22] 伯顿更加悲观，他识别出好奇是万罪之源，是那种诱使潘多拉打开盒子、将灾难释放到人间的激情。[23] 大让·古赞在一幅题为《夏娃第一位潘多

17　*Leviathan*, 21.

[1]　Sagacitas，智慧、灵巧。Solertia，精明、伶俐。

18　*Leviathan*, 22.

19　同上书，42。

20　Hobbes, *Elements of Law*, 45。在这里霍布斯将好奇等同于惊羡。

21　Augustine, *Confessions*, V. 3; X. 35. 另见 H. Blumenberg, *The Legitimacy of the Modern Age*, trans. R. M. Wallace（Cambridge, Mass., 1983），309-323。关于好奇的上述特点的发展史，见 R. Newhauser, 'Towards a History of Human Curiosity: A Prolegomenon to its Medieval Phase', *Deutsche Vierteljahrsschrift für literaturwissenschaft und Geitesgeschichte*, 56（1982），559-575; L. Marin, 'Mimesis et description: Ou la curiosité à la méthode de l'âge de Montaigne à celui de Descartes', in E. Cropper *et al.*（eds.）, *Documentary Culture: Florence and Rome from Grand Duke Ferdinand I to Pope Alexander VII*（Baltimore, 1992），23-47; N. Kenny, ' "Curiosité" and Philosophical Poetry in the French Renaissance', *Renaissance Studies*, 5（1991），263-276。

22　Reynolds, *A Treatise of the Passions and Faculties of the Soul of Man*（London, 1640），175.

23　Burton, *The Anatomy of Melancholy*, ed. T. Faulkner *et al.*（Oxford, 1989—1994），i. 122f.

拉》的神秘诡异的油画中，[24][1] 描绘了好奇的上述涵义。画中表现一位冷美人斜倚在地上，远处有一座石拱在她的头部形成框架，石拱后方是一片水域，更远处是一座城池（见图3）。她的右边是夏娃的几个典型道具：她手执苹果树枝，肘靠髑髅，俾以提醒我们，人类是因为她才成为必死的凡人。她的左边——根据文艺复兴时代对潘多拉故事的重述——是两只花瓶：一只是红色的，纹饰得美轮美奂，立在一个台阶上，几乎处于画面的中心；另一只是白色的，半遮半掩，她将左手置于其上，手臂上还缠绕着一条蛇。这幅画的复杂图像学引起了大量研究，人们提供了各种各样的假说来解释它。[25] 不过，

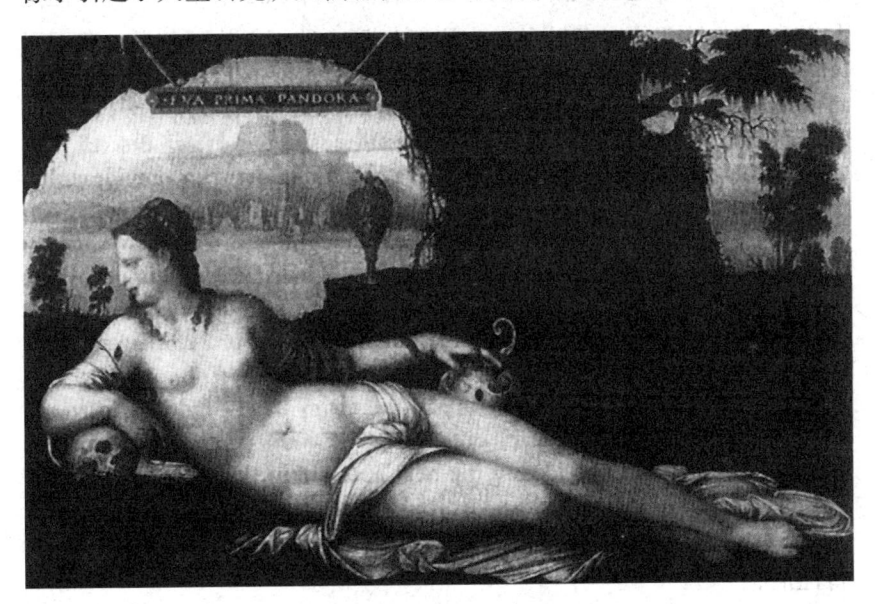

图3　大让·古赞油画
《夏娃第一位潘多拉》（约1549年）

24　这幅油画（约1549年）现存于卢浮宫。
[1]　大让·古赞（Jean Cousin the Elder, 1500—1593之前），法国画家、雕塑家、几何学家；《夏娃第一位潘多拉》（*Eva Prima Pandora*）是他作为画家的代表作（见图3），关于画中人身份，一般认为，根据苹果树枝、魔瓶等符号，她应是基督教的夏娃和异教（希腊神话）的潘多拉的合一。
25　见 E. and D. Panofsky, *Pandora's Box* (New York, 1965), 55-67。关于那两只花瓶，亦见同一部著作，14-26。另见 J. Guillaume, 'Cleopatra Nova Pandora', *Gazette des Beaux-Arts*, 80 (1972), 185-194。

第三部分

潘多拉与夏娃的联系，以及她俩与恶的联系，是毋庸置疑的。潘多拉的美是精雅的，但也是致命的。由于她的桀骜不驯的好奇心，灾难被释放到了人间，于是人间变得死寂而阴沉，变成了一座活坟墓。

当惊奇引起好奇的时候，意味着在惊奇之后接踵而至的是一种非常矛盾的激情，其中充满了谬误的风险。而且，即使那些认为单靠惊奇便能激发探因兴趣的哲学家，也不得不承认，惊奇促使我们进行的那种探求同时也是一个新的激情序列。大多数哲学家认为，如果我们不是只想获得望梅止渴式的知识，惊奇就必须让位于欲望——一种与困难搏斗、不懈地尝试解决问题、探究现有知识之结果的欲望。但是如前所述，欲望也是危险的，它毕竟只是一种可以倏然消散的脆弱激情，内置着犯错误的潜在可能性，而一旦犯错，它可能半途而废。因此，如果企图将激情作为求知的基础，很多哲学家认为这种做法天生缺乏稳定性，难以令人满意，只是个折衷妥协之举，无法保证我们探求 scientia 的努力不被意外的谬误所摧毁。如果单靠可知观念本身不能激发快乐或欲望，而必须靠激情从外面引发，科学认知的前景将一片惨淡。因此，我们发现十七世纪哲学中有一种论调，大致是说，理知本身能够降低和抗衡我们对激情的依赖，因为理知既有能力克制、也有能力激发我们的情感。即使求知活动始于惊奇，从而非常脆弱，却还是能迅速发展成一种免疫于激情，也免疫于激情所诱发的谬误的研究形式。

智性情感

关于理知的一些使之能抵抗激情的特点，一种很有影响力的诠释在某种程度上借鉴了一个更早期的关于入迷或痴迷的概念：在入迷或痴迷的状态中，我们会丢开感觉，超越肉体，[26] 被带到自我之外。[27] 笛卡

26　Reynolds, *Treatise of the Passions*, 8–9.
27　例如见 Aquinas, *Summa Theologiae*, ed. and trans. The Dominican Fathers（London, 1964—1980）, 1a, 2ae. 28。

尔以更为冷静的措辞，从客观观察者的角度，描述了这个现象："当灵魂被一次入迷或沉思吸引过去的时候，我们发现整个肉体保持无感觉状态，即使有各种对象在触动它。"[28] 有一种泄露出宗教痴迷或知识痴迷的肉体无感觉状态，被认为是一种极端的、比较罕见的退隐，但是也有一种类似的状态，被认为是那种构成 scientia 的理知所表现的特点。诚然，这种理知不会使肉体完全停摆，但它还是要求我们退避那些被肉体唤起的思想，同时沉思冥想地专注于被心灵之光揭示的清楚而明晰的观念。这个共识得到了广大作者的表述，也隐含在《第一哲学沉思录》的开篇，在那里，笛卡尔向读者列出了最有助于哲学思考的条件："今天我特意从我的心灵中驱除了一切烦忧，为我自己明确安排了一段自由时间。我在这里全然独处，终于，我将真诚而毫无保留地致力于破除我的各种臆度了。"[29] 马勒伯朗士也阐明了这个共识，他敦促我们："一切希望接近真理、俾以被它的光芒照亮的人，必须首先剥夺他们自己的享乐。他们必须小心避免一切触动心灵、或惬意地吸引心灵的事物。如果一个人希望听见真理之音，那么感觉和激情就必须缄默，因为退出这个世界和轻蔑一切可感物不仅是改变情感的必要条件，同样也是完善心灵的必要条件。"[30] 事实上，马勒伯朗士甚至确信，我们只有彻底摆脱感觉和激情，遁入自我，才能游刃有余地发现最深奥、最难解的可知真理，永远不会落入谬误。[31] 但是当然，他也意识到这是不可能的，无论我们退隐到何种程度，我们的感觉和情感总与我们同在，我们不时地因为一道光的闪现、一只苍蝇的嗡嗡、一个突然的回忆而分心。[32] 可见，心灵的孤独

28　*Optics*, in *Philosophical Writings*, ed. Cottingham *et al*., i. 164.
29　*Meditations on First Philosophy*, in *Philosophical Writings*, ed. Cottingham *et al*., ii. 12. 另见同一作者的 *Discourse*, i. 116。
30　*De la recherche*, ii. 50f; trans. Lennon and Olscamp, 314.
31　同上书, 51; trans. Lennon and Olscamp, 314。另见同上，i. 16; trans. Lennon and Olscamp, p.xxiii。
32　同上书，i. 25; trans. Lennon and Olscamp, p.xxix。笛卡尔提出了同样的观点："在我看来

和平静也许可以促进智性的专注,却不能保证智性的专注。[33]

也许堪称幸运的是,我们追求 scientia 的容力并不完全有赖于我们将肉体引起的分心降到最低程度。理知本身,像入迷一样,被认为具有强制性,一旦我们开始理知,它的强制性就会鼓励和帮助我们抵抗激情的打扰和进攻。理知的魅力,以及它施加于我们的威力,最初被表达在前文所述的一些隐喻中,其中最常见的是将理知比作视力(其次是比作听力):[34] 理知等于视力清明,相反,其他种类的思想等于视力昏聩。盲目的欲望,盲目的好奇,盲目的激情,盲目的丘比特,都是些习见的比喻。笛卡尔说,非哲学化的生活好比闭上眼睛绝不打算睁开,[35] 其言外之意是:感官知觉也是盲目的。更奇怪的是,笛卡尔津津乐道地将光线比作盲人的拐杖,[36] 以此揭示视觉的局限。从表面看来这个比喻是要表示,光线从太阳迅即抵达眼睛,犹如拐杖尖端的运动当即转移到盲人的手上,但是它传达的意思远不止此。在提供关于世界的可信表象时,我们的眼睛绝不比拐杖的划拉更高明,因此,如果我们仅仅依赖眼睛,我们必将在黑暗中趑趄蹒跚。唯有学会了清晰地推理,我们才会像那些被基督恢复了视力的瞎子一样,获得痊愈并迈进光明;而且,正如任何看得见的人都不会硬要做瞎子,理知也会排除障碍,展现一些先前曾超出了我们的想象范围的机会。一旦我们的能力达到新的层次,将我们释放

非常确实的是,只要心灵与肉体结合在一起,那么,心灵无论什么时候受到内在或外在事物的强烈刺激,都不可能从感觉撤离。" Letter to Arnauld, 29 July 1648, in *Philosophical Writings*, ed. Cottingham *et al.*, iii. *Correspondence*, 356。

33 关于笛卡尔如何运用一种奥古斯丁主义的"沉思"和"启示"概念,见 G. Hatfield, 'The Senses and the Fleshless Eye: The Meditations as Cognitive Exercises', in A. O. Rorty (ed.), *Essays on Descartes' Meditations* (Berkeley and Los Angeles, 1986), 45–79。

34 参较上一段中的马勒伯朗士引文,它谈到了必须培养听见真理之音的容力。

35 *Principles*, p.180, pref. to the Fr. edn. 关于笛卡尔的视觉概念,见 M. Merleau-Ponty, 'The Eye and the Mind', trans. C. Dallery, in J. M. Edie (ed.), *The Primacy of Perception* (Evanston, Ill., 1964), 159–190; D. Judowitz, 'Vision, Representation, and Technology in Descartes', in D. M. Levin (ed.), *Modernity and the Hegemony of Vision* (Berkeley and Los Angeles, 1993), 63–86。

36 *Optics*, 153。

到新的视界中，我们就很难认真怀念过去的自己了。

这种对理知之力的乐观主义态度，也彰显在一些对理知之约束力的更细致描述中。雷诺兹说："那些将其本身的赤裸而朴素的真相呈现给心灵的事物……［较之］那些混杂而混乱的、使心灵的意向在真理和激情之间摇摆不定的事物，……确实获得了更肯定的认可……和更坚定的直观。"[37][1] 这个看法是基于心灵与那些以赤裸真相呈现给它的事物之间的一种视觉对话，并再次利用了关于激情的常见比喻。根据这类描述，赤裸的观念之所以有能力要求我们注意和认可，是因为它们不受激情摆布，从而不是"混乱的"或"摇摆不定的"。[38] 混杂着激情的观念含有躁动性，相反，赤裸的观念不含躁动性，却拥有稳定性和纯粹性，并借此以若干种方式作用于心灵。赤裸的观念的稳定性使得心灵能够沉思这些观念；赤裸的观念的纯粹性则确保这些观念能够抵达心灵，不管心灵本身的倾向是什么。进而言之，稳定性和纯粹性反过来又在我们沉思的心灵中唤起坚定和专注，从而使我们的心灵对这些观念获得确定的直观。笛卡尔在关于直观的论述中重申了这种转移的诸要素，[39] 而所谓直观，乃是清晰而专注的心灵的观念，它只能来源于理知之光，[1] 与此相反的是感觉作出的摇摆不定的证言，或者想象作出的虚假的判断。再一次，我们发现理知之光——不妨说——清除了感觉和激情。而且，直观是如此的简单和清晰，以致不可能有余地让我们对自己正在思考的东西产生怀疑。虽然笛卡尔在此将理知的这些特性归属给心灵，而不是归属给

37　Reynolds, *Treatise of the Passions*, 70.

[1]　以方括号或其他括号标示的文字皆为本书作者苏珊·詹姆斯的夹注。

38　参较 Malebranche, *De la recherche*, ii. 162; trans. Lennon and Olscamp, 414。

39　*Rules*, rule 14.

[1]　笛卡尔的"直观"（intuition），是一种通过理知而获得的前存在性知识（pre-existing knowledge），或通过沉思而发现的真相或真理。这个定义下的直观一般被称为理性直观（rational intuition）。另：本译者将 intuition 译作"直观"而非"直觉"，乃参考《探求真理的指导原则》商务印书馆 2005 年中译本的译法（见译者管震湖附录第 121 页，"关于直观"）。

心灵的观念,但是这些特性本身确实一一在位。理知之光不会摇摆不定——它是稳定不移的。理知之光也不会虚假骗人——它揭示了全然赤裸的真理。相应地,依照理知之光进行思考的心灵也是清晰而专注的,此种状态不仅能够导致而且举重若轻地导致确切无疑的认知。[40]

这种相互作用,也悄然涌动在马勒伯朗士的下述说法中:清楚而明晰的观念之所以能控制我们,是因为,一旦我们清楚地理解了某个事物,我们的意志就不能继续渴望把它弄得更清楚,而是对它予以认可。真理的十足透明性能限制我们的决意,因此,尽管决意仍是自由的,它却不再有任何延长其探索的依据。在这里,呈现给意志的观念是稳定的,与此相匹配,意志在归于平静时也是稳定的,这种静止保证了我们对真理的认知也是稳定的,不会摇摆不定。马勒伯朗士将意志最终达成的观念描述为在某种意义上是完整而充分的:意志不能要求把它弄得更清楚,因为意志已经知道了需要知道的一切。这个论点,与理解力服从真理的观点一样,其前提预设是:意志能够识别自己何时得到了恰当的满足,以及那些使激情躁动起来的渴望何时得到了平息。"不妨说,既然再也没有别的东西可供意志将理解力引向它了,意志就必须停止无谓地激动自己和枯竭自己,必须信心满满地默认自己未犯错误。"[41]

理知揭示的纯知觉的约束性,同样来源于它们之间的推演关系。虽然人们对"推演"概念有不同的理解,[42]但是人们普遍同意,所谓论证,就是从不证自明的前提中产生的保真性推理链。[1]而且,各推

---

[40] 关于笛卡尔著作中论述的理知的不可抗拒性,见 L. E. Loeb, 'The Priority of Reason in Descartes', *Philosophical Review*, 99 (1990), 3-43; F. Van de Pitte, 'Intuition and Judgment in Descartes' Theory of Truth', *Journal of the History of Philosophy*, 26 (1988), 453-470。

[41] *De la recherche*, ii. 53; trans. Lennon and Olscamp, 9.

[42] 见 S. Gaukrouger, *Cartesian Logic: An Essay on Descartes' Conception of Inference* (Oxford, 1989)。

[1] 这里出现了一系列近义词:reason、deduction、demonstration、inference,分别译为理知、推演、论证、推理。

理链互相交织，以致论证性知识通常被认为组成了一个整体，或者一个总和（又或者——根据笛卡尔遵循的一种传统——一棵树）。[43] 这种总括性的知识与我们充满激情的混乱观念恰成对照，有时被人用音乐术语去考虑：和谐的、有序的知识，高于和对立于不和谐的、聒噪刺耳的激情。培根就采用过这个比喻，他指派和谐音乐大师俄耳甫斯担任"普世哲学"这一角色。[44] 然而，和谐的另一个特点是能够感动我们，有人以此来暗示：论证性理知的构造本身决定了它对我们的影响力，也解释了我们对它的易感性。[45] 除了用音乐对我们的影响作为比喻以外，还有一种更执着、更形而上学的和谐概念，它对于斯宾诺莎的《道德学》尤为关键。据斯宾诺莎说，我们用来进行论证性理知的那些清晰而充分的观念，属于一个总和，该总和等同于上帝之思或上帝之智。因此，当我们从一个充分观念推论另一个充分观念时，我们所想的是一部分上帝之思，由此，我们与上帝或自然合并成了一体，因为我们分享了他的（或它的）完美和力量。我们自知，这就是理知的本质啊，于是我们产生了一种快乐，但这一次的快乐是来源于我们能把"自我"的边界模糊化，使"自我"变成宇宙间最伟大的总和的一部分。我们快乐，不是因为我们听见了我们之外的一个整体发出的和谐之声，而是因为我们成为了这个和谐整体本身的一个组成部分。

这些比喻在某种程度上暗示着，理知过程及其产生的观念能

43　R. Ariew, 'Descartes and the Tree of Knowledge', *Synthese*, 92（1992）, 101–116.

44　Bacon, *The Philosophy of the Ancients*, in *Works*, ed. J. Spedding et al.（London, 1857—1861）, vi. 720–722。关于俄耳甫斯，见 D. P. Walker, *The Ancient Theology: Studies in Christian Platonism from the Fifteenth to the Eighteenth Centuries*（London, 1972）, 22–41; N. Rhodes, *The Power of Eloquence in English Renaissance Literature*（Hemel Hempstead, 1992）, 3–8。

45　关于音乐能够感动我们，当时有过广泛的讨论，例如见 Marin Mersenne, *Les Préludes de l'harmonie universelle*（Paris, 1634）。进一步的讨论见 D. A, Duncan, 'Mersenne and Modern Learning: The Debate over Music', in T. Sorell（ed.）, *The Rise of Modern Philosophy*（Oxford, 1993）, 89–106。

第三部分

够非常有力地控制我们。但是理知具有约束力的见解还有另一个维度，它使我们回到了理知与痴迷之间的类比。采用这个概念的早期现代哲学家借鉴的是一种长期传统，该传统既包含了斯多葛学派的一个观点：理解乃是激情被强烈而又宁谧的快乐所超越和取代的先决条件；该传统又包含了亚里士多德的一个主张：虽然我们对永恒事物的理解微乎其微，但是"较之我们对我们所居住的世界的全部知识"，永恒事物"通过其自身的卓越"给了我们"更多的快乐"，正如"较之我们对其他事物——无论其数量和维度——的精确见解，我们对我们所爱之人的短短一瞥总是更加可喜"。[46] 在这里，亚里士多德将伴随理知而来的快乐说成了理知对象本身的属性（我们对具有优点和价值的永恒事物进行推理），但是十七世纪哲学家往往还要补充说，我们在心灵的智性运作中也感到快乐。理知活动本身令我们感动，不亚于它推论出来的知识令我们感动。我们喜欢我们自己的理解过程，这意味着我们的情感敦促我们去继续理知，去坚持推理，去扩展我们的知识。

上述观点的两份最不惮其繁的阐述，是笛卡尔和斯宾诺莎给出的，两人都将激情区别于内在情感，或曰智性情感。[1] 不过两人对智性感情的论述却有所不同，主要的差别在于 *scientia* 与 *opinio*[2] 之间的对比中所含的情感特点。在斯宾诺莎看来，我们的不充分观念产生激情，我们的充分观念产生智性情感。只有当我们用充分的或完全的观念去推理时，我们才能躲开激情以及与激情相随的谬误，因此，激情与智性情感之间的平衡随着我们的理解程度而变化。与此相映成趣的是，在笛卡尔看来，智性情感是思想活动的一部分。当

---

46 *On the Parts of Animals*, in *The Complete Works of Aristotle*, ed. J. Barnes（Princeton, 1984）, vol. I, 644^{b}32–645^{a}1.

[1] 内在情感，internal emotions；智性情感，intellectual emotions。两者分别是对笛卡尔哲学术语 *émotions intérieures* 的英文直译和意译。

[2] *opinio*，见本书第 184 页（边码）相关译注。

我们判断清楚而明晰的观念时,我们在体验智性情感;但是当我们评价来自日常生活的混乱观念时,我们也在体验智性情感。因此,智性情感的范围超出了 *scientia* 的范围,只不过当我们对清楚而明晰的观念予以认可时,智性情感来得格外强烈罢了。这两种观点分别回答了"是什么驱动我们去探求科学知识?"的问题,而我也将分而论之。

笛卡尔:快乐的决意

笛卡尔将心灵论述为一个统一的整体,对这种论述而言,要点在于,一切思想仅由唯一一种能力,即认知能力,负责进行。认知能力的运作方式因其处理的观念而异。当心灵思考的是通感中聚集的观念时,心灵在看见、听见,等等;当心灵处理的是想象中的观念时,心灵在记忆或想象;当心灵关注的是不在肉体之中的观念时,心灵在理解。[47]对于这唯一的认知能力来说,思考观念或关注观念就是在意识(心灵意识到这些各不相同的观念是各不相同的),在推理(心灵将一个观念与另一个观念联系起来),在批判(心灵对它自己的观念之内容和可靠性作出相当严苛的判断)。这些成分结合成了唯一一个过程,该过程本身是有情感的——它浸淫着笛卡尔所称的 *émotions intérieures*,[1] 而这类情感"仅由灵魂本身在灵魂中激起",并不依存于元精的运动,所以它们不同于激情。[48]

当笛卡尔在《论灵魂的激情》中引介这类情感时,他将其描述为灵魂对它自身运作过程的知觉,也就是说,灵魂知觉到它自己的决意和一切想象,并知觉到依存于决意和想象的其他思想。[49]而且,

---

47 *Rules*, 42.
[1] *émotions intérieures*,法文,"内在情感",笛卡尔哲学术语,其英译文为 internal emotions(内在情感)或 intellectual emotions(智性情感)。
48 *Passions of the Soul*, 147.
49 *Rules*, 19.

第三部分

这种知觉与决意紧密相连（笛卡尔说，知觉和决意实际上是同一码事），决意则分为两种：一种是终结于灵魂本身的灵魂行动，一种是终结于肉体的灵魂行动。因为这些知觉和决意均以灵魂为其原因，并以独立于肉体中元精运动的方式而出现，所以它们不被激情所伴随。可见，有一类思想[1]不受激情的更具破坏性的后果的影响。

在仅由灵魂引起的知觉和决意中，包含着一种对我们全部思想的二阶自觉性：我们在思想的时候不可能不意识到我们自己在思想，而且，因为灵魂永远在知觉和判断它自己的思想，永远在玩味仅由它本身引起的思想，所以它永远是主动的。此外，笛卡尔还提到了其他两种独立于肉体的思想。第一种是，当我们打算让灵魂去处理不属于可感领域、而属于可知领域的事物——如几何图形、广延物体或美德——时，所出现的知觉和决意。第二种是，当我们让自己去想象某种不存在的事物——如一座入魅的城堡或一个客迈拉[2]——时，所出现的知觉和决意。[50]其中第一种凸显了前文已经探讨过的一个主张：我们的可知观念独立于肉体，从而独立于激情。同样（如第二种所示），那种需要采用和重组一些来自感觉体验的观念的活动也是独立于肉体，从而独立于激情的。后一种容力并不是一种特殊的、我们偶尔为之的思想，而且，如笛卡尔的例子暗示的那样，它也不专属于虚构性的想象。相反，它在大部分时间都是主动而活跃的，例如当我们考虑一项行动的可能方法时，或者当我们以来自经验的证据为基础而进行假设时。因此，灵魂永远包含着由灵魂本身引起的思想，它们全都充满着 *émotions intérieures*，带有一种灵魂因它自己的工作而感到的快乐。而且，这种快乐不受灵魂的思想内容的影响：无论灵魂是欣喜地将某物判断为善，还是悲伤地将某物判

---

[1] "思想"一语在这里指知觉和决意。
[2] 客迈拉，chimera，希腊神话中的狮首、羊身、蛇尾的吐火女妖，可指荒诞不经的念头或不切实际的幻想。
50 *Rules*, 20.

断为恶，灵魂都因为意识到了它自己的行动而快乐。

因此，灵魂的独立作业乃是快乐之源。当我们用可知观念推理时，或者当我们思考来自感觉的观念时，或者当我们让意志对知觉施加影响时，我们体验到一种快乐，它促使我们继续进行这类智性活动。但是，*émotions intérieures* 与激情的关系是怎样的呢？笛卡尔煞费苦心地强调，两者的关系是密不可分的。比如，当我们听到好消息时，心灵对此作出一个判断，发现那是好消息，然后产生一份快乐，这份快乐是纯智性的，它如此彻底地独立于肉体，以致连"斯多葛主义者都不可能否认他们的圣人也会体验到它——尽管他们巴不得他不体验任何激情"。[1]但是同一件事也会导致一种被我们体验为激情式快乐的肉体变化。[51]在后一种情况下，心灵的判断对那种激情予以赞成，于是两者都是快乐之情。不过情况未必总是如此。笛卡尔通过两个例子，说明了激情与 *émotions intérieures* 之间可能发生的错位。其一，读小说和看戏经常引起我们的激情，但是我们对这类激情的意识会引起一种智性快乐。例如我们会把自己在剧院里感到的恐怖封锁起来，使之无法触及和破坏我们感受它时的快乐。其二（比较令人费解一些），一个高兴自己的妻子死掉了的人，在妻子的葬礼上有可能被感动得真正悲伤起来，但是同时，"他在灵魂的最深处感到一份隐秘的快乐，这份快乐之情有着如此强大的威力，以致与它相伴而来的悲伤和眼泪根本没有办法减弱它的力量"。[52]他悲伤，但是他的悲伤不影响他因妻子死掉而感到的快乐（宽慰？狂

---

[1] 这显然是在讽示斯多葛主义的核心价值，斯多葛主义者认为破坏性的激情来源于错误的判断，一位圣人（sage），或一位道德上和理性上的完人，是不会产生这种激情的。

51 *The Principles of Philosophy*, in *Philosophical Writings*, ed. Cottingham *et al*., vol. I, IV, 190。英译文的口气不如法译文那么强烈，后者说，当灵魂发现那是好消息之后，"elle s'en rejoit *en elle-mète*, d'un joie qui *est purement intellectuelle*, et tellement indépendente des emotions du corps, que les Stoïques n'ont pû la dénier a leur Sage, bien qu'ils ayant voulu qu'il fût exempte de toute passion", *Œuvres de Descartes*, ed. C. Adam et P. Tannery (Paris, 1964—1974), ix. 311。

52 *Passions of the Soul*, 147.

第三部分

喜？）。在这两个例子中，激情与内在情感之间划出的那道界线是不太容易认清的。为什么我们就不能说，这两个例子显示的只是一些互相冲突的激情呢？笛卡尔可能给予如下的回答：内在情感是由灵魂本身在灵魂中激起的。如果伴随着鳏夫的快乐而来的是，他不由自主地回忆起亡妻生前的抱怨，同时意识到自己再也不需要设法取悦她了，那么他的快乐也许可以被归类为一种由他的松果体运动而导致的激情。但是，如果伴随着他的快乐而来的是，他根据对他自己的婚姻的一种深思熟虑的评价，而作出了一个判断，那么他的快乐也许就与那种肉体运动有些距离了，可以说它仅仅存在于灵魂之中了；此时鳏夫的快乐是智性的，或内在的。

如果鳏夫是悲喜交集，那么智性情感便与激情联袂出现。灵魂甫一知觉到它自己的激情，就开始体验 émotions intérieures，反过来，émotions intérieures 也引起激情，以致实际上往往无法区别哪些是仅由灵魂本身激起的情感反应，哪些是由灵—肉合成体导致的情感反应。但是我们仍需追问：这两种不同的感受只是在相互作用呢，还是智性情感拥有某种特殊的力量，能抵消激情的力量，并防止我们犯下激情使我们常犯的错误呢？在讨论我们从理知中获得的快乐时，笛卡尔声称，内在情感更加密切地触动我们（"nous touchent de plus près"），因此，较之联袂而来的激情，内在情感对我们有着更大的影响力。[53] 但是，由于内在情感导致的快乐非常密切地附着于意志，所以很难一眼看出，内在情感直接促使我们依照 scientia 的标准而正确地推理，而非促使我们以一种松懈而马虎的方式推理。笛卡尔关于美德的分析显示了 émotions intérieures 的范围之广，他告诉我们，美德包含两项彼此关联的技能，一是判断何为最好的东西，一是根据判断而行动。[54] 他明确地指出，美德的判断并不需要 scientia，

---

53 *Passions of the Soul*, 147.
54 同上书，148。

因为我们只须尽可能好地进行判断，只须尽我们最大的能力运用我们所拥有的无论什么样的评判力。既然美德只是要求我们根据深思熟虑的判断而行动，所以这里的强调反倒落在了意志的力量上。然而，当我们变得有美德时，我们获得了巨大的智性情感回报，因为我们体验到了一种满足，它拥有如此巨大的力量使我们幸福，以致激情哪怕作出最凶猛的努力，也无法搅扰灵魂的宁静。[55]

显然，为了实现这样的幸福，我们必须能够抵抗激情的引诱，这时候，*émotions intérieures* 的超级力量——亦即能够更密切地触动我们——据说就来帮助我们了。而且，我们甫一有了克服某些激情的立场，我们马上意识到，激情是无能的，我们自己却是有能力统治激情的，这种意识本身将会加强我们的智性快乐。[56] 但是现在仍需考虑一下，智性快乐与知识有着怎样的关系，因为，如前所述，美德所需的那种理知可能距离 *scientia* 还很遥远。如果美德的理知——尽管其中也许包含着错误的判断——带来了如此强烈情感满足，那又有什么促使我们去探求作为知识支柱的清楚而明晰的观念呢？*scientia* 的吸引力是纯智性的吗？又或者，*scientia* 具有某些独特的情感特点，使之能吸引我们吗？笛卡尔对他自己的哲学生活的沉思说明，关于这个问题，他肯定有一个答案。在赞美他自己的方法论时，他记录道，自从他开始遵循那种方法以来，他一直感到极度的满足，以致他不相信人生在世还能体验比这更美妙、更纯洁的满足了。[57] 在一篇关于哲学即至善的专论中，他声称，闭着眼睛乱逛，跟睁着眼睛看世界是完全不能比拟的，同理，我们从哲学给予我们的知识中获得的满足也是没有任何东西可以比拟的。[58] 然而，哲学的理知究竟有些什么奥妙，能令人如此无与伦比地快乐呢？部分答案在于理解、

55　*Passions of the Soul*, 148.
56　同上。
57　*Discourse*, 124.
58　*Principles*, p.180, pref. to the Fr. edn.

完美、决意三者之间的关系。当我们清楚而明晰地知觉事物时，我们形成的观念占据了意志，把意志抓得牢牢的。我们不仅判断某物是怎么一回事——这个判断本身就令人快乐；我们还判断我们自己的判断是正确的——这使我们的快乐更加强烈。而且，当我们的判断是一种绝对判断时，例如当我们认可清楚而明晰的观念时，我们更容易根据判断而行动，因为此时不可能有任何残余的怀疑困扰我们，从而削弱我们的认可了。因此，拥有清楚而明晰的观念可以加强我们根据最佳判断而行动的能力，这不仅是美德的组成部分，而且增加了美德带来的幸福。[59]

笛卡尔坚定地认为，那类独立于肉体的观念唤起 *émotions intérieures*。因为我们永远意识到我们自己的思想，又因为我们经常反思我们自己的体验，所以那类观念始终呈现在我们的心灵中，既然如此，它们带来的快乐一定是人人都很熟悉的。这种快乐促使我们从事广泛的批判性思想，包括正式的和非正式的，并且提供给我们一种方法，去面对和改变肉体运动使我们产生的激情。换言之，*émotions intérieures* 激起我们对一切只依存于灵魂的思想的兴趣，而不单是激起我们对更为精妙高深的论证——即 *scientia* 之极致——的热情。这种分析的前提，是以一种包容性较强的观点，去看待有哪些种类的思想能够增进我们的理解，从而是哲学思考的组成部分。为了抵达 *scientia*，我们需要从可感观念进行推理，例如当我们思考我们对物体的体验，俾以获知运动定律的时候。我们也需要弄清一些纯可知观念之间的关系，例如当我们建构数学证据的时候。我们对这两个种类的思想的兴趣都是由 *émotions intérieures* 激发起来并维持下去的：由于 *émotions intérieures* 本身就令人快乐，所以它们激起进一步追求同一种快乐的欲望，也就是继续推理的欲望。

智性情感指导我们的欲望，抵抗我们对肉体快乐的牵挂，促使

---

59 *Passions of the Soul*, 49.

我们追求美德并对我们自己的智性能力产生兴趣。只要智性情感鼓励我们去思考激情在我们的总体生活中的位置，去修正我们的情感习惯，它们便是在培养一种环境，使我们能在其中更好地克服激情的谬误。如果我们根据最深思熟虑的判断而行动的能力提高了，并且同时这种能力也被 *scientia* 的清楚而明晰的观念巩固了，那么智性情感也将随之增强。智性快乐的焦点是决意，也就是被笛卡尔鉴别为灵魂主动性的一种行动。正因为 *scientia* 促成了灵魂的主动性，所以我们感到我们的 *scientia* 知识是可喜的。当意志对清楚而明晰的知觉予以绝对认可时，其中隐含的一种自我肯定反映在随之而来的智性快乐中，相应地，我们的自我肯定是也热烈的。

斯宾诺莎：快乐的理解

一种与此类似的观点是斯宾诺莎阐述的，但是不出所料，它赖以为基础的理论，不是理解与意志之间的分界，而是人类对事物的两种解读之间的区别。[60] 如前所述，在斯宾诺莎看来，我们的大多数观念是不完全的，或如他更喜欢说的那样，不充分的，因此，在我们认知自己和世界时，它们促成的是一份支离破碎的、从而也是歪曲失真的理解。为了避免这种有限的视野，我们必须开始破译隐藏在我们的不充分观念中的因果关系，逐渐学会将我们自己的肉体与我们所遇的客体区别开来，将我们自己的特点与世界的特点划分开来。但是另一方面，如果我们探寻得足够深远，我们则可能获得完全的或充分的观念。[61] 用充分观念取代不充分观念的任务同时也是一个情感变化的过程，此中，我们的激情让位于更强烈的、非激情性

---

60 关于斯宾诺莎和笛卡尔对这个问题的不同进路，见 J. Cottingham, 'The Intellect, the Will and the Passions: Spinoza's Critique of Descartes', *Journal of the History of Philosophy*, 26 (1988), 239–257。

61 *Ethics*, II. P38 c.

第三部分

的快乐之情和欲望之情。充分观念不仅令人快乐，而且激起一种独特的感受，而这种感受，斯宾诺莎是从主动性与被动性这一重要对立的角度去描述的。当我们受动时，我们体验的是激情；当我们行动时，我们领略的是与充分认知联袂而至的快乐和欲望。[62]

这个观点深植在斯宾诺莎的哲学中，与本书第六章已经讨论过的那些信条一脉相承。它们首先帮助我们弄清楚了，为什么从不充分知识到充分知识的跃迁是一种情感跃迁，而且，为什么它是一种快乐的跃迁。我们应当记得，激情是 *conatus*——亦即我们的本质——的表现，是当我们根据不充分观念而奋力提高我们的能力时，所体验的情感。欲望是我们对我们自己不断努力保全自身能力的一种自觉，快乐和悲伤便是我们的努力之成败的标志。随着我们逐渐扩大我们的充分观念的储量，我们对世界作出的充满激情的不充分解读也逐渐让位于完全的或充分的解读，由此我们能正确地判断客体可能有利于我们还是有害于我们。我们拥有的不再是来源于不充分观念、并表现在激情中的有限能力，相反，我们获得了一种更强大、更可靠的能力，其根基是一份完全而充分的理解。而且，我们能力的这种提高表现在我们情感的互相更替中，主要表现在一种强烈快乐的增长中。[63]

这种快乐或喜悦的一个区别性特点是，它产生于充分观念，它的强度直接关联着充分观念所具的属性。这个特点使它作为一种主动情感而凸显出来，并将它与各种激情分离开来。由于充分观念能自显正确，能产生新的结论链，而且又是永恒的，所以充分观念导

---

62 *Ethics*, III. D2; P1.
63 同上书, III. P58; P59; v. P20 s (v)。另见 G. Lloyd, Part of Nature: *Self-Knowledge in Spinoza's Ethics* (Ithaca, NY, 91994), 105–118; A. Donagan, *Spinoza* (Hemel Hemstead, 1988), 136–140; A. Matheron, 'Spinoza and Euclidean Arithmetic: The Example of the Fourth Proportional', trans. D. Lachterman, in M. Grene and D. Nails (eds.), *Spinoza and the Sciences* (Dordrecht, 1986), 125–150。

致了一种其本身相当于一种巨大能力、并且无与伦比地提高了我们的自我保全能力的知识或理解。正因为这种知识提高了我们的能力，所以我们将它体验为快乐。可见，激情性快乐和非激情性快乐都是我们的 conatus 的表现；区别在于，激情是我们对一种不稳定、不可靠的能力的反应，这种能力产生于我们靠感觉体验而获得的对自我、对世界的不充分理解，相形之下，我们从充分观念获得的能力却是可靠的，而且在斯宾诺莎看来是更加有效得多的。因此，随之而来的快乐也是我们所能体验的最强烈的，并且它随着我们充分知识的增加而增强。从现象上看，它也许与某些激情性快乐的表现形式没有太大差异，但是由于它的来龙去脉不一样，所以它保持着它的独特性。

就人类而言，充分理解取代不充分理解的过程永远处于非完成状态，以至于，无论人类变得多么聪明博学，他们仍将继续充满激情，仍将非常容易丧失能力。[64] 不过，只要他们拥有充分观念，他们因丧失能力而产生的悲伤便可被一种在理解所发生事情时感到的快乐冲淡。比如，一位怒火中烧、亟欲报复的官员也许会诋毁和中伤她的同侪的专业声誉，由此削弱他们的能力，让他们过上愁惨的日子，他们则可能——譬如——开始仇恨或畏惧她。但是，如果他们对她的愤怒及其原因、并对他们自己性格中引起她愤怒的特点形成了充分观念，那么，这份理解带给他们的控制力将使他们感到快乐或满足，从而冲淡他们的——譬如——畏惧。他们并未沦为她的愤怒的纯粹牺牲品。由于他们理解了她的愤怒，所以他们拥有了某种能力，去改变它、避免它，或建设性地挑战它，在此意义上，他们的理解产生了一种有益的能力。谬误是激情的组成部分，一个人能否成功地避免激情所含的谬误，取决于此人的充分观念的内容和程度。比如，一位妇女对各种各样的数学问题拥有充分知识，但是对

---

64 Spinoza, *Ethics*, IV. P4.

她自己的愤怒却不甚了解，那她很可能被愤怒之情折磨和摆布。一般说来，我们东鳞西爪的充分观念时常不足以改变我们的激情，不足以保护我们的能力免遭那些原则上可以避免的损失。既然我们的许多观念始终是不充分的，我们的这种脆弱性就永远不会消失；即使最热忱的哲学家也可能以一种有损于自己能力的方式误读世界。然而斯宾诺莎的一部分观点是：随着我们充分观念的储量的增加，我们的能力和由此而来的智性快乐也会增强。随着我们的理解力的启动，非激情性的情感也会占上风，变成一股更强大的力量，指导我们的思想和行动。[65]

关于理知带来的情感转变，斯宾诺莎和笛卡尔的论述有不少共同之处：两位哲学家都认为，智性活动所含的情感格外令人快乐，还能唤起我们追求某类知识的欲望，这类知识可以保护我们避免各种谬误，其中包括我们的凡俗激情所导致的谬误；另外，两位哲学家也都认为，改变激情的过程本身是一个情感过程。除此以外，两位哲学家的观点就大相径庭了。[66] 首先，如第五章和第六章所述，他们对肉体与心灵之间关系的看法迥然相异，这直接影响了他们对激情性情感和非激情性情感的分析。如前所述，笛卡尔认为，*émotions intérieures* 是独特不群的，因为它们附着在仅仅由灵魂引起的观念上。它们与激情之间的根本差别在于两者的起始点不同：激情起源于肉体，是灵—肉合成体所具有的状态，而 *émotions intérieures* 却是灵魂所具有的状态。这个观点被斯宾诺莎修改了，在他看来，智性情感像激情一样，也是我们的肉体观念。他认为，以充分观念进

---

[65] 见 A. O. Rorty, 'Spinoza on the Pathos of Idolatrous Love and the Hilarity of True Love', in R. C. Solomon and K. M. Higgins (eds.), *The Philosophy of (Erotic) Love* (Lawrence. Kan., 1991), 357–365; G. Lloyd, *Spinoza and the 'Ethics'* (London, 1996), 83–98; S. James, 'Power and Difference: Spinoza's Conception of Freedom', *Journal of Political Philosophy*, 4 (1996), 210–221。

[66] 见 Lloyd, *Part of Nature*, 77–147。

行理知的有形化程度,既不高于、也不低于其他种类思想的有形化程度。换言之,理知并不比其他任何种类的思想更加发生在"心灵内"。这个分歧也影响了两位哲学家对人类如何学会抵抗激情冲动的理解。根据笛卡尔的观点,激情和 *émotions intérieures* 是两股不同的力量,虽然 *émotions intérieures* 天生比激情更强大,但是又经常被击退。只有通过开发我们的决意容力,我们才能将内在快乐增强到足以让激情平息的程度。笛卡尔的这种论述以"战争"——心灵可能最终战胜肉体——的意象为主调,但是它被斯宾诺莎彻底抛弃了,在斯宾诺莎看来,激情不是被战胜了,而是被改变了。当我们获得了充分观念并增加了我们的能力时,我们的情感发生了变化。旧有的激情不会潜伏在我们的肉体里,伺机征服我们。我们也许还记得旧有的激情曾经给予我们怎样的感觉,然而我们当前陷入的情感才符合我们如今对自己与世界之间关系的加强版理解。[67]

  两位哲学家的另一个分歧,涉及的是理知带来何种能力:当我们学会改变我们的激情时,我们到底是在对什么感到快乐。如前所述,在笛卡尔的著作中,内在快乐的焦点是决意——内在快乐所伴随的,主要是意志给予的认可;这是灵魂对它自己的自主工作感到的一种相当自恋的快乐。因此,我们越是学会根据最深思熟虑的判断而行动、从而增强了我们的意志,我们就越是快乐。由于理解是实现这一目的的手段,所以我们有了一个提高理解的间接理由:它帮助我们获得一种保障我们幸福的意志力。然而在斯宾诺莎的著作中,提高理解的理由是直接的,因为正是理解本身增强了我们的能力,使我们感到快乐。关于那种使我们得以克服激情的能力位于何处,该能力所含的情感又是何种性质,斯宾诺莎和笛卡尔持不同的意见,但是他们有一个共同的基本信念:该能力给了我们一种独立

---

[67] 关于这种对比,见 J.-M. Beyssase, 'L' Émotions intérieures / l'affect actif', in E. Curley and P.-F. Moreau(eds.), *Spinoza: Issues and Directions*(Leiden, 1990), 176–190。

第三部分

性。这种关联出现在笛卡尔对一个观点的坚执上,他认为,意志是自因的,在人类的所有思想中,唯独意志能够启动它自己,因此我们可以——譬如——决意开始思考语法问题,或决意走进花园。内在快乐越是增加,我们的决意能力就越是增强,与此相随,我们变得愈加自治,也愈加能够控制我们自己对包括激情在内的一切知觉的反应,在这个意义上,我们也愈加独立——既独立于我们周围的世界,也独立于我们的肉体。斯宾诺莎在其著作中,将笛卡尔赋予决意的一些特点转送给了充分观念。他认为,不充分观念是我们对肉体与外物之间关系的混乱看法,实际上,我们只是其中的部分原因,[68]而充分观念是仅凭我们的天性就能理解的。[69]当我们从一个充分观念推论到另一个时,第二个充分观念的起因全然在我们的心灵里,因此我们的思想独立于冲击我们的外物。我们再次发现,这里有一个关于自治或自足的隐喻,虽然这次理解力不被视为一种从肉体的撤离,但是它依然展现了一种不受肉体之外世界的影响的独立性,这正是增加知识所导致的加强版能力的一个特点。[70]斯宾诺莎和笛卡尔的上述分歧,对于他们的主动性概念——即他们的学说的核心——非常关键。笛卡尔认为,主动性在于决意,因此,当我们变得能够根据我们最深思熟虑的判断而行动时,我们变得更主动。而斯宾诺莎却认为,主动性在于理解,当我们增加我们的充分观念时,我们变得更主动。但是两人一致认为,一旦主动性提高了,快乐也随之增强。

我们专心进行理知的容力被随之而来的情感所提高,这种观点显然有一个前提:此类情感是令人愉快的。引人瞩目的是,本章讨论的作者们不约而同地坚信:无论我们认知了什么,认知活动都是

68　Spinoza, *Ethics*, III. D 2.
69　同上。
70　关于斯宾诺莎认为心灵能够脱离肉体而存在,见 R. J. Delahunty, *Spinoza*(London, 1985), 279-305; Donagan, *Spinoza*, 197-207; Lloyd, *Spinoza*, 109-131。

一种快乐。在某种意义上，这个看法有点出人意料。如果我们像斯宾诺莎那样，摈弃上帝与人类之间的特殊关系，而主张人类只是一个绝不根据他们自己的目的而进行调整的宇宙的微小分子，那就很难一眼看出，我们对自己状况的认知怎么会令我们高兴。如果我们最终发现自己只是渺小的、脆弱的、无助的，我们为什么还会欣喜若狂，而不是胆战心惊或垂头丧气？斯宾诺莎的回答是：当我们发现自己正确地认知了自己的处境时，我们所经历的快乐来源于这条知识所扮演的角色——它增加我们的能力。我们通过理解来增加我们的能力，而不论我们理解的消息是多么令人沮丧。在斯宾诺莎的这种论述中，人类模糊觉得存在一个由所有知识构成的知识总和，并觉得有望将他们自己沉浸于其中，这是一种鼓舞，又或许是一种充满热情和渴求的希望。此中没有任何恐怖，智性劳动的艰难困苦似乎是一种干预性的激情，而不是一种属于知识本身的情感。斯宾诺莎的乐观态度，正像笛卡尔的乐观态度，其来源也在于下述观点：当我们进行理知时，我们是主动的；反过来，这个观点又深植在一种将主动性与完美性相联系的总体看法中。在笛卡尔的眼中，犹如在经院主义前辈的眼中，人类变得更主动等同于变得更像上帝，人类越是能够管理他们的意志，人类越是主动和完美。完美度的提升岂能被我们体验为不快或悲哀？斯宾诺莎也以类似的方式辩称，只要我们拥有充分观念，我们就在行动，我们越是增加我们的充分观念，我们就越是能够用神之智进行思考，因此我们也变得越是完美。再一次，行动分享神性，从而分享幸福。

最近很多探讨早期现代知识观的学者热衷于强调，昔人通常将论证性推理视为心灵的一种既独立于肉体、又独立于情感的能力。[71]现在我们已经可以看出，这是毫无根据的过分简化。按照笛卡尔和斯宾诺莎的主张，理知激发的情感不是激情，因此如果说理知

---

71 见本书第 1 章，注释 68。

是冷静无情的，那并不错。但是，如果将激情的缺位等同于情感的缺位，从而总结说理知是没有情感的，那就错了。恰恰相反，理知激发的情感可以来得格外强烈，即使不如此，理知也是充满着快乐和欲望的。再转向理知与肉体脱离的说法吧，我们已经看出，它与斯宾诺莎的观点差之千里。诚然，这种说法可以从笛卡尔、马勒伯朗士和其他笛卡尔主义者的著作中找到大量支持，他们不仅非原创性地辩称，心灵必须脱离感觉和激情，才能产生清楚而明晰的知觉，而且他们以一种更原创性的方式，坚持这个老生常谈，在心灵与肉体之间划出一道绝对的形而上学界线。即使如此，我们也很容易夸大这种区分的严格性，并且很容易忘记：虽然心灵和肉体是两个泾渭分明的概念，但是两者的唇齿相依保证了它们的互动。如前文所述，笛卡尔认为，我们的所有思想都引起智性情感，而智性情感又导致激情。[72] 马勒伯朗士更有力地表达了同样的观点，他坚称：

> 灵魂的一切倾向，即使是那些追求与肉体无关的善的倾向，也被元精的躁动伴随着，这种躁动使这些倾向变得可感。既然一个人不是一个纯粹的精神，他就不可能拥有一种绝对纯粹的倾向，而不或多或少地掺杂一点激情。因此，对真理、正义、美德的爱，或对上帝本身的爱，永远被元精的运动伴随着，该运动使这种爱变得可感，只不过因为我们的感觉体验几乎总是更加生动，所以我们意识不到这一点罢了。……既然那些只能纯粹靠心灵去知觉的事物的观念可以与大脑中的某些踪迹联系在一起，既然当我们看见自己出于自然倾向而去喜爱、憎恨或惧怕的事物时，元精也会同时发生运动，那么显然，对永恒的思考、对地狱的恐惧、对永福的希望（尽管这些事物并不触动感官）……就能激发我们强

72　*Principles*, IV. 190.

第八章　冷静的真知

烈的激情。[73]

智性情感与激情之间的这种相互作用，也曾是亚里士多德主义的一个要素，而直到十七世纪末，亚里士多德主义仍在继续赢得拥趸。例如，主要活跃于 1670 年代的作者查尔顿写道，理性灵魂在理解超自然事物时，体验的是形而上的情感；形而上的情感又被传达给感性灵魂，在那里产生虔诚、献身、爱上帝、恨罪孽、悔悟、希望救赎、畏惧神之正义等所谓的基督教激情。[74]

因此，根据这种笛卡尔主义观点，理知和随之而来的智性情感并不向激情封闭大门，相反，它们之间的联系是密切的、互逆的。为了进行理知，我们必须尽最大努力忽略那些来源于肉体的思想，以免其干预哲学思考这一困难任务。但是同时，我们也必须培养好奇心、求知欲等激情，以此鼓励我们自己去从事哲学思考。如果我们成功了，能够对我们的观念进行批判性理知了，我们对我们自己思想过程的这种自觉意识就会引起智性情感，从而使我们的智性探询持续下去；反过来，智性情感又会导致并增强我们的激情，巩固我们在理解中以及在进一步理解的欲望中感到的快乐。因此，虽然智性情感并无肉体上的表现，但因它们是被激情伴随着的，所以理知一定能产生肉体上的效应，比如，哲学家们——取"哲学家"一语在十七世纪的那种宽泛意义——在跟格外棘手的难题搏斗时，会激动得面红耳赤，或感到胸腔发紧。心灵与肉体之间的这种联系，也使我们进一步洞悉了人怎么能将激情平息到足以探求知识的程度：因为这种联系暗示着，一旦我们开始求知，智性情感便引起一些同情的、支持的激情，由此帮助我们求知。当然，这道程序绝非万无一失，哲学研究中的智性快乐仍可能被躺在太阳底下睡大觉的欲望

73　*De la recherche*, ii, 86; trans. Lennon and Olscamp, 345.
74　*A Natural History of the Passions*（London, 1674）, 77–78.

第三部分

所击败。但是这里的要点在于,肉体的激情被认为能够受到心灵的情感的影响,并且能够与心灵的情感合作。

可见,笛卡尔及其门徒认识到了我们的有形自我的整体性,他们利用这种整体性一并解释了两个问题:是什么促使我们去获取 *scientia*,我们又是怎么能够追求 *scientia* 的。如果说 *scientia* 的真理在某种意义上是没有形体的,那么对 *scientia* 的追求却不是没有形体的,而是有赖于肉体与灵魂之间的相互联系。而且,肉体与灵魂之间的相互联系是有情感的,部分原因在于,理知使我们觉得它在约束和控制我们,而且理知的控制力被智性情感与激情之间的相互关系所加强。既然智性不是一位无情的判官,一切思想当然都被情感伴随着。这一点有必要予以强调,因为它有悖于近期一些颇具影响力的笛卡尔哲学解读,但是仍须承认,笛卡尔对理知所涉及的情感的分析是极端笨重的。[75] 激情根植于肉体运动,智性情感却根植于思想过程,两者之间的互相交流使心灵的统一落了空。此外,两者之间的界线——也许像极了感性灵魂与智性灵魂之间的尴尬界线——也很难划分。将激情与肉体相连,将智性情感与灵魂相连,这种做法的一个笨拙之处被斯宾诺莎看出来,并进行了改造。斯宾诺莎继承了笛卡尔的很多洞见,将其纳入他自己独特的、显然非亚里士多德主义的灵魂理论之中。但是,不亚于笛卡尔,斯宾诺莎同样坚信,智性活动拥有一种特殊的情感属性,它不仅解释了我们为什么要从事哲学探询,而且提升了心灵生活的荣耀。

理知,尤其是用可知观念进行理知,在我们身上激起一种促使我们追求系统性科学知识的快乐,这个观点强烈地影响了一批早期现代哲学家的充满渴望的想象力。如果抽象的理知激发了人类所能产生的最强烈快乐,哲学家们必然觉得自己的工作格外地迷人和令

---

[75] 见 G. Lloyd, *Part of Nature* (Ithaca, NY, 1994),尤见 90-97。

人满足，也必然心无旁骛地坚持下去，直到抵达一种理解和幸福的状态。然而不足为奇的是，这个美好的意象在当时也引起了一些怀疑。很多人接受的是枯燥的经院主义辩论术的教育，他们不大热爱哲学，也不信服所谓哲学开启了通向完美和完满的大门的论调。他们对可知观念的情感性秉持一种颇为不同的看法，并因此而更加青睐一种关于激情与知识之间关系的不同分析。

第九章　劝服术的价值

确保我们的知识免遭激情的歪曲效应是一件困难的任务，因为 scientia 的获得主要在于批判性地考察可感观念，而可感观念却总是被激情所黏附。即使如笛卡尔等人所认为的那样，我们的某些可知观念是与生俱来的，而且即使我们在求知过程中获得的可知观念更多一些，我们也绝不可能超脱对感觉的依赖。早期现代哲学家普遍相信如此，他们当中有些人通过一种明显亚里士多德主义的智性灵魂与感性灵魂的划分，对此加以公式化阐述。例如查尔顿说，感性灵魂只能合成和分解可感物观念，唯有智性才能对产生于想象的命题予以检视、判断和重组。[1] 还有一些人诉诸感觉、想象和理解之间传递的信息，例如培根将感觉描述为一位在理知作出判断之前，向想象发送信息的中介或信使，又如雷诺兹将感觉描述为一位将观念传递给理解的搬运工。[2] 反亚里士多德主义者秉持一种极其相似的观点，将先前归属于灵魂的诸般能力解释为各种不同的思想。例如在

1　Charleton, *A Natural History of the Passions* (London, 1674), 49.
2　Francis Bacon, *The Advancement of Learning*, ed. G. W. Kitchin (London, 1973), 120; Edward Reynolds, *A Treatise of the Passions of Faculties of the Soul of Man* (London, 1640), 3-4.

第九章 劝服术的价值

本书前一章，我们检视了笛卡尔的主张："智性既能被想象激发，又能作用于想象。同理，想象能通过原动力，将感觉导向客体，从而作用于感觉；反过来感觉也能向想象描绘物体的形象，从而作用于想象。"因此，"如果智性打算考察某个能推导到物体的事物，则必须在想象中尽可能明晰地对该事物形成观念。为了正确地做到这一点，该观念所要表现的那个事物本身应当被展现给外在感觉。"[3] 无论这些作者怎样措辞，他们全都将智性描述为一种至关重要的天赋能力，它能整合各种观念，其中也包括广延世界的各种表象。[1] 在执行这些功能中的第一个时，智性对那些呈现给它的观念进行判断，然后宣布它们是可靠的，或欺骗性的，或适于充当推理基础的，或可为行动提供充分理据的，等等。在执行其中第二个功能时，智性采用它已经评价过的观念，去扩展、精炼或修正它已经拥有的知识。显然，这两项运作的前提都是：掌握一套也许因人而异（某个观念你深感怀疑，我却可能很满意）或因形势而异（如笛卡尔所指出的，我们有时不得不迅速做出决定，有时则打算作出结论性的判断）的标准。[4] 但是我们无论何时进行理知，我们都以或多或少的自觉性，去运用逻辑手册的作者们试图阐明和提炼的那些准则。

可感观念对我们的理解作出了巨大贡献，然而在很多情况下，它们和激情纠缠在一起，因而受制于本书第七章讨论过的歪曲性的力量。比如，一种无名的恐惧可能导致一位哲学家相信，女人比男人的理知容力要小一些；又如，行星的 *grandeur* 可能促使我们高估其作为原因的影响力，并相应地低估貌不惊人的遥远的恒星。为了

3　*Rules for the Direction of the Mind*, in *The Philosophical Writings of Descartes*, ed. J. Cottingham *et al.*, 3 vols.（Cambridge, 1984—1991）, i, rule 12.

[1]　表象，representation，参见本书第93页（边码）相关译注。

4　*Rules for the Direction of the Mind*, in *The Philosophical Writings of Descartes*, ed. J. Cottingham *et al.*, 3 vols.（Cambridge, 1984—1991）, i, rule 12; *The Passions of the Soul*, in *Philosophical Writings*, ed. Cottingham *et al.*, i, 211.

第三部分

避免这类偏见及其隐含的谬误，我们可以让科学假说去服从严峻的认识论检验。但因我们充满激情的观念不肯静待理知来宣布它们，而是已经绷紧了缰绳，在我们的前面拖拽我们，所以只有对于那些有能力给予、并且乐于给予理知以空间的人，理知才能发生作用。我们的激情会成为某些推论和结论的强大吹鼓手，比如：这场实验足以盖棺定论，那个论点毫无说服力，那个人一定正确。为了与这类偏好保持一段不可或缺的距离，我们必须有能力阻止自己接受事物的表面价值，而给理知一个工作机会。再一次，我们面对着一个核心问题：是什么给了我们约束我们的激情、使之接受严格考察的容力？是什么使得我们专注于、并且服从于理知？

　　对这些问题，本书前一章思考了两个答案。一个答案是，当我们从可感领域撤退到可知领域时，我们即开始用不受激情影响的观念工作。另一个答案主张，并非所有的情感都是激情，理知本身唤起的是内在情感或智性情感。但是必须承认，尽管这两个答案有着井然的自洽性，却仍有无法令人信服之处。如果激情确实影响我们的大部分观念，如果激情确实是强大而自信的情感力量，那么我们是否还能言之凿凿地说：理知的令人欣悦的乐趣，犹如狮子坑中的但以理，能够驯服激情？甚至，我们是否还能颇为人工地设定两种不同的情感，一种是激情性的，一种是智性的，并且命令后者控制前者？在这个关于智性的压倒性力量的意象中，无疑含有太多一厢情愿的如意算盘，然而有些哲学家还是以怀疑主义的姿态迎接了它，他们同意激情使我们极易陷入谬误，但不认为理知是带着它自己的配套情感，全须全尾而来的。他们对刚才的问题提出了又一个新的答案，辩称，我们控制情感、并且规避情感极易导致的谬误的能力，其实是激情本身的组成部分。既然我们不可能逃入一个智性情感的王国，既然激情永远与我们同在，我们就必须尽可能地利用和约束激情。

第九章 劝服术的价值

知识与力量

对上述进路格外全力以赴的一个例子,是霍布斯提供的。他的第一步是分析我们有能力采取哪些理知模式,以及它们产生哪些种类的知识。他声称,感觉和记忆能够提供一种关于事实的绝对知识,"例如当我们看见一个事实正在发生,或记得它发生过的时候"——后者只关注过去,所以是历史。此外,感觉和记忆还能提供材料给一种以经验为基础的理知或推测,它叫作"慎虑",[1] 也就是根据过去时间的经验对未来作出的假定,以及根据过去的经验从现在对过去作出的假定。[5] 不仅人类拥有对事实的知识和慎虑,动物也拥有;但是还有一种哲学理知是需要语言的,那只有人类才能从事。[6] 它叫作对名称[2]的推定,或对名称的正确配列,也就是从初始的定义推导出结果。[7] 感觉和记忆是人类与生俱来的,慎虑是通过经验获得的,而理知却只能通过勤奋地定义事物和弄清推理规则来获得。由此而来的对结果的知识,亦即对"一个事实依存于另一个事实"的知识,就是哲学家们心向往之的科学。[8]

关于科学的认识论特性,霍布斯的论述素有令人费解之恶名。[9] 他辩称,科学是可推理的或有条件的知识,因为它是关于各名称之间的因果关系的知识,而不是关于某特殊事件是否发生的知识。科

---

[1]　慎虑,prudence。
5　*Leviathan*, ed. R. Tuck (Cambridge, 1991), 23.
6　同上。
[2]　名称,name,指对事物的叫法或概念,商务印书馆中译本《利维坦》(2008 年)译为"名词"。
7　*Leviathan*, ed. R. Tuck (Cambridge, 1991), 32.
8　同上书,35。
9　见 D. W. Hanson, 'The Meaning of "Demonstration" in Hobbes' Science', *History of Political Thought*, II (1990), 587–626, 以及 'Science, Prudence and Folly in Hobbes' Political Philosophy', *Political Theory*, 21 (1993), 634–664。

295

学不会告诉我们"这一事物或那一事物现在存在、已经存在或将要存在——这是绝对地知道;而只是告诉我们如果这一事物现在存在,则那一事物现在也存在,如果这一事物已经存在,则那一事物也已经存在,如果这一事物将要存在,则那一事物也将要存在——这是有条件地知道"。[10] 从霍布斯的某些主张来判断,科学捕获的推论具有确然性。例如,倘若一个人不仅善于使用武器,而且拥有"一种得来的科学知识,知道在什么情况下可以冒犯敌手或被敌手冒犯",他将稳操左券。[11] 但是在其他地方,霍布斯又退缩回去,承认说,正确的定义(不同于笛卡尔所说的清楚而明晰的观念)是不会自显其正确性的,因此,虽然个人可以尽最大努力去正确地理知,但是就连"最能干、最专心和最熟练的人也可能欺骗自己,推理出错误的结论"。[12] 理知过程中没有任何东西能保证所有的推理者殊途同归地抵达真理,世间不存在一种自然指派的正确理知,因此辩论的各方必须任命一个仲裁者或裁判官,各方都愿意服从他的决定。在这种情况下,确然性存在于一位权威的话语之中。

这种由社会共同建构真理的诉求,连同霍布斯所提出的几何学是"迄今为止上帝乐意赋予人类的唯一科学"的主张,[13] 暗示着我们进行理知的企图受制于严重的障碍,障碍之一是我们的激情。如前所述,因果知识使我们更有能力掌控我们身上发生的事情,使我们不依赖别人的很可能错误的权威。[14] 我们之所以有兴趣获得这种知识,是因为我们不停地渴望获得一个又一个的能力,不息地渴望保存和增加我们所拥有的控制力,而调节这种控制力的,是我们的好奇或对原因知识的热爱,[15] 也是我们的一种倾向——我们倾向于相信,如果

---

10 *Leviathan*, 47.
11 同上书,37。
12 同上书,32。
13 同上书,28。
14 同上书,73。
15 同上书,74。

第九章　劝服术的价值

某个事物发生于某个特定时刻，就必有一个原因决定它发生于那个特定时刻。这种倾向使我们刨根究底，也使我们焦虑不安。"由于确信迄今已发生的和将来要发生的一切事情都有其原因，所以一个不断地努力避免所惧之恶、获取所望之善的人，对于未来不可能不总是感到担忧。"犹如普罗米修斯——他的肝脏在夜间长出，以便在白天供鹰来啄食，"一个对前景看得太远的人……他的心也整天被他对死亡、贫困或其他灾难的恐惧所啃咬，惶惶不可终日，只除了睡觉以外"。[16]

解除对未来忧惧的唯一良方，在霍布斯看来，就是因果知识，但是我们对因果的洞见很可能被我们的焦虑所掩盖，而焦虑，"仿佛处在黑暗之中，必须要有某个东西作为对象"。[17]我们不是把恐惧归因于我们自己没有能力容忍无知，而是习惯于把它投射到想象的事物上（见本书第七章的讨论），这个习惯往往是既破坏了慎虑，也毁掉了科学。戚戚于如何保护我们自己，因此我们滋生了一种期盼能控制将来发生之事的欲望，这种欲望可能促使我们去获取关于因果的科学知识。然而，因为我们对我们自己的未来的关注太过强烈，对我们自己的无知和无能的意识也相应地太过生动，所以我们的关心可能表现为焦虑，而焦虑的强度本身会妨碍它的缓解。它啃咬着我们，破坏心灵的专注和宁静，从而使我们无法探索我们自己，也无法定义事物并推导其结果。激情在这里促成了两个互相关联的谬误：第一，它导致科学所需要的那种耐心而有条理的研究短路；第二，它根据不当的理由而设想"无形之物"，然后，无形之物作为强烈情感的对象，又走向新的不科学的解释。

可见我们对因果知识的欲望既是持久的，又是危险的。没有它，我们大概注定要沉沦到一种危险的无知状态；有了它，我们难免陷

16　*Leviathan*, 76.
17　同上。

297

第三部分

入一种妨碍我们努力用科学保护我们自己的焦虑。我们需要以某种方式减轻我们的恐惧，以便专心地定义事物和得出推论，为了做到这一点，我们应当培养的品质之一是判断力。[18]霍布斯秉承古典修辞学家的做法，将判断力与想象力进行对比：前者是明辨事物之间的区别的容力，后者则是对事物之间的相像性的观察，它引起隐喻和明喻。[19]霍布斯解释说，在以伪饰事实为目的的诗歌、赞辞、訾骂和恳请中，占最高地位的是想象，它在历史中扮演着一个较次要的角色；但是在"论证、咨议以及所有对真理的缜密探求中，一切则由判断来完成，除非有时候需要用某些恰当的比喻来启发理解，这时候想象就来发挥如此的作用了。然而就隐喻而言，在这种情况下隐喻是绝对应被排除在外的"。[20]此处霍布斯的目的不是要否认，鉴赏差异性的同时也是鉴赏相似性。在缜密探求真理的活动中限制性地运用想象，只是为了拒绝隐喻而已，正如后来查尔顿在一个类似语境中所说的，隐喻"语焉不详，并导向谬见"。[21]霍布斯所理解的科学依存于定义，而给一个术语下定义，乃是一个把它与其他术语区别开来、把它分解为元素、把它束缚起来（——且用隐喻来说吧）、识别它的界限的过程。不妨说，哲学家—科学家的箴言应当是"惟拆分尔"。在这样一种工程的范围内，如果使用"隐喻、转义和其他修辞格，而不使用某个词语本身"，将是破坏性的，因为修辞格模糊了我们打算用定义去创造的界限。[22]

---

18 *Leviathan*, 51.
19 见 Q. Skinner, *Reason and Rhetoric in the Philosophy of Hobbes* (Cambridge, 1996), 182-198。
20 *Leviathan*, 52.
21 *A Brief Discourse Concerning the Different Wits of Men* (London, 1669), 26-27；参较 Mlebranche, *De la recherche de la vérité*, ed. G. Rodis Lewis, in *Œuvres complètes*, ed. A. Robinet (2nd edn, Paris, 1972), i. 313; trans. T. M. Lennon and P. J. Olscamp as *The Search after Truth* (Columbus, Oh., 1980), 157。
22 *Leviathan*, 35。对于科学中使用比喻性语言的问题，霍布斯的态度是有变化的，见 Skinner, *Reason and Rhetoric*。

通过培养判断力，我们能训练我们自己学会区分事物，以便消解一些更具破坏性的激情。例如，对未来的焦虑把我们拖入谬误，但是如果人们能把这种焦虑从其原因和对象中离析出来，即可避免焦虑。在分解了这些元素之后，人们能更好地考虑它们之间的因果关系，而不大可能兀然得出结论说，有一种无形之力存在着，我们有理由惧怕它。笛卡尔和斯宾诺莎认为，这种拆分是逃离激情的一个步骤，是向充分观念或清晰观念的一次跃迁，而思考充分观念或清晰观念将带来智性快乐。霍布斯却采取另一种看法，他相信，人与人之间在天生才智上的差异，比如在判断的容力和——顺便一说——幻想的容力上的差异，源于他们不同的激情，主要源于他们对各种形式的力量——财富、知识、荣誉等——的渴望程度。一个根本不渴望这些东西的人是不可能有太多判断的，因为，若无强烈的欲望，人便缺乏区分事物的动机，也缺乏追求这些东西并推导其结果的恒心和方向。

霍布斯的以上论说包含几个互相关联的要点。其一，治疗我们思想之躁动性的唯一验方是一种能使我们集中注意力，将其锁定在一个目标上的强烈激情，因为我们用来推理的那些定义并没有什么特殊的本事来抓住我们的注意力。其二，理知过程本身不导致独特的情感，只有当我们将理知视为满足我们的好奇——或对因果知识的渴望——的手段时，我们才保持对理知的兴趣，并且觉得它令人愉快。其三，霍布斯将笛卡尔和斯宾诺莎保留给智性情感的某些特性归属给了一种激情，即好奇。笛卡尔和斯宾诺莎采取的观点是，人人都体验某些智性情感；霍布斯则声称，人人都有某些好奇，虽然人们对自然原因的兴趣一般很有限，但是他们对自身祸福的原因却穷追不舍。[23] 此外，斯宾诺莎强调智性情感不会让人日久生厌，霍布斯则将好奇描述为心灵的无厌渴求，它"对不息不倦地增加知识

23　*Leviathan*, 57, 76.

第三部分

感到持久的快乐，所以超过了任何一种短暂而激越的肉体快乐"。[24]其四，这些特点并未抹煞一个事实：好奇是一种激情，是对一种最具竞争力的力量的渴望。如果——而且只要——我们将因果知识解读为增加我们力量的手段，我们必然渴求因果知识。不过，霍布斯迫不及待地补充说："科学知识是微小的力量"，因为只有在某种程度上掌握了科学知识的人，才明白它能给人力量。[25]来自——譬如——财富的力量是一种 *grandeur*，它随着人们"获得朋友和仆从"而增长；而哲学的力量在大部分情况下却是看不见的，从而是有限的。尽管如此，知识还是带来一定的力量，故不会受到彻底的忽视，至少它在人们获取更加实质性的社会权力和政治权力时可以充当工具，比如一位王子可以学会数学技能，由此增加自己的荣耀和声望。

因此，理知提供给我们一种独特的方法，用来检验我们从经验中获得的对因果关系的日常理解。通过下定义，我们被迫重审我们的观念，更精细地——较之不下定义时——归类它们；通过追查定义与定义之间的关系，我们深化了我们的因果知识；通过运用定义，我们被鼓励去察知我们可能忽略了的差异。科学是理知的结果，慎虑是我们基于经验对因果关系的了解；科学比慎虑有着更坚实的依据，但是它不能保证免于谬误。霍布斯指出，众所周知，即使最博闻的人也会犯错误，即使人人认可的定义也未必正确。而且，如果一场在两造之间无可调和的争端由一位仲裁者来解决，其结论必然也有出错的可能，哪怕两造都同意遵守。话说回来，理知还是我们现有的最佳方法——只要我们能训练自己学会让我们的判断服从理知的标准。像我们在上一章讨论的那些哲学家一样，霍布斯声称，我们最初的理知欲望来源于一种激情，即好奇；他还声称，理知容力因人而异，有人比别人判断力更佳，有人比别人想象力更强，有

---

24 *Leviathan*, 42.
25 同上书，63。

人愚钝，有人稳健。造成这些差异的原因是不同的激情，而不同的激情则主要起因于各人不同的肉体状况和教育程度。但是霍布斯与上一章讨论的哲学家也有分歧，他认为激情不仅启动而且保持我们对理知的兴趣。我们并不是首先被激情促动，然后渐进到一个理知也被智性情感所驱遣的程度，相反，我们依靠的完全是欲望。促使我们让信念服从科学推理之标准的，完全是对力量的欲望，要么是对科学本身的微小力量的欲望，要么是对另一种以科学为手段的力量的欲望。虽然霍布斯没有声称科学探询其实是对另一种东西——即力量——的寻求，但是他确实认为，科学研究的目标是获得一种被描述为"知识就是力量"的知识。

赞同霍布斯结论的作者们认为，促进科学知识的唯一方法是激发和保持那些促使我们进行理知的激情，它们在面对更加光鲜夺目的力量的诱惑时，滋养一种求知欲，"比如一个渴望荣誉的人，会从荣誉的念头想到知识，因为知识是抵达荣誉的最近途径；然后又从知识想到学习，因为学习是抵达知识的最近途径；如此等等"。[26]这个观点迥异于我们在本书上一章讨论的观点，但是两者在实际上又有重合之处，因为智性情感的鼓吹者也承认激情的原动力。虽然他们认为，从认识论的角度看，人被智性情感激发才是最合理的，但是他们承认，我们有必要利用激情，以使我们自己和他人执着于艰苦的理知工作；他们还让步说，我们有时也许不得不乞灵于一些卑下的动机。例如，马勒伯朗士一方面指引我们尽量依靠那些相当于智性情感的激情，比如一种正确利用心灵、使之免于偏见和谬误的欲望，[27]另一方面他又承认，由于这些激情经常是起伏不定的、稀薄微弱的，我们有时不得不走一条更危险的道路，去乞灵于一些"不大明智"的激情。"譬如，较之对真理的爱，虚荣心更能激发

26　*Leviathan*, 并见 *The Element of Law*, ed. F. Tönnies (2nd, London, 1969), 13f。
27　*De la recherche*, ii. 164; trans. Lennon and Olscamp, 415.

我们。我们时常发现，如果人们能把自己所学的东西与别人关联起来，他们会勤奋地投入学习，反之，如果根本没有人听他们说些什么，他们会彻底放弃学习。"[28] 正如马勒伯朗士的让步所暗示的，时人普遍同意，在激励好学之心方面，激情是要扮演一个角色的。然而，霍布斯所谓激情本身能独力扮演这个角色的观点，同时也是一场关于科学探询之苦乐的深入辩论的组成部分。智性情感的鼓吹者认为，科学探询天生令人愉快，霍布斯观点的鼓吹者也承认，当科学探询能满足我们追求力量的首要欲望时，它是令人愉快的；然而还有一派哲学家秉持的观点是，科学探询绝对是令人不快和没有回报的。

艰涩的理知规则

早期现代的一种流行观点认为，理知是严肃的、严峻的、严格的、严重的、严密的，尤其是，绝不娓娓动听。[29] 菲利普·西德尼的哲学家肖像令人难忘地捕捉到了这个观点，他说，哲学家"用艰涩的论据制定最基本的规则，难以形诸言词，也无法清晰地想象，因此，如果你除了他以外别无指路明灯，你只好费力钻研他到老，除非他居然发现了一个实话实说的足够因由"。[30] 这幅肖像暗示着，理知是艰苦卓绝的；然而更糟糕的是，如果你听命于理知的规则，那么你尽管刺激你的想象力，也无法激起任何一种热爱或愉快，因此，如果你像很多博学之士已经相信过的那样，去相信下述说法，则你只是犯了一个错误："当理知拥有大量被控制的激情，犹如心灵拥有向善的自由欲望时"，自然之光便会普照。[31] 恰恰相反，*scientia* 在大

---

28 *De la recherche*, ii. 163; trans. Lennon and Olscamp, 414.
29 Reynolds, *Treatise of the Passions*, 21.
30 *The Defense of Poesie*, in *The Prose Works*, ed. A Feuillerat (Cambridge, 1962), iii. 13-14.
31 同上。

部分情况下根本感动不了我们。

这种抱怨，在某种程度上，无疑是在抗议经院主义哲学中常见的一种格外讨厌的风格。沙朗就曾如此暗示过——那是当他在《论智慧》的序言中请他的读者们放心的时候："像本书所教授的这种哲学，全然是愉快的、自由的、丰盈的，甚至不妨说，也是活泼无羁的；尽管如此，却也是庄严的、高贵的、大器的和珍稀的。"[32] 但是事情也可以比这种判读所暗示的还要严重。问题不仅在于，当哲学被包裹在晦涩难懂的语言中的时候，它无法激起我们的兴趣；更重要的是，就连最清楚明白的理知，也天生带有枯燥的色彩。因此，哲学探询要想俘获我们的心，就只能依靠雄辩术或劝服术了，否则，据培根说，我们将如堕五里雾中。由于情感频繁地煽动兵变和叛乱，所以，"如果雄辩滔滔的劝服术按兵不动，不从情感手中把想象赢取过来，不在理知和想象之间签订一个反情感联盟，理知将变成俘虏和奴仆"。[33]

理知要么使我们无动于衷、要么使我们反感，这种观点挑战了理知激起令人愉快的智性情感的说法。而且，科学探询只能靠雄辩术俘获人心的观点，也有悖于缜密探求真理不是靠想象而是靠判断的说法。很多哲学家正是用这类措辞表达这个论点的，例如雷诺兹解释说："经常发生的情况是，较之严肃沉闷的论辩，想象的巧言令色更能征服意志薄弱者；较之理知的霸气命令，想象能用更有力的曲意逢迎说服人。"[34] 简言之，哲学不应当仅仅依靠判断，还必须借用诗人的工具——诗人"不仅指路，而且给这条路铺上如此甜美的前景，引诱得人人都想去走它"。[35] 哲学必须利用雄辩术，感动人们去进行理知，去接受理知所导向的结论。

32　Charron, *Of Wisdome*, trans. S. Lennard (London, 1608), sig A 7^{r-v}.
33　Bacon, *Advancement of Learning*, 147.
34　Reynolds, *Treatise of the Passions*, 19.
35　Sidney, *Defense of Poesie*, 19.

第三部分

关于如何激起并保持科学探询之兴趣的问题，上述解决方案虽然迥异于笛卡尔和斯宾诺莎青睐的进路，但其立足的地基是一样的。如前所述，论证性推理被认为是对一组可知观念之间关系的知觉，可知观念则与可感观念形成对立。有了如此的划分，便能保证可感观念一定引起激情，而可知观念则一定具有抗激情性。有些哲学家将可知观念的这个特点视为一种优势和机会。由于能抵抗激情，可知观念创造了一个思想苗床，供智性情感生根和成长。但是也有一些哲学家将这个特点视为不利因素。可知观念和推理链的抗激情性带来的不良后果是，它们简直无法感动我们。它们不会激起兴趣、热爱或欲望；较之确能激发我们的情感的可感观念，它们令我们觉得讨厌，以至于，如马勒伯朗士所言："对于肉眼而言，或者对于只用眼睛看事物的心灵而言，抽象的、形而上的、纯可知的原理显得很不牢靠。在这种枯燥而抽象的原理中，没有任何东西可以平息意志的躁动。"[36] 因此，关于我们为什么不能被科学探询所感动，一种解释是：科学探询涉及的观念是可知的，而非可感的。这恰好吻合另一种分析，后者倚恃的观点是：我们对此时此地的感觉，比对遥远时空的感觉要强烈。抽象的真理之所以无法激动我们，正是因为它们看上去很遥远，[37] 缺乏那种吸引我们激情的生动性和直接性——"不妨说，只能从无限遥远的地方看它们，因此灵魂觉得它们相应地缩小了"。[38] 这个妥帖的对比，有时适用于在场观念与不在场观念之间，有时适用于近物与远物之间，不过这两组对立的基础都是与地点和距离相关的概念。而且，这两种对问题的解读都含有一个可能的解决方案。考虑第一份解读，我们得出的结论是，如果能以某种方法把可知观念变成可感观念，它们将变得在场，并唤起我们的激情。

---

36 *De la recherche*, ii. 7; trans. Lennon and Olscamp, 271.
37 同上书，i. 407; trans. Lennon and Olscamp, 271。
38 Pierre Nicole, *Essais de morale*（Paris, 1672）.

第九章　劝服术的价值

考虑第二份解读，我们得出的结论是，如果能把我们的可知事物观念推近一些，它们将唤起更强烈的激情，并获得我们的注意。在两种情况下，诗人的工具都会是好帮手。

如前所述，霍布斯反复指出，诗歌、演说、訾骂和恳请需要强大的想象力，或一种察觉相似性的能力。通过设计明喻和隐喻，并利用其他种种语言工具，修辞学家或诗人能用可感观念来表现抽象的可知观念，也能将遥远的事物或事件与近期的或熟悉的事物联系起来。[39] 两项策略都使受众得以描绘或想象客体，从而使客体变得在场；而且，为了前面讨论的诸般理由，使事物变得在场或近在手边，就使事物变成了激情的可能对象。这套技术利用的是我们的联想习惯，如本书第二部分所言，联想习惯是牢牢根植在人类天性中的。至少，一位诗人可以利用某个事物与某种激情之间的固定联系，比如恐惧与妖怪之间的联系，达到某个目的；一位诗人也可以通过把一个事物联系到另一个事物，成功地将情感从第一个事物迁移到第二个。比如，倘若嫉妒是个妖怪，嫉妒也就变得可怕了。这类技术的倡导者清楚地意识到，它们的运作不单以话语为媒介，其中很多人还同意，这类策略的最高——因其写实性——范例是基督的道成肉身，此时话语已变成血肉之躯。马勒伯朗士解释说："那照亮全人类的光芒，照耀在他们的黑暗之上，却并不驱散黑暗——他们甚至看不见黑暗。智性之光不得不给它自己蒙上面纱，俾以让它自己变得可见；话语不得不变成血肉之躯；隐蔽的、难以企及的知识不得不以凡俗之法，传授给凡俗之人。"[40] 毫无疑问，人类不具备提供可知观念的能力，但是他们能创造宗教仪式，使事物变成活生生的东西，

39　D. K. Shuger 提供了一份杰出的讨论，见其 *Sacred Rhetoric: The Christian Grand Style in the English Renaissance*（Princeton, 1988），193–227。

40　*De la recherche*, ii. 8; trans. Lennon and Olscamp, 272. 有很多人提出这个观点，例如见 John Smith（他将此归功于 Augustine）的 *The Excellency and Nobleness of True Religion*, in C. Patrides（ed.），*The Cambridge Platonists*（Cambridge, 1969），146。

第三部分

例如，圣礼用可见和可感的事物使基督变得更近。[41]（观看召唤基督的仪式，能使最后的晚餐历历在目，使会众栩栩如生地、激情澎湃地赏识基督献身的痛苦和慷慨。）最重要的是，宗教仪式能借助于劝服术，"将不在场的、遥远的事物呈现给你的理解力",[42] 从而激发你的情感。修辞学中所谓"修辞格"的功能，是将赤裸裸未加装饰的可知观念打扮起来，呈现给想象力，而一旦穿上这种可让想象力作出反应的衣裳，想象力就能将可感观念与干巴巴的可知观念联系起来，并由此唤醒激情。如此这般，人能被感动到愿意接受有关不可感领域的论说和结论。[43]

在早期现代著述中，这个古老观点屡见不鲜，浩如烟海的文本直接或间接地提到过它。[44] 在那些高度自觉的哲学作者当中，如前所述，也有些人明确地阐述过它。这里再举几例，培根告诉我们，修辞的目的是使美德变为可见：既然我们"发现不可能以肉体形状把她[1]显示给感觉，便退而求其次，以生动的表象把她显示给想象"。[45] 查尔顿如出一辙，他断言，修辞"对大部分人类的情感"的影响力"如此巨大，以致整个演讲术都建立在这个基础上；最擅此术的人，借助于不在场事物在其想象中形成的意象，将不在场事物如此色彩

41　John Donne, *The Sermon of John Donne*, ed. E. M. Simpson and G. R. Potter（Berkeley ad Los Angeles, 1953—1962）, v. 144.

42　同上书, iv. 87。

43　关于昆体良 [Quintilian] 对这种技术的形成性讨论，见 Skinner, *Sacred Rhetoric*, 182-188。

44　关于修辞学和各种风格的劝服术的发展史，见 Shuger, *Sacred Rhetoric*, 14-54, 另见 B. Vickers, 'The Power of Persuasion: Images of the Orator, Elyot to Shakespeare', in J. M. Murphy（ed.）, *Renaissance Eloquence: Studies in the Theory of Renaissance Rhetoric*（Berkeley and Los Angeles, 1983）, 411-435. 关于亚里士多德和劝服术，见 L. A. Green, 'Aristotle's Rhetoric and Renaissance Views of the Emotions', in P. Mack（ed.）, *Renaissance Rhetoric*（Basingstoke, 1994）, 1-26. 关于法国的修辞学，见 M. Fumaroli, *L'Âge d'éloquence*（Geneva, 1980）。

[1]　她，指美德。

45　*Advancement of Learning*, 147.

第九章　劝服术的价值

斑斓地表现出来，以致它们宛如在场一般"。[46] 培根和查尔顿的说法表明，劝服术之所以成功，是因为它运用了想象。不过劝服术的效力有时也被归功于意志的特性。意志天生是自由的，因此最容易引起它响应的方法是："对意志的自由施加最小的压力，只是通过愉快的、而非强制的论说去施加影响；能达到最佳效果的情况是，将一个理性的、可信的论点变得既甜美又温和，令听者愉悦，以致他乐意为了真理的美丽和藻饰而接受真理，结果你竟不知道究竟是推理的分量征服了他，还是优美诱惑了他。"[47]

在有些作者看来，激情是理知的不可或缺的要素，没有激情，理知不可能扬帆起航，也不可能前进半步。[48] 而且，就连不同意这种观点的哲学家也经常同意说，通过诉诸可感观念，可以得到一个必不可少的解释性道具，去帮助尚未获得智性和情感方面的自控力、因此尚不能凭意志进行理知的学生。如前所述，霍布斯承认，在有些情况下"需要某些恰当的比喻来启发理解，这时候想象就来发挥如此的作用了"。[49] 笛卡尔谈到过同一问题，他说："我们的心灵不可能毫无困难和疲惫地专注于事物，最难的是让它关注那些对于感觉、甚至对于想象来说都是不在场的事物。"[50] 既然如此，我们必须帮助心灵解脱困境，例如用算术或几何的例证来施以援手，或者用代数的"外衣"来"穿扮事物，使之更容易呈现给人类的心灵"。[51] 无疑，向理知施以援手的想法同样也是笛卡尔劝告我们着手学习一种秩序的原因，该秩序使一切科学表现为"最简单、最不烜赫的艺能，尤

46　*Brief Discourse*, 20–21.
47　Reynolds, *Treatise of the Passions*, 19。关于修辞学与哲学，见 B. Vickers, 'Rhetoric and Poetics', in C. B. Schmitt and Q. Skinner (eds.), *The Cambridge History of Renaissance Philosophy* (Cambridge, 1988), 715–745。
48　关于洛克对这个主题的讨论，见 M. Losonsky, 'John Locke on Passions, Will and Belief', *British Journal of the History of Philosophy*, 4 (1996), 267–283。
49　*Leviathan*, 52.
50　*The Principles of Philosophy*, in *Philosophical Writings*, ed. Cottingham *et al.*, vol. i, I. 173.
51　同上；*Rules*, rule 17。

第三部分

其是那些秩序至上的艺能,如编织和制毯,或如更女性化的刺绣艺能——线在此中以无限繁复的式样纵横交织"。[52] 在这类艺能中,秩序是可感的——我们能用眼睛从线的布局中看到它。在这样的语境中学习秩序,我们能让我们自己习惯于察觉秩序,然后将这种技巧运用于更抽象的领域。

使用明喻,也许是将可知观念变成可感观念的主要技术,虽然笛卡尔只是偶尔提到它,但是他广泛地运用着它。[53] 他说,如果我们希望运用想象力,我们必须当心,不要采用太简单的明喻,因为,"一旦把事情变得太容易,大多数心灵会失去兴趣";也不要采用太单调的明喻,因为,若欲呈现一幅悦目的图画,作者必须"不仅使用亮色,还要使用阴影"。[54] 笛卡尔在一封写于1638年的信中阐明,他认为运用类比是一种重要的解释手段。他告诉莫兰:他甚至愿意说,如果某人作出一个关于自然的论断,而该论断却无法被一个类比来解释,其论点就是虚假错误的。然而,议中的类比必须符合某些标准,绝不能照抄经院学者的坏习惯,用一个种类的事物解释另一个不同种类的事物,譬如用物理性的东西解释智性的东西,或者用偶性解释实质,相反,我们必须"只限于用另一运动比拟此一运动,用另一形状比拟此一形状"。[55] 恪守这条原则,笛卡尔用各种生动的比喻注满了他的著作:在描述人类肉体时说它像皇家园林里的自动机械,[56] 在描述导致肉体运动的心灵之火时说它像一团普通的劈柴之火,[57] 在描述心脏和动脉时说它们像风箱和教堂管风琴的音管,[58]

---

52 *The Principles of Philosophy*, in *Philosophical Writings*, ed. Cottingham et al., *Rules*, rule 35。
53 P. France 提供的精彩讨论,见其 *Rhetoric and Truth in France: Descartes to Diderot*(Oxford, 1972),40-67。
54 *The World*, in *Philosophical Writings*, ed. J. Cottingham et al., i. 97.
55 Letter to Morin, 12 Sept. 1638, *Correspondence*, 122.
56 *The Treatise on Man*, in *Philosophical Writings*, ed. Cottingham et al., i. 99, 100-101.
57 *Passions of the Soul*, 8-10,参较 *World*, 83。
58 *Treatise on Man*, 104.

第九章　劝服术的价值

在描述物体的循环运动时说它像在喷泉池中游泳的鱼。[59] 诸如此类的比拟，构成了修辞学家所谓 *ornatus* 和 *ornamenta*[1] 的不可或缺的一部分。不过，说它们起装饰作用，并不等于说它们只是装饰性的，也不等于说它们在哲学角度上是可有可无的。[60] 恰恰相反，它们是劝服性论辩和劝服性阐述的必不可少的元素，因为，除非想象力能够将讨论的对象描绘出来，否则心灵是难以去关注它的。所以说，可见的意象使我们更容易设想可知事物的属性和相互关系。但因可感观念唤起我们的激情，它们同时也就在我们身上激发了快乐、欲望等情感。

对于笛卡尔等作者来说，运用上述技巧的目的只是过渡。可感意象所唤起的激情，其作用只是将可感意象所表现的事物过渡到可知观念，以便可感意象本身最终能被抛弃，至少只是被间歇地想象出来而已。当笛卡尔让我们想象喷泉池中的鱼，以便激发我们对空中物体之行为方式的兴趣时，他只是为了使我们能够思考空中物体本身的行为方式。不时地，我们也许需要回到鱼之类的可感意象，但是我们越是向前迈进，我们抽象思维的容力越强。用一个可感观念表现一个可知观念，这项技术的核心是假定两个不同的观念在某些方面能有相同之处，比如鱼在一池水中的运动，正像肉体的运动一样，是循环的。人们觉得可感观念更容易理解，乃因可感观念是可想象的。虽然本节所讨论的哲学家大都强调说，观念并不是可见的意象，但是在这个语境中，他们似乎相信，尽管可感观念不等于可见的或可听的意象，但是可感观念能够被这类意象伴随。而且，通过促使我们以某种方式将一个可感观念视觉化，可以提醒我们想起该观念。当一位哲学家描述炉火中的木柴火星向上飘浮时，我们

59　*World*, 86.
[1]　ornatus，拉丁文，"装饰"、"装备"；ornamenta，拉丁文，"藻饰"、"衣饰"、"装饰"。参见下一条原注。
60　在古拉丁语中，ornatus 是用来描述武器和战争装备的。关于这个隐喻以及古典修辞学家对它的使用，见 Skinner, *Reason and Rhetoric*, 48-49。

第三部分

形成的意象当中极可能包含了他提到的细节。比如我形成的炉火意象也许是：它离我相当近，足以使我"看见"飞升的火星。然而可见的或可听的意象如何表现可知事物观念呢？看出可知事物与可感事物相像之处的过程所包含的步骤之一，也许是形成相关联的意象，比如我的炉火意象促使我形成一个"心火"意象。此时，大概我会视觉化地想象一些跳跃的小火苗，颜色渐淡，不靠明显的燃料维持，在人的心中燃烧，在人的血液里造成暖流。这个意象并非等同于我的心火观念，[61] 但是它被认为能够改变和加强我的心火观念。在我将心火视觉化以后，我渐渐地变得能够不经视觉化而思考心火的运行；我只是以抽象的方式思考心火的运动及其效应。

然而这个过程的情感侧面又如何呢？此中的关键机制似乎是我们已经讨论过的一种机制，即我们把激情从一个对象迁移到另一个与之相像的对象的自然倾向。我们不仅将这种倾向施加于外物——譬如我们发现我们自己很高兴听一位陌生人讲话，只因他的嗓音使我们想起了一位朋友；而且我们将其施加于我们的观念，由此，一个人会把某个观念激起的恐惧迁移到她觉得类似的观念上去。要想利用这种倾向，我们只需要将一个观念表现为另一个相似的观念即可。尽管——如前所述——我们究竟是怎样做的尚未弄得十分清楚，但是我们确实这样做了却被视为理所当然。如果我将炉火观念体验为美丽迷人的，而且如果你能说服我相信该炉火观念与心火观念是相似的，那么我的情感将附着于心火观念，我将怀着愉快和兴趣去思考心火观念。

如前所述，早期现代作者们用两种方式描述我们正在讨论的技术。其一，符号和比喻性语言使可知观念变得可想象，或变得在场，从而更容易理解；其二，符号和比喻性语言使遥远事物的观念

---

61 对于笛卡尔等不承认观念 [ideas] 乃是意象 [images] 的哲学家来说，观念与意象之间的关系就成了问题，相应地，也就更难解释劝服术是怎样起作用的。

变得更近，从而更容易理解。如果这两种描述可以分开看，那么笛卡尔推荐和使用的大部分手段似乎符合第一种——以可感的方式表现人类感觉不到的事物。然而，在感觉领域把事物挪来挪去，忽而拉近，忽而推远，这个想法还有更多的涵义，它们更复杂地作用于激情所具的自然倾向。由于把一个观念拉近也会产生使它显得更大的效果，所以当我们认为人对近物感到强烈的激情时，也会顺理成章地认为，看上去很大的事物唤起尊敬之情和景仰之情。因此，将事物拉近的技术也很可能唤起我们对 *grandeur* 和 *petitesse*[1] 的激情，于是本书第七章讨论过的那几种歪曲倾向开始行动了。我们对可感观念的敏感性，会拉近世俗事物与我们的距离，燃起我们对它们的强烈欲望。由于我们知觉到别人也渴望它们，而别人的渴望又激发了与 *grandeur* 有关的动力，所以我们的欲望变得更加强烈。尼科尔分析说："任何事物，只要被别人尊重和追求，便足以使我们相信它是值得尊重和追求的，因为一旦拥有了它，我们将认为，我们自己正被万众簇拥，而他们则以有利于我们的方式判断我们，并认为我们作为它的拥有者而很幸福。"如此说来，我们衡量事物"不是根据其真实的、内在固有的价值，而是看其是否带有别人认为的价值"。[62] 如前所述，*grandeur* 是一种靠不住的属性，我们在它面前的脆弱易感导致利益的产生，并导致我们与他人发生关系，从而使我们偏离真知。这似乎暗示着，我们正在讨论的技术也是同样危险的。正因为我们很容易惊羡看上去很大——包括字面意义上和隐喻意义上的"大"——的事物，所以我们必须非常谨慎地使用将事物观念拉近的技术，因为，一旦它们变近了，它们将引起强烈的惊羡。

上述危险得到了时人的充分认识。尽管如此，在一个想象出来的感觉王国中把事物挪来挪去，由此改变我们的激情，这种技术仍

---

[1] *grandeur* 和 *petitesse*，伟大和渺小。
62 Nicole, *Essais de morale*, ii. 58.

第三部分

被视为一个有用的工具。上文已经讨论过的几种劝服术被普遍认为是哲学的必要成分，是吸引和保持我们对真学问和真知识的兴趣的唯一可靠手段。然而同时，它们又饱受质疑，即使最娴熟地操纵它们的人也常常指责它们。霍布斯对想象表示一种绝对谨慎的欢迎，他在《利维坦》的"综述与结论"中很勉强地说，"理知和雄辩可以相当和谐地并存（——虽然也许只是在道德科学中，而不是在自然科学中）"。[63]笛卡尔尽管驾轻就熟地运用着意象，却还是断然维护理知的至高劝服力："那些能最有力地进行理知，最善于整理他们自己的思想，使之变得清晰而可知的人，也总是最有劝服力的人，即使他们只是操着一口下布列塔尼语，且从未学过修辞法。"[64]马勒伯朗士尽管频繁地诉诸想象，却还是谴责演说家或所谓 grands parleurs[1] 的肤浅。他坚称，健全的心灵轻而易举地辨别事物之间的差异，肤浅的心灵却一个劲地想象事物之间的相似，故而只是匆忙地、模糊地、遥远地看东西。[65]这些哲学家的共同犹豫在某种程度上来源于一个共同认识：使用视觉意象有可能搬起石头砸自己的脚。笛卡尔指出，古人的数学分析"与考察图形如此紧密地联系在一起，以致只有把想象力累得疲于奔命才能运用智力。"[66]马勒伯朗士以一种高度修辞性的风格表达了同样的观点。我们必须当心，切勿用藻饰使真理负载过重，以免她看起来像是那种浑身上下珠光宝气的人，乃至只见其衣冠而不见其人；相反，"我们必须像威尼斯总督穿衣一样地穿扮真理——威尼斯总督应当穿戴极其简朴的衣帽，只需把他们与百姓区别开来即可，以便人们能专心地、尊敬地关注他们的脸，而不是留

63　*Leviathan*, 483–484.
64　*Discourse on the Method of Rightly Conducting One's Reason and Seeking the Truth in the Sciences*, in *Philosophical Writings*, ed. Cottingham et al., i. 114.
[1]　*grands parleurs*，法语，"大话家"。
65　*De la recherche*, i. 313; trans. Lennon and Olscamp, 156.
66　*Discourse*, 118.

312

意他们的衣着"。[67]

时人普遍认为，若欲持之以恒和坚定不移地追求知识，我们不得不依靠激情的原动力。这个观点有两个版本。在霍布斯的版本中，科学探询如同我们所做的其他一切事情一样，必须来源于一种驱使我们定义事物并推导因果的欲望。为了激发这种欲望，我们又必须求助于其他激情，如焦虑、恐惧等。在这方面，求知和其他任何活动并无区别，没有理由认为我们从求知中获得的快乐一定大于财富、地位或声望带来的满足。不过，霍布斯降低哲学威风的企图倒还不太令人泄气，更有人认为，理知之严峻，足可轻易导致疲倦和绝望。[68] 为了使求知变得可行——且不说变得可喜，我们必须把求知活动要求我们掌握的可知观念变得可感，用一种能唤起热爱知识、渴望知识等适当激情的意象去表现它们。激情附着于我们从感觉、想象和记忆中获得的观念，我们必须利用这一点，同时我们又必须当心，只能让可感意象去加强、而非压倒其旨在表现的可知观念。

这一点可以通过两种方式来利用，要么是作为唤起那些伴随着理知本身而来的智性激情的第一步，要么是作为唤起那些促使我们去求知的情感的唯一可用的手段。这两个概念中的第二个显然暗示着，获取、拥有和使用知识是一种充满激情的行动，它有赖于一定量的欲望，也有赖于某种沮丧、快乐和享受。聪明博学的人，以及希望变得聪明博学的人，一定拥有某些独特的激情，并且很容易燃起激情——这两点一定是他们的性格中最关键的东西。他们一定拥有某些知识，并对自己的知识怀有某种感情。他们也一定渴望保持、运用或增加他们的知识。不过，这些容力依存于他们持续不断的被动性，依存于他们对可感观念的开放和敏感——须知可感观念来源

---

67 *De la recherche*, II. 167; trans. Lennon and Olscamp, 417. 关于马勒伯朗士运用修辞学风格，见 T. Carr, *Descartes and the Resilience of Rhetoric* (Carbondale, Ill., 1990), 89–124.
68 Reynolds, *Treatise of the Passions*, 21.

于人类的有形存在，而且也许是人类受动的最重要途径。因此，根据这种观点，所谓有容力追求科学知识，并不只是有容力逃离可感领域而进入一个主动的、半神的领域，而是有容力将被动的思想和感情持续下去。哲学探询的主动涵义消失了，或降低了，相反，知识既是由欲望维持的，又表达着欲望。

至此，我把知识和激情表述为两种不同的东西，尽管它们联袂而至。由于知识被激情伴随着，所以知识绝不等于了解一系列毫无生气的互联命题。但是知识凭其自身也不成为一整列情感。本章重点讨论的几位哲学家强烈地倾向于这种知识观，他们将论证——即知识的内容——区别于那些由于知道我们自己在论证而产生的情感。然而这种看问题的视角承受着一定的压力，因为与它并存的还有一种将知识视为激情的迥异观点，那将是下一章的主题。

第十章　知识即情感

我们发现，在十七世纪哲学中，除了认为激情能激发我们求知、智性活动本身伴随着愉快情感的观点以外，还存在一种具有内在复杂性的知识概念，它与情感的联系还要更加紧密。根据这种论述，知道某物尚不足以理解此物，也不足以证明此物——我们还必须有能力对它施加行动才行。然而行动的能力取决于拥有适当的决意，决意则要么被认为与情感是同一码事，要么被认为与情感的关系太过密切，以致两者永远一同出现。无论采取这两种看法中的哪一种，行动和情感都是知识所固有的，而且可以用作标准，去区别知识与较低下的认识论状态。如果人们没有能力根据他们声称知道的某个主张而行动，便意味着他们终究还没有知道。同理，如果某些情感（以爱为典型）出现了，便可证明某个理论是正确的。

这种醉人的分析汲取了两个层层积淀的传统——柏拉图主义和奥古斯丁主义。从柏拉图那里，早期现代哲学家继承了一种将知识视为爱的等级结构概念，其中很多人将此运用到他们对自然知识与道德知识之间关系的诠释中。[1] 叠加于其上的，是奥古斯丁的影响（众

1　关于柏拉图主义发展史，见 D. P. Walker, *The Ancient Theology: Studies in Christian Platonism*

第三部分

所周知，奥古斯丁曾经评论说，柏拉图是异教哲学家中最近乎基督徒的一个），[2] 他的意志学说后来给情感与决意之间的联系增添了权威性。[3] 奥古斯丁眼里的谬误，与其说在于错误的知觉，毋宁说在于人类意志的无序，在于我们没有能力使我们的决意，以及相应的行动，与我们的理解保持一致。但是，既然我们将决意体验为情感，这种非一致性同时也就是情感上的失败——我们没有能力去感觉恰当的爱和恨。为了给我们的意志带来秩序，我们必须尽力改变情感的方向，以便我们能爱或恨恰当的东西。虽然奥古斯丁认为我们抵达这个目标的能力很有限，但是他相信我们有责任尽量争取进步。

只有学会重塑我们的情感，我们才能产生作为知识之本的有序的决意。在十七世纪，无论天主教作者，抑或新教作者，都受到这条研究进路的重大影响，尤其突出地表现在关于善之知识的讨论中。许多采用此法的哲学家在理论知识和实践知识之间作出了不同程度的明确区分，他们认为，获得关于自然世界的纯理论知识也许是有可能的，而认知上帝和理解美德却是实践性技能，表现在行动上。按照这种思路划分界线显然非常便利，但也引起了理论知识和实践知识怎样互相关联的问题，亦即当时的一个论辩主题。[4] 我们将看到，在有些情况下，理论知识和实践知识被整合到了一种柏拉图主义等级结构之中，那是各类知识和爱的一种递增序列。

---

    from the Fifteenth to the Eighteenth Centuries（London, 1972），尤见 164-193；O. Merlan, *From Platonism to Neo-Platonism*（The Hague, 1968）；A. Baldwin and S. Hutton（eds.），*Platonism and the English Imagination*（Cambridge, 1994）。

2 *City of God*, 8. 2.

3 见本书第 5 章注释 101 和 105。

4 见 R. Hoopes, *Right Reason in the English Renaissance*（Cambridge, Mass., 1962）；L. Mulligan, ' "Reason", "Right Reason" and "Revelation" in Mid-Seventeenth Century England', in B. Vickers（ed.），*Occult and Scientific Mentalities in the Renaissance*（Cambridge, 1984），357-401；J. Morgan, *Godly Learning: Puritan Attitudes towards Reason, Learning and Education, 1560—1640*（Cambridge, 1986），41-61。

知识即意志

我们对上帝的认知,绝不可能仅靠"了解神的体系和模型"来获得,或仅靠"我们的书本技能"来获得[5]——这是一群被称为"剑桥柏拉图主义者"的英格兰新教哲学家的共识。[6] 其中亨利·莫尔对此进行了较为系统的探讨,在他看来,美德既在于遵循正确理知的指引,也在于正确理知所激发的那种静谧的幸福。理解善,固然是一件理性的事,[7] 但是美德知识并不止于干巴巴的定义,而是一种追求善、并从中获得无可言说的快乐的能力。[8] 此外,这种快乐的体验并不是理解所具有的一个特点,而是发生在莫尔所称的灵魂的"向善才赋"[1]中,那是一种"与意志极为相像"的天赋才能,它使我们能够喜欢善。[9] 如此看来,莫尔显然赞成一个观点:美德知识是一种被情感伴随着的理解。当我们理解什么是善、什么不是善的时候,我们的向善才赋发出决意,该决意推动我们遵循善的指引,该决意被我们体验为情感。然而这种解读并非定论,莫尔接下来又说,正确

---

5 Ralph Cudworth, *A Sermon Preached before the House of Commons*, in *The Cambridge Platonists*, ed. C. A. Patrides (Cambridge, 1969), 108. 另见 S. Darwall, *The British Moralists and the Internal 'Ought'*, *1640—1740* (Cambridge, 1995), 109-147。

6 关于剑桥柏拉图主义,见 E. Cassirer, *The Platonic Renaissance in England* (London, 1953); S. Hutton, 'Lord Herbert of Cherbury and the Cambridge Platonists', in S. Brown (ed.), *The Routledge History of Philosophy*, v. *British Philosophy and the Age of Enlightenment* (London, 1996), 20-42。

7 More, *An Account of Virtue or Dr. More's Abridgement of Morals Put into English*, tran. E. Southwell (London, 1690), 12, 15.

8 同上书,9。

[1] 向善才赋,boniform faculty,亨利·莫尔术语;boniform 字面意义为 having the form of good,但莫尔用来指 sensitive or responsive to moral excellence,并认为灵魂的向善才赋是我们最基本的道德判断之源。关于亨利·莫尔和剑桥柏拉图主义者,可参见本书第 12 页(边码)相关译注。

9 More, *An Account of Virtue or Dr. More's Abridgement of Morals Put into English*, tran. E. Southwell (London, 1690), 6.

第三部分

理知的标准是智性的爱,它激发向善才赋。如果我们问:我们怎么知道自己在正确地理知呢?答案便在于向善才赋的"快乐和内在固有的感情"。[10]因此,向善才赋遵从正确理知的判断,正确理知的判断又听命于向善才赋的固有感觉。智性情感成为了善的试纸。

其他剑桥柏拉图主义者同意莫尔对情感的认识论意义的看法,同时他们也更加强调知识与行动之间的关系。例如,根据本杰明·惠奇科特的观点,除非知识走向行动,否则,知识不会神圣化,真理会被不义阻挡。[11][1] 掌握理论知识的人也许拥有了"一个可资谈论和宣扬的宗教,一个给予他们一种教派的宗教",[12]但是他们缺乏"对上帝的感觉",即一种向往上帝的强有力倾向,它使我们与神性合一,并带来最真的快乐和满足。[13]拉尔夫·卡德沃思更热烈地重申,就宗教而言,仅仅有纯理论知识是不够的。他将纯理论知识的局限性归咎于话语在表达宗教真理时的乏力:"冷冰冰的定理和箴言、枯燥无味的辩论、贫乏的三段论推理,仅凭它们自身,永远不足以带来真正天国之光的最短暂一瞥,或给任何一颗心带来一丁点儿救赎知识。"这是因为,"单词和音节只是僵死的东西,不可能将天国真理的鲜活概念传达给我们"。[14]此处卡德沃思的论点——后来得到他的同侪亨利·莫尔的应和[15]——似乎汲取了我们

---

10 More, *An Account of Virtue or Dr. More's Abridgement of Morals Put into English*, tran. E. Southwell(London, 1690), 156.
11 *The Use of Reason in Matters of Religion*, in *The Cambridge Platonists* ed. Patrides, 42。关于惠奇科特,见 R. A. Grene, 'Whichcote, the Candle of the Lord and Synderesis', *Journal of the History of Ideas*, 52(1991), 617-644。
[1] 真理被不义阻挡,truth is held in unrighteousness,语出《新约·罗马人书》1:19:"神的忿怒、从天上显明在一切虔不义的人身上、就是那些行不义阻挡真理的人。"(For the wrath of God is revealed from heaven against all ungodliness and unrighteousness of men, who hold the truth in unrighteousness.)
12 Whichcote, *Use of Reason*, 72.
13 同上。
14 Cudworth, *Sermon*, 92.
15 More, *Account of Virtue*, 9.

在霍布斯等人那里发现的对于论证的看法,他们认为,论证作为一种思想,乃是研究定义与定义之间、或词语与词语之间的关系,而非研究观念与观念之间的关系。卡德沃思的批判的强大力量,同样也来源于僵死与生动之间的区分,与此匹配的是表象与我们对感觉属性的体验之间的区分:

> 一位画家要画一朵玫瑰,虽然他很可能在形象和颜色上惟妙惟肖,但是他永远不可能画出玫瑰的芬芳馥郁;或者,如果他要画一团火焰,他永远不可能把丝毫的恒温放进他的色彩里;他不可能使他的笔端滴下一个声音,正如一首讽刺诗的叠句嘲笑他的那样:"如果你想画出一种酷肖,画出一个声音"……我们也永远不可能将任何一条精神性真理的生命、灵魂和本质装进词语和字母里,仿佛将它们融入了词语和字母里。[16]

在这里,精神性真理的实质被比作玫瑰的香味或火焰的温度,被比作生动的、促使我们行动的感觉属性。宗教知识之所以与这些东西相像,盖因宗教知识是我们对上帝的可感认识,对此,卡德沃思和其他剑桥柏拉图主义者不仅以味觉、触觉、嗅觉方面的术语,而且以视觉和听觉方面的意象,锲而不舍地加以描述。卡德沃思说:"词语和声音不足以表达宗教真理的精神,行动才是它的最好宣言和自我表达,正如埃及人的古老书写方式不是用词语,而是用物体。"[17]

我们应当完善我们的实践知识、而非纯理论知识的观点,也得到了约翰·史密斯[1]的口若悬河的辩护,他说:"汗流浃背、绞尽脑汁地想出来的东西,不是最好和最真的关于上帝的知识,天国之火

---

16 *Sermon*, 92.
17 同上书, 108。
[1] 约翰·史密斯(John Smith, 1618—1652),英国哲学家、神学家、教育家,剑桥柏拉图派创始人之一,毕业于剑桥大学以马利学院,任教于剑桥大学王后学院。

第三部分

在我们内里点燃的才是。"[18] 像惠奇科特和卡德沃思一样，史密斯将认知真理和践行美德区别开来，但也像他们一样，他认为认知真理和践行美德又是密不可分的。卡德沃思告诉我们，真与爱是世上最强大的两样东西，当它们联袂而行时，是难以抗拒的。[19] 史密斯则说，不仅如此，真与善天生是无法拆散的："它们系出同根，且你中有我，我中有你。"[20] 这两位作者坚持奥古斯丁主义观点，认为从真到善的跃迁有赖于意志的改造。在卡德沃思看来，我们不幸的根源在于刚愎自用："刚愎自用只会束缚和限制我们的灵魂，一旦我们戒除了我们的这种刚愎自用，我们的意志将变得真正地自由，阔大到有如上帝自己的意志那样的程度。"[21] 史密斯也认为，我们的缺点主要在于我们的决意："与其说我们希望有办法知道我们该做什么，毋宁说我们希望有意志去做一切我们也许知道的事。"而且，卡德沃思和史密斯两人都把拥有健全的意志等同于快乐。史密斯将这种状态描述为"真正的完善、甘美、活力和美好，……干巴巴的论证不能认识它，犹如盲人不能知觉色彩"。[22] 卡德沃思则将这种状态定性为爱的法则："一种音乐般的灵魂，给我们死寂的心之管风琴灌注了音乐，使它们自动地乐于按照神谕的法则而和谐地行动。"[23]

这些阐述都汲取了本书前一章讨论的一种观点，即仅靠理知是不能打动我们的。但是剑桥柏拉图主义者没有将枯燥的理知指认为求知的障碍，而是强调，枯燥的理知是知识本身的障碍，因为知识不仅是理解逻辑关系，而且要求有情感。他们的这种将知识和情感等量齐观的看法，与认为知识能唤起智性情感的观点非常相像，但

---

18 *The True Way or Method of Attaining to Divine Knowledge*, in *Cambridge Platonists*, ed. Patrides, 129.
19 *Sermon*, 118.
20 *True Way*, 130.
21 *Sermon*, 99.
22 *True Way*, 139.
23 *Sermon*, 124.

320

是两者之间仍有重大区别。智性情感的鼓吹者捍卫如下两个核心论点：第一，一切纯理论知识，无论是关于自然科学还是关于道德科学的，都激发智性快乐；第二，心灵为它自己的理解活动感到快乐。这两个论点都受到了剑桥柏拉图主义者的质疑。他们认为，自然知识不依赖智性情感，它完全可以来自枯燥的三段论推理，而道德知识却依存于某种感情气质。而且，就道德知识而言，我们体验智性快乐的时刻，正是我们正确地决意的时刻，而非我们仅仅理解的时刻。比如，有些知觉构成了我们对神之体系和模型的知识，但是它们可能令我们完全无动于衷，只有当我们体验决意或情感时，才能说我们在真正地知道。

如果将剑桥柏拉图主义者与斯宾诺莎——即本书第八章讨论的两位哲学家之一——相比，上述区别还是比较清楚和利索的，但是当我们转向笛卡尔时，它们就变得比较模糊了。如前所述，在笛卡尔看来，智性情感主要与决意相关联，我们只有学会控制自己的意志，从而能按照我们最深思熟虑的判断去行动，我们才变得真正地幸福。至此，笛卡尔主义与剑桥柏拉图主义是不谋而合的，他们都认为美德在于我们能够控制意志。但是接下来他们就有了分歧：他们对决意有不同的侧重，对意志与知识之间的关系也有不同的设想。笛卡尔认为，如果意志发现它自己的行动——即对判断给予认可——是正确的，意志会感到快乐，而且知识的获得会加强意志的快乐，尽管只是间接的。剑桥柏拉图主义者却认为存在一个分界，界线的一边是理知，另一边是爱或知识。理知本身不驱使意志工作，也无法产生根据理解而行动的能力，因此，怎样实现理知和怎样实现爱或知识，就不再是同一个问题。我们面临的是一个新问题：该怎样产生和扩散那种构成美德知识的爱？

既然美德知识至少在一定程度上等于对事物产生适当的情感，那么为了战胜谬误，看来我们就必须改变激情的方向。上述哲学家们大量利用的一个改变办法，是求助于修辞学家收录的各种劝服术。

321

第三部分

巧妙地选用符号和修辞格能改变受众对世界的看法和感受。但是，追求实践知识的欲望也为其他一些技术的应用大开方便之门，允许它们以更多的途径作用于我们的激情。首先，我们身上一个可被用来改变情感方向的品质是，我们倾向于爱我们觉得与我们自己相像的事物。这是个经久耐用的观点，不仅在柏拉图的著述中找得到，而且普鲁塔克也曾用它来解释动物界的物种内部团结，例如大象爱大象，鹰隼爱鹰隼。人类也有同样的倾向，只不过以更加细腻的方式运行，不仅同种相亲，而且同气相求，[24]所以博学之士多与博学之士相处，学生多与学生相交，士兵多与士兵相契。一旦我们意识到这个倾向，我们就能操纵它，通过介绍某人认识一些他觉得与他自己相像或不相像的人，达到改变他的激情的目的。此策的最高范例是基督的道成肉身：上帝变成人，由此上帝使他自己变得与我们相像；我们发现上帝能体验我们的苦乐，由此我们更加爱上帝。此外也有一些世俗策略，例如托马斯·赖特告诫我们："倘若你想取悦你的主人或朋友，你必须穿扮成他喜欢的样子；……滥用此策滋生谄媚，善用此策则滋养仁爱。"[25]它像前述的所有劝服术一样，也是一柄双刃剑。比如，卡德沃思怒斥了那些把上帝描绘得跟他们自己一模一样的人："如同纳喀索斯，他们爱上了"他们自己。但是在同一文段，卡德沃思又赞扬了《福音书》，说它是神圣知识的源泉，因为它"不是别的，而是上帝以我们人的形式降临人世，作为我们人的同类跟我们谈话，俾以诱导我们，将我们提拔到上帝的高度，让我们分享他的神圣形式"。[26]

改变激情方向的另一个办法是诉诸情感的模仿性。我也许对某

24　例如见 Edward Reynolds, *A Treatise of the Passions and Faculties of the Soul of Man*（London, 1640），88。

25　*The Passions of the Mind in General*（2nd edn 1604），ed. W. W. Newbold（New York, 1986），160。

26　*Sermon*, 101。

第十章　知识即情感

物并无强烈激情，可是一旦我知觉到你爱此物，我会模仿你的情感，也爱上此物。利用模仿性是一种常见的雄辩技巧，而且，如本书第五章所述，它被纳入了十七世纪关于激情的肉体表征的诸家理论中。例如马勒伯朗士解释过，当一个人率直地出现在他人面前时，模仿性是怎样起作用的："一个对自己的言论深信不疑的人，通常也能令他人深信不疑，犹如一个满腔热情的人总能唤起他人的热情。即使他的口才并不高明，他的说服力却不会减少。这是因为他的仪表和风度触动了他人，比一场更严谨、然而语气冷漠的演讲，更能激发他人的想象。"[27] 亨利·莫尔在他的道德诗《丘比特的冲突》中，认定人们是懂得这种技术的。在诗中，丘比特向清高的诗人梅拉阐明爱欲的乐趣和好处，他告诉梅拉，如果我使你燃起熊熊爱火，那么——

> 男女老少，高贵卑贱，各行各业，
> 都将竖起耳朵听你发言，
> 被你的甜言蜜语轻易地打动，
> 你的笛声将被兴高采烈地追随。[28]

据说模仿的倾向也通过绘画媒介起作用，这一点，譬如当普桑解释自己为什么不肯画"走向髑髅地"时，[1] 表现得很清楚。普桑写道："画耶稣受难已经让我难受了，我画得万分痛苦，如果再去画耶稣背负十字架，我会完蛋。一个人的头脑和心灵必须充满深刻而痛苦的

27　*De la recherche de la vérité*, ed. G. Rodis, in *Œuvres complètes*, ed. A. Robinet（2nd edn, Paris, 1972）, i. 329; trans. T. M. Lennon and P. J. Olscamp as *The Search after Truth*（Columbus, Oh., 1980）, 165–166.

28　自 *Cupid's Conflict annexed to Democrius Platonnisans*, ed. P. G. Stanwood（Berkeley and Los Angeles, 1968）, 12.

[1]　髑髅地，Calvary，耶稣受难之地。普桑（Nicolas Poussin, 1594—1665），著名的法国巴洛克风格画家。

第三部分

思想,才可能有信心去画如此哀苦和阴暗的主题,而我是不能忍受那种思想的。"[29]

可见,模仿的技术在各种情境下被运用,比如,它在布道中为一种尤其兴盛于英国清教界的基督教演讲传统提供了基础。这类布道活动的核心概念是,如果布道者本人真正被一种激情牢牢攫住,并且用他的语言和姿势表达了这种激情,他将在听众心中激起同样的情感,其结果将如珀金斯[1]所言,他心中的火焰在会众心中点燃了对上帝的爱和对罪孽的恨。[30]要想将一种激情铭刻在别人心中,"首先它必须铭刻在我们自己心中,然后通过我们的声音、目光和姿势,世人将看透和洞悉我们受到了怎样的感动"。[31]为了让这个方法奏效,布道者必须显得既热情又自然,因为,一旦会众意识到布道者是在用手段激发他们,他们将会分心,不再被他的激情吸引,情感的迁移也就无法实现了。因此,这里强调的是真诚和表现力,是使用感人而又随性的辞令,而不是使用精心打磨的、处心积虑的风格。事实上,最理想的情况是:布道者不应当刻意追求情感效应,而应当让圣灵赐予他热烈的心和火辣的舌,[32]使他能不由自主地倾泻自己的感情。据信只要运用得巧妙,这个方法是极其有力的,能对听众产生强烈的影响,煽起他们猛烈的激情。托马斯·赖特以这样一次回忆款待他的读者:

> 一位意大利牧师对他的听众有极大的影响力,只要他乐意,

29　Poussin to Stella in *Actes*, ed. A. Chastel (Paris, 1960), ii. 219.

[1]　珀金斯（William Perkins, 1558—1602）,英格兰牧师、神学家、清教运动领袖之一,毕业于剑桥大学。

30　*The Art of Prophesying*, in *The Workes of that Famous and Worthie Minister of Christ, in the University of Cambridge, Mr. William Perkins* (Cambridge, 1609), ii. 70.

31　Wright, *Passions of the Mind*, 212.

32　Perkins. Quoted in Shuger, *Sacred Rhetoric: The Christian Grand Style in the English Renaissance* (Princeton, 1988), 231.

他可以令他们涕泗滂沱——是的，眼泪从他们的脸颊滚滚而落；转瞬间他又令他们破涕为笑。原因在于他自己便是满腔激情；此外，他不仅知道该用什么技巧打动那些听众的情感，而且，由于他的听众多半是妇女（她们的激情更猛烈也更无常），因此他可能已经劝服她们接受了他的喜好。[33]

赖特所讲的轶事说明，这类布道的功用不仅是要唤起积极情感，比如爱上帝和希望救赎，而且是要唤起消极情感，比如恐惧和自憎。卡德沃思提醒下院议员们："若欲为我们上天堂的资格获得一份牢靠的保险，其方法不是以我们自己那些无据的劝说为梯，向上攀登到天堂，而是以我们自己心里的谦恭和自我否定为铲，挖掘到地狱那么低。"[34] 在这里，从谬误到知识的跃迁被视为一次情感之旅，在旅途中，自满必须给绝望让路，希望必须被恐惧碾碎，不当的情感才能开始被恰当的爱和恨所取代。知识的增长并不导致一种静谧而愉快的爱，相反却激起各种其他情感，它们纷纷被修辞术唤醒，而修辞术"所鼓励的那些东西，有违于人类常识，对人类误入歧途的堕落天性来说显得苦涩和讨厌：比如蔑视财富、鄙薄荣誉、逃避享乐、憎恨父母、热爱敌人"。[35]

此术在英格兰的清教派当中大行其道，由此招来了一批劲敌，他们分别基于宗教理据和认识论理据，谴责这种所谓的"狂热"，并批驳情感是知识之组成成分的观点。狂热的宗教信念被激发后，它一方面威胁了牧师的权威和教会的教旨，另一方面，它声称要维护一种将知识视为情感的观点，因此似乎绕开了理知。真理能被感觉到的论断发展成了一种极端的主观主义，很多哲学家视之为一种非

33　*Passions of the Mind*, 90.

34　*Sermon*, 94.

35　Ludovicus Carbo, *Divinus Orator, vel de rhetoric divina libri septem*（Venice, 1595），32. Quoted in Shuger, *Sacred Rhetoric*, 131.

第三部分

常危险的对宗教知识的曲解，他们分别基于上述两种理据对之进行了激烈的驳斥。亨利·莫尔从宗教理据出发，将狂热定义为"一个人绝对地、然而错误地深信他自己福至心灵"，然后，莫尔将这种谬误归因于想象力过于丰富，尤其归因于多愁善感，它使人很容易"强烈而武断地要么相信某件事，要么不相信某件事"，也使人变得能言善辩。[36] 此处的问题，不是福至心灵没有出现，也不是作为知识的爱没有出现，而是很难识别这些东西。从认识论理据出发的反对之声则来自洛克，见于他为1700年付梓的《人类理解论》第四版撰写的那个专章。[37] 洛克告诉读者，我们只有两个正当理由去赞同某个命题。一个是，我们确有理由赞同它，也就是说，我们的证据或论据支持该命题，并要求我们在一定程度上赞同它。另一个是，该命题是一条神启，是上帝直接传达给我们的一条真理，"理知已提出证言和证物，证明它来自上帝，由此保证了它的真理性"。[38] 相反，狂热——即坚信我们自己的冲动来自神的感召——却不能成为赞同某个命题的正当理由。那些相信他们自己福至心灵的人，"感觉到上帝之手在他们心中转动，感觉到圣灵的脉动，而且他们绝不会弄错自己的感觉。……他们明明对之产生了感觉体验的事，是不容怀疑、也无需一段试用期的。如果一个人居然要求谁向他证明光在照耀，向他证明他看见了光，那岂不是可笑？"[39] 狂热分子看不出有必要考虑，他们所感知的究竟是他们自己的意向，还是圣灵在推动那个意向。这种自信使他们变得非常顽固，而且非常危险。[40]

---

36 *Enthusiasmus Triumphatus*, ed. M. V. De Porte（Berkeley and Los Angeles, 1966），10–11。见 R. Crocker, 'Mysticism and Enthusiasm in Henry More', in S. Hutton（ed.）, *Henry More（1614—1687）: Tercentenary Studies*（Dordrecht, 1990），137–155.

37 见 W. Von Leyden, *John Locke: Essays on the Law of Nature*（Oxford, 1954），60–80。

38 *An Essay Concerning Human Understanding*, ed. P. H. Nidditch（Oxford, 1975），IV. xix. 4.

39 同上书，8。

40 狂热在当时饱受批评，见 Walter Charleton, *The Darkness of Atheism Dispelled by the Light of Nature: A Physico-Theological Treatise*（London, 1652），pref.; Robert Boyle, *Some Considerations on the Reconcileableness of Reason and Religion*, in *Works*, ed. T. Birch（London,

第十章　知识即情感

洛克在此谴责的是，狂热分子对他们自己的情感采取了不假思索的草率态度，但是洛克还有一个言外之意：这些情感本身就没有什么东西可供我们思索。它们不包含任何能证明它们自己的起源的证据，结果，为了核定某条真理是不是一条神启，我们只好撇开那条真理本身，反而去看理知给出的证言。一旦从狂热分子的说辞中去掉所谓亲见或实感之类的隐喻，剩下的就只是"他们确信是因为他们确信；他们的信念正确是因为他们坚信不疑"。[41] 这类比喻"极度地欺骗了他们，以致它们对于他们的用途是确信，对于别人的用途却是论证"。对于狂热分子采用的比喻的认识论意义，洛克所秉持的这种怀疑主义态度，无疑巩固了他的一个更加总括性的观点，即修辞是谬误和欺骗的有力工具。[42] 不过，洛克在解释这一评断时，他承认了那些给修辞术带来强大说服力的特点，并劝说其他哲学家相信，修辞术可以被良性地使用。洛克让步说，我们不得不正视，修辞术是讨喜的："辩才好比美女，身上有着太多诱人的美丽，以致不可能招致非议。既然人们觉得受骗是乐趣，责难那些骗术就是徒劳的了。"[43] 简言之，激情与真理风马牛不相及，知识的乐趣很容易被那些与谬误有关的乐趣推翻。

宗教狂热败坏了知识与情感同一的名誉，导致人们更加认为知识有赖于其他种类的证据，但若夸大十七世纪哲学中狂热思潮的历史重要性，允许它掩盖了人们究竟是在何种程度上将知识与情感视为互相缠绕、难解难分、几乎是同一码事的观点，那将是一个错误。

1772）, iii, 尤见 518-519; John Wilkins, *Sermons Preached upon Several Occasions*（London, 1682）, 400, 407-408; Hobbes, *Leviathan*, ed. R. Tuck（Cambridge, 1991）, 57, 258-259。另见 Mulligan, ' "Reason", "Right Reason" and "Revelation" ', 357-340。关于英格兰发生的更早辩论，见 D. K. Shuger, *Habits of Thought in the English Renaissance: Religion, Politics and the Dominant Culture*（Berkeley and Los Angeles, 1990）, 17-68。

41　*Essay*, IV. xix. 9.

42　同上书, II. x. 34. 关于这种讨论在洛克学说中的地位，见 J. Tully 的杰出论文 'Governing Conduct: Locke on the Reform of Thought and Behaviour', in *An Approach to Political Philosophy: Locke in Contexts*（Cambridge, 1993）, 179-241。

43　*Essay*, II. x. 34.

第三部分

如前所述，当时的大批哲学家继续相信，宗教和道德知识需要有情感和意志的内在变化，所以他们依然有志趣弄清这种变化的性质，以及它怎样才能发生。他们对这些问题的研究，受到了他们对自然知识与道德知识之间关系的看法的影响，反过来也影响了他们对自然知识与道德知识之间关系的看法，正因为此，他们对情感与知识之间的总体关系提供了一批洞见。

爱即最高知识

在有些哲学家看来，自然知识与宗教知识之间的分界属于一个阶段性等级秩序的内部分界，灵魂对完美的追求可以从低级阶段到高级阶段逐步上升。这种学说的多个版本在十七世纪各有其拥趸。有一族解读者大体上以柏拉图主义为忠诚对象，他们从散布在不同年代的史料中提炼出一个共同信念：由于理知只能产生唯一一种知识，而且是相对贫乏的一种知识，所以心灵必须走到理知之外，去达成一种近乎情感的知识。只有爱，或曰心的知识，[1]才能使人真正洞悉自然和上帝之谕令，从而洞悉善。这个观点的辩护士之一是约翰·史密斯，他是剑桥大学王后学院院士，逝世之后以遗作出版了他的《文选》。[2] 约翰·史密斯以基督教（新教）之名，修订了一系列被公认为柏拉图和普罗提诺学说的理论。史密斯主张理知有着局限性，这展现了时人已开始关注虔信在基督教生活中的作用——他的论点强调，拥有道德知识等于能够正确地行动，正确地行动则等于过着一种《新约》所描述的神圣生活。史密斯开宗明义地指出，"有

---

[1] 心的知识，knowledge of the heart。自古典时代始，昔日的哲学家和科学家一般认为 heart（心，心脏）是思想、理知和情感的所在地；而古罗马内科医生盖伦则认为 heart 尤其是情感的所在地，此处即取此义，表示关于上帝和美德的知识需要靠情感获得。

[2] 这部《文选》（*Select Discourses*）讨论了多种与基督教有关的形而上学和认识论问题，包括上帝的存在、永生、理性等。关于约翰·史密斯，参见本书第 228 页（边码）相关译注。

些重大的知识原理深埋在人类的灵魂里,犹如难以抹煞的烙印",其中"关于上帝和美德的常识……最为明白易懂"。[44]然而,如果我们不去运用它们,烙印将渐渐地淡化和失效,又尤其容易被我们的肉体激情所削弱。为了保持我们对美德的天生理解,我们必须规避感官诱惑,惟其如此,我们才能开始获得关于神的世界的知识,同时生发高尚的情感。[45]人只要能接受这个忠告,便已经开始攀登知识的四个等级,已经超越理知臣服于激情的最低阶段,而迈向第二阶段。在第二阶段,理知已经赢得一些地盘,足以使人对善和美德形成清晰而稳定的印象,并且可能以此为出发点,攀登到第三阶段。在第三阶段,"人们对善和美德的内在感觉远远超过了一切纯玄想性的臆度",但还不够确定,尚不足以抵抗自傲、自欺和其他种种自恋。最后,如果一个人继续"向上奔跑并超越其自我逻辑和自我理性式的生活",将有可能实现与上帝合一,变得"对上帝之美充满热爱",自己也变得"美丽和可爱"。[46]

基督教柏拉图主义者认为,这四个阶段中包含的跃迁有一种神秘的性质,它正是信仰的特点。尚未获得神圣知识[1]的人必须对跃迁的可能性抱有信仰,尽管他们也许只是大略感觉到自己在努力追求什么。他们必须不经证明就去坚信的一个观点是,人有可能获得一种非命题性知识,[2]它被体验为爱。正如理查德·胡克[3]业已指出

44　*True Way*, 138.
45　同上书,139。
46　同上书,142。

[1]　神圣知识,divine knowledge,即关于神或上帝的知识,或宗教知识。
[2]　非命题性知识,non-propositional knowledge。所谓 propositional knowledge,也称 descriptive knowledge(描述性知识)或 declarative knowledge(陈述性知识),是一种以直陈式命题表达的知识,即 know-that,比如:"'Don't be evil' is the corporate motto of Google."在认识论领域,一般认为还有另外两种与此相对的知识,或曰非命题性知识,一是 procedural knowledge(过程性知识,即 know-how),一是 knowledge by acquaintance(亲知性知识,即 know-of)。
[3]　理查德·胡克(Richard Hooker,1554—1600),著名神学家,英国国教牧师。

第三部分

的那样，他们必须"违背一切信据而希望着"。[47] 史密斯在尝试解释这个概念时，以时人已很熟悉的一种方式，使用了大量老生常谈的对比。他强调，道德知识不仅包括知道那就是高尚生活，而且包括知道怎样过高尚生活。同时，他用视觉和味觉的比喻来表达神圣真理的性质，由此破坏了"感到"与"知道"之间的可疑分界。[48] 此外，他还颠倒了脑和心与知识和情感之间的传统关联，[1] 他指出，最完美的知识——即关于上帝和道德的知识——来源于情感所在地，也就是心。

探讨知识存在于理知范围之外的观点的人，并不限于一批自视为柏拉图主义者的著作家，实际上，在这个问题上区分柏拉图主义和非柏拉图主义是相当勉强的。柏拉图的学说一直被基督教思想家普遍地改编使用，奥古斯丁甚至把柏拉图的某些理论据为己有。到了十七世纪，在认同詹森主义的法国作者们的著作中，奥古斯丁主义哲学家和柏拉图主义哲学家之间的共同点表现得尤为显著。无怪乎在詹森主义者那里，经常折射出奥古斯丁对人类堕落天性的强调。部分地因为詹森主义者认为人类的堕落在人类的自我认知中扮演了关键角色，所以他们赞同柏拉图主义者的看法，认为有些道德真理是理知无法察知的。关于这个主题的最连篇累牍和最具原创性的讨论，来自巴斯噶，他给该主题带来了一种修辞学上的清晰性，对于当时英国的柏拉图主义布道和讨论来说，是全然陌生的。[49] 虽然巴斯噶也将理知置于一种区分各类知识和价值的等级结构中，但是他进一步从理知本身的角度标明了理知的阈界。在面对人们鼓吹我们可以通过理知而领会道德生活有哪些要求时，他用理知本身解释了他

---

47 'Of the Certainty', in *The Works of Mr. Richard Hooker*, ed. J. Keeble (7th edn, Oxford, 1888; repr. New York, 1970), iii. 70–71.
48 *True Way*, 128.
[1] 意谓传统上人们将脑与知识相连、将心与情感相连，但是史密斯将关于上帝和道德的知识与心相连。参见本书第 234 页（边码）关于"心的知识"的译注。
49 关于巴斯噶受惠于奥古斯丁学说，见 P. Sellier, *Pascal et St. Augustin* (Paris, 1970).

们的观点有怎样的不足。

巴斯噶在《思想录》中区分了三个等次：肉体等次、心灵等次、仁爱等次，每一个等次自成一套价值和目标体系，并自有其 *grandeur*。[50] 肉体等次将价值赋予世俗之物，并认可持有世俗权力之人的 *grandeur*。心灵等次尊重智性成就，例如论辩和新发现，在巴斯噶眼中，其范例是阿基米德。最后，仁爱等次，或曰意志，只珍视神圣之物，并将智慧——迹近于上帝之智——奉为 *grandeur*，其范例是基督和圣者们。每一个等次包含一种研究和正名的方法。也许不出我们意料的是，首先，肉体等次的价值由眼睛识别，更广义地说，由感觉识别。其次，理知是"心灵之眼"，它使我们能赏识智性成就并为之正名。最后，信仰是"心之眼"，它向我们揭示仁爱等次的宗教性价值。这三种道德体系不可通约，因为每一个等次所含的价值都不能从较低一级的视角被赏识；但是三者仍可互相比较。而一旦比较起来，智慧的伟大将远远超过肉体和心灵的伟大。巴斯噶认为，智慧作为最高价值，是真正道德生活的唯一鹄的，是真正幸福的唯一源泉；因此我们应当以它为目标。但是这个结论显然导致了一个问题。如果我们背负着肉体和心灵的未启蒙的价值，[1] 我们将没有能力欣赏智慧的意义和回报，也就没有理由去追求它了。

如何解决这个进退维谷的处境，成为了《思想录》的最突出主题。巴斯噶未明言地认为，人在等次之梯上每次只能攀登一级，因此，巴斯噶主要思考的是那些沉溺于心灵等次、毫不怀疑地将信任交给理知的人所处的困境。唯一能让他们明白自己面临着穷途末路的办法，是借用他们自己的工具，通过合乎逻辑的论辩说服他们相

---

50 Trans. A. J. Krailsheimer (Harmondsworth, 1966), 308, 933。见 P. Topliss, *The Rhetoric of Pascal* (Leicester, 1966), 129–136。

[1] "肉体和心灵"，仍指那两个较低的等次：肉体等次（the order of the flesh）和心灵等次（the order of the mind）；高于它们的那个最高等次则是仁爱等次（the order of charity）。所谓"未启蒙"，是说这两个等次未被仁爱等次的智慧（wisdom）启蒙。

信：他们有合理的理据不去信任理知。[51] 巴斯噶相应地提供了若干种理据，用以怀疑理知的自足性。其中最不含混的一个理据来自我们很熟悉的皮浪主义修辞库，[1] 它说服我们相信，理知是极不可靠的。[52] 除此以外，巴斯噶还补充了一段更有力的讨论，论及我们试图从判断中剔除非理性因素时遭遇的心理困难。人类服从理知的容力会被丰富的想象破坏掉，因为想象只会用生动的、然而无关的证据淹没理知。比如，一位哲学家站在深渊之上的一块宽木板上，他会不由自主地受到无理的恐惧的折磨，害怕掉进深渊。虽然他的理知向他保证：他失足的危险性微乎其微，可以忽略不计，但是他的想象却在用鲜艳夺目的色彩，描画那令他毛骨悚然的可能性。[53]

可见，人类背负着某些情感倾向和认知倾向，使得他们极难进行理知，以至于，要想把他们的行为说成是理性判断的结果，那将是白费力气。同样，如果假定他们能够变得有理性，那将是徒劳无功，因为，平心静气的观察揭示出，他们根本无力改造自己的天性。这种悲观主义的看法在基督教道德家当中非常普遍，更在《思想录》里发挥得淋漓尽致——巴斯噶在其中某处提出了进一步的论点，大意是，即使我们能够正确运用自己的理知，它也不可能符合它必须达到的确然性标准。在这里，对理知的批判从心理学层面转向了认识论层面，巴斯噶再次步皮浪主义之后尘。

确然之路的最大拦路石，巴斯噶声称，是作为理知之出发点的第一性原理。三段论演绎的结论要想站得住脚，首先它的前提必须

---

51 *Pensées*, 174。巴斯噶将此观点归于奥古斯丁。

[1] 皮浪（Pyrrho，约前365—约前270），希腊哲学家，被公认为怀疑主义鼻祖，据说他的一个著名主张是，幸福来自暂缓判断，因为确切的知识是不可能的；公元1世纪开始有皮浪主义（Pyrrhonism）。

52 *Pensées*, 21。

53 同上书，44。见 Ferreyrolles, 'L'Imagination en procès', *XVIIe Siècle*, 177（1992），468-479; A. McKenna, 'Pascal et le corps humain', *XVIIe Siècle*, 177（1992），481-494; P. Sellier, 'Sur les fleuves de Babylone', in D. Wetsel（ed.）, *Meaning, Structure and History in the Pensées of Pascal*（Paris, 1990），33-34。

第十章 知识即情感

确然无疑，然而，作为我们全部理知之根基的第一性原理，其本身并不是通过理知而获知的。如果希望论证术不会成为空中楼阁，就必须用某些其他手段保证它的真理性。这些手段会是什么呢？一个解困的办法是像笛卡尔那样，声称第一性原理是通过直观而获知的。可是巴斯噶辩称，这等于独断主义；直观上觉得第一性原理是真理，并不等于证明了第一性原理是真理，况且理知告诉我们，不应当甘愿接受任何未经证明的命题。另一个解困的办法是得出一种怀疑主义结论：第一性原理并不名正言顺。可是巴斯噶辩称，这也不妥，因为人类天生无法对此等大事暂缓信仰。[54][1]

恰当的反应是承认：虽然我们确实知道作为论证基础的第一性原理，但是我们并不是通过理知的手段而知道它们的。"我们不仅通过我们的理知而知道真理，而且通过我们的心。我们正是通过后者知道第一性原理的，而理知对它们却一无所知，只会徒劳地反驳它们。……原理是被感觉的，命题是被证明的，两者都有确然性，只是通过不同的手段而已。"[55] 虽然我们完全不清楚巴斯噶在这里是否没有依赖被他斥为独断主义的直观，但是显而易见，他希望捍卫某一种情感在认知上的地位。他试图说服我们相信，既然我们已经在依赖各种各样的认知原理了，我们也不应该害怕承认：理知仅仅是知识的源泉之一。

巴斯噶认为，与此同时，冷静而无畏地思考我们自己的状况，

---

[54] *Pensées*, 110, 131。见 T. M. Harrington, 'Pascal et le philosophie', in J. Mesnard *et al.*(eds.), *Actes du colloque tenu à Clermont-Ferrand 1976*(Paris, 1979), 36-43; J.-L. Marion, 'L'Obscure évidence de la volonté: Pascal au delà de la "Regula Generalis" de Descartes', *XVIIe Siècle*, 46 (1994), 639-656。

[1] 暂缓信仰，参见上一条关于皮浪主义的译注。

[55] *Pensées*, 110; 参较 J. Yhap, *The Rehabilitation of the Body as a Means of Knowing in Pascal's Philosophy of Experience*(Lewiston, NY,1991); J. La Porte, *Le Cœur et la raison selon Pascal*(Paris, 1957); O. Sellier, 'Le Cœur chez Pascal', *Cahiers de l'association internationale des études françaises*, 40 (1988), 285-295; M. Warner, *Philosophical Finesse: Studies in the Art of Rational Persuasion*(Oxford, 1989), 152-208。

第三部分

将说服我们相信我们仅仅有能力获得适量的自然知识。[56] 然而,一旦我们意识到还有些东西是我们力所不逮的,我们很容易对自己的无能感到灰心丧气。我们的理知能力尽管有限,却也强大到足以使我们理解知识与臆度之间的区别,然后这种理解又使我们想到有可能存在一种充分的、坚实的、彻底被理知保障的知识。这钢浇铁铸的确然性,便是我们强烈欲望的目标。不过,理知能力虽然使我们能够想到这样一种知识,同时又向我们表明,我们是绝不可能获得它的。[57] 因此,理知的一个专有特点是自曝局限性。虽然巴斯噶偶尔以一种就事论事的调子讨论理性的这个特点,仿佛它是一桩我们只能心平气和地接受的事情,但是他也更经常地提到,有力和无力在我们身上的并垺乃是痛苦之源。"我们渴望真理,但是我们发现我们自己除了不确定以外一无所有。我们寻求幸福,但是仅仅找到不幸和死亡。我们做不到不去渴求真理和幸福,也得不到确信和幸福。我们只剩下了这种渴望,它如同惩罚一般,使我们感到我们已经堕落到何种程度。"[58]

然而在痛苦中滋生了一种新的理解。据巴斯噶说,一旦我们自问:我们为什么既有理知的能力,同时又没有将理知带往其自然结论的能力,我们将明白,这种矛盾状态必须用原始堕落来解释:

> 人类的处境是双重的,这一点难道不是昭然若揭吗?此处的闻奥是,如果人类从来不曾堕落,那么,以其天真纯洁,他会自信满满地享受真理和幸福;而如果人类从来只是堕落者而已,那么他会对真理和福佑一无所知。然而,尽管我们如此不幸,……我们仍怀有幸福的观念,不过我们得不到幸福。我们感知到真理

---

56 *Pensées*, 199.
57 同上书, 131。
58 同上书, 401。

334

的意象，而拥有的却只是谬误——因为我们做不到绝对的无知，也同样做不到某种认知。显而易见的是，我们曾经享有一定程度的完美，但是我们不幸地从那里堕落了。"[59]

为了认识我们自己，我们必须承认我们天性中的二重性。但是巴斯噶接下来又坚称，这幅正确的自画像无法经受理性的正名。接受它的人，只是那些相信《圣经》讲述的创世故事的人，但因创世故事的真实性是无法论证的，所以唯有靠宗教信仰才能相信它。而且，当我们接受原始堕落的故事时，我们也一并接受了原罪遗传之说。巴斯噶评论道："对于我们的理知而言，最令人震惊的说法莫过于，人类始祖的罪竟然连坐到了那些距离原罪如此迢遥，以致看来不可能共犯的人。这样一条罪之链，在我们眼里不仅是不可能的，甚至是极不公平的。"[60] 理知中没有任何东西让我们相信，上帝判令亚当之罪要遗传，是一个可信的或公正的判令。但是如果我们不相信它是真的，我们就没有办法解释我们自己的双重天性。如果承认它是真的，同时又不承认它是公正的，则意味着甘心接受一位不公正的上帝，但是巴斯噶绝不考虑上帝有可能不公正。因此巴斯噶认为，我们有义务既接受亚当和夏娃的堕落，又接受他们的罪要遗传给我们。但是如此一来，我们便是为了信仰而抛弃了理知——理知在这个领域委实无能为力。[61]

因此，只有转向我们自己的内心，我们才能理解我们天性中包含的矛盾，并且明白应该怎样解决它们。在这里，巴斯噶对自我认知的强调或多或少来源于蒙田，虽然他强烈批驳蒙田在《随笔》中

59　*Pensées*, 131.
60　同上。
61　见 C. M. Natoli, 'Proof in Pascal's *Pensées*: Reason as Rhetoric', in Wetsel (ed.), *Meaning, Structure and History*, 19–34。

第三部分

的世俗笔调和论点，[62]但是他同意，自我认知能带来实际的和哲学的益处，甚至可能把人引向真理。不过，为了在后一种意义上实现自我认知，人必须承认理知的局限性，而臣服于信仰。上帝将帮助那些真心想克服骄傲和绝望这两种极端情感，[63]并愿意相信基督教的诸般核心真理的人。上帝将降恩于他们，给予他们一种热爱上帝、过虔诚生活的至高渴望，从而使他们能够符合基督教的道德律。

这个结论模糊了理知与激情之间的对立。诚然，激情仍旧是既有害于理性，也有害于虔信，但是理知，作为人类堕落之前的时代遗留下来的残片，看上去更加意义含混了。虽然它仍被承认是主动的，但是它的控制力不再被视为实现美德的良性手段。相反，我们用理知去克制激情的能力现在被说成自大、狂妄、傲慢的表现，其本身就是我们堕落天性的产物。我们忙着把理性秩序强加给周围的世界，到头来只是弄巧成拙，因为这种企图只是蒙蔽了我们，使我们看不见信仰的核心是什么，使我们希望获知上帝制定的道德律的努力永远付诸东流。因此，美德的获得不是靠主动的理知过程，而是来自一种建设性的被动，巴斯噶称之为顺从。[64]可见被动状态不一定是坏事，恰恰相反，只有通过顺从，我们才能超越心灵等次，发现蕴含在仁爱等次中的最高价值。我们必须把自己的信任交给情感。[65]

我在本章讨论的哲学家们均认为情感与决意密切相关，由此他们有了空间去接纳一种将知识视为情感的概念。如前所述，他们当中的大多数都在两种知识之间划出了一条界线：一种是论证性知识，它可以通过人类的理知能力而获得；另一种是情感性知识，它处于

---

62 Pascal, *Entretien de M. Saci*, in *Œuvres complètes*, ed. L. Lafuma(Paris, 1963), 291-297, 293. 关于巴斯噶和萨西［Louis-Isaac Lemaistre de Sacy(1613—1684)，法国神学家，巴斯噶视之为精神导师。——译者］，见 D. Wetsel, *L'Écriture et le reste: The Pensées of Pascal in the Exegetical Tradition of Port Royal*(Columbus, Oh., 1981)。
63 *Pensées*, 354.
64 同上书，167，170，188。
65 同上书，821。

第十章　知识即情感

人类的各种自然容力的边缘。虽然我们可以努力产生那种在我们学习热爱善的时候燃起的情感，但是只有神恩才能让我们完成和保持这种情感变化——它同时也是从一个知识等次到另一个知识等次的跃迁。此说蕴含着对下述观点的另一种解读：完美在于主动性，当我们一步步接近完美时，我们也一步步丢弃了我们天性中的被动侧面。

这种解读始于一个主张：那种构成知识的情感之所以产生，不是因为我们对肉体和外物之间的关系形成了感官知觉，而是因为我们能够摆脱感觉，超越肉体等次，不仅去热爱那些似乎有益于我们有形肉体的事物，而且去热爱真正的善。看来，我们越是充满马勒伯朗士所称的自然冲动，亦即上帝赋予我们的追求真正的善的决意，我们就越是完美。这个观点将美德等同于拥有一种被引向正确方向的意志，而意志的正确方向就是避开可感领域，转向可知领域。不过，虽然上文讨论的爱即知识的观点聚焦于智性，但是我们必须当心，不要夸大了它对智性的重视。毕竟，议中的知识被定性为心的知识，存在于情感和行动。为了充分理解它，我们必须考虑到，它的鼓吹者模糊了被动和无知与肉体相关、主动和知识与心灵相关的概念，为的是创造一个跨界的种类，即一种极富肉体涵义的最主动的情感，并且它也是知识。肉体不是被弃置一旁了，而不妨说是被某些过去归给灵魂的属性接管了。

爱即知识的另一个特点在于它与意志的关联。如前所述，十七世纪哲学家普遍认为决意是行动，这不仅是因为决意促使人行动，也是因为他们将决意视为一种能使心灵对它自己实施控制的思想。我们越是能够自愿地行动，心灵就变得越是完美和独立。不过，这里所说的独立也是一个需要谨慎对待的概念。根据上述模式，臻于完美的过程就是远离肉体冲动的过程。随着我们减少对感觉和激情的信赖和响应，学会理解那些感觉和激情无法带来洞见的领域，我们也就在一定程度上独立于我们的肉体了。当然，我们仍旧靠肉体

第三部分

而生存，但是我们发展出了更大的容力，去批判性地思考肉体提供的信息和提出的要求，并根据我们达成的判断而行动。同时，臻于完美的过程也被视为人神合一：随着我们对善产生爱，我们在若干意义上与上帝合一了。第一，我们愿上帝之所愿，爱上帝之所爱。第二，我们的情感和行动加入了一个由上帝设计、由善者实现的和谐体系。第三，我们对善的爱是被神恩开发和增强的，而正是由于上帝带来了对善的爱，所以我们的意志应当与上帝的意志保持一致。在最后这一点上，完美与主动的关联被切断了，正如巴斯噶阐明的那样。为了变得主动，我们必须被动，也就是让自己顺从上帝，让他的恩宠主导我们。事实上，把美德视为人神合一的概念甚至带有被动涵义——被某种远远大于我们自己的东西接管和吞并。

理知与信仰之间的牢固区分，是论证性知识和情感性知识之间的鲜明界线的基础，然而在很大程度上，它被一批有志趣扩展和捍卫科学知识的早期现代哲学家边缘化了。这个现象，我们在很多基督教哲学家那里都能看到，尽管他们在别的问题上歧见纷纷。例如，笛卡尔将 *la morale*[1]——"最高的和最完美的道德体系，它以其他学科的全部知识为先决条件，它是最高层次的智慧"[66]——归类为一门科学。同样，洛克也辩护说，伦理科学是有可能被理知达及的。在这些作者看来，善之知识是论证性的知识，它对我们产生的任何情感影响都是这一事实的结果。尽管如此，关于上帝的神学性知识与关于自然的科学性知识之间的界线并非永远一清二楚，有些主张情感从属于理知的作者保留了知识与人神合一之间的关联。不难料想，在那些有意识地把科学嫁接到宗教上的著作中，这一点表现得最为明显。比如马勒伯朗士辩称，当我们从事数学、形而上学等普世科学时，我们以尽可能最纯粹、最充分的方式，让心灵去专注于上帝，

---

[1] *la morale*，法文，"道德"。
66 *Principles*, p. 186, pref. to the Fr. Edn.

第十章　知识即情感

去知觉上帝所知道的可知世界。[67] 科学知识使我们知上帝之所知，由此使我们与上帝合一，然后这种知识又激起我们对可知事物的爱，它反映了上帝之爱。笛卡尔在论述激情与智性情感之间的关系时，他的说法是上述观点的一个翻版，但其神学性不那么明显。如前所述，我们对那些被我们判断为善的事物产生的智性之爱，会导致相应的激情之爱。但是笛卡尔将激情之爱定义为灵魂的这样一种情感：它驱使灵魂自愿地同似乎与它适宜的对象结合。[68] 笛卡尔细述道，当我们自愿地同某个对象结合时，我们认为我们自己从此以后就同它合一到如此的程度，"以致我们想象出一个整体，我们将我们自己仅仅视为其中的一部分，而我们所爱的事物则是其中的另一部分"。[69] 因此，我们爱某物就是认为我们自己与某物合为一体。这种激情所伴随的，是从我们对善的知觉中产生的智性之爱，所以我们的善之知识带来了一种自我概念，即认为我们自己是一个更大整体的组成部分。

　　笛卡尔的这一缕思想，在某种程度上，可以被认为是对人与神幸福地合一的基督教概念的一个修订。但是，如果试图把这个传统的影响断然地与柏拉图主义和斯多葛主义的遗产割裂开来，将是一个错误，实际上后二者都提供了知识即是人与神欢乐地合一的意象。斯宾诺莎的著作无疑暗示着，时机已到，可以将笛卡尔概述的知识即人神合一的观点合并到一种更彻底的斯多葛主义画面中去。理解力，依斯宾诺莎所见，使我们对构成自然秩序和上帝之智的因果律有所领悟。随着我们加深理解，我们也逐渐加深与上帝或自然的合一；随着我们逐渐与之合一，我们的智性快乐也逐渐变得更广泛和更强烈。方才我们是以基督教学说为语境，开始讨论知识与情感之

67　*De la recherche*, ii. 110; trans. Lennon and Olsamp, 367.
68　*The Passions of the Soul*, in *The Philosophical Writings of Descartes*, ed. J. Cottingham et al. (Cambridge, 1984—1991), i. 79. 见 A. Gombay, 'Amour et jugement chez Descartes', *Revue philosopique de la France et de l'Étranger*, 178（1988），447-455。
69　*Passions of the Soul*, 80.

第三部分

间的关系的,现在我们看见,我们的讨论已经转变成了一种非基督教观点,而这种观点又对自然神论产生了可观的影响,并且以此被重新合并到了基督教之中。

知识、爱,及力量

近期的注疏学文献,大都忽视了十七世纪哲学家是以何等的敏感性在探讨情感与知识之间的关系,并为这个问题带来了何等的神学复杂性。如今一种大行其道的误读,是将笛卡尔对 scientia 的分析误读为一颗无形体的心灵所进行的透明而无情的理知,并且认为这种分析盛行于整个十七世纪。同时也有一种论调说,当时的新科学引发了一种旨在控制自然的知识观,从而迎来了现代世界的工具主义和个人主义。当然,这些解读并非毫无根据,但是它们并不公正。因此我在本章和前两章中提出,它们当中的第一种曲解了笛卡尔于那些与理知相伴的情感的论述;同时我也致力于消除那种以为上述观点是整个早期现代哲学之主调的错误印象。此外,通过探讨理知与激情之间的关系,我也将一种说法放进了一个不太确定的更大语境,这种说法是:十七世纪哲学家已开始认为,知识是一种独立于认知者的信息群,可以被用来控制自然。接下来我将提出,这个观点是被人们以深深的矛盾态度看待的,它可作多种解读,其中有些解读威胁了认知者的力量,也威胁了知识与其对象的分离。

如前所述,十七世纪哲学家普遍认为,获得知识意味着释放强有力的情感。知识改变我们,而且,无论有没有神恩的帮助,知识都使我们比获得知识以前更幸福。通过检视时人以哪些不同的方法描述这种幸福,以及它究竟是怎么一回事,我们能在一定程度上了解各种与它相连的知识观。同时,我们也能了解这些知识观引起了怎样的争论,与之相伴的幸福又引起了怎样的歧见。在笛卡尔主义者看来,我

第十章　知识即情感

们对自我、对整个自然、对我们与外在世界关系的知识是智性快乐的源泉。我们的脑力运用本身就是令人愉快的。而且，通过脑力运用，我们还能了解我们自己的力量及其局限。笛卡尔希望他的哲学使人获得对肉体和对外物的控制力，他对此有一段著名的论述：

> 通过这种哲学，我们能清楚地认识火、水、空气、星辰、天空以及周围所有其他物体的力量和行动，清楚得就像我们知道什么工匠干什么活儿一样；然后我们就能运用这些知识——犹如工匠运用他们的知识——达到各种与之适宜的目的，从而使我们自己成为，不妨说，自然的主宰和主人。这件事是值得渴望的，不仅仅是为了去发明无数的技术手段，便于我们享受大地的果实和我们在大地上发现的一切益处，而且，更重要的是为了保有健康，而健康无疑是人生中最主要的益处，是一切其他益处的基础。[70]

然而，知识带来的幸福不仅寓于一种操控环境和肉体的工具性力量，而且源于我们对我们自己的力量之局限性的认识。既然有很多事物其实是我们无法控制的，我们就需要学会保护我们自己免遭失望之苦。我们必须学会了解，任何值得追求的事物都只能靠我们自己去获取，所以必须训练我们自己，不要对取决于他人的事物感到遗憾或自责。[71] 这种退让，或对自治的培养，来源于斯多葛哲学的影响，它是一种道德抱负，笛卡尔称之为 *générosité*。[1] 但是它也属于一种更大的、塑造着科学方法和科学实践的哲学理想。

在《谈谈方法》中，笛卡尔将他自己的科学探问活动表现为孤独遁世。经院哲学家从事的那种辩论不可能增进认知，因为每一方

---

[70] *Discourse on the Method of Rightly Conducting one's Reason and Seeking the Truth in the Science* in *Philosophical Writings* ed. Cottingham *et al.*, i. 142–143.

[71] *Passions of the Soul*, 156.

[1] *générosité*，法文，"高贵"、"勇敢"、"大度"。

341

第三部分

的目的只是想赢得辩论。[72] 讨论和争议是无益的分心，只会使真理的探求受到激情的歪曲，无论其表现形式是友谊还是恶意。[73] 出版则使作者饱受误读的痛苦，别人会利用你的观点，并且强迫你对你自己的观点作出有害无益的澄清，犹如盲人诱敌进入黑暗的地窖，俾以势均力敌地相斗。哪怕只是靠别人帮忙做实验，也是毫无意义的事，不仅因为他们的观察通常是错误的或误导性的，而且因为他们"希望你给他们讲解几个难题，至少恭维和应酬他们一番，作为报答；但这只能是浪费大量时间罢了"。[74] 笛卡尔列举了合作的一大堆害处，以此说服他自己相信，符合每一个人的利益的做法是，他应当仅仅把一些最基本的原理发表出来，其余的新发现则秘而不宣。[75] 真正的哲学家被那些迷恋 *grandeur* 的人十面包围，他们为了显得博学多才，都想对他的观点鹦鹉学舌、断章取义。犹如藤蔓缠住大树不放，[76] 他们有本事让他窒息和塌台，因此他必须想出一种靠他一己之力而成功的工作方法，使他们根本没有机会伤害他。

符合笛卡尔要求的工作方法是，转向内心，去冥思那些清楚而明晰的观念，同时培养一种按意志进行这种理知的能力。（当然还需要做实验，但是笛卡尔宁愿进展慢一点，也不愿冒险与他人合作。）[77] 正是在这个程度上，他将知识的获得设想为孤独智者的成就。人有了秩序井然的意志，便有容力增进他们自己的科学认知，而且，为了科学的进步和他们自己的幸福，他们尽可能地独自发挥这种容力。总有一天，新哲学将进步到足以公之于众的程度，它将变得如此清楚和全面，以致人人都能理解。[78] 但是在此之前，知识只有掌握在少

72　*Discourse*, 146.
73　同上。
74　同上书，148。
75　同上书，147。见 P. France, *Rhetoric and Truth in France: Descartes to Diderot* (Oxford, 1972)，43-45。
76　*Discourse*, 147.
77　同上书，148。
78　同上书，146。

342

数个人的手里才是安全的,他们加在一起,构成了一个四面楚歌的智者共同体。在这番描述中,哲学家的形象呈现出一点巫师的神秘力量,他掌握的因果知识使他——如培根吹嘘的那样——拥有至高的力量,因为他仅凭他自己就能作出可靠的预言,并能看出应当怎样有效地干预事件的发展过程。[79] 如此这般,知识和幸福作为控制力、并由此作为力量的意象得到了雄辩的捍卫。

然而,就连这种观点的鼓吹者们,也苦恼于一种脆弱的感觉,它动摇了他们的自信,也导致了一语二义。[1] 这种不安的一个表征出现在关于一种幸福的讨论中,即那些了解自己力量的局限,知道自己有所能、有所不能的人所体验的幸福。他们的知识,无论是靠它自身,还是靠与意志联手,都使他们能够抵抗恐惧、悲伤、绝望等破坏性激情,并为他们自己的能力感到一种安详宁静的快乐。普通人遭受着此起彼伏的情绪波动,他们却不同,他们的情感气质很稳定,像是波澜不惊的池塘。然而,这种平静是靠不住的,因为它也是忧郁这种病态的一个征候,而忧郁症尤其折磨着"其职业是研究知识难题"的人们。[80] 忧郁症患者有着"沉静而迟缓的气质",[81] 他们的疾患弄得他们无精打采,沉重压抑。[82] 他们的一些严重而扰人的症状,包括妄想、幻觉、恐惧、猜疑、绝望、暴怒,可以在这种情况下出现:

> 那充满好奇的忧郁症患者,他让心灵去感觉人类力所不逮的

---

79 培根:"因果链不可能被任何力量松动或打断,大自然也不可能被命令,而只能被服从。因此那对孪生物,人类的知识和人类的力量,实际上合二为一;行动的失败乃是因为对原因的无知。" *The Great Instauration: Plan of the Work*, in *Works*, ed. J. Spedding et al.(London, 1857—1861) iv. 32。

[1] 意谓由于这种观点所含的脆弱感或不稳定性,它可被解释为既容易导致智性快乐,又容易导致忧郁症(见下文)。

80 Timothy Bright, *A Treatise of Melancholy* (New York, 1940), 195.

81 同上书,194。

82 同上书,101。

第三部分

图4　阿尔布莱希特·丢勒《忧郁症患者-1》（1514年）

种种秘密；他渴望知道比真理的道[1]所揭示的更多的东西；他追问不休，而浑然不知眼前所显现的，也浑然不知可能会倏然落入神的密旨[2]之深壑，它可将人类或天使的一切自负吞没；他以他自己的小聪明作为肤浅的标尺，测量如此高深的秘密的真相，却被他冒失的好奇心促使他企图理解的东西一把抓住了，吞噬了。[83]

重度的忧郁症导致患者停止行动，所以在丢勒的著名雕版画中，忧郁症患者无精打采地坐在那里，以手支颐，目光呆滞地凝视前方（见图4）。[84]她周围是一些形状很规则的石块和切割工具，据潘诺夫斯基[3]说，它们象征着她有处理可感事物的技能，却没有处理可知事物的能力，也就是说，她没有容力从她对那些有空间地点的形象的理解，迁移到对非广延观念的形而上理解；这正是她忧郁的根源。如果病情不那么严重，患者对神秘知识的巨大渴求看上去就像是在渴望自己一个人出神。弥尔顿笔下的沉思者在夜间踽踽独行，并请求忧郁女神来将他启迪：

> 或者，让我的灯在午夜时分
> 仍在某个孤独的高塔里闪现，
> 在那里，我常把大熊座望断
> 更与那三倍之大的水星作伴，

---

[1] 真理的道，the word of truth，语出《新约》，提摩太后书2:15：按着正意分解真理的道。
[2] 神的密旨，God's secret counsels，语出《旧约》，约伯记15:8：你曾听见神的密旨么，你还将智慧独自得尽么。
83 Timothy Bright, *A Treatise of Melancholy* (New York, 1940), 194. 见 B. Lyons, *Voices of Melancholy: Studies in Literary Treatments of Melancholy in Renaissance England* (London, 1971). 关于忧郁与狂热之间的关系，见 M. Heyd, 'Enthusiasm in the Seventeenth Century', *Journal of Modern History*, 53 (1981), 269-271.
84 对忧郁症肖像的一般性讨论和对丢勒版画的专论，见 E. Panofsky, *The Life and Art of Albrecht Dürer* (Princeton, 1955), 156-171.
[3] 潘诺夫斯基（Erwin Panofsky, 1892—1968），德国艺术史家。

第三部分

> 或者让柏拉图之灵走下云端
> 为我展现世界或天地的密禅,
> 心灵一旦抛弃了渺小的肉身
> 摆脱藩篱的她将会不朽不殚。[85]

因此,顺应求知的要求,从俗世退隐,能在我们身上激发一些令我们患病的念头。而且,退隐本身时常被证明是不可忍受的。也有其他作者指出,如果拒绝用普通的方式理解和感受事物,包括笛卡尔如此平静地加以讨论的对感觉的不信任,那将是孤独而痛苦的。如前所述,基督教的救赎概念,即弃绝俗世和俗世之乐,被视为既苦涩又讨厌;而且,与神圣知识相对应的自然知识也包含着失败,因此自然知识一方面可能使我们最终与我们有限的力量达成和解,另一方面也可能导致病态的无能和绝望。

认知我们自己的力量也包括认知它的局限,所以其中既含有获得 ataraxia[1] 的期许,也含有忧郁和绝望的祸根。哲学家的优势同时又是他的弱势,他控制自然的能力时时受到激情的威胁,激情会剥夺他的自控能力。我们对自身脆弱的认识有多种表现,它们会动摇培根和笛卡尔著作中描述的那种自信满满的关于独立的断言。也许最打动人的是,当笛卡尔骄傲地否认有任何人能够帮助他的时候,其实也预示着他将承认他已改变心意。如果笛卡尔不发表他的著作,人们也许觉得他扣留它们是出于什么不光彩的理由。虽然他辩驳说,"我并不特别喜欢荣誉",[86]但是,秘而不宣并不足以抵御好事的专家,他们必然要在他的沉默之上加盖一座有害的楼房。况且笛卡尔供认:

---

85 *Il Penseroso*, in *John Milton: A Critical Edition of the Major Works*, ed. S. Orgel and J. Goldberg(Oxford, 1991),27–28.
[1] ataraxia(ἀταραξία),"宁静",希腊哲学家皮浪和伊壁鸠鲁的用语。
86 *Discourse*, 149.

"我越来越意识到，我的自学计划在无谓地延宕，仅仅因为它需要无穷无尽的观察，那是我离开别人的帮助便无法完成的。"[87] 毕竟，求知在一定程度上还是一份合作事业。

笛卡尔亮出这个勉强的供状，既是为了请求实际的帮助，也是为了给他的出版正名。一旦《谈谈方法》的读者看到他的巨大进展，他们也许有兴趣为他的计划贡献力量；而只要他们不指望他给予长篇大论的答复，他也乐于回应他们的异议。[88] 但是，这份供状或许也反映了他的焦虑和沉重的责任感，两者都有损于知识的快乐——尤其是在知识被视为知识者个人所拥有的力量的情况下。[89] 知识是个负担，哲学家也许既希望独占，又渴望分享。人们向往一种未被孤独的自足所损伤的知识，这个欲望表现在本章早些时候讨论过的知识即人神合一的有力意象中。这类描述显然表示，知识绝不强调在个人周围设立界限，相反，知识是认知主体与某种更大的东西的熔合。在大部分情况下，这个过程被视为与一位保护我们的、值得我们无条件崇敬的仁慈上帝融合。而对于非基督教哲学家来说，与自然熔合是合并到一个整体之中，该整体的完美给了我们热爱它的理由。因此，根据这两类观点，幸福不是我们为我们自己渺小的能力自鸣得意，而是热爱和认同一种真正强有力的东西。可见，知识仍然是一种力量。但它不是个人主宰自然的力量，而是对力量——自然或上帝——的主动顺从，以及与力量的合作。

然而我们难免要问一句：这种关于知识的理念，作为一剂治愈孤独的解药，是否不像孤独那么令人惊慌呢？十七世纪哲学家看待它的那种方式，以及他们将它对立于物理性结合的那份谨慎，说明他们觉得它既迷人又扰人。结合给分离之苦提供了解决之道，同时

87　*Discourse*, 149.
88　同上书，149-150。
89　参较 Pascal, *Pensées*, 198。

第三部分

却威胁了使个人成其为个人的界限。分离重建了界限,却牺牲了一种保护性的爱。这两种知识观在早期现代哲学中都有表述,也都有影响力,两者都符合人的深切欲望和崇高抱负。但是两者之间的张力依然没有消解——事实上,基督教哲学家甚至提供了一种说法,来解释为什么应当保持张力。

构成知识的那种精神熔合与纯物理性熔合之间的区分,尤其生动地反映在关于孕期母子关系的讨论中。毕竟,这是两个生物暂为一体的最高案例,[90] 你也许还会想,这是等待求知者去观察的一个欢乐和完满的形象。然而事实上,母亲与胎儿的关系被普遍描述为激情扭曲和肉体畸形的根源,威胁到胎儿的福祉。此种危险据说来源于"母亲的所有运动无疑都与子宫内的孩子运动息息相关,因此任何不利于其中一方的事,也有害于另一方"。[91] 虽然笛卡尔在这里将母亲和胎儿的关系描述为互反关系,但是他的注意力集中在母亲可能对未出生子女发生的有害影响上。这种影响常有轶闻为示例,马勒伯朗士的回忆很典型:

> 大约七、八年前,我在绝症医院看到一个年轻的先天疯人,他的身体损伤部位与罪犯的身体损伤部位是一样的。他生活在这种状态中已近二十年,很多人见过他和已故皇太后在一起的情形,当时她参观那所医院,见到他不免好奇,甚至摸了摸他的胳膊和腿的伤处。……这场灾难性事故的原因是,他的母亲听说一个罪犯要受刑,便去观看行刑。那可怜人接受的每一击,都重重地打在母亲的想象上,并通过某种反击作用,打在她的孩子柔弱稚嫩的脑部。这可怕行动的景象导致了元精的猛烈流动,所以女人的

---

90 马勒伯朗士支持这种关于母亲和胎儿的看法,见 *De la recherche*, ii. 232–235; trans. Lennon and Olscamp, 112–115。见 J. Kristeva, 'Motherhood according to Giovanni Bellini', in *Desire and Language*(New York, 1980)。

91 Descartes, *Passions of the Soul*, 136。参较 *Treatise on Man*, in *Philosophical Writings*, ed. Cottingham et al., i. 106。

脑纤维受到非同寻常的震撼，某些地方也许还遭到了破坏，幸亏脑纤维很坚实，因此逃过了彻底的摧毁。相反，孩子的脑纤维却无法承受元精的湍流，因此被彻底灭掉了，而且这次攻击足以使他永远地丧失心智。这就是他麻木不仁地来到世界上的原因。……看见那笃定要吓坏任何妇女的行刑景象，母亲的元精从大脑猛冲到她身体上与罪犯身体相当的部位，同样的情况也发生在孩子身上。但是，因为母亲的骨骼能抵抗元精的力量，所以它们未受损害。当他们打断罪犯的胳膊和腿时，也许她的胳膊和腿丝毫也未感到疼痛或颤栗。然而元精的激流足以冲垮孩子骨骼中柔弱稚嫩的部位。……值得指出的是，假若这位母亲决定用力刺激 [*se chatouillant avec force*]^[1] 元精，使它向她的身体的其他部位运动，她的孩子的骨骼就不会断裂了。[92]

不止马勒伯朗士一个人认为，孕妇的激情影响着胎儿的身体和大脑，[93] 因此，"既然很少有哪位妇女没有某种弱点，或在孕期不曾被某种激情触动，也就必然很少有哪个儿童的心灵不曾发生某种畸形 [*mal tourné*]，或不拥有某种主导性激情"。[94] 马勒伯朗士的另一个观点更不寻常，他认为原罪正是这样遗传的；可感物在亚当和夏娃大脑中留下的印象被遗传给了他们的子女，自那时以来，我们的母亲的激情就使我们必定天生地充满俗念。"因此，如果一位母亲的大脑里布满了在本质上与可感物有关的痕迹，她因为内心的俗念而无法抹去这些痕迹，她的肉体又完全不肯服从她，那她必将把这些痕迹传递给她的孩子，即使她是个正派人，她也会生育一个罪人。"[95] 但是

---

[1] 以括号标示的文字为本书作者苏珊·詹姆斯的夹注。下同。
[92] *De la recherche*, i. 239–240; trans. Lennon and Olscamp, 115–116.
[93] 也见于 Reynolds, *Treatise on the Passions*, 25; Wright, *Passions of the Mind*, 140。
[94] *De la recherche*, i. 246; trans. Lennon and Olscamp, 119.
[95] *De la recherche*, i. 254; trans. Lennon and Olscamp, 123.

即使没有这种神学性的畸变,怀孕也被描述为这样一个阶段:其间孩子的精神和肉体被母亲的激情所污染,而非被母亲的激情所增强。毫无疑问,这种看法来源于、并维持了男人对必须生育他们共同孩子的女人的不信任感。马勒伯朗士说:"我们在母亲的子宫里与母亲合为一体,这是人与人之间可能发生的最紧密联系,它给我们带来了两个最大的恶,即原罪和俗念,它们便是我们一切不幸的根源。尽管如此,为了我们的肉体能够形成,这种结合还是不得不尽可能地彻底。"[96]

物理性的结合在这里被描述为一种极端脆弱的状态,孩子无法控制自己肉体的塑造,全凭那穿行于他体内的元精发慈悲。他的肉体没有界限,因此他无力抵抗伤害。如此看问题,结合便是令人恐惧的。关于人之初的讨论形成了探索这种恐惧的一个语境。据马勒伯朗士说,我们一旦呱呱坠地,即不得不第二次——但其害处不小于第一次——与我们的父母或保姆结合,他们即把他们自己的信仰和习惯强加给我们。哪怕我们逃开了他们,我们与其他人的结合也紧密得足以伤害我们,因为它导致我们重视俗世之物,而忽视真实观念。[97]因此,求知就是逃离物理性的亲密无间,也就是使我们自己与他物隔开一段距离,克服结合给我们带来的扭曲的激情。我们不仅要在肉体周围、也要在心灵周围设立界限,使我们自己远离那难以逃避的感觉的折磨。

因此,对肉体结合的恐惧均衡了我们耽溺于上帝或自然时的至高幸福,知识即人神合一的意象带来了一种对物理性结合的深深焦虑。这种对应表现在十七世纪作者对《创世记》的一个情节的种种解读中,他们很多人都认为,该情节标志着知识的起点——那便是亚当给动物命名的时刻。有一种解读方式将亚当的命名行动联系到

---

[96] *De la recherche*, i. 377; trans. Lennon and Olscamp, 195。

[97] 同上书,trans. Lennon and Olscamp, 195。

他的性欲和他对合一的渴望,这种解读方式被加尔文所青睐,又被弥尔顿给予了或许最令人难忘的表达:

> 它们走过去时我给它们取名,并且得悉
> 它们的天性;凭着上帝赐予我的知识
> 我蓦然领悟:可是啊,在它们身上
> 我尚未找到我想要的,故我仍在渴望。[98]

因为动物比亚当低级,所以他不可能在它们身上找到群伍、和谐和真正的快乐,上帝为了满足他,创造了夏娃,她是"我骨中的骨、肉中的肉、我自己",[99]她在亚当心里激起了全新的情感——爱情和性的欢愉。在弥尔顿的戏剧手法中,亚当对动物的知识向他廓清了他所缺乏的是什么。动物有配偶,他却形影相吊。亚当说,对于上帝而言,孤独没啥不妥,因为上帝没有缺点;可是对于人类来说,孤独大大不妥,因为人类渴望在两性结合中变得完整。因此,知识将一种现实存在的欲望明确表述出来,使亚当对他自己的不足有了一种更深的自我认识。两性结合和来源于知识的人神合一现在并肩而行了,这种关联在哲学著作中被反复重申,虽然有些作者尽可能将两者分开,将亚当在命名动物时获取的知识区别于他那导致夏娃被创造出来的欲望。

当马勒伯朗士列举两性结合使我们极易受到哪些伤害时,他忙不迭地坚称,他不是在谈论那种可以使我们学习知识的心灵结合,而只是在谈论可感领域。[100]类似的界线,当笛卡尔在《论灵魂的激情》

---

98 *Paradise Lost*, in *John Milton: A Critical Edition*, ed. Orgel and Goldberg, VIII. 352–355。见 J. R. Solomon, 'From Species to Speculation: Naming the Animals with Calvin and Bacon', in E. D. Harvey and K. Okruhlik(eds.), *Women and Reason*(Ann Arbor, 1992), 77–162。
99 *Paradise Lost*, VIII. 495。
100 *Paradise Lost*, VIII. 495。弥尔顿也将夏娃和潘多拉进行了比较,见 IV. 714。[此条原注的位置似有误。——译者]

中讨论两性结合时，也给予了暗示。如前所述，笛卡尔承认知识带来他所称的慈善之爱（*l'amour de bienveillance*）；而慈善地去爱就是将我们自己的福祉与所爱之物的福祉视为同一，例如，"一位好父亲对子女的爱是如此的纯粹，以致他并不渴望从他们那里得到任何东西，他既不想在保有父子关系之外更多地占有他们，也不想在已有的结合之外更深地与他们结合。相反，他把子女看作他自己的另一个部分，像谋求他自己的福祉一样谋求他们的福祉，甚至更加勤勉地谋求"。[101] 性欲与此并无二致，它也是对完整的渴望。出于自然律，"到了一定的年龄和时间，我们会认为我们自己是不足的——我们自己仅仅形成了整体中的一半，另一半则必须是一位异性"。[102] 但是这里有一个重要的差别。性欲来自吸引力（*agrément*），亦即当我们的外在感觉——它对立于内在感觉或理知——将某物表现为有益时，我们所体验的激情。是他人的美丽或肉体魅力激发了我们对性的兴趣，使我们产生了肉体结合的欲望。然而，这种浮于表面的现象与慈善之爱恰恰相反，后者是当理知确认某物为善时我们的感受。像那位好父亲一样，我们自愿地将我们自己与所爱之物视为同一，并开始进行一种绝无乱伦污点的智性结合。

因此，对结合的恐惧常被表达为对失去肉体同一性的恐惧。知识带来的那种值得强烈向往的结合，不得不与肉体上的结合及其危险分离开来，才会安全。然而，这种分离从来不是百分百地牢固，即使心灵之间的充满爱的结合也难免焦虑，所以我们依然迫切地希望重建个人界限，并依赖那种从个人知识中获得的力量。我们在十七世纪哲学中发现，这两种对知识及其乐趣的看法此消彼长。有些作者更强调结合，有些作者则更强调分离，因此可以公正地说，譬如巴斯噶青睐的是结合而笛卡尔青睐的是分离。但是如前所述，

101　*Passions of the Soul*, 81。［应也包含82。——译者］
102　同上书，90。

第十章　知识即情感

大多数哲学家觉得结合和分离都很迷人，并努力使两者达成和解。他们致力于阐明一种既能保障控制力又能保障爱、既能保障分离又能保障结合的知识观，所以有了斯宾诺莎的观点：知识使我们控制我们自己的情感的能力最大化，使我们控制外物的能力最大化，使我们得以变成自然的一部分，使我们产生我们所能产生的最大欢乐。这个戏法，以及诸如此类的花招，也有它们自己的形而上学问题，不过它们之所以涌现出来，是因为我们发现，为了获得知识，我们必须去冒激情带给我们的风险，而我们又是从一开始就知道，我们不大可能抵抗激情的力量和狡黠，我们渴望解决这种困境，便想出了这些巧计。弥尔顿对《创世记》的解读讲述了这一瑕疵的来龙去脉：亚当的不足和他对爱的渴望只能由夏娃来满足，然后夏娃导致了他的堕落，随着堕落而来的是人类的无法控制的激情，激情则成为了知识的拦路石。

第四部分

第十一章　冲突的力量：笛卡尔主义行动理论

人类按照自己的激情而行动，被认为是不言而喻的。如若不然，我们的情感就既不是危险有害的，也不能有效地保障我们的福祉了，而情感的这种撩人的天然双值性也就中和了。正因为激情指导着我们的行为——促使我们口不择言、躲避所恨的人、远离毒蛇、保护所爱的人，所以激情塑造了我们的生活，所以我们也就必须全面地了解激情，包括在一定程度上洞悉激情是如何扮演行动之先导的。[1]

从一个层面上看，激情表达在行动上的假定引发了一个问题：激情究竟是怎样导致肉体的物理性运动的呢？一批十七世纪哲学家利用灵魂与肉体互动的理论——如本书第五章和第六章所议——来研究这个问题，但是在大多数情况下，时人对激情作为行动先导的研究兴趣来源于两个并置的假定：一方面，人类能够、并且经常按照他们的激情而行动；另一方面，人类有时并不这么做。理解行动的特性，将意味着理解激情如何与其他思想相关联，以及理解怎样才能至少在有些时候控制和改变情感的表达冲动。我们用什么控制我们自己的激情？是什么导致我们——譬如——时而抑制愤怒、时而放

---

[1] 行动之先导，antecedents of actions。

第四部分

任愤怒?

如前所述，十七世纪对这些相互关联的问题的讨论，是在一种经院亚里士多德哲学的背景下进行的——这种哲学既阐明了、也影响了我们日常体验的心理冲突及其与行动的关联。经院亚里士多德哲学对激情与肉体运动之间关系的讨论，相对而言较为爽利。如阿奎那辩称，激情是以序列而出现的，爱和恨引起欲望和反感，感性渴望的运动则被肉体运动所伴随，肉体运动又引发一种更全面的运动，我们称之为行动——例如编织一张挂毯，或逃离一头狼。不过，更多的关注被给予了行动的错综复杂的先导，哲学家们根据三重灵魂理论，以及灵魂内部的感性部分与理性部分之分，列出了各种不同形式的冲突和紊乱。一方面，当表现为激情的感性渴望与表现为意志的理性渴望发生冲突时，理知能够反抗激情，比如，也许一个人明明渴望做那一件事，却判断他自己应该做这一件事。另一方面，当感性灵魂内部的愤欲反抗贪欲时，我们体验互相对抗的激情，例如当一个人在爱和恐惧之间挣扎时。[1]上述关于两类不同的冲突的分析，[2]在那些满足于追随经院主义传统的早期现代哲学家中间仍很流行。譬如，托马斯·赖特生动地阐述了此中要点，他说，激情们能造理知的反，激情们还能互相争吵，"犹如一大群雏鸦，饥肠辘辘，嗷嗷待哺，争先恐后地等着被喂饱"。[1]然而这两类不同的冲突都是以一些准空间术语被阐述的，因为，只有当渴望或激情出现于灵魂中不同的地点或能力范围，而其中每一个地点或能力范围都能在某种程度上独立发挥作用时，不同的渴望或激情才能保持分离状态和紧张关系。

---

[1] 根据愤欲（irascible appetite）和贪欲（concupiscible appetite）的划分，爱属于愤欲范畴，恐惧属于贪欲范畴。关于愤欲和贪欲，可回顾本书第 3 章——尤其第 56–57 页（边码）——的分析。

[2] 两类不同的冲突：一类应是激情与理知之间的冲突，另一类应是激情与激情之间的冲突。

1 *The Passions of the Mind in General*（2nd edn, 1604）, ed. W. W. Newbold（New York, 1986）, 144.

第十一章　冲突的力量：笛卡尔主义行动理论

以这种方式解释动机的和行动的复杂模式，在十七世纪仍被认为是铿锵有力、令人信服的。1674年查尔顿写作时，提到过"每一个人在他自己身上频繁感觉到的内战"，并坚称这只能用一颗分裂的灵魂来解释："还有什么能够一直导致我们身上日日感受的、发生在感官诱惑和心灵庄严谕令之间的这种激战呢——除了两个不同的行动者[1]以外？它们一个是理性灵魂，一个是感性灵魂，并存在我们身上，为了意志的指令而吵得不可开交。"² 然而如前所述，也有很多十七世纪哲学家认为，分裂的灵魂是亚里士多德哲学的致命瑕疵，要不惜一切代价避免之。为了正确地解释心理冲突及其与行动的关系，就必须抛弃亚里士多德主义进路，然后证明，各种不同的思想即使存在于一体化的灵魂之内，也仍然可以互不融合和彼此冲突。所谓的新哲学，要求对各种行动先导——包括激情——之间的关系作出全新的分析，因此，新哲学的发展对于行动学说产生了重大的后果。反亚里士多德主义哲学家面临的重要任务是开发一种理论，它既能正确地解释我们所体验的心理冲突，又不求助于灵魂的不同部分或"非法"独立的不同能力，比如愤欲和贪欲。

弄清他们如何尝试迎接挑战的方法之一，是重温他们如何讨论一个老生常谈的例子——即奥维德为美狄亚写下的诗行："Video meliora, proboque / Deteriora sequor（我知道更好的路，却追随那更坏的）。"当伊阿宋为了寻找金羊毛而抵达科尔喀斯时，国王埃厄忒斯告诉他，只要他和他的阿耳戈英雄们完成一系列艰巨任务，他们便可得到金羊毛。埃厄忒斯的女儿美狄亚知道他们难以完成任务，也知道孝道要求她支持父亲，但是她对伊阿宋一见钟情，不可自拔，爱情促使她设法帮助他取走了金羊毛。《变形记》卷七开篇便描述了

---

[1] 两个不同的动因或行动者（agents），指上文所说的一个分裂的灵魂，亦即下文所说的感性灵魂和理性灵魂。

2　Charleton, *A Natural History of the Passions*（London, 1674）, Epistle Prefatory.

第四部分

她如何在爱情与孝道这两种矛盾情感之间挣扎。爱上一个陌生人是多么地愚蠢,但若让他去领受埃厄忒斯设计的残酷死亡,则也大错特错。插手此事意味着背叛父亲的王国,但若拯救伊阿宋,他会不会背叛她?不,她可以找到一个办法不让他背叛,但是为了去往一个异邦而离开家乡吗?[1] 唉,父亲很残忍,家乡很野蛮,妹妹的祈祷倒是会保佑她;可是打住,这一切都是罪孽!奥维德告诉我们,美狄亚从心里赶走爱情之后,眼前出现了正确的做法,出现了孝顺和敬爱所要求的行为。

> 她决心已定,爱情已从心里连根拔除。但是一看见埃宋之子,[2] 她的两颊又变得通红,俄而这红晕又从脸上完全褪去。已经扑灭的激情复燃了,犹如埋在死灰之下的一粒火星,一阵风儿吹过,又有了活力,还被风儿煽得越来越旺,恢复了原来的力量。就这样,美狄亚的爱情原已冷却,像是即将熄灭的火,不料一看见这青年男子活生生地站在她的面前,却又重新燃起了烈焰。[3]

美狄亚的内心挣扎被浓缩在她的一声悲鸣中:"我知道更好的路,却追随那更坏的。"对于早期现代哲学家来说,这正是他们所需要的激情与理知之间、激情与激情之间的心理冲突案例,以资说明,他们的一体化灵魂理论是否应当拥有他们所摈弃的亚里士多德主义灵魂理论的那种力量。

心灵一体化的迫切要求也随身带来了一种简单化政策。最显而易见的是,一体化之后,人们就不再需要赋予灵魂以各种不同的能力,以便使灵魂的每一个部分独立于其他部分了。更广泛地说,由

---

[1] "一个办法",指跟伊阿宋(Jason)结婚——虽然事实证明采取这个办法之后伊阿宋还是背叛了美狄亚(Medea)。"异邦",指伊阿宋的故乡埃耳科斯(Iolcos)。
[2] 伊阿宋是埃耳科斯的被篡位的合法国王埃宋(Aeson)的儿子。
3 Ovid, *Metamorphoses*, trans. M. M. Innes(Harmondsworth, 1955), 157.

第十一章 冲突的力量：笛卡尔主义行动理论

于时人渴望以较少的类别去解释灵魂的工作原理，所以产生了一种减少并清理负荷过重的亚里士多德哲学遗产的倾向。这种愿望对行动学说有一种显著的影响，它导致了一系列对欲望及其与行动之间关系的修订性诠释，并逐步提高了欲望的重要性。灵魂一体化是早期现代哲学的最核心表征，上述这些改变则是灵魂一体化的组成部分。但是它们也独立于灵魂一体化，只要哲学家不采取这些改变，而始终如一地倡导一体化灵魂理论即可。然而事实是，这两种变革基本上不约而同地发生了，为了理解激情与行动之间的变化着的关系，我们有必要将两者的意义都调查清楚。在本章和下一章，我将通过笛卡尔、霍布斯、斯宾诺莎和洛克的著作追踪这些意义，并将提出，它们加在一起，共同为二十世纪的一个正统理论创造了条件，258 那个正统理论是：只需诉诸信念和欲望，便可解释行动的原因。

决意、激情，及行动

不出我们所料，阐明一种无须诉诸分裂灵魂的行动理论，是笛卡尔的研究工作中的最大抱负。笛卡尔不仅抛弃了灵魂由不同部分组成的观点，而且断然否定了愤欲和贪欲之间的托马斯主义区分。他一边以典型的倨傲态度将他的前辈们打发掉，一边强调——甚至夸大——他自己的观点是多么新颖。

> 我非常明白，我在这里与先前撰述过激情问题的一切作者分道扬镳了，但是我有充分的理由这样做。因为，他们的列举全都来源于他们在灵魂的感性部分之内、在他们所谓"贪欲"和"愤欲"这两种欲望之间，作出的一种区分。如前所述，我不承认灵魂内部存在各不相同的部位，故而我认为，他们的区分只不过是要说，灵魂具有两种不同的能力，一种是欲望，另一种是愤怒。

第四部分

但是，既然灵魂也同样具有惊奇、爱、希望和焦虑的能力，从而具有接纳各种其他激情的能力，或在激情推动下有所行动的能力，因此我看不出他们为什么硬要把所有这些激情全部归结为欲望，或全部归结为愤怒。而且，他们的列举也未能像我相信我自己做到的那样，将所有的主要激情囊括其中。[4]

笛卡尔关于托马斯主义和他本人的立场之间的差别的论述，当然是正确的。但是，在发展他自己的理论的同时，他也默然接受了阿奎那观点的若干侧面，包括行动的直接先导是欲望这一主张。笛卡尔像阿奎那一样认为，欲望是指向未来的情感，它嵌在一个激情序列之中。故而欲望不是单独出现的。尽管如此，还是只有当另一种激情——譬如爱——导致一个人产生追求某物的欲望时，此人才可能行动；若未产生一个先导性的欲望，就不会有行动。然后，如果没有任何情况来干预，欲望便导致行动，但是如前所述，这个过程可以被很多情况所阻碍。据阿奎那说，如果产生了与前一种激情相矛盾的新激情，便可能引起与前一种欲望相矛盾的欲望，从而阻碍议中的行动；又或者，一个理性的判断可能引起与前一种决意相矛盾的决意，从而阻碍议中的行动。但是在笛卡尔眼里，后一种组态（它的前提假设是：灵魂分为感性部分和理性部分，两者可以互相斗争）是全然不可接受的。因此笛卡尔需要想出一个办法来解释，在一颗只包含一些互相透明的思想的灵魂中，[1]怎么能够发生激情与激情之间的冲突，以及激情与决意之间的冲突。

为了解决这个问题，笛卡尔把激情分配给了肉体，他声称："人们通常猜想的发生在灵魂的低级部分（我们称之为'感性'部分）

---

4 *The Passions of the Soul*, in *The Philosophical Writings of Descartes*, ed. J. Cottingham et al.（Cambridge, 1984—1991）, i. 68.
[1] 关于灵魂中各种思想之间的透明性，可回顾本书第16页（边码）相关译注。

第十一章 冲突的力量：笛卡尔主义行动理论

与高级部分（我们称之为'理性'部分）之间的所有冲突，或曰自然欲望与意志之间的所有冲突，只不过是不同的活动之间的对抗，而这些活动往往是由肉体（通过其元精）和灵魂（通过其意志）同时在松果体中引发的。"[5] 比方说，如果欧律狄刻判断她自己应该站立不动，以免被蛇咬伤，但她又吓得没法这么做，反而退缩逃跑，那便意味着，她的判断来源于她的心灵，她的恐惧则来源于她的肉体，并且是她对元精活动的体验。笛卡尔把这种情况描述为肉体与灵魂之间的冲突，由此彻底避开了灵魂内部的冲突。不过更准确的说法也许是，冲突是发生在灵魂的一种状态（此案中是一种决意）与另一种不能单独归属于灵魂或归于肉体的状态（此案中是一种激情）之间。冲突本身的发生地点是松果体内，松果体遭到了肉体和灵魂的两头夹攻。然而，一旦我们更密切地观察松果体承受的双向压力，这个清楚的分界将蒙上一层迷雾。决意是一种思想，故属于灵魂，然而激情既是一种思想又是一种肉体状态。操纵松果体的固然是一种肉体运动，但是这种运动被灵魂中的一种激情伴随着。因此，当欧律狄刻的松果体同时受到两个相反方向的推动时，她既感到害怕，想退缩逃跑，同时她又判断应该站立不动。虽然笛卡尔将这种情况描述为灵魂和肉体之间的冲突，但是我们好像也有理由将它描述为一种尽管不是来源于灵魂、却发生在灵魂之中的冲突。不过，如果我们惠予笛卡尔以怀疑的特权，他是可以要求用一种理论当作奖品的，该理论是：心理冲突以一颗绝对一体化的、统一的灵魂为前提。

采取这种意义深远的一体化举措，笛卡尔克服了他所认为的一个最严重的经院哲学局限。不过，虽然据称他摒除了灵魂内部的任何分界，但是他保留了经院主义的一个同样关键的观点：行动应当被解释为各路对抗性力量之间的冲突的结果。只不过冲突的地点已

---

5 *The Passions of the Soul*, in *The Philosophical Writings of Descartes*, ed. J. Cottingham *et al.* (Cambridge, 1984—1991), i. 47.

从灵魂转移到了松果体，而且，现在作用于松果体的对抗性力量分别来自灵魂和肉体，而不再来自灵魂的两种互相敌对的渴望。但是激情与决意还是继续冲突，解释行动的原因仍然有赖于分析激情与决意所施加的两股不同力量。而且，当笛卡尔阐明两者之间的关系时，他遵从了经院主义传统之内的哲学家们勾勒的大要。

为了追踪这些相似之处，也为了说清笛卡尔的立场，我们有必要举一个例子。如果一位照看欧律狄刻的水泽仙女渴望听俄耳甫斯演奏琉特琴，而其他情况不变，她会听他演奏。但是这个行动所涉及的思想和运动序列可以被几种情况打断。比如，该序列可能被构成另一种激情的更强大运动消解：如果水泽仙女听到一声突然的尖叫，她留下来听音乐的欲望很可能让位于调查叫声来源的欲望。又如，该序列也可能被水泽仙女认为她应当去照看欧律狄刻的想法破除，不过此时的思想和运动序列更加复杂一些：她判断她听俄耳甫斯演奏的欲望有违于一种愉快的责任，该判断引起一个决意；该决意又引起松果体的运动，由此改变元精的方向，并导致她动身去往小树林，那是她可以找到欧律狄刻的地方。

然而，是什么决定了这些不同的欲望和决意的力度呢？是什么——譬如——保证了水泽仙女调查叫声来源的欲望足够强烈，以致能扭转当她走向俄耳甫斯时，已在她全身流动的元精的方向呢？据笛卡尔说，欲望的强度折射着先前那引发欲望的激情的强度。引发水泽仙女听琉特琴欲望的，是先前的一种被归类为某种爱的激情。也许水泽仙女听到了琉特琴的一些乐段，被它们的美所吸引，这种吸引力又激起了她继续听下去的欲望。然后她听到了那声尖叫，陡生的焦虑促使她奔向了叫声的起处。笛卡尔认为，元精在她体内流动的力度反映着她的情感史：如果迄今为止的所有尖叫都被归因于某种值得焦虑的情形，现在的这一声尖叫必然引起同一种激情，并导致她相应地行动。但是她的行动也被她对优先权的评价所巩

第十一章　冲突的力量：笛卡尔主义行动理论

固——她的判断和随之而来的决意是：调查叫声来源比听琉特琴更加重要。此外笛卡尔还认为，由于突发的激情与元精的突然运动相连，所以这种激情来得格外强烈；同理，与格外清晰有力的判断相连的决意也格外强烈。尖叫声导致了元精的突然奔涌，于是水泽仙女一跃而起。

在此案中，激情与判断之间没有冲突。水泽仙女调查叫声来源的欲望比俄耳甫斯音乐施加于她的吸引力更强大，在她奔向叫声起处的途中，没有什么东西使她觉得自己照此欲望而行动是个错误。可见，虽然欲望是她行动的必要条件，但是我们只有用导致她欲望的那种激情，以及与激情合作的判断和决意，才能充分地解释她的行动。解释力一半在于那个引发行动的激情（水泽仙女的焦虑），一半在于那个认可行动的决意，两者都对欲望的产生贡献了力量。

在上面讨论的案例中，需要解释的那个行动是水泽仙女对外部刺激——一声尖叫——的反应。但是，正如笛卡尔指出的那样，行动也能被思想引起。比如，水泽仙女坐在草地上听俄耳甫斯演奏琉特琴，却想起了欧律狄刻，于是起身去找她。这种发起行动的容力要归功于我们主动的决意能力，归功于灵魂的主动性，而"灵魂的主动性完全在于，仅仅因为它决意要某事发生，所以它导致与它紧密相连的松果体按照所要求的方式运动起来，从而产生与该决意相符合的效果"。[6]因此，"当我们想要行走或以别的方式移动我们的肉体时，这个决意会使松果体把元精推向那些可导致该效果的肌肉"。[7]如果我们将意志的那种神秘的推动松果体的容力搁置一旁，而聚焦于笛卡尔的这个解释的结构，我们会发现，它包含着那些与尖叫案例相同的成分，只不过它们的因果顺序是相反的。这一次，对行动

6　*The Passions of the Soul*, in *The Philosophical Writings of Descartes*, ed. J. Cottingham *et al.*（Cambridge, 1984—1991）, i. 41.
7　同上书，43。

第四部分

的解释是以一个决意为枢纽的，而该决意本身是对一个判断——应该去找欧律狄刻——的认可。该决意造成松果体的运动，然后该运动被传到肉体的其他部位，最后被传到四肢。但是此番运动同时又被体验为激情，所以该决意将导致一种欲望，据笛卡尔说，该欲望又会加强意志发起的运动。如此这般，笛卡尔得出了一个观点：有两种不同的原因程序可以导致行动。第一，行动可以来源于以激情为后盾的智性判断和决意；第二，行动可以来源于以决意为后盾的激情。

笛卡尔认识到，有一个关键的问题仍需考虑：如果激情和智性判断未能协调一致，比如一名士兵判断他自己应当感到勇敢无畏，却未能成功地激起一种与之相符的激情，会发生什么情况呢？就这个问题，笛卡尔指出，激情与判断之间并非永远是直接的因果关系。有时候，决意与激情互相匹配，例如站立的决意会导致相应的欲望。但是也有一些时候，因果关系更加迂回，例如我们不能仅仅只是决意让我们自己感到勇敢无畏，"我们还必须努力让我们自己考虑一些理由、对象和先例，它们可以说服我们相信：危险并不大，抵抗总是比逃跑更安全，如果我们战胜了，我们将收获光荣和喜悦，而如果我们逃跑了，则除了后悔和耻辱，便没有什么别的东西可指望了，如此等等"。[8] 这份分析隐含的一个假定是，除非我们能调整自己的激情，使之与决意一致，否则我们不可能按决意的指令去行动。决意所导致的运动，不是被那种构成激情的运动所巩固，而是受到元精反流的对抗，从而被削弱甚至被完全驱散。虽然士兵作出了判断并决意冲入硝烟密布的战场，但是他可能害怕得浑身发抖，由此他的判断和决意被削弱了，甚或被一种巨大的恐惧彻底摧毁，致使他转

---

[8] *The Passions of the Soul*, in *The Philosophical Writings of Descartes*, ed. J. Cottingham et al.(Cambridge, 1984—1991), i. 45。另见 Letter to Princess Elizabeth, 8 July 1644, in *Philosophical Writings*, ed. Cottingham et al., iii. *Correspondence*, 237。

第十一章 冲突的力量：笛卡尔主义行动理论

身逃跑，除非他能发现并学会利用决意与勇气之间的间接联系。学会应当怎样思考才能使自己感到勇敢无畏，乃是一种学会怎样加强意志的力量，怎样在与激情的战斗中加重意志砝码的方法；而在这场战斗中，灵魂占据着才智方面的优势。比如，一名老练的士兵完全可能调遣一揽子技巧，压制战前焦虑症，由此逆转他的恐惧。但是在有些情况下，激情在力量上占据了压倒性的优势，比如，一名士兵可能认为他应该坚定不移，并亟欲履行他心目中的职责，可是他仍然发现他自己被不可控制的恐惧所征服。

笛卡尔承认，激情泛滥恣肆之时，往往无法抑制，有时候，任凭意志怎样足智多谋，也无法阻止我们感到愤怒、热爱或害怕。"在一种情感最旺盛的当口，意志所能做的，充其量只是不屈从它的影响，并尽量地控制它使肉体发生的那些运动。例如，如果愤怒导致一只手举起来准备打人，意志一般能遏制它；如果恐惧驱动一双腿准备逃跑，意志也能阻止它们。"[9] 这种亡羊补牢之举利用了一个概念：从激情迁跃到行动是肉体运动的一个因果序列。即使一个人已经放弃了改变某种激情——譬如愤怒——的企图，他仍能决意让他自己不打人。他的决意转化成了一种肉体运动，该运动并不正面对抗激情运动的最强锋芒，而是攻其薄弱，及时阻止其导致行动。笛卡尔在探究他的那个军事例子时，未明言地将理解力描绘为：从大局和战术上控制那些在肉体内往复运动的力量，估量它们的强度，选择最佳进攻时机，尽最大努力避免全面溃败。

笛卡尔的一封最温情、最个人化的吊唁函，尤为显著地强调了人对肉体运动的操控。虽然那是一封吊唁函，但是它仍使我们希望，收信人展读之时会感到坚强。笛卡尔致函他的战友波洛，[1] 安慰其丧兄之痛，他在信中承认，适量宣泄一下哀痛是无可厚非的："我可不

---

9 *Passions of the Soul*, 46.
[1] 笛卡尔1618—1620年服役于荷兰陆军，故有"战友"一说。

第四部分

是那种人,他们认为:眼泪和悲伤只适合于女人,为了看起来像是一个心地坚强的男子汉,人必须强迫他自己始终挂着一副平静的表情。"但是与此同时,也应该"适当节制你的感情。诚然,一个人在有正当理由悲伤的时候却完全不悲伤,那是野蛮的;但是彻底放任他自己的悲伤,则也很丢脸"。为了安慰波洛,笛卡尔提醒他,士兵对挚友的死亡应当习以为常,何况波洛自己已经遭受过一场大难而得以幸存:

> 失去一位兄弟,在我看来,与失去一只手并无什么不同。你已经遭遇过后一种不幸,但是就我所见,你并未一蹶不振,那么,为何前一种不幸就该令你难以自拔呢?若以你个人计,丧失一位兄弟无疑是更容易弥补的损失,因为结交一位忠实的朋友可以如同兄弟之谊一样宝贵啊。若以你兄弟计,……则你知道,无论是理知还是宗教,都未给我们理由去害怕……任何伤害。[10]

在解释了为什么波洛应当振作之后,笛卡尔又告诉波洛应当怎样开始振作:"先生,我们的一切痛苦,无论是什么痛苦,仅仅在很小的程度上来源于被我们归咎的那些原由。痛苦的唯一起因,是天性在我们身上激起的一种情感和内乱,因为,当这种情感被平复之后,即使我们先前拥有的那些原由依然如故,我们也不再感到烦乱。"可见复元的关键是,用理解和意志去对抗那种构成我们激情的运动,攻其薄弱,从而改变我们的肉体状态。为了弄懂笛卡尔等哲学家是怎样思考行动的,我们也许需要试着想象一下:如果将肉体理解为一条奔涌不息、随时泛滥成灾的河流,同时将权衡过程理解为一连串不大平静的潮起潮落,该是怎么一回事。比如,普桑给朋友写信说:"巨大的欢乐攫住了我,它从四面八方涌来,犹如一股山泉,在

---

10 Letter to Pollot, Jan. 1641, in *Correspondence*, 167–168.

第十一章　冲突的力量：笛卡尔主义行动理论

长期的干旱之后，被雨水倾注到再也盛不下了，便突然冲决了堤岸。"普桑此言并非全然是比喻，他描述的洪流正是他自己体内元精运动的写照。[11]

笛卡尔不仅主张，可以用防御性策略抵挡激情，直到它们减弱或消退，而且他还提出，可以从思想上将一种激情的对象与该激情本身隔离开来，再将该激情与一个新的对象连接起来，由此改变激情："虽然一个向灵魂表现某种对象的运动（无论是松果体的运动，还是元精和大脑的运动）自然而然地与一个在灵魂中引起某种激情的运动相连，但是通过养成习惯，前者也可以与后者分离，而与另一个迥异的运动相连。"[12]我们习以为常地知道，动物是能够被训练的："当一条狗看见一只山鹑时，它自然而然地向山鹑跑去；而当它听到枪响时，它自然而然地被驱使着逃跑。尽管如此，猎狗通常被训练成这样：看见山鹑反倒停步，听见有人向山鹑开枪反倒冲上去。"[13]采用类似的技术，我们可以自觉地培养我们自己去钦佩我们曾经嫉妒的对象，同情我们曾经蔑视的对象，或泰然看待曾经引起我们惊慌和恐惧的事物。偶尔（这可是厌恶疗法师[1]的梦想）会突然发生重新连接："当我们津津有味地享用一道菜，却意外地发现上面有脏东西的时候，我们的惊讶可能改变大脑的布局，以致我们今后只要看到这种食物就会厌恶，而不再像以前那样怀着快感享用它了。"[14]但是一般说来，我们必须经过努力才能改变我们的反应，改变的办法就是，重新描绘我们的激情对象，用一套新的联想围绕它们，一直到

11　Letter to Chantelou, Rome, 3 Nov. 1643, in Nicolas Poussin: *Letters et propos sur l'art*, ed. A. Blunt（Paris, 1964），81。关于这个主题之古代性，见 R. Padel, *In and Out of the Mind: Greek Images of the Tragic Self*（Princeton, 1992），78-98。

12　*Passions of the Soul*, 50.

13　同上。

[1]　厌恶疗法师，an aversion therapist。所谓厌恶疗法，是医生利用引起病人感官上不愉快的事物，治疗某种不良习惯和嗜好。

14　*Passions of the Soul*, 50.

第四部分

我们对它们产生了不同的感觉。

因此,笛卡尔对行动前的挣扎和权衡的分析,是以意志与强烈肉体运动之间的冲突——对此我们仅仅拥有非常有限的控制力——的论述为基础的。不妨说,肉体已经准备行动了,这时,虽然灵魂可以插足进来,调节肉体的运动以及该运动导致的行动,但是肉体依然有着它自己的情感模式和情绪,灵魂只能以不同的方式对它们作出反应。灵魂可以袖手旁观,不加批评地认可它们,也可以通过理解和意志,积极主动地重塑它们,甚至重塑它自己。如第八章所述,为了解释人们为什么要不避烦难地培养自控力,笛卡尔倚重了一个主张:一个人能自愿地控制他自己的激情与行动,是一种极其愉快的能力。笛卡尔提出,任何人,只要发现意志的实施能带来内在快乐,便有了一个情感的理由,要去发现某些弹簧和杠杆,使他能够智胜不良情感,从而塑造他的性格。但是大多数人并不完全能控制他们自己的激情——笛卡尔正是这样解释美狄亚对父亲的背叛的。由于我们的意志没有能力直接对抗我们的激情,所以哪怕美狄亚决意让她自己不去爱伊阿宋,也没有用。相反,她必须、也确实聚集了一系列可以对抗和改变激情的思想。然而这个过程绝不是笃定成功的:

> 意志并无直接产生激情的能力,……它不得不努力考虑一系列不同的事物,如果其中一个事物恰巧有能力暂时改变元精的运动轨道,而下一个事物却可能恰巧没有这种能力,元精会立刻恢复先前的运动轨道。……这使灵魂感到它自己几乎在同一时间被驱使着去渴望、又不渴望同一个事物。正因为此,人们才认为灵魂的内部存在着两种互相冲突的力量。[15]

在写给梅森的一封信中,笛卡尔未明言地将上述分析运用于美狄亚

---

15 *Passions of the Soul*, 47.

的案例:"智性经常在同一时间把不同的事物表现给意志,所以人们会说'我知道并赞美更好的,却追随那更坏的'。"[16]

改变行动先导

笛卡尔不仅对激情与意志之间的冲突作出了革命性的诠释,而且提供了一份关于激情是行动之直接先导的更加整体性的论述,由此推进了心灵一体化的宏图。阿奎那将欲望和反感一起选为行动的直接先导,笛卡尔却将欲望和反感合二为一,变成唯一一种激情,即 désir。[17][1] 他为这种改变辩护道,既然善是恶之阙如、恶是善之阙如,所以"永远是同一个运动同时导致了人们追求善和规避与之相反的恶"。比如,在追求富有的同时我们必然在规避贫穷,在规避疾病的同时我们必然在追求健康。在阿奎那看来,是两个激情序列在导致行动,一个序列以欲望为中心,另一个序列以反感为中心,而笛卡尔却将两个减少成了一个。

笛卡尔所谓善与恶互为镜中影的说法,并不具有十足的说服力。且看他自己的一个例子吧:当富人力图变得更富的时候,很难将他们解释成是在规避贫穷。但又似乎有理由说,当已经很富有的人追求更大财富的时候,他们是在规避某种被他们视为恶的东西,例如不及朋友们富裕时感到的尴尬,或者停止追求更大财富时令他们备受折磨的无聊。由于他们追求的善和规避的恶并不是对立面,所以如果主张两者可以互为解码,将是过分的简单化;但是如果主张,求善和避恶这两个目标都塑造了我们的欲望,并由此帮助解释了我们的行动,倒是经常符合事实的。此处笛卡尔一如既往地奉行整合

16　Letter to Mersenne, May 1637, in *Correspondence*, 56.
17　霍布斯保留了渴望与反感之间的区分。见 *The Elements of Law*, ed. F. Tönnies(2nd edn, London, 1969), 28; *Leviathan*, ed. R. Tuck(Cambridge, 1991), 38。
[1]　désir,法文,"欲望"。

第四部分

政策：他所理解的欲望，将经院哲学所理解的欲望和反感都包含在内了。无论我们是在规避我们视为恶的东西，抑或我们是在追求我们视为善的东西，我们都是被唯一一种激情推动着这样做的，因此，譬如说，欲望可以促使我们绕开一条蛇，也可以促使我们跑去听俄耳甫斯的音乐。

笛卡尔的修正确实带有某些哲学优势，但是它实际上也移除了欲望这一激情的某些内容。根据经院主义观点，推动我们规避有害事物的情感，殊不同于推动我们追求被视为善的东西的情感。规避，以及与之相反的追求，给人以不同的感觉，而且具有不同的功能。欲望携载着一种逐渐接近某对象的空间涵义，反感却是从某对象退离，亦即扩大该对象与行动者之间的距离。这个区别在经院主义模式内部腾出了容纳下述观点的余地：可以在不追求善的情况下规避恶，反之亦然。因为这两种不同的行动分别是由欲望和反感这两种不同的情感引发的，所以我们将其理解为一往一复的运动。例如，当恐惧促使欧律狄刻从蛇附近跳开时，推动她行动的是反感之情。该情感本身就是一个规避蛇的欲望，因此远离某物的念头是该情感的一部分内容。诚然，我们或许能将她的行动描述为同时也在追求某种善，譬如追求健康或生命，但是从情感角度说，求善的描述可以忽略不计，它并未从情感上解释她行动的原因。同理，当她爱上俄耳甫斯时，阿奎那会说，推动她的是一种试图占有爱人的欲望。我们没有任何情感依据或动机依据可以主张：她——譬如——同时也是在采取一个规避孤独之恶的行动。

这种解释性的区分在笛卡尔的观点中丢失了，因为在笛卡尔看来，唯一一种激情——欲望——既促使欧律狄刻从蛇附近绕开，也促使她追求所爱之人。行动来源于欲望，这一主张根本不告诉我们那是怎样一种行动，相应地，我们也很难将任何情感内容给予欲望之情。比如，我们知道爱和快乐一般说来是正面情感，恨和悲伤一

第十一章　冲突的力量：笛卡尔主义行动理论

般说来是负面情感，但是就欲望而言，我们甚至连这些东西都无法知道。为了替笛卡尔辩护，我们也许会说，规避蛇和追求爱是极端的、非寻常的案例，在这类案例中，行动只能用几乎绝对的反感和几乎绝对的欲望去解释。而在大部分情况下，我们的情感在利与害的考虑之间保持平衡，所以更能反映笛卡尔的观点，即追求和规避并不是两个彼此分立的行动，而是唯一一个行动模式的两个组成部分。就蛇的案例而言，经院主义论述——即欧律狄刻的行动最好被理解为一个规避某物的企图——的特点似乎是个优势，但是在其他情况下，同一特点可能令我们觉得是个劣势。比如，当欧律狄刻跟随俄耳甫斯离开冥土时，她既渴望与丈夫团圆，同时又渴望逃离死亡。趋利和避害在此案中合成了一体，以致如果你主张哪一种欲望占了上风，将是赶着鸭子上架。当笛卡尔把读者的注意力引向这个情况时，他是在未明言地敦促读者放弃一种世界观，不再将世界划分为我们知觉的善和我们知觉的恶，或者划分为应该规避的东西和应该追求的东西。相反，他鼓励读者将他们自己的行动理解为唯一一种情感程序所导致的结果，该程序永远可以被双向描述，要么被描述为趋利，要么被描述为避害。而且，既然评价的一极永远可以被另一极替代，那就意味着，在两种描述中，议中的行动都是被同一种激情——即欲望——引起的。

　　笛卡尔殷殷致力于提供一个更统一的模型，来显示激情是怎样导致行动的，但是他也依然敏感于一种必要性，即有必要将多样化的情感——以经院主义的欲望和反感概念为代表——纳入他的分析。他的做法是，重新分配那些导致行动的激情序列中的情感权重，尤其是将原本被包含在欲望和反感之中的两种情感，转变成欲望和反感之前的爱和恨。为了弄清这是怎么一回事，我们需要记住，笛卡尔像阿奎那一样，也认为欲望总是嵌在较长的激情序列中。虽然笛卡尔主义的欲望是一种笼统的激情，以致它的名称没有提供多少线

第四部分

索让我们知道它究竟给人以什么样的感觉，以及它会引发什么样的行动，但是它发生在某些语境中，而这些语境使得我们能够解读它。例如，当一种欲望被恨伴随的时候，一般我们主要从避恶的角度、而不是从既避恶又求善的角度去描述它；而当一种欲望被爱伴随的时候，一般我们主要从求善的角度、而不是从既求善又避恶的角度去描述它。同理，当一种欲望被绝望跟随的时候，我们大可以认为该欲望的目标未能实现；而当一种欲望被快乐跟随的时候，我们大可以认为该欲望的目标实现了。在这种极其概略的程度上，笛卡尔将经院主义的欲望和反感的部分内容，转移到了笛卡尔主义欲望周围的一些激情中。欲望本身包含的情感内容少于前人的那些欲望论述，但是它所在的整个情感序列却能弥补不足，因为该序列指明了欲望必须是怎样的情感内容。[18]

笛卡尔的重新分配，尤其明显地表现在关于吸引（*l'agrément*）和反感（*l'horreur* 或 *l'aversion*）的讨论中。前者是我们对美好事物感到的爱，后者是我们对丑恶事物感到的恨，这两种情感都是对可感外表——形状、颜色、气味等——的反应。根据笛卡尔的理论，吸引和反感分别产生两种迥异的欲望：

> 吸引和反感——它们实际上是两个对立面——并不是充当这些欲望之对象的善和恶，而是灵魂的两类迥异的情感，它们指令灵魂去追求两类迥异的事物。一方面，反感由自然判定要将一种突如其来的、意想不到的死亡表现给灵魂，因此，尽管有时引起反感的只是蚯蚓的触碰、树叶的飒飒声，或者我们自己的影子，我们也立刻感到一种强烈的情感，强烈到仿佛我们经历了某种死亡的威胁。这导致一种突然的骚动，它带领灵魂全力以赴地规避

---

[18] 见 A. Matheron, 'Amour, digestion et puissance selon Descartes', *Revue philosophique de la France et de l'Étranger*, 178（1988），407–413。

一种如此彰明较著的恶。这种欲望，我们通常称之为"规避"[la fuitte]或"反感"[l'aversion]。[19]

与反感对立的吸引，则"由自然判定要表现一种快乐，这种快乐被视为一切属于人类的善当中的最大善"。因此，吸引和反感分别是强烈的爱和恨，分别被我们体验为热烈的渴望和厌恶。回到蛇的例子，阿奎那也许会解释说，欧律狄刻的恐惧引起了反感，而反感导致她从蛇附近跳开，笛卡尔却辩称，她对蛇感到的是厌恶，而厌恶引起欲望，然后该欲望促使她移动身体。可见，必须逃跑的感觉发生了变化，从作为行动之直接先导的反感，变成了作为欲望之先导的恨。

笛卡尔将吸引和反感纳入他的激情清单，由此认可了一个意义重大的情感范围。与此同时，他给予了反感一种比在经院主义模式中更大的特殊性。阿奎那认为反感是一种可以非常强烈的感受——例如在蛇的案例中，或者是一种几乎无意识的感受，但是笛卡尔重塑了反感，使之成为永远可知觉的感受。当我们体验反感或厌恶时，我们自己是知道的。不过，相对而言，反感较少发生，因为它只能被我们觉得丑恶的可感物引起。只要我们对善恶的权衡与我们的直接感官知觉保持距离，我们就不会体验反感，不受这种恨的干预而形成欲望。看来情况似乎是，虽然我可以对一本具体的哲学书感到厌恶，我却无法对哲学感到厌恶。犹如占有性的爱，反感的对象也是可感的。[20]

我将提出，与经院主义欲望和反感概念的这次离别，只是一个漫长的欲望概念重构过程的一个阶段而已，此番重构贯穿整个十七世纪，导致了行动学说的实质性变化，其中欲望扮演的角色越来越重要。这种变化又被另一个重要变化所补足，这次涉及的是欲望在

19　*Passions of the Soul*, 89.
20　同上书, 90。

第四部分

解释行动时扮演的角色。笛卡尔像经院主义前辈一样，认为欲望嵌在激情序列之中，合力构成了行动的原因。欲望并不单独出现，而是与其他激情一同出现，但又有别于它们。例如，我可以爱某个我认为善的事物，那是说，我可以认为我自己与它结合了。同样，我可以对某物产生欲望，那是说，我可以希望将来拥有它，因为我相信这将对我有益处。[21] 这是两种不同的激情，但是它们习惯于携手同来——我对某物的爱会引发一种欲望，巴不得我自己进入一种状态，该状态将使我能保持这份爱。[22]

因此，笛卡尔的行动理论与经院亚里士多德主义决裂，是以两种非常重要的方式进行的。其一，将激情与决意之间的冲突——它曾被视为某些行动的先导——识别为灵魂与肉体之间的冲突。其二，将欲望和反感——它们曾是两种不同的激情——合并为唯一激情，即欲望。虽然关于怎样才能避免乞灵于一颗分裂的灵魂的问题，笛卡尔的解决方案未被广泛接受，虽然笛卡尔对欲望的分析也未被普遍认可，但是很多哲学家欣然接纳了笛卡尔的解决之道的精神——即使没有接受其字面意义。他们像他一样，也致力于提出一种统一的心灵理论，强大到足以解释各种各样的行动；他们像他一样，也感受到一种更笼统的欲望概念的种种优点。面对笛卡尔的诸般问题，他们提出了一系列更激进的解决之道，那将是下一章的讨论内容。

21　*Passions of the Soul*, 80.
22　A. F. Beavers, 'Desire and Love in Descartes' Late Philosophy', *History of Philosophy Quarterly*, 6（1989）, 279-294.

第十二章　权衡与激情

　　笛卡尔不是唯一一位与经院主义行动理论之局限性搏斗的十七世纪哲学家。除了前一章讨论的笛卡尔主义应策以外，我们也发现了其他一些方案，它们更集中地聚焦于欲望概念，使欲望这一激情稳步地走向了舞台中心，直到它不仅仅是行动的直接先导，而且成为行动的唯一先导，成为塑造我们的反应、点染我们所有其他情感的唯一动力。与这种转变联袂而至的，是另一个变化：试图以激情与决意之间的冲突去解释行动的做法彻底终止了，而终止的原因是时人迈向了一种更加一体化的心灵理论。凡是吸纳了上述两种变化的行动理论，均让激情扮演了一个关键的解释性角色。但是为了让它扮演成功，则必须重构激情概念，破除主动与被动之间的对立关系——这种关系曾是我的论述的起点。因而本章将要讨论的主题标志着，本书所关注的哲学时代已渐行渐远，那个时代作为一个认知激情的框架，已开始让位于另一个截然不同的框架。毋庸赘言，这种变化绝非一蹴而就，而且它也并未迎来一种普世接受的唯一观点，所以从某些方面看，将要在本章占据我们注意力的诸般理论都只是试探性的，甚至遭到了一批哲学家的激烈反对，因为，他们眼看着

第四部分

行动与激情的古典分类开始面临威胁,希望能将其维持下去。

霍布斯几乎是笛卡尔的同龄人,[1]他摈弃了一个经院主义观点,即欲望夹在其他激情中间,一同构成序列,作为一个整体来解释我们行为的原因。取而代之的是,他将新的优先权给予了欲望和反感,作为行动的两个先导。在他看来,肉体的一切自愿运动,"例如行走、说话、移动四肢,只要它们是心灵首先想起要做的",其起因便都是思想——思想将物体或事态表现为有利或有害。这类思想"通常叫作努力"。努力分为两种:"如果它向某物靠近,就叫作渴望或欲望";[1]而"如果努力是从某物离开,通常就叫作反感"。[2]霍布斯保留了欲望和反感之间的区别,但是此事这不应当干扰我们去注意他的观点的主要目的,那就是:让这两种激情成为行动的两个先导。但是至此为止,他的观点不外乎因循守旧。只有当霍布斯讨论欲望与其他激情之间的关系时,他的观点的独特性才开始显现出来,因为他在此分析了一连八种"单纯激情",[3]作为欲求某物或获取某物的过程中的不同阶段。我们起始于欲望和反感,它们本身是运动;我们给这些运动添加"外表或感觉",并且称之为快乐或愉悦,和心灵的烦恼或痛苦。因此,我们绝不可能只体验欲望而不同时体验快乐,或者只体验反感而不同时体验痛苦。而且,凡是我们欲求的东西我们都爱它,凡是我们反感的东西我们都恨它。霍布斯指出:"欲望和爱是同一码事,唯一不同的是,我们总是用欲望表示对象的缺席,而通常用爱表示对象的在场。"[4]反感和恨也同此理。最后,如果有望满足欲望,会带来快乐;无望满足欲望,则会带来

---

[1] 霍布斯,1588—1679;笛卡尔,1596—1650;两人相差八岁。
1 虽然霍布斯将渴望 [appetite] 区别于欲望 [desire],说欲望是个更泛化的术语,渴望则通常用于饥饿和干渴——见 *Leviathan*, ed. R. Tuck(Cambridge, 1991),38,但是他也经常把渴望用作欲望的同义词,例如当他定义激情的时候——同上书,42-44。
2 *Leviathan*, ed. R. Tuck(Cambridge, 1991),38。
3 同上书,41。
4 同上书,38。

痛苦。

可见各种"单纯激情"是围绕着欲望和反感而组织起来的——欲望和反感不再是一个有效地导致行动的情感序列里的中间环节,而成为仅有的自然倾向,仅有的原动力,只有借由它们,其他的激情才能被定性。欲望和反感是使我们行动起来的原因,其他的单纯激情只是欲望和反感的变体。此外,其他一些非基本的激情需要借由单纯激情去理解,因此也就是借由欲望和反感这一对关键激情去理解。例如,希望是一种觉得可能获得某物的渴望,恐惧是一种觉得可能从某物受害的反感,野心是一种对权或位的欲望,等等。这与笛卡尔编纂的激情门类有着重大的差别:笛卡尔识别了六种原初激情,每一种有许多变体,而霍布斯的激情大多是反感和欲望的变体。[5]

霍布斯的修订不仅是个分类问题。他将欲望和反感等同于努力(即他对 conatus 一词的翻译),其实是利用了一个重要的斯多葛主义信条:使得每一样事物保持它自身同一性的那种力量,可以被理解为一种努力。如第四章所述,霍布斯将无生命物的努力解释为一种使得该物能抵抗变化的内在运动。论及人类,霍布斯认为人人都体验着某些构成其 conatus——或曰努力——的运动,要么将其体验为欲望,即一种趋近他们认为能维持其生存的事物的倾向,要么将其体验为反感,即一种远离他们认为可能有害的事物的倾向。因此,被我们体验为欲望和反感的所谓努力,是我们为了保存自我而进行的最基本奋斗,是我们对周遭世界的不可扼制的反应。但因它在人类身上是一种极其复杂而又极其分明的动力,所以它不仅表现在欲望和反感中,而且表现在一揽子根据环境而变化的、精细调谐的激情中。霍布斯赋予努力的那种核心地位,戏剧性地体现在他的无欲

---

[5] 见 G. B. Herbert, *Thomas Hobbes: The Unity of Science and Moral Wisdom* (Vancouver, 1989), 97–98。

即亡的主张中,[6]也生动地反映在他对人类思想过程的论述中——他认为,很多思想过程都受到某种欲望或意图的调控,并且都是一种从手段到目的的工具性推理。"有了欲望,我们便会想到,我们先前已经见过某种手段,该手段能产生那种作为我们追求的目标的东西,从这个想法,我们又会想到获取该手段的手段,如此这般延续下去,直到我们抵达我们力所能及的某个起点为止。"[7]只要我们活着,我们就必须在变化不息的环境中继续图存,抵御威胁,保障安全,因此我们永远不可能克服那驱使我们从一个目标奔向下一个目标的贪得无厌的欲望。

这种将欲望作为促使我们行动的原初激情的斯多葛主义分析,被斯宾诺莎阐释得还要更加清楚。像霍布斯一样,斯宾诺莎将欲望这一激情等同于 conatus 或图存之努力,并把它嫁接到了笛卡尔的欲望与反感是同一和唯一激情的理论上。斯宾诺莎声称,渴望"是人之本,因为它决心要做增进他的生存的一切事情","欲望是渴望以及对渴望的自觉意识"。[8]而且,渴望和欲望其实并无区别,"因为无论一个人是否意识到他自己的渴望,渴望还是那个渴望"。[9]因此,欲望是我们所体验的一种追求力量——即我们的生命之本——的努力,也是三种基本激情当中的一种;另外两种是当我们的力量增强时我们感到的快乐,以及当我们的力量减弱时我们感到的悲伤。斯宾诺莎更进一步远离了经院哲学对激情及其与行动的关联的解读,并且更进一步肯定了行动是被欲望引发和保持的这一观点,所以霍布斯的立场在斯宾诺莎这里得到了简化和强化。

上述对欲望与行动之间关系的全新理解,在霍布斯和斯宾诺莎

---

6 *Leviathan*, 54.
7 同上书, 21。
8 *Ethics*, in *The Collected Works of Spinoza*, ed. E. Curley (Princeton, 1985), vol. i. III, Definition of the Affects, 531.
9 同上。

的研究工作中，均被他们纳入了一种关于优柔寡断和心理冲突的分析，这种分析并不乞灵于各种不同的互相对抗的力量——无论在心灵中，抑或在灵—肉合成体中。笛卡尔在探讨美狄亚为什么不能根据她的判断而行动时，认为这是她的激情和意志之间的搏斗的结果，但是霍布斯和斯宾诺莎摈弃了决意之说，而以迥异的方式描述了她的困境。霍布斯的解释，是以他的下述观点为根基的：观念是大脑中的运动，[10]当运动继续达及心脏时，便引起激情；[11]激情则又成为"行动的第一个无意识起点"；[12]至于行动，霍布斯继续说，行动"紧随在第一个渴望之后，例如当我们突然做某事的时候"。欧律狄刻一看见蛇，顿生反感（她的初始渴望），立刻跳开。但也可能发生另一种情况："在我们的第一个渴望之后，紧接着产生一个念头：采取这样的行动可能有害于我们；该念头就是恐惧，它阻止我们继续行动。"[13]在这种情况下，渴望之后接踵而至的是恐惧，"恐惧之后接踵而至的是新的渴望，新的渴望之后是新的恐惧，互相更替着，直到要么实施行动，要么某件事情干预进来，使行动不可能实施"。[14]渴望和恐惧的交替便是权衡，我们可以权衡任何一件我们认为可能发生的未来之事。除非我们根据初始渴望而行动，否则我们就是处于权衡过程之中；只有当这个权衡过程达成某种结论时，我们才行动。

在关于权衡过程如何终结的讨论中，霍布斯提出的观点也许堪称他的哲学创新之中最惊世骇俗的一个。他说，紧挨在行动之前的那个渴望或恐惧，叫作意志。[15]"在权衡过程中，"他声称，"最末一个渴望或反感，也就是紧挨着行动或不行动的那一个，便是我们所

10　*The Elements of Law*, ed. F. Tönnies (2nd edn, London, 1969), 28.
11　同上书，31。
12　同上书，61。
13　同上。
14　同上。
15　同上书，62。

谓的意志——亦即决意这一行动（而非能力）。"[16][1] 渴望和反感既非来自意志，也非对抗意志，它们就是意志。[17] 因此，在解释行动的时候，我们不再需要考虑两股不同的力量——激情与决意——之间的相互作用，而必须考虑激情与激情之间的更替。比如，一幅威尼斯风景画导致我们产生一个关于威尼斯的观念，该观念又导致我们产生游览威尼斯的欲望，但是在游览威尼斯的想法之后，接踵而至的是我们在那里将很孤独的想法，该想法又导致我们产生恐惧，而恐惧则替代了游览威尼斯的欲望。一个激情序列就这样形成了，其中的每一个激情，随着运动从大脑传遍肉体，都取代了前一个激情。笛卡尔将权衡表述为各有不同来源的不同运动之间的冲突，冲突的结局由这些运动的相对强度来决定；霍布斯却认为，权衡过程涉及的只是几股同类的力量。导致行动的所有肉体运动都是激情。其次，渴望和恐惧这两种运动不是互相直接对抗，而是其中每一种都让位于——至少暂时让位于——它的后继者。根据霍布斯的论述，形成权衡的是一系列概念，它们都引起激情；但是不妨说，这些激情并不互相反击。权衡是一个观念序列，由一系列关于某个行动过程的利与害的观念组成；同样，权衡也是一个欲望和恐惧交替的序列。[18]

霍布斯的分析，正像他关于努力的论述一样，也深深受惠于权

16　*Leviathan*, 44.

[1]　霍布斯认为意志（will）必然是一个行动，即 act of willing（相当于 volition），也就是一次具体的决意，而不只是一种静态的能力，因为任何人都不可能脱离具体事物而达成做任何事的意志。这个观点在很大程度上来源于他与英国国教主教约翰·布拉姆霍尔（John Bramhall, 1594—1663）的论战：布拉姆霍尔说，霍布斯"混淆了意志这一能力与决意这一行动"，实际上意志是理性灵魂的潜在能力，上帝创造了理性灵魂并将这一能力赋予了它。因此布拉姆霍尔不仅指控霍布斯犯了哲学错误，而且指控他暗怀无神论信仰（这也是本书作者苏珊·詹姆斯说霍布斯的意志观"惊世骇俗"的原因之一）。霍布斯则在《有关自由、必然和偶然的问题》、《法的原理》、《利维坦》等著作中作出了上述回应。

17　*Elements of Law*, 62-63.

18　见 T. Sorell, *Hobbes*（London, 1986）, 92-95; T. Airaksinen, 'Hobbes on the Passions and Powerlessness', *Hobbes Studies*, 6（1993）, 82-89。

衡即犹豫的斯多葛主义观点。克律西波斯[1]告诉我们，犹豫不决和矛盾感情"不是两造之间的冲突和内战，而是同一个理知转向了两个不同的方向，这一点，由于变化来得太快太猛而逃过了我们的注意"。[19]当我们权衡时，我们不是在被什么东西左右拉拽，而是在考虑一个情景序列，其中每一个情景都在描绘某种价值和事态。用霍布斯的语言来说，我们"趋近"一幅关于未来的图景，又从它"撤离"，去考虑一幅不同的图景，然后又"回到"与第一幅颇为相似的新图景，如此等等。[20]但是最终，我们选定的只是一幅图景。霍布斯在评论美狄亚的独白"我知道更好的路，却追随那更坏的"时，表明了他自己的观点，不过，他依据的是塞内加的《美狄亚》，而非奥维德的《美狄亚》，而且他评论的是美狄亚在狠心杀害她自己的两个儿子时，她所体验的互相冲突的激情。霍布斯反驳道，塞内加赋予美狄亚的那种犹豫不决"美则美矣，真却不真，因为，虽然美狄亚知道很多阻止她杀子的理由，但是她的判断发出的最末一道指令是，对丈夫实施快意恩仇式的报复比所有那些理由更重要"。[21]

做与不做构成了权衡过程，而做与不做的节奏本身，可以被该过程涉及的观念的性质所指挥。一位女子发现她自己正在考虑的一个行动方法蕴含着某种可怕的风险，比如会导致她所爱的某个人的死亡，她也许就被吓倒了，不再进一步探索那个方法。在此案中，她的权衡模式由她的情感强度所塑造，她的情感强度则与她的判断相吻合——她的判断是，某些东西太宝贵，不应该被置于险境。相

---

[1] 克律西波斯（Chrysippus of Soli，约前279—约前206），希腊斯多葛主义哲学家，有"斯多葛学派第二创始人"之称。

19 Plutarch, 'De Virtute Morali' in *Moralia*, trans. W. C. Helmbold（Cambridge, Mass., 1962）, vi. 441^C, 441^F. 见 M. Nussbaum, *The Therapy of Desire: Theory and Practice in Hellenistic Ethics*（Princeton, 1994）, 384.

20 这里的动词都是霍布斯原文所使用的动词。见 *Elements of Law*, 31.

21 *Of Liberty and Necessity*, in *The English Works of Thomas Hobbes*, ed. Sir William Molesworth（London, 1893—1845）, iv. 265. 见 Seneca, *Medea*, in *Tragedies*, trans. F. J. Miller（Cambridge, Mass., 1917）, i. 225-315.

第四部分

反,另一位女子可能强迫自己将一种欲望中的各个交替项一一想个透彻,以保证她最终达成的决定具有充分的根据;而那个欲望本身则夹杂着她认定的一个想法:最终达成的决定对她来说生死攸关。因此,构成权衡过程的那个实际发生的激情序列,是由行动者的经历、由她的激情、特别是由她对她自己当前处境之结局的想象,所决定的。霍布斯解释道:"对利与害的考虑,也就是说,对奖与惩的考虑,是导致我们的渴望和恐惧的原因,故而也是导致我们的意志的原因——只要我们相信我们所考虑的奖赏和利益一定会落到我们头上。因此,我们的意志紧跟着我们的观念而来,我们的行动则紧跟着我们的意志而来。"[22]

然而,究竟是什么将权衡过程推到终点,并促使我们行动呢?在笛卡尔看来,答案在于激情与意志的力度:一旦某种内在运动足够强烈,能引发一系列构成一次行动的运动,该行动就被付诸实施。但是在霍布斯看来,情况似乎是,一个人可以无限期地来回权衡而不达成一个决定。这里存在着若干可能性。第一,霍布斯一定会同意,有些权衡永远不会达成决定,比如,我可能一直在想是否要去威尼斯,却一直没有达成究竟去或不去的决定。第二个可能性的来源是,很多权衡是在引发了强烈的激情以后终结的。霍布斯认为,当激情不具有他所说的"突然性",也就是缺乏足以引起行动的那种强度和确信时,权衡才会持续。不过权衡本身也可以引发突然性,比如,当我在思量某种局面,并且纳闷我是应该这样还是那样看待它的时候,我可能越来越相信某一种解读,同时也越来越愤怒,直到我完全失去了继续权衡的兴趣,而干脆采取了行动。在这里,我越来越确信我应当怎样看待形势,同时我的激情也越来越强烈,两者同步增长。但是如果说,我逐步地被一种激情攫住,它最终促使我实施了行动,则此种说法将是一种误导。同理,如果说,我考虑

---

22 *Elements of Law*, 63.

了利弊得失，然后决定了该怎么做，则此种说法也将是一种误导。要想正确地理解霍布斯的观点，我们必须认为，权衡既涉及我们在解读上的一个变化，也涉及我们在情感上的一个变化，只有当解读和情感都达到了足够的确信，以致进一步的权衡变成多余的时候，才导致行动。这种行动观引起了第三个论点：人类能较为彻底地权衡的倾向和能力，以及他们的权衡方式，取决于他们已有的经验和激情。有人谨慎，有人冒失；有人爱赌博，有人怕风险；有人自信，有人焦虑。个人不仅有自己的个性，还有自己的一套对待具体问题的态度。权衡某个特定的问题，对某些人来说可能是惬意的，对另一些人来说可能是难受的。以这些不同的、与过往相关的方式，我们的历史影响了我们的行为模式，决定了我们在哪一个时刻行动。

  在那批认为不需要诉诸意志便能解释行动的哲学家当中，最举足轻重的一位也许是斯宾诺莎。不过，斯宾诺莎关于行动先导的论述与霍布斯的大相径庭——斯宾诺莎进一步靠近了一个斯多葛主义观点，即激情乃是判断。在霍布斯那里，观念依然不同于激情，尽管两者有因果关系。两者代表着从大脑辐射到身体其他部位的那些运动的不同阶段，其中，观念是大脑里的运动，激情是心脏里的运动。斯宾诺莎却把这两个类别减少到了一个。他认为激情就是观念，例如，爱一个人，就是对所爱之人的性情样貌等形成一定的观念，同时评估对方有多大容力增加我们自己的力量。对方敏感而又温柔，所以不会蓄意伤人；对方有趣而又轻松，所以能让最枯燥的杂务变得趣味盎然；对方富于洞察力和观察力，所以能唤起愉快而刺激的思想和感情。爱他们，便意味着欣赏这些品质，只有当他们改变了，或者只有当我们开始重新评价他们的个性了，这份感情才会改变。如果失望情绪使他们变得尖酸刻薄和愤世嫉俗，我们也许会觉得他们不如以往可爱。或者，如果他们那些曾让我们觉得极富洞察力的话语如今听起来好像是来者不善的吹毛求疵，爱情就可能在消退。

第四部分

那么权衡又是怎么一回事呢？虽然斯宾诺莎没有明确地将权衡描述为一系列情感的互相更替，但是他像霍布斯一样，也认为权衡是一个动态的观念序列。如果我们的观念是不充分的，从而也是激情性的，我们的权衡基础将是一幅不完整的、多少有些歪曲的关于世界的图景。如果我们的观念是充分的，它们将更可能导致明智的行动，而这些行动之所以是明智的，既是因为它们能实现我们为之设定的目标，又是因为它们被设定的那种目标能有效地增强我们的力量。如第八章所述，无论是充分观念，还是不充分观念，都是情感性的，因而都能发挥行动先导的作用。斯宾诺莎将观念划分为两类，相应地将情感也划分为两类，从表面上看，这种做法似乎要在心灵中开辟新的区划，并由此带来新的冲突形式，亦即充分观念与激情性的不充分观念之间的交战。然而，斯宾诺莎并不是从这种角度看问题的。实际上，他将两类观念都视为判断，它们发生在同一个完整的权衡过程之中，协同产生关于世界的概念，供我们据此行动。总体说来，充分观念具有清晰性和一致性，所以比不充分观念更令人信服，因此，拥有充分观念的人在大部分情况下都能明智地行动。例如，假若美狄亚对伊阿宋有着更充分的观念，知道他是怎样一个轻率的冒险家，她也许就觉得他不那么可爱了吧。可见，我们有多大容力解决各种判断之间的矛盾，取决于我们掌握了多少资源，包括可获得多少信息，有多少哲学洞察力，有多少技巧将我们自身的激情与该激情的对象作为两个不同的元素分解开来。

但是斯宾诺莎还讨论了另一个问题，采用的仍是那个标准例子：为什么美狄亚知道她自己一定会去帮助伊阿宋，即使她明明意识到她应该听父亲的话？根据斯宾诺莎的描述，她的困境来源于我们在本书第三部分探讨过的一个现象，即奥维德生动描述的现象——当我们的激情对象出现在我们眼前时，激情会格外有力地控制我们。美狄亚在独处之际，能够透视地打量她对伊阿宋的爱，从而对于应该怎样做形成充分观念，可是她刚一看见他，她的决心立刻烟消云散，而且她意识到自己还是要去帮助他。正因为我们与他物的时空联系会把我们的情感引向该物，正因为外因的力量可能大于我们从善恶知识中获得的力量，所以我们人类更容易被臆度打动，而不是被正确的理知打动，这也解释了为什么正确的善恶知识反而会激起心灵的骚乱，并且经常让位于各种各样的贪求。"因而诗人写道：'...Video meliora, proboque / Deteriora sequor...'" 23 [1] 如果人类不是处于时空之中，他们的判断将能更好地指导行动，但是既然他们处于时空之中，他们便经常听从当下的指令，走上歧途。理想的情况是，我们应当从充分观念的非时间性视角进行权衡，然而实际情况是，我们很难让心灵记住这一点，却将额外的分量给予了此时和此地。美狄亚的痛苦必须从充分观念和不充分观念的角度去理解，这两种观念组成了她思量她自己的处境的资源，但是未能使她想个透彻，一直想到不再被伊阿宋的魅力所诱惑为止。她之所以做不到这个，也许是因为她缺乏某些哲学洞见，例如她不理解人类对当下的观念和对较远将来的观念之间的矛盾，又如她没有掌握一种有效地修正激情的权衡技巧。斯宾诺莎同意霍布斯的意见，认为这两种关联性容力的决定因素，乃是美狄亚的历史，以及由此而聚合的一套思想——它们构成了她的心灵。

一体化的心灵和自愿的行动

那些否认决意是一种特殊的思想和一种独特的行动先导的哲学家，遭遇了猛烈的反对。反对者提出的理由是，他们鼓吹一种决定论，它摧毁了自愿与非自愿之间的界线，连带着摧毁了一系列神学的和更广义的哲学的区分。如果人类的行动依据是这样一些观念，

23　Spinoza, *Ethics*, IV. P 17.
[1]　拉丁文为奥维德的诗句：我知道更好的路，却追随那更坏的。参见本书第256页（边码）。

第四部分

它们本身便是由另一些前位观念引发的，如果在权衡和行动的过程以外，没有任何东西可用来对抗或改变上述因果进程，人类似乎就被他们的观念彻底控制了，或者借用霍布斯的诠释，被他们的激情彻底控制了。那么，人类该怎样通过自由而高尚的行动来保证他们获得救赎呢？怎样才能保持无生命物与有生命物之间、动物与人类之间、不成熟人类与成熟人类之间的不证自明的区别呢？对自然进行这种等级式解读，可以使理性人合法地拥有高于其他造物的权威，但是这种解读突然遭到了质疑。

这类问题引起的焦虑几乎触手可及，比如在布拉姆霍尔对霍布斯的全面抨击中。他指责说，霍布斯不仅不是基督徒，而且犯了危险的错误。霍布斯将权衡解释为一系列激情的交替，并将其视为一个因果过程，由此，他首先就侮辱了人类的天性，把人类贬低为"仅仅是命运手中的网球"，是他们自己无法控制的因果过程的牺牲品。[24] 而且，霍布斯无视自发行动与自由行动之间的区别，[1] 将自由而又自主的人类变得"野蛮"而又"幼稚"。[25] 在布拉姆霍尔看来，当我们依据某种智性的或感性的渴望、不加权衡地行动时，我们是在自发地行动。譬如，当恐惧——"因预见到某种迫在眉睫的恶而产生的忧虑"[26]——促使一只羊奔逃时，羊的行动是自发的。但是当我们进行权衡，并由此而需要理解事物时，我们是在自由地行动。[27] 意志是"人类行动的女王或女主"，理解力是"她的名副其实的顾问"，当意志许可了理解力向她提议的或表现的某个判断，并命令理解力

24　Bramhall, *A Defence of True Liberty from Antecedent and Extrinsicall Necessity* (London, 1655), 60.

[1]　自发行动, spontaneous action, 即无意识的、自然而发的行动。自由行动, free action, 即有意识的、自愿而发的 (voluntary) 行动。

25　Bramhall, *A Defence of True Liberty from Antecedent and Extrinsicall Necessity* (London, 1655), 10.

26　同上书, 43。

27　同上。

去"权衡应当用什么方法实现某个特定目标"时,一个关于应该做什么的非因果性的[1]权衡过程就开始了。[28]理解力接受指令后,也许会提出两三种实现目标的方法,但是在决定采用哪种方法的时候,是意志掌握着采用或不采用的权力,以及选择善或恶的权力,并且不受理解力提出的任何建议的约束。[29]是她[2]在挑挑拣拣,在施行这种反复无常的、女人气的、但也极具道德重要性的权力,只有来源于此的行动才是自由的。

儿童、动物和傻子依照他们的激情而自发地行动,理性人却能权衡,从而能自由地行动。[30]霍布斯居然拒绝将行动划分为以上两种,这让布拉姆霍尔觉得非常恶劣,甚至不可思议。根据霍布斯的描述,决意在于渴望。然而,如果理性人仅仅依照渴望而行动,那么他们的行动就根本无法区别于马儿、蜜蜂或蜘蛛的行动了,[31]一位主教或哲学家的深思熟虑的行动也就变得像一个吃奶的婴儿的行动一样,是一种渴望或自发行动了。[32]布拉姆霍尔的义愤证明了,凡是坚信人类之所以拥有最高道德乃是因为其意志天生自由的人,必然觉得霍布斯主义的学说极具威胁性。将决意贬低为渴望,这似乎抹煞了一种给予人类以自由和自主、并由此奠定人类对自然世界的权威的重大区别。同时,这也从人类内部拉平了理性人与愚人之间、成年人与幼年人之间在道德上的优劣。后一个拉平之举,对于一位坚信上帝是用儿童之声讲话的主教来说,也许触到了一条特别敏感的神经

---

[1] 这是布拉姆霍尔的观点,他认为霍布斯将权衡视为因果过程是错误的。
[28] Bramhall, *A Defence of True Liberty from Antecedent and Extrinsicall Necessity* (London, 1655), 30.
[29] 同上书,31-32。
[2] 她,仍指意志,即布拉姆霍尔所说的"女王或女主"。
[30] Bramhall, *A Defence of True Liberty from Antecedent and Extrinsicall Necessity* (London, 1655), 34.
[31] 同上书,45。
[32] 同上书,38。

吧；而将两个拉平之举加在一起，霍布斯的这些修正将唤醒一个另类世界的扰人幽灵，在那个世界，动物、傻子、儿童、成人的行动不分轩轾，一律经过了权衡，因而一律是自由的。一方面，所有这些行动都要求得到道德上的尊重——那在布拉姆霍尔的观点中却是专门留给成年人之自由行动的。另一方面，所有这些行动大概也都有资格接受褒贬。不过，这样一个颠倒乾坤的前景您可别当真，它只是作为霍布斯观点的 *reductio ad absurdum*[1] 而呈现给您的。

布拉姆霍尔的批评恰好能被用来指出，以霍布斯并不持有的一种自由概念去测量霍布斯本人的观点，其结果就是拉平。如果自由行动需要自由意志的运作，如果决意就是最末一个渴望，那么一切思想过程将是同等地不自由。然而霍布斯当然不是一个拉平器。从他的所有论说来看，动物是有别于人类的，儿童是有别于成人的，因为他们的慎虑程度不同，他们以科学而有序的方法达成定义和推导结果的能力也不同。他们确实都能权衡和决意，但这并未抹煞他们在智力上和道德上的差别。因此，霍布斯和布拉姆霍尔在这方面的争论焦点是，如何描述不同生物之间的道德差别。根据布拉姆霍尔的说法，在道德上至关重要的生物属性是自由，自由则取决于是否拥有超越自然因果关系的理解能力和意志能力。但是根据霍布斯的说法，在道德上至关重要的生物属性是理知能力，理知能力本身是那充满因果秩序的自然世界的一个组成部分。回推一下，我们发现，霍布斯与布拉姆霍尔之间的这个分歧来源于一场关于决定论的性质的争论。霍布斯认为，他本人关于理知与行动的决定论理论，既能适应布拉姆霍尔耿耿于怀的不同生物之间的巨大道德差别，也能解释我们所熟悉的各种犹豫不决和心理冲突。与此相映成趣，布拉姆霍尔辩称，若无意志，我们既不能解释理性人与其他造物之间

---

[1] *reductio ad absurdum*，拉丁文，"归谬"、"反证"。这是以布拉姆霍尔的口气说话，在他眼里，霍布斯的理论是谬误，因此需要归谬或反证。

的道德差别,也不能解释心理斗争。在他看来,为了解读这些现象,我们需要有一条激情与意志之间的分水岭。简言之,我们需要保留一种心灵模式,在此模式中,不止一种能力共同导致了采取行动的决定。

在这里,布拉姆霍尔对于他所认为的不适当的斯多葛主义行动理论,秉持一种有保留的批评态度。[33] 在他看来,霍布斯的错误在于偏离了心灵包含着激情和决意这两种不同能力的传统观点,而最简单的纠错办法就是回归正统。然而,一位更加富有创新精神的批评家所要做的,也许不是彻底弃绝霍布斯的立场,而是思量一下,霍布斯的论点是否含有任何一种成分,应当被一份不那么骇人听闻的行动理论加以考虑。事实上,这正是洛克采取的进路,洛克关于行动问题的讨论极大地受惠于霍布斯,但是止步在霍布斯的一些更惊人的结论面前。在他的《人类理解论》中,洛克详述道,意志是一种将我们的活动机能导向某种行动的能力,[34] 是一种仅仅通过思考而决定做或不做某事、继续或终止心灵行动、继续或终止肉体运动的能力。[35] 因此,决意只是一种控制着行动的思想,有点像是选择或偏好。不过,这个观点应当区别于洛克所不赞成的另一个观点。"我发现经常有人将意志与好几种情感混淆,尤其是与欲望混淆,将此作彼;而这些人还不愿意被别人看作对事物没有明晰的观念,没有对它们作出晓畅的著述。"[36] 洛克进一步展开对霍布斯的这种含蓄批评,他指出,我们十分清楚地知道,我们能够自愿地实施与我们自己的欲望相冲突的行动。他辩称,这说明决意和欲望是心灵的两种不同

---

33 Bramhall, *A Defence of True Liberty from Antecedent and Extrinsicall Necessity*(London, 1655),66,89,137-143;霍布斯的答复见85。
34 *An Essay Concerning Human Understanding*, ed. P. H. Nidditch(Oxford, 1975), II. xxi. 40.
35 同上书,5。
36 同上书,30。关于洛克论激情,见 J. W. Yolton, *Locke: An Introduction*(Oxford, 1985),19-24; P. A. Schouls, *Reasoned Freedom: John Locke and the Enlightenment*(Ithaca, NY, 1992),尤见 92-114。

第四部分

的行动，也说明我们拥有一种有别于我们的欲望，事实上也有别于我们的任何情感的行动能力。因此在洛克看来，霍布斯将决意等同于欲望之后，导致的问题之一是：它夺去了霍布斯解释一种常见冲突——即我们所做非所想——的手段。

与此同时，洛克却赞成霍布斯针对意志是自决的[1]这一传统主张的批评，因而也赞成必须探问一下："究竟是什么决定了与我们的行动有关的意志？"[37]是什么使得我们做或不做、开始或结束一个行动？洛克的回答最好分两步来看。首先他告诉我们，决意是由一种叫作不安[2]的东西决定的，他将不安定义为："肉体的所有痛苦——无论哪一种；以及心灵的不宁。"[38]不安这一概念，是作为痛苦的同义语，并作为各种激情绕其旋转的那些轴心之一，首次出现在《人类理解论》中的：感觉给我们提供了快乐—高兴、痛苦—不安这两种单纯观念。从这样的视角，洛克定义了人类的诸般激情。例如，欲望的定义是：如果某物在我们当下享受它时，带有高兴的观念，则它缺位时，我们便感到不安，这种不安就是欲望。[39]又如，恨是我们对那些容易导致不安的事物的感觉，悲伤是当我们想到某种善失去了的时候，心灵感到的不安，如此等等。

回到不安决定意志的说法，看起来这好像暗示着，决意是由各种被不安所混入的激情决定的，但是实际上，这并不完全是洛克接下来要说的。当他转而解释决意，并相应地解释行动时，他强调，

---

[1] 自决的，self-determined。

37 *Essay*, II. xxi. 31.

[2] 不安，uneasiness。

38 *Essay*, II. xxi. 31。这种讨论首次出现于 1690 年版《人类理解论》，但是在洛克 1676 年的日记中已有预示。见 W. von Leyden(ed.)，*John Locke: Essays on the Law of Nature*（Oxford, 1954），60-80。关于《人类理解论》的发展情况，进一步的讨论见 J. Passmore, 'Locke and the Ethics of Belief', in A. Kenny(ed.)，*Rationalism, Empiricism and Idealism*（Oxford, 1986）；M. Ayers, *Locke*（London, 1991），i. 110-112。

39 *Essay*, II. xx. 6。见 E. Vailati, 'Leibniz on Locke on Weakness of Will', *Journal of the History of Philosophy*, 28（1990），213-228。

促使人们行动的只有欲望:"但是直接决定意志,使它实施各种自愿行动的,乃是欲望——它专注于某种缺位的善——中的不安。"[40] 于是我们有了下述论点:意志是由不安决定的;不安通常以某种激情为形式,因此意志是由某种激情决定的。然而,并非所有的激情在这方面都是同等地有效。在决定意志时扮演最关键角色的那种激情,不是别的,而只是欲望,也就是"某个当下被享受时带有高兴观念的事物,以其缺位而引起的不安"。洛克解释说:"意志在命令实施任何一个行动时,或者任何一个自愿行动在被实施时,很少不伴有一种欲望。"[41] 而且,尽管我们说得好像意志是由反感、恐惧、羞耻等其他激情所决定似的,其实这只是因为它们与欲望相混杂,从而包含了推动意志的不安元素。"在实际生活中,这些激情当中的任何一种很少是单纯的、独立的、完全不与其他激情相混杂的。……不仅如此,而且我想,很难发现任何一种激情不与欲望相结合。"[42] 这个看似云淡风轻的观点暗示着,既然决定意志的只是一种激情,那么将意志视为激情的对立面就过于局限了。欲望和决意不是一对相反的力量,而是联手导致行动。因此,我们对欲望和决意怎样相连的问题有了一个新答案,其基础依然是更加一体化地描述行动前的各种

---

40 *Essay*, II. xxi. 33.
41 同上书, xxi. 39。关于洛克对行动的分析, 见 J. W. Yolton, *Locke and the Compass of Human Understanding*(Cambridge, 1970), 138-159; V. Chappell, 'Locke on the Intellectual Basis of Sin', *Journal of the History of Philosophy*, 32(1994), 197-208 和 'Locke on the Freedom of the Will', in G. A. J. Rogers(ed.), *Locke's Philosophy*(Oxford, 1994), 101-121; M. Losonsky, 'John Locke on Passion, Will and Belief', *British Journal of the History of Philosophy*, 4(1996), 267-283。关于洛克的观点出现于何种语境的讨论, 见 J. Colman, *Locke's Moral Philosophy*(Edinburgh, 1983), 206-234; J. Tully, 'Governing Conduct: Locke on the Reform of Thought and Behaviour', in *An Approach to Political Philosophy: Locke in Contexts*(Cambridge, 1993), 179-241; J. Dunn, '"Bright enough for all our purposes": John Locke's Conception of a Civilised Society', *Notes and Records of the Royal Society of London*, 43(1989), 133-153; W. M. Spelman, *John Locke and the Problem of Depravity*(Oxford, 1988); P. A. Schouls, 'John Locke: Optimist or Pessimist?', *British Journal for the History of Philosophy*, 2(1994), 51-73。
42 同上书, II. xxi. 39。

第四部分

思想。意志留下来了，但是它现在服从于欲望，它占据着与霍布斯所谓最末一个渴望相同的地位。

本节探索的决意与欲望之间关系的变化，反映在一系列关于自愿行动的范围的诠释中。如前所述，在十七世纪，那些解释行动的理论都左右为难，它们既希望克服一颗分裂的灵魂引起的诸多问题，又需要解释各种常见的心理冲突。一方面，必须有可能解释人们怎样得以抵抗他们自己的激情，有可能解释人们怎样得以改变他们自己，譬如通过学会抵抗某些激情或克服有害激情而改变。但是另一方面，又必须有可能在不重新诉诸灵魂的一大堆不同能力的情况下，解释人们怎样得以违背更明智的判断而行动，也就是——如我们今天仍然所说的——不由自主地屈从于激情。在某种程度上，这两种抱负是互相矛盾的，因为灵魂拥有各种不同能力的假说确实提供了一种定性心理冲突的方法。

如前所述，笛卡尔在描述自愿与非自愿之间的区别时，他的描述方法留下了一个解释内心挣扎的空间，并能保证实现两个重要目标，一是灵魂一体化，一是论述冲突和变化。永远都有一些行动我们能自愿地实施，但因灵魂有容力对它自己的物理性激情进行观察、思考和实验，所以那种可由灵魂凭其意志而引发的行动就扩大了范围。我们学习这样做，可能是一个漫长而艰难的过程，即使我们有所进展，也仍有一块不安定的区域，在那里，意志和激情争吵不休，自愿和非自愿冲突不止。如果一名士兵终于按捺住了逃出战场的念头，却还是双膝发软，无法像他自己希望的那样勇敢无畏地投入战斗，请问他的行动是自愿的还是非自愿的？如果一位生气的母亲冲过去打孩子，但在最后一刻停了下来，请问她是自愿还是非自愿地扬起那条手臂的？笛卡尔没有执意直接回答这些问题，而是给我们提供了一种方法，可以将行动解释为同时来源于这两种不同的力量。根据他的描述，自愿行动在某种程度上是与生俱来的，自从我们呱呱坠地,我们就有少许自愿行动的能力。但是它在某种程度上又是后天习得的。我们通过学会新技能,例如学会说话,同时也通过学会控制我们自己的激情,我们扩大了自愿行动的范围。

霍布斯等哲学家支持更加一体化的行动先导理论,因此,关于自愿与非自愿之间的相互作用,他们不得不提供一种不同的论述。既然只存在唯一一种直接的行动先导——例如霍布斯的将渴望和反感一起包罗在内的"努力",我们就不再可能根据激情与意志之间的区别,去划分自愿与非自愿行动之间的界线了。既然霍布斯认为一切行动都处于权衡过程中的某个阶段,所以他也没有根据另一条笛卡尔主义思路,利用行动的突然性或深思熟虑性,去划分自愿或非自愿行动之间的界线。[43]实际上,霍布斯将非自愿行动定义为由外力引起的行动,以此对立于一切其他行动,而其他一切行动统统被他归类为自愿行动。它们之所以是自愿行动,乃因它们全都来自决意,用霍布斯的话来说,它们的直接原因是某种渴望或某种反感。[44]这种如德拉古法典一般严格的修正,从表面上看,似乎涤荡了笛卡尔等哲学家如此重视的不同种类的行动之间的分界,代之以一个从心理学角度来说非常乏味的观点:任何事,只要我们不是在物理意义上被强迫去做的,就一概是我们自愿地去做的。然而实际上,对于笛卡尔和经院主义前辈所讨论的种种冲突和挣扎,霍布斯绝未置若罔闻。他完全明白,有些行动是突然的,另一些行动则不是;有些行动是漫长而艰难的权衡的结果,另一些行动则是迅速而轻松的决定的结果;有些行动被毫无遗憾地实施,另一些行动则让人很不满意。此外霍布斯还承认,我们有时能首先批判性地评价我们自己的信念和欲望,然后再依照它们而行动,有时则只能依照一些超出我们当前自我认知能力的不理性的臆测而行动。

43　Hobbes, *Of Liberty and Necessity*, 243–245.
44　*Leviathan*, 145–146.

第四部分

　　虽然霍布斯承认上述差异，但是他不想定性说，有些行动比另一些行动更加自愿、更加出于意志，或更加自由。他弃绝这类描述，意味着他同时也拒绝认为行动可以来自一种行动者也许取胜、也许失败的内心挣扎。诚然，我们常用这类词语来讲话，但是严格说来，将我们自己描述为被激情"征服"或"战胜"，实在是一种自我戏剧化，不仅不精准，而且有自我开脱之嫌。那么，我们应当怎样诠释人类的行动呢？所谓自愿地行动，据霍布斯说，就是经过或长或短的权衡过程——其间我们对激情冲突的可能结果进行评估——之后，依照最末产生的那个渴望而行动。一名逃跑的士兵，是在他渴望避免受伤甚于渴望战斗的那一刻，采取逃跑行动的。一名投入战斗的士兵，是在他的战斗欲望强于逃跑欲望的那一刻，采取投入战斗的行动的。一名虽然留在战场上、但是恐惧得无法勇敢战斗的士兵，则可能发现他自己的最末一个渴望是半心半意地战斗，如他实际所做的那样。所有这些行动都是同等地自愿，因此在解释其间的差异时，全部的解释力不是落在意志的作用上，而是落在一种权衡概念上，这种权衡被理解为既是智性的算计，又是情感的交替，既是一种对结果的推论性探索，又是一连串的意象、联想和情感。

　　为了让以上三个案例的霍布斯主义解读站得住脚，我们必须不再认为行动标志着权衡的终结。虽然霍布斯所谓人们依照最末一个渴望而行动的主张确实暗示着，一旦我们行动，权衡便告结束，但是如果我们将案例中三名士兵的权衡视为开放结局式的权衡，我们将能更好地解释他们所经历的内心冲突。我们不妨假设，那一名决定战斗的士兵虽然作出了战斗的决定，但是他接下来又忙着保命，于是停止了权衡。另外两名士兵虽然实施了行动，但是他们的权衡并未终结。其中，那一名逃跑的士兵在奔逃过程中，也许饱受心理折磨，首先他预见到羞耻，并想象到一场光荣的战斗，然后他又渴望回家，并相信战友们此时此刻正在被屠杀……就这样更迭不已。

他的案例不仅促使我们发问,是什么使得人们在权衡结束之前实施行动,而且将我们的注意力引向霍布斯的一个说法:我们的权衡一直持续到"要么实施行动,要么某个偶然事件插进来,使行动成为不可能"。[45]这个说法提醒我们,对某个具体行动的权衡并不是孤立发生的,相反,它被其他各种权衡和事件包围着、关联着,还可能被它们压倒。在我们的案例中,战斗即将打响,逃跑的士兵依照他至此为止达成的那个渴望而行动,于是他逃之夭夭。但是既然他对他该做的事并未达成一个终极判断,他的权衡便继续下去,也许渐渐融入另一场相关的内心论战——逃回家之后该怎么说呢?

同样,当第三名士兵投入战斗时,他也仍然在权衡;他只是依照他至此为止达成的渴望而行动,留在了战场上。然而他还是感到害怕,他的恐惧影响了他的战斗力。因此,正如霍布斯表述的那样,权衡是一个由各种摇摆不定的激情组成的序列,它只有在我们达成了一种稳定的情感态度时才终止。由于这名士兵仍然在权衡,所以他尚未抵达一种要么勇敢、要么畏怯的固定情感状态,他的情感仍然在摇摆不定,这影响了他杀敌的能力。最后这个案例帮助我们看出,霍布斯关于决意的论述有一种与众不同的和反直观的特点。根据传统的理解,意志给予我们一定的能力去控制激情引发的行动;此外,由于这种能力与理解有关,所以它在一定程度上是一些不同的智性能力,例如对判断表示赞成或不赞成的能力。但是霍布斯让这两种传统预想都反转过来了。一方面,促使我们实施行动的决意是一种判断,而判断也是激情,霍布斯将两者都描述为渴望作出的最后判断,也描述为最末的渴望。另一方面,引起决意的那种权衡并不仅仅是一个智性的判断过程,比如表示赞成等等;实际上它是一个由各种判断组成的序列,而判断也是激情。因此,当我们权衡的时候,我们对一种行动方法产生这样那样的感觉,而这个情感序

---

45 *Elements of Law*, 61.

第四部分

列不一定是我们永远能批判性地加以彻底控制的。例如，我们也许并未充分意识到我们的某个意象与另一个意象有关联，或者并未充分意识到我们对某个人的看法与嫉妒之情有关系。尽管如此，这类序列还是导致一种被霍布斯视为自愿的行动。这里让人感到有点奇怪的是，自愿与批判性控制的关系被割断了。那一名半心半意的士兵的情感在临战前仍然互相更替，无法固定，而且他也不大可能反思它们，所以在某种意义上它们是他不由自主地产生的。笛卡尔会认为，这证明他的参战行动是自愿力量与非自愿力量斗争的结果，霍布斯却认为，这是自愿行动的证据。在霍布斯看来，我们对我们自己的权衡施加着各种程度、各种类型的控制。一份行动理论必须探索各种能引发行动的权衡模式，但是权衡模式之间的差别与一个行动是否自愿的问题并无关系。

为什么霍布斯坚决要扩大那一类被算作自愿的行动的范围呢？也许他的一部分动机关系到英国革命的后果以及他的经历——他曾亲眼目睹那些输掉战争的人如何在征服者面前忸怩陈情，他们抗议说，他们对新政府并无政治义务。[46] 在霍布斯看来，征服与自由应允是相容的，[1] 因此，虽然他们是被征服者，但是这个事实未必能够减少他们的义务。但是我们也已经开始看出，霍布斯还有一个较狭窄的哲学理由要去反对有些行动比另一些行动更自由的看法——霍布斯是当时形形色色的一群哲学家当中的一员，他们全都热衷于推翻

---

46 见 Q. Skinner, 'Thomas Hobbes on the Proper Signification of Liberty', *Transactions of the Royal Historical Society*, 40（1990），121–151。

[1] 征服与自由应允是相容的，conquer is compatible with free consent。关于此语的意思，可参阅霍布斯《利维坦》第 16、17、21 章。首先，霍布斯对"国家"的定义是：当一群民众中的每一名个体成员互相立约，授权一个"人造"人格在他们之上行使主权时，一个国家便建立了。这里的"授权"便是一种"自由应允"。其次，霍布斯分析了一群国民被征服后的国家状况：被征服的国民很可能决定归顺征服者，以免被杀死或被变成奴隶，因此，他们的归顺也是一个自愿选择的行动，或一个自由应允。这就是"征服与自由应允相容"的意思。

一个传统观点：心灵包含两种不同的、可能互相冲突的力量，即激情和决意。霍布斯认为，建立一体化心灵概念的唯一办法是彻底抛弃这种分界，而将过去归类为决意的那些东西与激情等同起来。其结果是一幅没有意志的图景。只有激情。但是霍布斯同时也希望避免有人反对说，激情导致的行动是非自愿的，因为，承认这种异议将等于承认一种不可接受的后果：人类与网球毫无区别。那么，霍布斯的选择是什么？他倒是可以说，激情导致的行动有些是自愿的，有些是非自愿的，然而这个说法将要求他解释自愿行动与非自愿行动之间的区别，还可能把他推回到他极力避免的欲望与决意之间的区别上去。因此他选择了另一条出路，声称激情导致的所有行动都是自愿的。接下来，他又该怎样解释通常以激情与决意之间的相互作用去描述的各种冲突呢？他提议以他的权衡理论去解释，并且一言以蔽之地总结说，虽然行动来源于各种各样的权衡，但是它们全都是自愿的。

为决意张目

尽管霍布斯的见解非常有力，十七世纪哲学中仍有一种颇为紧迫的意识：由于权衡是一个因果过程，所以霍布斯或斯宾诺莎刻画的行动者失去了对行动的控制力。与此同时，那些以斯多葛主义为灵感之源的行动理论则被认为未能准确地描述心理冲突，因而——譬如——霍布斯所谓行动是最末一个渴望的观点未能可信地解释人们何以能违背他们自己的欲望而行动。解决这些问题的另一个尝试来自洛克。洛克的宗旨是折衷，所以他重新引进了激情与决意之间的嫌隙，并修订了霍布斯关于什么是自愿行动的分析。如前所述，洛克鉴别出了两种行动先导：欲望和决意。其中第一种，即欲望或不安，根植在我们追求幸福的自然倾向中，幸福的表现形式则

第四部分

因人而异。人们体验不安或欲望的前提是，他们判断某些事物或状态会使他们幸福，正因为人类天生喜欢追求幸福，所以他们也天生喜欢作这种判断。第二种行动先导，即决意，是我们开始或结束行动的能力。洛克在讨论这个议题时，有时候说，决意是由不安或欲望决定的："但是直接决定意志，使它实施各种自愿行动的，乃是欲望——它专注于某种缺位的善——中的不安。"[47] 由此，洛克似乎把欲望放在相当于霍布斯最末一个渴望的地位，作为导致行动的因果序列的末项。然而，洛克将一个修订放进了这种论述：即使当我们欲求某物的时候，我们也总是能决意让我们自己不按我们的欲望去行动。这是因为，决意作为行动前的因果序列的末项，拥有一种暂缓该行动的特殊能力："在大多数情况下……心灵拥有一种暂缓实施行动、不急于满足它自己的任何欲望的能力，……可以自由地考虑欲望的对象，全面地检视它们，用其他事物来衡量它们。"[48] 在这里，洛克对决意的诠释背离了霍布斯对意志的论述，并重新引进了霍布斯和斯宾诺莎摈弃的那个冲突模式中的若干元素。第一，决意迥异于欲望：意志的暂缓行动的容力本身不是一种欲望，而是一种不同的思想。第二，使我们变得自由的，是我们暂缓执行欲望的容力："在我看来，这是一切自由的来源，而且所谓的（我认为是不正确的称呼）自由意志似乎也在于此。"[49] 霍布斯辩称，自由在于我们有能力依照权衡过程中的最末一个渴望去行动，洛克却认为，自由在于我们有能力依照或阻止自己依照欲望去行动。霍布斯一定会反驳说，洛克的决意只是我们在权衡的时候，渴望与反感的交替过程中的阶段之一。但是洛克否认这一点，部分原因似乎是，他急于抓住心理冲突的现象学意义，那是霍布斯的论述所缺失的。更重要的是，洛克

47　*Essay*, II. xxi. 33.
48　同上书，47。
49　同上。

是在将一个元素重新引进行动先导的链条，该元素不能被解释为先前那些元素的一个后果，由此他恢复了行动者对欲望与行动之间关系的控制力。

洛克坚称人类拥有一种阻止他们自己依照欲望而行动的独特能力，由此他应和了霍布斯的反对借口[1]的吁请。"究竟每一个人有多大能力将他自己的决定留住引而不发，是每一个人都很容易试验一下的。而且谁也不要说，他不能控制他自己的激情，不能阻止它们暴发，而只能被它们牵着鼻子走；因为，他在君王或大人物面前能做到的事，[2] 他在独处时，或在上帝面前时，也能做到，只要他愿意。"[3] 然而，当洛克细述这个观点时，他暴露出，在他本人对意志的范围和能力、从而也是对自愿行动的看法中，存在着一个矛盾。如前所述，最初他将"自愿"定义为我们阻止我们自己依照欲望而行动的能力。但是，仅凭暂缓行动并不是一个终局，暂缓行动的本质是为进一步的权衡让路，以便我们能更加谨慎地行动。我们可以自由地"让我们自己的欲望悬而不决，直到我们考察完了我们的欲望目标的善与恶为止"。[50] 但是，究竟是什么使得我们能够正确地利用意志所创造的喘息空间呢？洛克似乎认为，人类追求幸福的自然趋势表现为一种权衡他们的欲望对象是否真能使他们幸福的倾向："因为对于他们来说，他们天性中追求幸福的倾向和趋势乃是一种责任、一种动机，使他们当心不要弄错或错过幸福，而且必然使他们在走向某个特定行动时小心谨慎、反复权衡、保持警惕，这几点正是他们获得幸福的手段。"[51] 但是对照洛克的其他论点，这个结论看起来既

---

[1] 借口，意谓人们喜欢找借口，以放任自己依照欲望而行动，而不肯阻止自己依照欲望而行动。

[2] 他在君王或大人物面前能做到的事，指他的自制，即人们通常在高位者面前能克制自己。

[3] 这是洛克的、而非霍布斯的一段话，本书作者漏注其出处，应为：Locke, *Essay*, II. xxi. 53。

50 *Essay*, II. xxi. 52.

51 同上。

第四部分

像是规定性的，[1] 又像是过于乐观主义的。一方面，只有当不安导致我们产生权衡的欲望时，我们才权衡。另一方面，我们暂缓行动的能力为权衡留出了空间，既然一个过于仓促地作出选择的人"损坏了他自己的上颚，那么他自己就必须为后来的疾病和死亡负责。……他本来是有能力暂缓决定的，他被赋予了那种能力，以便他可以考察和关心他自己的幸福，使他自己不受蒙骗"，如果他未能恰当地使用那种能力，一切后果就"必须归咎于他自己的选择"。[52] 如此一来，洛克似乎从一个相对温和的主张，即自由在于我们有能力暂缓行动，故我们自己永远掌握着一种创造一个空间，供我们在任何可能的时候进行权衡的权力，走向了另一个主张，即我们有权衡的自由，因此如果我们未能照顾好我们自己的幸福，那是我们自己的错。他那衔恨的口吻暗示着他急于确立后一种主张，然而他的整体论点倒是更容易与前一种主张和谐相处。由于我们经常能自由地阻止我们自己立刻行动，所以我们也经常能自由地阻止我们自己将不安或激情付诸实行。但这并不是说，我们总是能自由地进一步权衡我们应该怎样做，更不用说有效地权衡了。我们能否做到进一步权衡和有效地权衡，取决于我们已经拥有的激情和习惯。我们也并非总是能自由地按照权衡的结果去行动，如果在某一种情况下，行动反而比不行动更糟糕，我们那点儿起码的暂缓行动的能力也许就派不上什么用场了。

洛克对判断、激情、行动三者之间关系的探讨，使他的意志理论承受了很大的压力。只有当人们已经发现有理由暂缓某个行动的时候，或者用洛克的话来说，只有当人们对于实施议中的行动已经感到不安的时候，人们才动用暂缓行动的能力。无知或草率常会导致我们以一些损害我们自己的幸福的方式去行动；[53] 同样，我们重视

---

[1] 规定性的（结论），stipulative，参见本书第 21 页（边码）相关译注。
52 *Essay*, II. xxi. 56.
53 同上书，67。

当下而轻视未来的习惯性倾向也会导致我们以这种方式去行动。"离我们的目光较近的物体，我们往往认为较大；比它们大的物体离我们较远，反而显得较小。快乐和痛苦也如此，当下的事物容易带来痛苦或快乐，而隔开一段距离的事物，相比之下就处于不利地位了。"[54][1] 在这两种情况下，我们自己都要对后果负责，因为，虽然我们未能看出有什么理由动用暂缓行动的能力，但是我们确实拥有暂缓行动的能力。此外还有一种情况是，人们确信应当暂缓行动，却做不到。据洛克观察，当巨大的肉体痛苦强烈地作用于意志，[55] 从而产生一种驱散一切其他思想的不安时，或者，当一种巨大的激情产生了同样的效果时，上述情况便会发生。"但是，如果任何一种极端的骚动……占据了我们的整个心灵……（例如当一种强烈的不安——如爱、愤怒或任何其他的狂暴激情——在消耗我们的时候），使我们不能自由地思想，使我们不再是我们自己的心灵的主人，不足以透彻地考虑和公平地考察；那么，上帝可怜我们的弱点吧，因为他知道我们是何等的脆弱。"[56] 在这里，洛克恢复了一种冲突模式，让激情和决意显得像是两股互相竞争的力量：强烈的激情能推翻意志通常拥有的至高权力，使之无力抵抗，于是激情继续发展，使我们采取行动。而且，在这种情况下，我们是不自由的。因此我们又回到了过去的观点：自由的行动以意志作为其原因之一，不自由的行动则是激情的结果。最后，也有一些人像"不幸的怨妇"[57]美狄亚一样，知道应该做什么，但是不知道怎样去做。美狄亚没有容力加强那种能使她采取孝顺行动的不安，所以无论她是否暂缓行动，结果大概都没有什么不同。在洛克眼里，她拥有阻止她自己帮助伊阿宋的自由，

54　*Essay*, II. xxi. 63.
[1]　处于不利地位，意谓远物不及近物那么容易带来苦乐之情。
55　*Essay*, II. xxi. 57.
56　同上书，53。
57　同上书，35。

第四部分

因此她所做的事该她自己负责。但是,既然她不能改变她自己的激情,所以尽管她拥有暂缓行动的自由,却于事无补。她像是一个醉鬼,分明"看见并承认[更大的善],而且在不贪杯的时刻还会下决心去追求[更大的善],但是每当那种不安重新附体,使他怀念恶习的时候,他所承认的更大的善便失去了威力,当下的不安又决定了他的意志,使他故伎重演。"[58][1] 由于洛克强调,一个由互相更替的激情组成的序列决定了行动,所以,尽管洛克试图超越其局限性,他在这一点上还是回到了霍布斯的意志是最末一个渴望的观点。

洛克的分析糅合了我们先前在笛卡尔和霍布斯的著作中分别看到的对行动的两种不同解释,可以说,他的分析是亚里士多德主义遗产和斯多葛主义遗产的混合体。他相当信服霍布斯所谓我们依照我们的激情而行动的观点,以至于他辩称,决意是行动的直接原因,而决意本身又是由欲望引起的。但是同时,他又避开了那些支撑霍布斯这一观点的论点。他不像霍布斯那样将意志等同于渴望,而是将欲望区别于决意,并且重新引进了这两种思想之间发生冲突的可能性。他也不像霍布斯那样声称行动是一个原因序列所导致的结果,而是重申决意是我们阻止我们自己依照欲望而行动的能力,并由此而重新认为我们对我们自己的行动有一种并非来源于激情的控制力。洛克声称,只有当我们有能力克制行动的时候,我们才是自由的,可见他几乎不由自主地重新提出了什么东西能干预决意的问题。他不以霍布斯那样的方式将激情诠释为判断,而是辩称,欲望和判断可以背道而驰,因此我们有时候明明断定做某件事有好处,却对此事感觉不到丝毫的不安。[2]

这些修订破坏了洛克理论的整体自洽,使之仍然徘徊在两种矛

---

58 *Essay*, II. xxi. 35.
[1] 引文中以方括号标示的文字为本书作者苏珊·詹姆斯的夹注。
[2] 勿忘在洛克的哲学术语中"不安"大体相当于"欲望"。

盾的观点之间，一种是我们能自由地依照或阻止我们自己依照欲望而行动，另一种是我们的欲望决定了我们的意志并由此决定了我们的行动。但是同时，这两种观点又都有助于他尝试达成——或许也是复苏——一种在现象学上令人满意的行动理论。将欲望和决意区别开来，便可用笛卡尔的方式去解释那些常见的心理冲突。[59]重新引进决意，便将行动者对其行动的控制力归还给了行动者。声称只有当我们能进行选择——要么决意行动、要么决意克制行动——时我们才是自由的，便重建了自由与自愿有某种关联的观点。将判断和欲望区别开来，便提供了材料去论述一种重要的脱节现象，即我们没有能力依照某个深思熟虑的判断而行动。企图在一种决定论的行动理论和一体化的心灵概念的框架之内重组这类问题，从而解决之，这种尝试在当时并未迅速占据上风，而洛克的工作促成他的同时代人像他一样，认识了这个框架在他们看来的局限性。

主动思想与被动思想的式微

本章和前一章探索的那些不断转变的理论，标志着一个时代的终结，也象征着人们对激情及其与行动之间关系的一种新理解。一些非常深刻的变化根植在我们已经讨论的变迁之中，它们后来被组合起来，共同奠定了一种极具影响力的正统理论：行动可被两种原因解释，即信念和欲望。这些深刻的变化包括：第一，对心灵的主动性和被动性的一种新理解；第二，对欲望及其与行动之间关系的一种新诠释；最后，不妨说，对信念与欲望之间的分界的解析。为了阐明我们已经讨论的那些著述的性质和意义，有必要总结一下它们对以上三个主题的贡献，作为结束。

如前所述，决意与激情之间的区分，惯常与心灵既能行动又能

---

[59] *Essay*, II. xxi. 41.

第四部分

被施动的观点紧密相连。当我们决意时，我们自己发起思维和行动；相反，我们的情感却是其他事物对我们发生的作用。因此，那些否认决意是一种自我生发的独特思想的哲学家们，其实是挑战了一种关于心灵的创造能力、心灵独立于周围世界而自行其是的能力的既成认识。不过事实上，他们对意志的抨击中蕴含的这种意义，被有些哲学家——较之另一些哲学家——更加欣然地接受了。斯宾诺莎开宗明义地大胆声称，我们所称的决意，仅仅是所有那些构成我们自我保全努力的观念中的一个子集，[60]像所有其他观念一样，决意也是被某个原因引发的。因此，说什么决意是一种格外主动的思想，那根本毫无意义。但是对于斯宾诺莎而言，保留主动与被动思想过程之间的区别还是非常重要的，所以他没有将这种区别解释为两种不同的思想，而是解释为我们的判断——亦即思想——的两种不同性质：当我们用不充分或不完全观念进行思考时，我们被施动；而如果我们的观念是充分的，我们行动。某些特点，在传统上被归属于意志，并被用来将意志定性为主动，在斯宾诺莎这里却被归属给了充分观念。最重要的是，意志的发生力被重塑了，他主张，任何一个充分观念的完整性使我们单从它就能推导出更多的充分观念；充分观念本身的性质使得任何拥有它的人在原则上都能通过索解其涵义，去进行连锁思考，从已有的思想生发更多的思想。意志与主动思想之间的这种相似性，在斯宾诺莎的哲学中，又被两种意义重大的不相似所补充。第一，决意，至少在它的某些外观下，是自我表达的体现，是心灵思考它自己喜欢什么的一种独立能力；而斯宾诺莎却将主动性视为用充分观念进行思考，这种主动概念受到了真实性的制约。只有当我们的观念确实是充分的、未被歪曲的时候，我们才是在行动，而且，主动的思想需要我们服从一个原则，即必须弄清这些观念的真正涵义是什么。第二，决意被理解为既是思想的

---

[60] *Ethics*, III. P. 9^s.

先导，又是肉体运动的先导；而斯宾诺莎却将主动性与思想联系在一起。这当然是一种能提供最好的理由让我们以某种方式行动的思想，而构成这种思想的一部分观念，据斯宾诺莎说，同时也是我们的肉体状态。无论如何，要想理解主动性，我们不应当考虑行动一词的普通意义，而应当着眼于判断，因为行动正是判断的表达。

通过改写传统上对行动与激情之间对立关系的诠释，斯宾诺莎得以在摈弃意志的同时，保留心灵的行动与心灵的激情之间的区分。与此相映成趣，霍布斯却始终贯彻意志是最末一个渴望这一主张的全部蕴义，并且未明言地认为，如果没有决意，则再也不能说有些种类的思想比其他种类更主动。任何一个思想都能被描述为一个行动，只要它是其他思想或运动的原因；反之，任何一个思想都能被描述为一种激情，只要它是一个结果。从这个观点出发，我们可以得出一个蕴义：在心灵与行动学说的讨论中，主动与被动之分并无立足之地，而应当被原因与结果的讨论所取代。虽然这种激进的观点后来成为了一种正统，但是在当时，它并没有理所当然地受到霍布斯的大部分同时代人的欢迎，以他们的理解，霍布斯不是在声称思想既不主动也不被动，而是在声称思想是全然的被动。在他们看来，霍布斯不是在超越行动与激情之间的对立，而是在攻击意志——即思想中的主动成分，同时他仅仅保留了激情。吓坏和触怒布拉姆霍尔等批评家的，正是所谓人类一切思想都是被动的这一概念。如前所述，否认人类思想中含有某种独一无二的主动成分，将意味着抛弃基督教的一些核心教义，包括人类对于动物的优越性，也包括人类与一位主动上帝的类同性。人类将被逐出他们在存在之链上的位置，[1]并被剥夺他们的权威，成为自然王国的一员。

---

[1] 存在之链，the Great Chain of Being，来自拉丁文 scala naturae（自然阶梯），是一个源于柏拉图和亚里士多德的概念，指一切物质和生命都处于上帝判定的一种严格的、宗教性的等级结构中，这个链条的顶端是上帝，末端是矿物，而天使、人类、动物等等是中间环节。

第四部分

因此，对于十七世纪的大多数、甚至全体哲学家来说，霍布斯关于行动与激情的分析及其涵义一直是不可接受的。然而，怀疑的种子已被种下，更因为那些不赞成一份如此惊世骇俗的论述的作者觉得必须拿出他们的反对理由，所以霍布斯的观点一直在流通，仿佛是隐没在当时大量文本中每一页字迹背后的影子。而且，霍布斯的观点之自洽、之利索，使得它极富吸引力，以致大部分有眼光的批评者不由得爱恨交加，一边承认霍布斯辩才无碍，一边抢救关于行动先导有主动与被动之分的传统观点。如前所述，洛克也陷入了同样的挣扎，一边承认意志通常由激情决定，一边却又坚称，意志依然是一种能使我们行动或克制行动的独立能力。无怪乎他不得不回头依靠一种关于行动与激情之间差别的传统理解，只是将其表达为两种不同的能力罢了。他告诉我们，当一个运动或思想来源于我们从某个外在行动者那里接受的印象时，我们的运动能力或思想能力就"不应当被视为一种主动能力，而仅仅是主体身上的一种被动的容力"；但是"有时候，一个实体或行动者凭其自己的力量而使自己行动起来，这就确实是主动能力了"。因此，"任何一个不能自己开始运动的实体"便没有主动运动的能力；至于思想，"如果我们出于我们自己的选择，把看不见的观念呼唤到眼前，并把它与我们认为合适的事物相比较，那就是主动能力"。[61] 因此，"如果我把我的眼睛转向别处，或者让我的身体离开日光，便可以说我是主动的，因为我是出于我自己的选择，通过我自身的力量，使我自己发生那种运动的"。[62] 在这里，洛克仍然坚持亚里士多德主义路线，重申行动与激情之间的根深蒂固的分界，但这未能帮助他解决那始终贯穿在他的行动理论中的矛盾。霍布斯提出的诸般问题合在一起，使得他的回答看上去没有多少建设性，反倒迹近于丐题，[1] 而且促使人们注意

61　*Essay*, II. xxi. 72.
62　同上。
[1]　丐题，question-begging，指在一个论证前提中假定了结论要寻求确证的东西。

408

第十二章　权衡与激情

到，由于一种曾经支撑过一系列激情理论的形而上学基础意外地衰落，他面对的问题是多么的难解。洛克豪迈地挺身而出，去加固这片基础，但是从他修补的规模来看，大概这些补丁不久也会破败。

不仅最基本的主动与被动之分越来越风雨飘摇，而且我们在十七世纪行动理论中还发现了一种新的欲望概念，它的诞生，正值两种既成观点受到挑战之际。其中一种既成观点是，行动来源于一个逐渐抵达欲望顶峰的激情序列；这种观点已开始让位于欲望只是行动之主要激情性先导的主张。另一种既成观点是，行动来源于决意与激情之间的冲突；这种观点则随着决意被包含到欲望范畴，也开始崩溃。欲望不再被视为一种独立的、比较特殊化的激情，而开始被视为一种最核心的饥渴力量，它使我们能够存活，并主导我们的所有行动。它承担了先前被分配给爱、恨等其他激情的任务，也承担了先前被交给意志的工作。如前所述，这次概念重构是一个更广泛的心灵一体化潮流的一部分，而该潮流本身是对一种斯多葛主义特点的肯定，它摈弃了亚里士多德主义的分裂灵魂，而设想了一颗一体化的心灵，内中不存在任何互相斗争的力量。同时，这条进路也排斥了一种关于灵魂及其内在激情的奥古斯丁主义诠释。奥古斯丁坚信（如前所述，马勒伯朗士也如此），决意是我们的一切行动和一切判断——无论是实践上的还是理论上的——中的主动元素；马勒伯朗士也认为意志是一条永不疲倦的松露猎犬，被上帝赋予了追查真伪和善恶的能力。但是上述进路使奥古斯丁的信念黯然无光，也使马勒伯朗士的意志概念失去了存在余地。取而代之的是，根植在一张由各种自然因果链交织成的大网络中的欲望，成为了不断驱策我们的力量。同时，欲望开始呈现先前奥古斯丁归在"爱"名下的那种包罗万象的属性。奥古斯丁认为，激情虽然五花八门，却都是一种主要驱动力——即爱——的变体；经院哲学则将爱理解为所有激情中的一种。既然奥古斯丁的这种分析已被普遍认为是一种过

409

第四部分

分的简化主义，那么，更为适中的经院主义认识居然让位于一种几乎同样简化主义的、将一切激情都解读为欲望之变体的诠释，岂不是有趣吗？

这种情况的出现，象征着有些传统被巩固了，另一些传统被边缘化了，也就是说，本书所讨论的错综复杂的激情理论重组成了一种新观点。但是，如同大部分诸如此类的重组一样，它的成就是付出了一定代价才换来的。一方面，一种日益趋同的激情概念为现代正统理论，即信念和欲望是行动先导，铺平了道路。另一方面，既然主张只有当激情是某种欲望时，或者当激情与某种欲望混合在一起时，激情才促使我们行动，那么相对而言，据此而解释行动就往往比较空洞。总体说来，欲望缺乏一种使之富于解释力的屈折反转。一旦我们进一步详述欲望，我们难免被拖回到盘根错节的、甚至扑朔迷离的激情王国。这两种立场之间的紧张关系，也许最明显地表现在关于心理上优柔寡断和紊乱错位的分析中，比如洛克等哲学家强烈地希望将不同思想之间互相冲突的理论保留下来。在这种语境下，作为理论资源的亚里士多德主义的分裂灵魂，很不容易匹配将欲望设为行动之主要情感先导的理论。即使不怕有从判断走向判断之嫌，对心灵一体化进行一种斯多葛主义的坚守似乎也还是遗漏了什么东西。在我们当代，关于意识和潜意识的精神分析学理论，以及关于无意识幻想的精神分析学理论，均以弥补这种损失为己任，在此过程中，弗洛伊德和他的后继者们修改了早期现代激情理论家所探讨的一些主题和机制。

从我们当代的视角看，本书所讨论的各种行动理论的最奇怪的特点之一，是未能将欲望与信念区别开来，或未能分析这两种不同的思想[1]在引起行动时分别扮演什么角色。这些行动理论只是诉诸各种激情，亦即各种观念，或曰对行动者之体验的各种复杂解读，

---

[1] 这两种不同的思想，指欲望和信念。

这些解读又通常包含多种元素。例如，在俄耳甫斯解救欧律狄刻的欲望中，含有众多互相关联的元素，其中包括：对某个客体的表象，对该客体的评价，该评价的某种依据，以及希望之情。这些元素可能以迥异的方式保持平衡：笛卡尔是将观念分为两种，一种观念只具有微乎其微的评价性内容，对意志也毫无影响，另一种观念则关系到我们的利与害，并促使我们行动；[63] 而在"波谱"的另一极，是那些主要具有评价性的观念，例如一种泛化的、没有确定对象的愤怒。但是这些元素万变不离其宗，都是观念而已。

由于我们的激情具有多面性，所以我们的感受可以随着表象而变化，表象也可以随着我们的感受而变化。例如，一旦我们相信某个未来情况不可能发生，我们通常会放弃对它的希望——笛卡尔在他的另一封高冷的吊唁函中，就是这样提醒惠更斯的。[64] [1] 同理，我们对他人的知觉也会随着我们对其产生的爱或恨而变化。激情的这种内在复杂性表明了一个事实：人类天生是一种进行解读的造物，他们能以一种极其明晰的方式理解他们自己以及他们的环境。此外，激情的内在复杂性也表明了我们自己的思想体验的某种特点：我们一般不把观念分解成各种不同的元素，而是对世界进行整体解读。在此过程中，我们会犯错误。但是如果一种理论试图把观念打碎为一些互不相关的元素，它将无法把握人类体验的一种基本特点，因为人类体验可以在同一时间内既是反思性的，又是认知性的，又是评价性的，又是不可靠的。

虽然早期现代理论家满足于将激情视为观念，但是这并不意

---

63 *Passions of the Soul*, in *The Philosophical Writings of Descartes*, ed. J. Cottingham *et al.*(Cambridge, 1984—1991), i. 47.

64 Letter to Huygens, 20 May 1637, in *Philosophical Writings*, ed. Cottingham *et al.*, iii. Correspondence, 54。另见 *Passions of the Soul*, 145.

[1] 惠更斯，指荷兰诗人和作曲家 Constantijn Huygens (1596—1687)，他与笛卡尔有交往。他是著名科学家克里斯蒂安·惠更斯的父亲。

第四部分

味着他们没有意识到激情的复杂性，也不意味着他们根本没有兴趣剖析激情。然而令人惊异的是，这种兴趣并未表现在解释性的语境中，因此在他们的著作里，鲜有迹象表明他们认为，通过将激情解析为表象元素和情感元素，论者能对行动作出更有力、更精准的解释。例如，霍布斯将大脑中的运动区别于心脏中的运动，前者是观念或概念，后者是激情，由此他为非渴望类观念与渴望类观念之间的划分奠定了物理基础。但是当他开始讨论激情与行动之间的关系时，他并没有更多地利用这个划分，而是将激情看作一种兼纳表象与情感的一体化观念。时人讨论这些元素如何分解的问题，不是在真正的解释性的语境中，而是在治疗学的语境中进行的。如前所述，笛卡尔采取的观点是，通过将一种情感与其对象分开，然后将该对象附着于不同的情感，我们可以修改我们对世界的不当反应，例如，我们可以用喜欢公民生活取代惧怕公共空间，或者用不大在乎甜菜根取代憎恶甜菜根。在描述这种技术的过程中，笛卡尔谈起将一个元素与另一个元素分开时的口气仿佛是，情感能够不受其对象的制约，自由地漂浮到另一个地方去安歇。在这里，他心里想的似乎是一种比较机械性的条件作用，这有别于另一种情况：一位行动者打算通过改变激情的成分而改变激情，而非打算分解一种激情所含的元素。看起来更加吻合笛卡尔方案的情况是，一个人通过在每次吃甜菜根的时候播放安慰性的音乐而训练自己喜欢吃甜菜根，而非一个人通过修改自己对政务委员会委员或会议室形成的习惯性表象而克服自己对公共空间的恐惧。然而，无论对于这两个案例中的哪一个，相关的要点都是：当我们的观念有某种病态时，或不够令人满意时，我们能通过解析它们而达到操控它们的目的。这条进路并不意味着可以认为，如此这般地解析激情，与从总体上解释行动有着切题性。笛卡尔的言外之意只是，当事情出了问题的时候，我们可以分解自己的情感。但是只要情感的运行基本正常，则即使最光怪陆离的行动原由，也真实地反映了我们的体验，并应对了我们的脆弱而又多面的观念——亦即我们的激情。因此，这种研究行动的方法来源于人们对正常与病态之间、功能正常与功能失调之间的界线的兴趣。只有当这种关切减弱的时候，人们才会要求一种能适用于所有行动的包罗万象的理论，比如认为行动的原因是信仰和欲望。

　　本书主要讨论了经院哲学和它所崇奉的亚里士多德主义权威的被扬弃过程，以及早期现代哲学的这一核心特点[1]所引发的多种多样的行动概念。如前所述，这些林林总总的分析帮助塑造了五光十色、纵横交错的对心灵的诠释。然而，随着人们逐渐接受一种简化的观点，认为唯一一种情感——即欲望——是一切行动的发动机，本书所关注的那些图景也开始褪色和消融。取而代之的一系列观点在我们今人听来要熟悉得多，但是它们将哲学带到了一个新境界，与本书所检视的那些传统已不可同日而语。

---

[1] 这一特点，指扬弃经院哲学和它所崇奉的亚里士多德主义权威。

参考文献

Primary Sources

AQUINAS, *Summa Theologiae*, ed. and trans. the Dominican Fathers, 30 vols. (London, 1964–80).
ARISTOTLE, *The Complete Works of Aristotle*, ed. J. Barnes, 2 vols. (Princeton, 1984).
—— *Metaphysics*, in *Complete Works*, ed. Barnes, ii.
—— *Nicomachean Ethics*, in *Complete Works*, ed. Barnes, ii.
—— *On Dreams*, in *Complete Works*, ed. Barnes, i.
—— *On Generation and Corruption*, in *Complete Works*, ed. Barnes, i.
—— *On Memory*, in *Complete Works*, ed. Barnes, i.
—— *On the Heavens*, in *Complete Works*, ed. Barnes, i.
—— *On the Parts of Animals*, in *Complete Works*, ed. Barnes, i.
—— *On the Soul*, in *Complete Works*, ed. Barnes, i.
—— *On the Universe*, in *Complete Works*, ed. Barnes, i.
—— *Physics*, in *Complete Works*, ed. Barnes, i.
—— *Problems*, in *Complete Works*, ed. Barnes, ii.
—— *Rhetoric*, in *Complete Works*, ed. Barnes, ii.
—— *Sophistical Refutations*, in *Complete Works*, ed. Barnes, i.
ARNAULD, ANTOINE, *Vraies et fausses idées*, in *Œuvres*, ed. G. du Parc de Bellegards and F. Hautefagel (Brussels, 1965–7), xxxviii.
—— and NICOLE, PIERRE, *La Logique ou l'art de penser*, ed. P. Clair and F. Girbal (Paris, 1981).
—— —— *Logic or the Art of Thinking*, trans. and ed. Jill Vance Buroker (Cambridge, 1996).
AUGUSTINE, *City of God*, ed. D. Knowles (Harmondsworth, 1972).
—— *Confessions*, trans. R. S. Pine-Coffin (Harmondsworth, 1961).
BACON, FRANCIS, *Translation of the Novum Organum*, in *Works*, ed. J. Spedding, R. Ellis,

and D. D. Heath, 14 vols. (London, 1857-61), iv.
—— *The Philosophy of the Ancients*, in *Works*, ed. J. Spedding, R. Ellis, and D. D. Heath, 14 vols. (London, 1857-61), vi.
—— *Sylvana Sylvanum or a Natural History in Ten Centuries*, in *Works*, ed. J. Spedding, R. Ellis, and D. D. Heath, 14 vols. (London, 1857-61), ii.
—— *The Advancement of Learning*, ed. G. W. Kitchin (London, 1973).
—— *The Great Instauration: Plan of the Work*, in *Works*, ed. J. Spedding, R. Ellis, and D. D. Heath, 14 vols. (London, 1857-61), vi.
BOYLE, ROBERT, *The Origin of Forms and Qualities according to the Corpuscular Philosophy, Illustrated by Considerations and Experiments* (Oxford, 1666).
—— *A Free Inquiry into the Vulgarly Received Notion of Nature*, in *The Works*, ed. T. Birch, 6 vols. (London, 1772), v.
—— *The General History of Air*, in *The Works*, ed. T. Birch, 6 vols. (London, 1772), v.
BOYLE, ROBERT, *Some Considerations about the Reconcileableness of Reason and Religion*, in *The Works*, ed. T. Birch, 6 vols. (London, 1772), iii.
BRAMHALL, JOHN, *A Defence of True Liberty from Antecedent and Extrinsicall Necessity: Being an Answer to a Late Book of Mr Thomas Hobbes of Malmesbury entitled 'A Treatise of Liberty and Necessity'* (London, 1655).
BRIGHT, TIMOTHY, *A Treatise of Melancholy* (New York, 1940).
BURTON, ROBERT, *The Anatomy of Melancholy*, ed. T. C. Faulkner, N. K. Kiessling, and R. L. Blair (Oxford, 1989-94), vol. i. Text.
CAMUS, JEAN PIERRE, *Traité des passions de l'âme*, in *Diversitez*, 10 vols. (Paris, 1609-14), viii.
CHARLETON, WALTER, *A Brief Discourse Concerning the Different Wits of Men* (London, 1669).
—— *A Natural History of the Passions* (London, 1674).
—— *Physiologia Epicuro-Gassendo-Charltoniana: Or a Fabric of Science Natural upon the Hypothesis of Atoms* (London, 1654).
—— *The Darkness of Atheism Dispelled by the Light of Nature: A Physico-Theological Treatise* (London, 1652).
CHARRON, PIERRE, *Of Wisdome*, trans. S. Lennard (London, 1608).
CICERO, *Tusculan Disputations*, trans. J. E. King, Loeb Classical Library (Cambridge, Mass., 1927).
—— *De Oratore*, trans. E. W. Sutton and H. Rackham, 2 vols., Loeb Classical Library (Cambridge, Mass., 1942).
COEFFETEAU, NICHOLAS, *Tableau des passions humaines, de leurs causes et leurs effets* (Paris, 1630).
CUDWORTH, RALPH, *A Sermon Preached before the House of Commons*, in *The Cambridge Platonists*, ed. C. A. Patrides (Cambridge, 1969).
—— *A Treatise concerning Eternal and Immutable Morality with A Treatise of Freewill*, ed. Sarah Hutton (Cambridge, 1996).
CUREAU DE LA CHAMBRE, MARIN, *The Characters of the Passions*, trans. J. Holden (London, 1650).
DE LA FORGE, LOUIS, *Traité de l'esprit de l'homme*, in *Œuvres philosophiques*, ed. P. Clair (Paris, 1974), 69-349.
DESCARTES, RENÉ, *The Philosophical Writings of Descartes*, vols. i. and ii, ed. J. Cotting-

ham, R. Stoothoff, and D. Murdoch (Cambridge, 1984); vol. iii. *Correspondence*, ed. J. Cottingham, R. Stoothoff, D. Murdoch, and A. Kenny (Cambridge, 1991).
—— *Comments on a Certain Broadsheet*, in *Philosophical Writings*, ed. Cottingham *et al.*, i.
—— *Description of the Human Body*, in *Philosophical Writings*, ed. Cottingham, *et al.*, i.
—— *Discourse on the Method of Rightly Conducting one's Reason and Seeking the Truth in the Sciences*, in *Philosophical Writings*, ed. Cottingham *et al.*, i.
—— *Meditations on First Philosophy*, in *Philosophical Writings*, ed. Cottingham *et al.*, ii.
—— *Œuvres de Descartes*, ed. C. Adam et P. Tannery, 11 vols. (Paris, 1964–74).
—— *Optics*, in *Philosophical Writings*, ed. Cottingham *et al.*, i.
—— *Les Passions de l'âme*, ed. G. Rodis Lewis (Paris, 1988).
—— *The Passions of the Soul*, in *Philosophical Writings*, ed. Cottingham *et al.*, i.
—— *The Principles of Philosophy*, in *Philosophical Writings*, ed. Cottingham *et al.*, i.
—— *Rules for the Direction of the Mind*, in *Philosophical Writings*, ed. Cottingham *et al.*, i.
—— *The Treatise on Man*, in *Philosophical Writings*, ed. Cottingham *et al.*, i.
—— *The World*, in *Philosophical Writings*, ed. Cottingham *et al.*, i.
DONNE, JOHN, *The Sermons of John Donne*, ed. E. M. Simpson and G. R. Potter, 10 vols. (Berkeley and Los Angeles, 1953–62).
HOBBES, THOMAS, *Elements of Philosophy: The First Section, Concerning Body*, in *The English Works of Thomas Hobbes*, ed. Sir William Molesworth, 11 vols. (London, 1839–45), i.
—— *Leviathan*, ed. R. Tuck (Cambridge, 1991).
—— *On Liberty and Necessity*, in *The English Works of Thomas Hobbes*, ed. Sir William Molesworth, 11 vols. (London, 1839–45), iv.
—— *The Elements of Law*, ed. F. Tönnies (2nd edn, London, 1969).
—— *A Minute or First Draft of the Optics*, in *The English Works of Thomas Hobbes*, ed. Sir William Molesworth, 11 vols. (London, 1839–45), vii.
HOOKE, ROBERT, *Micrographia . . . Or Some Physiological Descriptions of Minute Bodies made by Magnifying Glasses, with Observations and Enquiries thereupon* (London, 1665).
HOOKER, RICHARD, *The Works of Mr. Richard Hooker*, ed. J. Keeble, 3 vols. (7th edn, Oxford, 1888; repr. New York, 1970).
JUNIUS, FRANCISCUS THE YOUNGER, *The Painting of the Ancients* (Farnborough, 1972).
LA MOTHE LE VAYER, FRANÇOIS, *De l'instruction de Monseigneur le Dauphin*, in *Œuvres* (2nd edn), 2 vols. (Paris, 1656), i.
—— *La Morale du Prince*, in *Œuvres* (2nd edn), 2 vols. (Paris, 1656), i.
LAMY, BERNARD, *Entretien sur le science* (1684), ed. François Girbal and Pierre Clair (Paris, 1966).
LE BRUN, CHARLES, *Conférence sur l'expression générale et particulière*, in *The Expression of the Passions*, ed. J. Montagu (New Haven, 1994).
LE GRAND, ANTOINE, *Man without Passion: Or the Wise Stoic according to the Sentiments of Seneca*, trans. G. R. (London, 1675).
LOCKE, JOHN, *An Essay Concerning Human Understanding*, ed. P. H. Nidditch (Oxford, 1975).
LONG, A. A., and SEDLEY, D. D., *The Hellenistic Philosophers* (Cambridge, 1987).

MALEBRANCHE, NICHOLAS, *De la recherche de la vérité*, ed. G. Rodis Lewis, 3 vols., in *Œuvres complètes*, ed. A. Robinet (2nd edn, Paris, 1972), i–iii.
—— *The Search after Truth*, trans. T. M. Lennon and P. J. Olscamp (Columbus, Oh., 1980).
MERSENNE, MARIN, *Les Préludes de l'harmonie universelle*, 8 vols. (Paris, 1634).
MILTON, JOHN, *Il Penseroso*, in *John Milton: A Critical Edition of the Major Works*, ed. S. Orgel and J. Goldberg (Oxford, 1991).
—— *Paradise Lost*, in John Milton: *A Critical Edition of the Major Works*, ed. S. Orgel and J. Goldberg (Oxford, 1991).
MORE, HENRY, *An Account of Virtue or Dr. More's Abridgment of Morals put into English*, trans. and abridged E. Southwell (London, 1690).
—— 'Cupid's Conflict', in *Cupid's Conflict annexed to Democritus Platonnisans*, ed. P. G. Stanwood (Berkeley and Los Angeles, 1968).
MORE, HENRY, *Enthusiasmus Triumphatus*, ed. M. V. De Porte (Berkeley and Los Angeles, 1966).
—— *The Immortality of the Soul*, ed. A. Jacob (Dordrecht, 1987).
NEWTON, ISAAC, *Opticks, Based on the Fourth Edition* (New York, 1979).
NICOLE, PIERRE, *De l'éducation d'un prince* (Paris, 1670).
—— *Essais de morale*, 4 vols. (Paris, 1672).
OVID, *Metamorphoses*, trans. M. M. Innes (Harmondsworth, 1955).
PASCAL, BLAISE, *Pensées*, trans. A. J. Krailsheimer (Harmondsworth, 1966).
—— *Entretien avec M. de Saci*, in *Œuvres complètes*, ed. L. Lafuma (Paris, 1963), 291–7.
PERKINS, WILLIAM, *The Art of Prophesying*, in *The Workes of that Famous and Worthie Minister of Christ, in the University of Cambridge, Mr. William Perkins*, 3 vols. (Cambridge, 1609), ii.
PLUTARCH, 'De Virtute Morali', in *Moralia*, trans. W. C. Helmbold, 16 vols., Loeb Classical Library (Cambridge, Mass., 1962), vi.
POUSSIN, NICOLAS, *Nicolas Poussin: Lettres et propos sur l'art*, ed. A. Blunt (Paris, 1964).
—— *Actes*, ed. André Chastel (Paris, 1960).
QUINTILIAN, *Institutio Oratoria*, 4 vols., trans. H. E. Butler, Loeb Classical Library (Cambridge, Mass., 1920).
REYNOLDS, EDWARD, *A Treatise of the Passions and Faculties of the Soul of Man* (London, 1640).
SENAULT, JEAN FRANÇOIS, *The Use of the Passions*, trans. Henry Earl of Monmouth (London, 1649).
SENECA, *Medea*, in *Tragedies*, trans. Frank Justus Miller, 3 vols., Loeb Classical Library (Cambridge, Mass, 1917), i.
SHAKESPEARE, WILLIAM, *Hamlet*, in *The Complete Works*, ed. S. Wells and G. Taylor (Oxford, 1988).
—— *Othello*, in *The Complete Works*, ed. S. Wells and G. Taylor (Oxford, 1988).
SIDNEY, PHILIP, *The Defense of Poesie*, in *The Prose Works*, ed. A. Feuillerat, 4 vols. (Cambridge, 1962), iii.
SMITH, JOHN, *The True Way or Method of Attaining to Divine Knowledge*, in *The Cambridge Platonists*, ed. C. A. Patrides (Cambridge, 1969).
—— *The Excellence and Nobleness of True Religion*, in *The Cambridge Platonists*, ed. C. A. Patrides (Cambridge, 1969).

SPINOZA, BARUCH, *Ethics*, in *The Collected Works of Spinoza*, ed. E. Curley, 2 vols. (Princeton, 1985), i.
WHICHCOTE, BENJAMIN, *The Use of Reason in Matters of Religion*, in *The Cambridge Platonists*, ed. C. A. Patrides (Cambridge, 1969).
WILKINS, JOHN, *Sermons Preached upon Several Occasions* (London, 1682).
WRIGHT, THOMAS, *The Passions of the Mind in General* (2nd edn, 1604), ed. W. Webster Newbold (New York, 1986).

Secondary Sources

ACKRILL, J. L., 'Aristotle's Definition of Psûche' in J. Barnes, Malcolm Schofield, and Richard Sorabji (eds.), *Articles on Aristotle*, iv. *Psychology and Aesthetics* (London, 1979), 65–75.
ADAM, MICHEL, 'L'Horizon philosophique de Pierre Charron', *Revue philosophique de la France et de l'Étranger*, 181 (1991), 273–93.
—— *Études sur Pierre Charron* (Bordeaux, 1991).
AIRAKSINEN, TIMO, 'Hobbes on the Passions and Powerlessness', *Hobbes Studies*, 6 (1993), 80–104.
ALANEN, LILLI, 'Reconsidering Descartes' Notion of the Mind–Body Union', *Synthese*, 106 (1996), 3–20.
ALLISON, HENRY E., *Benedict de Spinoza: An Introduction* (New Haven, 1987).
ARIEW, ROGER, 'Descartes and Scholasticism: The Intellectual Background to Descartes' Thought', in J. Cottingham (ed.), *The Cambridge Companion to Descartes* (Cambridge, 1992), 3–20.
—— 'Descartes and the Tree of Knowledge', *Synthese*, 92 (1992), 101–16.
ARMON JONES, CLAIRE, *Varieties of Affect* (London, 1991).
ATHERTON, MARGARET, 'Cartesian Reason and Gendered Reason', in Louise M. Antony and Charlotte Witt (eds.), *A Mind of One's Own: Feminist Essays on Reason and Objectivity* (Boulder, Colo., 1993), 19–34.
AYER, A. J., The *Problem of Knowledge* (Harmondsworth, 1956).
AYERS, MICHAEL, *Locke*, 2 vols. (London, 1991).
BAIER, ANNETTE, 'Cartesian Persons', in *Postures of the Mind* (London, 1985), 74–92.
BALDWIN, ANNA, and HUTTON, SARAH (eds.), *Platonism and the English Imagination* (Cambridge, 1994).
BARNOUW, JEFFREY, 'Passion as "Confused" Perception or Thought in Descartes, Malebranche and Hutcheson', *Journal of the History of Ideas*, 53 (1992), 397–424.
BEAVERS, ANTHONY F., 'Desire and Love in Descartes' Late Philosophy', *History of Philosophy Quarterly*, 6 (1989), 279–94.
BENHABIB, SEYLA, *Situating the Self: Gender, Community and Postmodernism in Contemporary Ethics* (Cambridge, 1992).
BENJAMIN, JESSICA, *The Bonds of Love* (London, 1990).
BENNETT, JONATHAN, *A Study of Spinoza's 'Ethics'* (Cambridge, 1984).
BEYSSADE, J.-M., 'L'Émotion intérieure/l'affect actif', in E. Curley and P.-F. Moreau (eds.), *Spinoza: Issues and Directions* (Leiden, 1990), 176–90.
BITBOL-HESPÉRIÈS, ANNIE, 'Le Principe de vie dans *Les Passions de l'âme*', *Revue philosophique de la France et de l'Étranger*, 178 (1988), 416–31.

BLUMENBERG, HANS, *The Legitimacy of the Modern Age*, trans. Robert M. Wallace (Cambridge, Mass., 1983).
BOAS, MARIE, *The Scientific Renaissance 1450–1630* (London, 1962).
BORDO, SUSAN, 'The Cartesian Masculinisation of Thought', in Sandra Harding and Jean O'Barr (eds.), *Sex and Scientific Enquiry* (Chicago, 1987), 247–64.
—— *The Flight to Objectivity: Essays on Cartesianism and Culture* (Albany, NY, 1987).
BRANDT, FRITHIOF, *Thomas Hobbes' Mechanical Conception of Nature* (London, 1928).
BRENNAN, TERESA, *History after Lacan* (London, 1993).
BRIGGS, JOHN C., *Francis Bacon and the Rhetoric of Nature* (Cambridge, Mass., 1989).
BROCKLISS, LAWRENCE W. B., *French Higher Education in the Seventeenth and Eighteenth Centuries: A Cultural History* (Oxford, 1987).
BRUNDELL, BARRY, *Pierre Gassendi: From Aristotelianism to a New Natural Philosophy* (Dordrecht, 1987).
ELSTER, JON (ed.), *Rational Choice* (Oxford, 1986).
FERREYROLLES, GERARD, 'L'Imagination en procès', XVIIe *Siècle*, 177 (1992), 468–79.
FLAX, JANE, 'Political Philosophy and the Patriarchal Unconscious: A Psychoanalytic Perspective on Epistemology and Metaphysics', in Nancy Tuana and Rosemary Tong (eds.), *Feminism and Philosophy* (Boulder, Colo., 1995), 227–9.
FOTI, VÉRONIQUE M., 'The Cartesian Imagination', *Philosophy and Phenomenological Research*, 46 (1986), 631–42.
FOUCAULT, MICHEL, *Madness and Civilisation: A History of Insanity in the Age of Reason*, trans. Richard Howard (London, 1967).
FOX KELLER, EVELYN, *Reflections on Gender and Science* (New Haven, 1985).
—— 'From Secrets of Life to Secrets of Death', in *Secrets of Life: Essays on Language, Gender and Science* (London, 1992).
FRANCE, PETER, *Rhetoric and Truth in France: Descartes to Diderot* (Oxford, 1972).
FRANKEL, LOIS, 'Hows and Whys: Causation Unlocked', *History of Philosophy Quarterly*, 7 (1990), 409–29.
FRANKFURT, HARRY G., *Demons, Dreamers and Madmen* (Indianapolis, 1970).
FUMAROLI, MARC, *L'Âge d'éloquence* (Geneva, 1980).
GABBEY, ALAN, 'Force and Inertia in the Seventeenth Century: Descartes and Newton', in Stephen Gaukroger (ed.), *Descartes: Philosophy, Mathematics and Physics* (Sussex, 1980), 230–320.
—— 'The Mechanical Philosophy and its Problems: Mechanical Explanations, Impenetrability and Perpetual Motion', in J. C. Pitt (ed.), *Change and Progress in Modern Science* (Dordrecht, 1985), 9–84.
GALLAGHER, DAVID, 'Thomas Aquinas on the Will as Rational Appetite', *Journal of the History of Philosophy*, 29 (1991), 559–84.
GARBER, DANIEL, 'Descartes and Occasionalism', in Nadler (ed.), *Causation in Early-Modern Philosophy*, 9–26.
GASCOIGNE, JOHN, *Cambridge in the Age of the Enlightenment: Science and Religion from the Restoration to the French Revolution* (Cambridge, 1989).
GATENS, MOIRA, 'Power, Ethics and Sexual Imaginaries', in *Imaginary Bodies* (London, 1996), 125–45.
—— 'Spinoza, Law and Responsibility', in *Imaginary Bodies* (London, 1996), 108–24.
GAUKROGER, STEPHEN, *Cartesian Logic: An Essay on Descartes' Conception of Inference*

(Oxford, 1989).
—— (ed.), *The Uses of Antiquity* (Dordrecht, 1991).
—— *Descartes: An Intellectual Biography* (Oxford, 1995).
GETTIER, E., 'Is justified true belief knowledge?', in A. Phillips Griffiths (ed.), *Knowledge and Belief* (Oxford, 1967), 144–6.
GIBSON, JAMES, *Locke's Theory of Knowledge* (Cambridge, 1917).
GIGLIONI, GUIDO, 'Automata Compared: Boyle, Leibniz and the Debate on the Notion of Life and Mind', *British Journal for the History of Philosophy*, 3 (1995), 249–78.
GILSON, ÉTIENNE, *Introduction a l'étude de St. Augustin* (Paris, 1929).
GOMBAY, ANDRÉ, 'L'Amour et jugement chez Descartes', *Revue philosophique de la France et de l'Étranger*, 178 (1988), 447–55.
GORDON, ROBERT M., 'The Passivity of Emotions', *Philosophical Review*, 95 (1986), 371–92.
GREEN, LAWRENCE A., 'Aristotle's *Rhetoric* and Renaissance Views of the Emotions', in P. Mack (ed.), *Renaissance Rhetoric* (Basingstoke, 1994), 1–26.
GREENBLATT, STEPHEN, *Renaissance Self-Fashioning from More to Shakespeare* (Chicago, 1980).
GREENSPAN, PATRICIA, *Emotions and Reasons: An Inquiry into Emotional Justification* (London, 1988).
GRENE, R. A., 'Whichcote, the Candle of the Lord and Synderesis', *Journal of the History of Ideas*, 52 (1991), 617–44.
GROSZ, ELIZABETH, *Volatile Bodies* (Bloomington, Ind., 1994).
GUEROULT, MARTIAL, *Malebranche*, 3 vols. (Paris, 1955).
—— 'The Metaphysics and Physics of Force in Descartes', in Stephen Gaukroger (ed.), *Descartes: Philosophy, Mathematics and Physics* (Sussex, 1980), 169–229.
—— *Descartes' Philosophy Interpreted according to the Order of Reasons*, trans. Roger Ariew (Minneapolis, 1985).
GUILLAUME, JEAN, 'Cleopatra Nova Pandora', *Gazette des Beaux-Arts*, 80 (1972), 185–94.
GUTTENPLAN, SAMUEL (ed.), *A Companion to the Philosophy of Mind* (Oxford, 1994).
HANSON, DONALD W., 'Science, Prudence and Folly in Hobbes' Political Philosophy', *Political Theory*, 21 (1993), 634–64.
—— 'The Meaning of "Demonstration" in Hobbes' Science', *History of Political Thought*, 11 (1990), 587–626.
HARRINGTON, THOMAS MORE, 'Pascal et la philosophie', in Jean Mesnard, Thérèse Goyet, Philippe Sellier, and Dominique Descotes (eds.), *Actes du colloque tenu à Clermont-Ferrand 1976* (Paris, 1979), 36–43.
HARRISON, PETER, 'Descartes on Animals', *Philosophical Quarterly*, 42 (1992), 219–27.
—— 'Animal Souls, Metempsychosis and Theodicy in Seventeenth-Century English Thought', *Journal of the History of Philosophy*, 31 (1993), 519–44.
HATFIELD, GARY, 'The Senses and the Fleshless Eye: The *Meditations* as Cognitive Exercises', in A. Oksenberg Rorty (ed.), *Essays on Descartes' Meditations* (Berkeley and Los Angeles, 1986), 45–79.
—— 'Descartes' Physiology and its relation to his Psychology', in John Cottingham (ed.), *The Cambridge Companion to Descartes* (Cambridge, 1992), 335–70.
HENRY, JOHN, 'Occult Qualities and the Experimental Philosophy: Active Principles in Pre-Newtonian Matter Theory', *History of Science*, 24 (1986), 335–81.

—— 'Medicine and Pneumatology: Henry More, Richard Baxter and Francis Glisson's *Treatise on the Energetic Nature of Substance*', *Medical History*, 31 (1987), 15–40.

HERBERT, GARY B., *Thomas Hobbes: The Unity of Science and Moral Wisdom* (Vancouver, 1989).

HEYD, MICHAEL, 'Enthusiasm in the Seventeenth Century', *Journal of Modern History*, 53 (1981), 258–80.

HIRSCHMAN, ALBERT O., *The Passions and the Interests: Political Arguments for Capitalism before its Triumph* (Princeton, 1977).

HOLLIS, MARTIN, *Models of Man* (Cambridge, 1977).

HOOPES, R., *Right Reason in the English Renaissance* (Cambridge, Mass., 1962).

HUNDERT, E. J., 'Augustine and the Divided Self', *Political Theory*, 20 (1992), 86–103.

HURLEY, PAUL, 'The Appetites of Thomas Hobbes', *History of Philosophy Quarterly*, 7 (1990), 391–407.

HUTCHISON, KEITH, 'What Happened to Occult Qualities in the Scientific Revolution?', *Isis*, 73 (1982), 233–53.

—— 'Supernaturalism and the Mechanical Philosophy', *History of Science*, 21 (1983), 297–333.

HUTTON, SARAH, 'Lord Herbert of Cherbury and the Cambridge Platonists', in S. Brown (ed.), *The Routledge History of Philosophy*, v. *British Philosophy and the Age of Enlightenment* (London, 1996), 20–42.

IRIGARAY, LUCE, *An Ethics of Sexual Difference*, trans. C. Burke and G. C. Gill (London, 1993).

JACKSON, FRANK, 'Mental Causation', *Mind*, 105 (1996), 377–409.

JACQUOT, JEAN, and JONES, HAROLD WHITMORE, Introduction to *Thomas Hobbes: Critique du 'De Mundo' de Thomas White* (Paris, 1973), 9–102.

JAGGER, ALISON, 'Love and Knowledge: Emotion in Feminist Epistemology', in Ann Garry and Marilyn Pearsall (eds.), *Women, Knowledge and Reality* (Boston, 1989), 129–56.

JAMES, E. D., *Pierre Nicole, Jansenist and Humanist: A Study of his Thought* (The Hague, 1972).

JAMES, SUSAN, 'Spinoza the Stoic', in Sorell (ed.), *Rise of Modern Philosophy*, 289–316.

—— 'Internal and External in the Work of Descartes', in J. Tully (ed.), *Philosophy in an Age of Pluralism* (Cambridge, 1994), 7–19.

—— 'Power and Difference: Spinoza's Conception of Freedom', *Journal of Political Philosophy*, 4 (1996), 207–28.

—— 'Ethics as the Control of the Passions', in M. Ayers and D. Garber (eds.), *The Cambridge History of Seventeenth-Century Philosophy* (Cambridge, 1997), vii 5.

JAMES, WILLIAM, *The Principles of Psychology* (Cambridge, Mass., 1983).

JOHNSTON, DAVID, *The Rhetoric of Leviathan: Thomas Hobbes and the Politics of Cultural Transformation* (Princeton, 1986).

JOLLEY, NICHOLAS, 'Descartes and the Action of Body on Mind', *Studia Leibnitiana*, 19 (1987), 41–53.

JOY, LYNN SUMIDA, *Gassendi the Atomist* (Cambridge, 1987).

JUDOWITZ, DALIA, 'Vision, Representation, and Technology in Descartes', in David Michael Levin (ed.), *Modernity and the Hegemony of Vision* (Berkeley and Los Angeles, 1993), 63–86.

参考文献

KAHN, CHARLES, 'The Discovery of the Will: From Aristotle to Augustine', in J. M. Dillon and A. A. Long (eds.), *The Question of Eclecticism* (Berkeley and Los Angeles, 1989), 234–59.

KAINZ, HOWARD P., *Active and Passive in Thomist Angelology* (The Hague, 1972).

KAMBOUCHNER, DENIS, *L'Homme des passions: Commentaires sur Descartes*, 2 vols. (Paris, 1996).

KENNY, NEIL, '"Curiosité" and Philosophical Poetry in the French Renaissance', *Renaissance Studies*, 5 (1991), 263–76.

KESSLER, ECKHARD, 'The Transformation of Aristotelianism during the Renaissance', in Sarah Hutton and John Henry (eds.), *New Perspectives on Renaissance Thought: Essays in the History of Science, Education and Philosophy; In Memory of Charles B. Schmitt* (London, 1990), 137–47.

KESSLER, WARREN, 'A Note on Spinoza's Conception of an Attribute', in Maurice Mandelbaum and Eugene Freeman (eds.), *Spinoza: Essays in Interpretation* (La Salle, Ill., 1975), 191–4.

KRAYE, JILL, 'The Philosophy of the Italian Renaissance', in G. Parkinson (ed.), *Routledge History of Philosophy*, iv. *The Renaissance and Seventeenth-Century Rationalism* (London, 1993), 16–69.

KRETZMANN, NORMAN, 'Philosophy of Mind', in id. and Eleanor Stump (eds.), *The Cambridge Companion to Aquinas* (Cambridge, 1993), 128–59.

KRISTELLER, PAUL O., 'Stoic and Neo-Stoic Sources of Spinoza's *Ethics*', *History of European Ideas*, 5 (1984), 1–15.

KRISTEVA, JULIA, 'Motherhood according to Giovanni Bellini', in *Desire and Language* (New York, 1980).

KUKLICK, BRUCE, 'Seven Thinkers and How They Grew' in Richard Rorty, J. B. Schneewind, and Q. Skinner (eds.), *Philosophy in History* (Cambridge, 1984), 125–39.

LA PORTE, JEAN, *Le Cœur et la raison selon Pascal* (Paris, 1957).

LAZZERI, CHRISTIAN, *Force et justice dans la politique de Pascal* (Paris, 1993).

LENNON, THOMAS M., 'Occasionalism and the Cartesian Metaphysic of Motion', *Canadian Journal of Philosophy*, suppl. vol. 1 (1974), 29–40.

LEVI, ANTHONY, *French Moralists: The Theory of the Passions 1585–1649* (Oxford, 1964).

LLOYD, GENEVIEVE, *The Man of Reason: 'Male' and 'Female' in Western Philosophy* (London, 1984).

—— 'Maleness, Metaphor and the "Crisis" of Reason', in L. M. Antony and C. Witt (eds.), *A Mind of One's Own: Feminist Essays on Reason and Objectivity* (Boulder, Colo., 1993), 69–83.

—— *Part of Nature: Self-Knowledge in Spinoza's 'Ethics'* (Ithaca, NY, 1994).

—— *Spinoza and the 'Ethics'* (London, 1996).

LOEB, LOUIS E., *From Descartes to Hume: Continental Metaphysics and the Development of Modern Philosophy* (Ithaca, NY, 1981).

—— 'The Priority of Reason in Descartes', *Philosophical Review*, 99 (1990), 3–43.

LOSEE, JOHN, *A Historical Introduction to the Philosophy of Science* (Oxford, 1980).

LOSONSKY, MICHAEL, 'John Locke on Passion, Will and Belief', *British Journal for the History of Philosophy*, 4 (1996), 267–83.

LYONS, BRIDGET C., *Voices of Melancholy: Studies in Literary Treatments of Melancholy in Renaissance England* (London, 1971).

MCCULLOCH, GREGORY, *The Mind and its World* (London, 1995).

MACDONALD ROSS, GEORGE, 'Occultism and Philosophy in the Seventeenth Century', in A. J. Holland (ed.), *Philosophy, its History and Historiography* (Dordrecht, 1983), 95–115.

MACINTOSH, J. J., 'St. Thomas on Angelic Time and Motion', *Thomist*, 59 (1995), 547–76.

MCKENNA, ANTONY, 'Pascal et le corps humain', *XVIIe Siècle*, 177 (1992), 481–94.

MCLAUGHLIN, PETER, 'Descartes on Mind–Body Interaction and the Conservation of Motion', *Philosophical Review*, 102 (1993), 155–82.

MANDELBAUM, MAURICE, *Philosophy, Science and Sense Perception* (Baltimore, 1964).

MARIN, LOUIS, 'Mimesis et description: Ou la curiosité à la méthode de l'âge de Montaigne à celui de Descartes', in E. Copper, G. Perini, F. Solinas (eds.), *Documentary Culture: Florence and Rome from Grand Duke Ferdinand I to Pope Alexander VII... Papers from a colloquium held at the Villa Spelman, Florence, 1990* (Villa Spelman Colloquia, 3; Baltimore, 1992), 23–47.

MARION, JEAN-LUC, 'L'Obscure évidence de la volonté: Pascal au-delà de la "Regula Generalis" de Descartes', *XVIIe Siècle*, 46 (1994), 639–56.

MATHERON, ALEXANDRE, 'Spinoza et le pouvoir', *Nouvelle critique*, 109 (1977), 45–51.

—— 'Amour, digestion et puissance selon Descartes', *Revue philosophique de la France et de l'Étranger*, 178 (1988), 407–13.

—— 'Spinoza and Euclidean Arithmetic: The Example of the Fourth Proportional', trans. David Lachterman, in Marjorie Grene and Debra Nails (eds.), *Spinoza and the Sciences* (Boston Studies in the Philosophy of Science, 90; Dordrecht, 1986), 125–50.

MAURER, A., 'Descartes and Aquinas on the Unity of a Human Being: Revisited', *American Catholic Philosophical Quarterly*, 67 (1993), 497–511.

MERCER, CHRISTIA, 'The Vitality and Importance of Early-Modern Aristotelianism', in Sorell (ed.), *Rise of Modern Philosophy*, 33–67.

MERCHANT, CAROLYN, *The Death of Nature: Women, Ecology and the Scientific Revolution* (San Francisco, 1980).

MERLAN, PHILIP, *From Platonism to Neo-Platonism* (The Hague, 1968).

MERLEAU-PONTY, MAURICE, 'The Eye and the Mind', in James M. Edie (ed.), *The Primacy of Perception* (Evanston, Ill., 1964), 159–90.

MEYER, MICHEL, *Le Philosophe et les passions* (Paris, 1991).

MICHAEL, EMILY and FRED S., 'Two Early-Modern Concepts of Mind: Reflecting Substance and Thinking Substance', *Journal of the History of Philosophy*, 27 (1989), 29–48.

MONSARRAT, GILLES D., *Light from the Porch: Stoicism and English Renaissance Literature* (Paris, 1984).

MORFORD, MARK, *Stoics and Neo-stoics: Rubens and the Circle of Lipsius* (Princeton, 1991).

MORGAN, J., *Godly Learning: Puritan Attitudes towards Reason, Learning and Education, 1560–1640* (Cambridge, 1986).

MULLIGAN, LOTTE, '"Reason", "Right Reason" and "Revelation" in Mid-Seventeenth Century England', in Brian Vickers (ed.), *Occult and Scientific Mentalities in the Renaissance* (Cambridge, 1984), 357–401.

NADLER, STEVEN, 'Malebranche and the Vision in God: A Note on *The Search after Truth*, III. 2. iii', *Journal of the History of Ideas*, 52 (1991), 309–14.
—— (ed.), *Causation in Early-Modern Philosophy* (Pennsylvania, 1993).
NATOLI, CHARLES M., 'Proof in Pascal's Pensées: Reason as Rhetoric', in David Wetsel (ed.), *Meaning, Structure and History in the Pensées of Pascal* (Paris, 1990), 19–34.
NEUBERG, MARC, 'Le Traité des passions de L'âme de Descartes et les théories modernes de l'émotion', *Archives de philosophie*, 53 (1990), 479–508.
NEWHAUSER, RICHARD, 'Towards a History of Human Curiosity: A Prolegomenon to its Medieval Phase', *Deutsche Vierteljahrsschrift für Literaturwissenschaft und Geistesgeschichte*, 56 (1982), 559–75.
NOURRISSON, JEAN FÉLIX, *La Philosophie de St. Augustin*, 2 vols. (Paris, 1865).
NOZICK, ROBERT, *Philosophical Explanations* (Oxford, 1981).
NUSSBAUM, MARTHA, *The Therapy of Desire: Theory and Practice in Hellenistic Ethics* (Princeton, 1994).
O'DALY, GERARD, *Augustine's Philosophy of Mind* (Berkeley and Los Angeles, 1987).
O'NEILL, EILEEN, 'Mind–Body Interactionism and Metaphysical Consistency: A Defence of Descartes', *Journal of the History of Philosophy*, 25 (1987), 227–45.
OAKLEY, JUSTIN, *Morality and the Emotions* (London, 1992).
—— 'Varieties of Virtue Ethics', *Ratio*, 9 (1996), 128–52.
OESTREICH, GERHARD, *Neostoicism and the Early-Modern State* (Cambridge, 1982).
OSLER, MARGARET J. (ed.), *Atoms, Pneuma and Tranquillity: Epicurean and Stoic Themes in European Thought* (Cambridge, 1991).
—— *Divine Will and the Mechanical Philosophy* (Cambridge, 1994).
PACCHI, ARRIGO, 'Hobbes and the Passions', *Topoi*, 6 (1987), 111–19.
PADEL, RUTH, *In and Out of the Mind: Greek Images of the Tragic Self* (Princeton, 1992).
PANOFSKY, DORA and ERWIN, *Pandora's Box: The Changing Aspects of a Mythical Symbol* (2nd edn, New York, 1965).
PANOFSKY, ERWIN, *The Life and Art of Albrecht Dürer* (Princeton, 1955).
PARK, KATHERINE, 'The Organic Soul', in Schmitt and Skinner (eds.), *Cambridge History of Renaissance Philosophy*, 464–84.
PARKER, PHILIPPE, 'Définir la passion: Corrélation et dynamique', *Seventeenth-Century French Studies*, 18 (1996), 49–58.
PASSMORE, JOHN, 'Locke and the Ethics of Belief', in A. Kenny (ed.), *Rationalism, Empiricism and Idealism* (Oxford, 1986).
PETTIT, PHILIP, *The Common Mind* (Oxford, 1993).
PIPPIN, ROBERT B., *Modernity as a Philosophical Problem: On the Dissatisfactions of European High Culture* (Oxford, 1991).
POPKIN, RICHARD, *The History of Scepticism from Erasmus to Spinoza* (Berkeley and Los Angeles, 1979).
—— *The Third Force in Seventeenth-Century Thought* (Leiden, 1992).
POTTS, D. C., 'The Concept of Right Reason in Seventeenth-Century Thought', *Newsletter of the Society for Seventeenth-Century French Studies*, 5 (1983), 134–41.
RHODES, NEIL, *The Power of Eloquence in English Renaissance Literature* (Hemel Hempstead, 1992).
RICHARDSON, R. C., 'The "Scandal" of Cartesian Interactionism', *Mind*, 91 (1982), 20–37.
RILEY, PATRICK, 'Divine and Human Will in the Philosophy of Malebranche', in

S. Brown (ed.), *Nicolas Malebranche, his Philosophical Critics and Successors* (Assen, 1991), 49–80.

ROBERTS, ROBERT C., 'What an Emotion Is: A Sketch', *Philosophical Review*, 97 (1988), 183–209.

RODIS LEWIS, GENEVIÈVE, *Le Problème de l'inconscient et le cartésianisme* (Paris, 1950).

—— 'Malebranche "moraliste"', XVIIe *Siècle*, 159 (1988), 175–90.

—— 'La Domaine propre de l'homme chez les cartésians', in *L'Anthropologie cartésienne* (Paris, 1990), 39–99.

—— 'Augustinisme et cartésianisme', in *L'Anthropologie cartésienne* (Paris, 1990), 101–25.

RORTY, AMELIE OKSENBERG, 'From Passions to Emotions and Sentiments', *Philosophy*, 57 (1982), 159–72.

—— 'Cartesian Passions and the Union of Mind and Body', in *Essays on Descartes' 'Meditations'* (Berkeley and Los Angeles, 1986), 513–34.

—— 'Spinoza on the Pathos of Idolatrous Love and the Hilarity of True Love', in Robert C. Solomon and Kathleen M. Higgins (eds.), *The Philosophy of (Erotic) Love* (Lawrence, Kan., 1991), 352–71.

—— 'Descartes on Thinking with the Body', in John Cottingham (ed.), *The Cambridge Companion to Descartes* (Cambridge, 1992), 371–92.

ROZEMOND, MARLEEN, 'The Role of the Intellect in Descartes' Case for the Incorporeity of the Mind', in S. Voss (ed.), *Essays in the Philosophy and Science of René Descartes* (Oxford, 1993), 97–114.

RUDOLPH, R., 'Conflict, Egoism and Power in Hobbes', *History of Political Thought*, 7 (1986), 73–88.

RYLE, GILBERT, *The Concept of Mind* (London, 1949).

SAUNDERS, JASON L., *Justus Lipsius: The Philosophy of Renaissance Stoicism* (New York, 1955).

SCHAFFER, SIMON, 'Occultism and Reason', in A. J. Holland (ed.), *Philosophy, its History and Historiography* (Dordrecht, 1983), 117–43.

SCHEMAN, NAOMI, 'Though this be method yet there is madness in it: Paranoia and Liberal Epistemology', in Louise M. Anthony and Charlotte Witt (eds.), *A Mind of One's Own: Feminist Essays on Reason and Objectivity* (Boulder, Colo., 1993), 145–70.

SCHMALTZ, TAD M., 'Descartes and Malebranche on Mind and Mind–Body Union', *Philosophical Review*, 101 (1992), 281–325.

—— 'Human Freedom and Divine Creation in Malebranche, Descartes and the Cartesians', *British Journal for the History of Philosophy*, 2 (1994), 35–42.

—— 'Malebranche's Cartesian and Lockean Colours', *History of Philosophy Quarterly*, 12 (1995), 387–403.

SCHMITT, CHARLES B., *Aristotle and the Renaissance* (Cambridge, Mass., 1983).

—— and Skinner, Quentin (eds.), *The Cambridge History of Renaissance Philosophy* (Cambridge, 1988).

SCHOULS, PETER A., *Descartes and the Enlightenment* (Montreal, 1989).

—— *Reasoned Freedom: John Locke and the Enlightenment* (Ithaca, NY, 1992).

—— 'John Locke: Optimist or Pessimist?', *British Journal for the History of Philosophy*, 2 (1994), 51–73.

SCRUTON, ROGER, *From Descartes to Wittgenstein* (London, 1981).

参考文献

—— 'Le cœur chez Pascal', *Cahiers de l'association internationale des études françaises*, 40 (1988), 285–95.
—— 'Sur les fleuves de Babylone', in David Wetsel (ed.), *Meaning, Structure and History in the Pensées of Pascal* (Paris, 1990), 33–44.
SEPPER, DENNIS L., 'Hobbes, Descartes and Imagination', *Monist*, 71 (1988), 526–42.
—— 'Descartes and the Eclipse of Imagination', *Journal of the History of Philosophy*, 32 (1994), 573–603.
SHAPIN, STEPHEN, *A Social History of Truth: Civility and Science in Seventeenth Century England* (Chicago, 1994).
SHAPIRO, BARBARA, *Probability and Certainty in Seventeenth-Century England* (Princeton, 1983).
SHEA, WILLIAM R., *The Magic of Numbers and Motion* (Canton, Mass., 1991).
SHUGER, DEBRA K., *Sacred Rhetoric: The Christian Grand Style in the English Renaissance* (Princeton, 1988).
—— *Habits of Thought in the English Renaissance: Religion, Politics and the Dominant Culture* (Berkeley and Los Angeles, 1990).
SKINNER, QUENTIN, 'Thomas Hobbes on the Proper Signification of Liberty', *Transactions of the Royal Historical Society*, 40 (1990), 121–51.
—— *Reason and Rhetoric in the Philosophy of Hobbes* (Cambridge, 1996).
SMITH, PETER, and JONES, O. R., *The Philosophy of Mind: An Introduction* (Cambridge, 1986).
SOLOMON, JULIE ROBIN, 'From Species to Speculation: Naming the Animals with Calvin and Bacon', in Elizabeth D. Harvey and Kathleen Okruhlik (eds.), *Women and Reason* (Ann Arbor, 1992), 77–162.
SOLOMON, ROBERT C., *The Passions* (Notre Dame, Ind., 1983).
SORELL, TOM, *Hobbes* (London, 1986).
—— *Descartes* (Oxford, 1987).
—— (ed.), *The Rise of Modern Philosophy* (Oxford, 1993).
SPELMAN, W. M., *John Locke and the Problem of Depravity* (Oxford, 1988).
SPRAGENS, THOMAS A. Jun., *The Politics of Motion: The World of Thomas Hobbes* (London, 1973).
STOCKER, MICHAEL, 'Intellectual Desire, Emotion and Action', in A. Oksenberg Rorty (ed.), *Explaining Emotions* (Berkeley and Los Angeles, 1980), 323–38.
STRAUSS, LEO, *The Political Philosophy of Hobbes: Its Basis and Its Genesis*, trans. Elsa M. Sinclair (Chicago, 1963).
TAYLOR, CHARLES, *Sources of the Self* (Cambridge, 1989).
TIMMERMANS, B., 'Descartes et Spinoza: De l'admiration au désir', *Revue internationale de philosophie*, 48 (1994), 275–86.
TOPLISS, PATRICIA, *The Rhetoric of Pascal* (Leicester, 1966).
TOULMIN, STEPHEN, *Cosmopolis: The Hidden Agenda of Modernity* (New York, 1990).
TUANA, NANCY, *The Less Noble Sex: Scientific, Religious and Philosophical Conceptions of Women's Nature* (Bloomington, Ind., 1993).
TUCK, RICHARD, 'Hobbes' Moral Philosophy', in T. Sorell (ed.), *The Cambridge Companion to Hobbes* (Cambridge, 1996), 175–207.
TULLY, JAMES, 'Governing Conduct: Locke on the Reform of Thought and Behaviour', in *An Approach to Political Philosophy: Locke in Contexts* (Cambridge, 1993),

179–241.

VAILATI, EZIO, 'Leibniz on Locke on Weakness of Will', *Journal of the History of Philosophy*, 28 (1990), 213–28.

VAN DELFT, LOUIS, *Le Moraliste classique: Essai de définition et de typologie* (Geneva, 1982).

—— *Littérature et anthropologie: Nature humaine et caractère à l'âge classique* (Paris, 1993).

VAN DER PITTE, FREDERICK, 'Intuition and Judgment in Descartes' Theory of Truth', *Journal of the History of Philosophy*, 26 (1988), 453–70.

VICARI, E. PATRICIA, *The View from Minerva's Tower: Learning and Imagination in The Anatomy of Melancholy* (Toronto, 1989).

VICKERS, BRIAN, 'The Power of Persuasion: Images of the Orator, Elyot to Shakespeare', in James M. Murphy (ed.), *Renaissance Eloquence: Studies in the Theory of Renaissance Rhetoric* (Berkeley and Los Angeles, 1983), 411–35.

—— 'Rhetoric and Poetics', in Schmitt and Skinner (eds.), *Cambridge History of Renaissance Philosophy*, 715–45.

—— (ed.), *Occult and Scientific Mentalities in the Renaissance* (Cambridge, 1984).

VON LEYDEN, W. (ed.) *John Locke: Essays on the Law of Nature* (Oxford, 1954).

WALKER, DANIEL P., *The Ancient Theology: Studies in Christian Platonism from the Fifteenth to the Eighteenth Centuries* (London, 1972).

WALLACH, JOHN R., 'Contemporary Aristotelianism', *Political Theory*, 20 (1992), 613–41.

WARNER, MARTIN, *Philosophical Finesse: Studies in the Art of Rational Persuasion* (Oxford, 1989).

WATSON, R. A., 'Malebranche, Models and Causation', in Nadler (ed.), *Causation in Early-Modern Philosophy*, 75–91.

WETSEL, DAVID, *L'Écriture et le Reste: The Pensées of Pascal in the Exegetical Tradition of Port Royal* (Columbus, Oh., 1981).

WETZEL, MARC, 'Action et passion', *Revue internationale de philosophie*, 48 (1994), 303–26.

WILSON, MARGARET DAULER, *Descartes* (London, 1978).

—— 'Superadded Properties: The Limits of Mechanism in Locke', *American Philosophical Quarterly*, 16 (1979), 143–50.

WOOLHOUSE, ROGER S., *Descartes, Spinoza, Leibniz: The Concept of Substance in Seventeenth-Century Thought* (London, 1993).

XANTA, LEONTINE, *La Renaissance du Stoïcisme au XVIe siècle* (Paris, 1914).

YHAP, JENNIFER, *The Rehabilitation of the Body as a Means of Knowing in Pascal's Philosophy of Experience* (Lewiston, NY, 1991).

YOLTON, JOHN W., *Locke and the Compass of Human Understanding* (Cambridge, 1970).

—— *Thinking Matter: Materialism in Eighteenth-Century Britain* (Oxford, 1983).

—— *Locke: An Introduction* (Oxford, 1985).

索 引

（索引页码为原书页码，参见本书边码）

Ackrill, J. J. 阿克利尔 37n.
action 行动 255-258, 292
  involuntary 非自愿的 ~101-102, 281
  and mental conflict ~与心理冲突 58-60, 255-257, 261-263, 271-276, 281-282
  and motion ~与运动 36, 62, 75, 130, 134
  passion as antecedents of 激情作为~的先导 44-45, 58-60, 101-102, 115-116, 134, 255-256, 265-272, 209
  rational 理性的 ~62, 277-278
  twentieth-century explanations of 二十世纪对~的解释 258-263, 269, 288, 292
  and volition ~与决意 125, 134-136, 259-263, 276, 278-279, 281-282
  voluntary 自愿的 ~261-262, 276-278, 281-282, 283-286
  另见 activity; actuality; Aristotle; cause; Malebranche
activity 主动性，主动，活动
  and causation ~与因果关系 35, 45, 72, 290
  degrees of ~的程度 39, 49, 72
  of intellect 智性的 ~44-45, 46, 60-61, 154-155, 239
  in New Philosophy 新哲学中的 ~ 68, 72-75
  of nutrition 营养的~ 39, 53
  scope of ~的范围 51-52
  terms for 表示 ~的术语 47
  of volition 决意的~ 61, 91, 111, 240, 289-290
  另见 Aristotle; Aquinas; *conatus*; Descartes; form; God; Hobbes; Locke; Pascal; Spinoza; soul; will
actuality 实在性，实在
  in Aristotle 亚里士多德哲学中的 ~ 31-32
  and change ~与变化 35-36, 48-51
  and existence ~与存在 32
  of the soul 灵魂的~ 37-38
Adam 亚当 13, 51, 116, 239, 250-251
Adam, M. M. 亚当 8n.
admiratio 惊异 见 wonder
advice books 谏书 2-2

索引

affections 感受，情感 136, 145, 162
　另见 emotions; passions
Airaksinen, T. T. 艾拉克西宁 272n.
Alanen, L. L. 阿拉宁 89n.
Allison, H. H. 阿利森 137n., 139n., 140n.
amour proper 自爱，自尊 112, 159
animal spirits 元精 96–99, 101, 104, 109, 113, 116
animals 动物 43, 45, 53–54, 96, 290
anger 愤怒 41–42, 57–59
　另见 appetite, irascible
appetite 渴望 40, 44–45, 54–56, 271
　concupiscible 贪欲 56–57, 258
　and desire ～与欲望 269–271
　irascible 愤欲 56–59, 258
　as passion ～作为激情 130, 131, 146
　and volition ～与决意 61, 134–135, 272
Aquinas, T. T. 阿奎那 6, 11, 13, 22, 24, 30, 46–47
　on activity ～论主动性 49–52
　and Aristotle ～与亚里士多德 59
　and Augustine ～与奥古斯丁 59
　on ecstasy ～论入迷 192
　on passion ～论激情 56–60
　on passivity ～论被动性 55–56
　on sensory perception ～论感官知觉 52, 54–56
　另见 activity; Descartes; form; potentiality; Scholastic Aristotelianism
Ariew, R. R. 阿利尤 66n., 195n.
Aristotle 亚里士多德 5n., 19, 23–24
　on activity ～论主动性 31–32, 36
　on desire ～论欲望 40–41
　on joy ～论快乐 195
　on passions ～论激情 40–43
　on passivity ～论被动性 32, 34–35
　and persuasion ～与劝服术 218n.
　and Renaissance ～与文艺复兴 47
　on sensory perception ～论感官知觉 39
　另见 activity; cause; form; passivity; potentiality; Scholastic Aristotelianism
Armon Jones, C. C. 阿蒙·琼斯 21n.
Arnauld, A. A. 阿尔诺 69n., 159, 160, 174

assent 赞同 111
astonishment 惊愕 188
　另见 curiosity; wonder
atheism 无神论 126, 131
Atherton, M. M. 阿瑟顿 20n.
attraction 吸引 267–268
Augustine 奥古斯丁
　on curiosity ～论好奇 190n.
　influence of ～的影响 109, 114–115, 116, 167, 225, 228
　on love ～论爱 114–115, 291
　and Pascal ～与巴斯噶 236
　on passions ～论激情 6, 24–25
　and Plato ～与柏拉图 235
　on terms for passions ～论表示激情的术语 11, 51n.
　on volition ～论决意 114–115, 291
aversion 反感，厌恶 41, 56–58, 131, 134, 265–266, 268, 270
Ayer, A. A. 艾尔 161n.
Ayers, M. M. 艾尔斯 279n.

Bacon, F. F. 培根
　on astonishment ～论惊愕 188
　on error ～论谬误 162n., 168, 183
　on passions ～论激情 11n., 13n., 163, 216
　on philosophy ～论哲学 195, 245, 247
　on rhetoric ～论修辞学 218
Baier, A. A. 贝尔 16n., 106n.
Baldwin, A. A. 鲍德温 225n.
Barnouw, J. J. 巴尔诺 163n.
Beavers, A. A. 比弗斯 268n.
being 存在 32, 36
Benhabib, S. S. 本哈比勃 19n.
Benjamin, J. J. 本杰明 20n.
Bennett, J. J. 贝内特 138n.
Beyssade, J.-M. J.-M. 贝萨德 203n.
Bitbol-Hespériès, A. A. 比特博尔·厄斯佩里 98n.
Blumenberg, H. H. 布鲁门伯格 17n.
Boas, M. M. 博厄斯 64n.
Bordo, S. S. 博尔多 18n.

429

索引

Boyle, R. 波义耳 69n., 76, 79, 233n.
Bramhall, J. 布拉姆霍尔
    on Aristotelianism ～论亚里士多德 70–71, 126
    contra Hobbes ～反对霍布斯 276–279, 290
Brandt, J. 勃兰特 72n., 77n.
Brennan, I. 布伦南 20n.
Briggs, J. 布里格斯 163n.
Bright, T. 布莱特 245n.
Brockliss, L. 布洛克里斯 24n.
Brundell, B. 布伦德尔 64n.
Burton, R. 伯顿 9, 190

Calvin, J. 加尔文 250
Cambridge Platonism 剑桥柏拉图派 226–229
Camus, J. 加缪 6n.
Carbo, L. 卡尔博 232
Carr, T. 卡尔 223n.
Cassirer, E. 卡西勒 226n.
Catholicism 天主教 226
cause 原因，因
    action and 行动与～ 72–75
    Aristotle on 亚里士多德论～ 74
    of passions 激情的～ 92–100, 109, 113–114, 129
    substance and 实体与～ 136–139, 157
    另见 activity; Descartes; God; Hobbes; secondary qualities
Charleton, W. 查尔顿
    on enthusiasm ～论狂热 233n.
    on fancy ～论想象 212
    and Gassendi ～与伽桑狄 78
    on oratory ～论演讲术 218
    on passion ～论激情 8n., 10, 11n., 13n., 256
    on soul ～论灵魂 206, 208
Charron, P. 沙朗 7, 8n., 9n., 13n., 161, 215
Chesnau, C. 谢诺 24n.
Chew, A. 丘 24n.
Chrysippus 克律西波斯 273

Cicero 西塞罗 5, 11, 24
Clarke, D. 克拉克 67n., 76n., 106n.
climate 气候 9
Cocking, J. 科金 154n.
Ceoffeteau, N. 克弗托 6n., 10
conatus 努力 129, 146–148, 152–156, 201–202, 270
conception 观念，概念 149–151
Copenhaver, B. 科彭哈弗 19n., 23n., 66n., 89n.
Cottingham, J. 科廷恩 15n., 64n., 89n., 106n., 107n., 149n., 201n.
Coussin, J. 古赞 190
Craig, E. 克雷格 75n., 137n.
Croker, R. 克罗克 232n.
Cudworth, R. 卡德沃思
    on activity ～论主动性 80
    on hylozoism ～论物活论 79
    on moral knowledge ～论道德知识 226n., 227–228
    on syncretism ～论融合 23
Cureau de las Chambre, M. 屈罗·德拉尚布尔 2n., 3n., 6n.
curiosity 好奇 188, 189–191
    and melancholy ～与忧郁症 245
    Hobbes on 霍布斯论～ 189–191, 211, 213
    另见 wonder
Curley, E. 科利 137n., 138n.
change 变化 见 actuality

Dainville, F. 丹维尔 24n.
D'Arcy, E. 达西 56n.
Darmon, A. 达蒙 2n.
Darwall, S. 达沃尔 226n.
death 死亡 88, 131, 271
Debus, A. 德比 67n.
deism 自然神论 242
Deleuze, G. 德勒兹 139n.
deliberation 权衡 256–257, 259–262, 272–278, 282–283, 284
    另见 Descartes; Hobbes; Locke; Spinoza
Della Rocca, M. 德拉洛卡 146n.

索引

Deprun, J.　J. 德普伦　95n.
Descartes, R.　R. 笛卡尔　14, 17–19, 29, 64, 85
　　on antecedents of action　～论行动之先导　260–263, 265–268
　　on action and passion　～论行动与激情　67, 102, 258–263
　　on actions and passions of soul　～论灵魂的行动与激情　91–96, 105–107
　　on activity　～论主动性　91–91
　　on analogy　～论类比　219–223
　　on bodily motion　～论肉体的运动／物理性运动　92
　　on body-soul interaction　～论灵—肉互动　97, 106–107, 124, 205–207, 259
　　on causes of passions　～论激情的原因　92–100
　　on deliberation　～论权衡　259–262
　　on desire　～论欲望　258–260, 265–268
　　on forms　～论形式　67, 79
　　on function of passions　论激情的功能　100–103
　　on imagination　～论想象　91–93
　　on intellectual emotion　～论智性情感　196–200, 203–206, 229, 243
　　on moral knowledge　～论道德知识　241, 244
　　on passivity　～论被动性　91–92
　　on pervasiveness of passions　～论激情的无处不在　107–108
　　on reasoning　～论理知　192, 194, 205–208
　　and Scholastic Aristotelianism　～论经院亚里士多德主义／经院亚里士多德哲学　91–94, 106, 125, 368
　　on self-control　～论自我控制　263–264
　　on self-sufficiency　～论自足　244–245, 247–249
　　on sensory perception　～论感官知觉　91–92, 103, 208–209
　　on soul　～论灵魂　87–91, 196–197, 258
　　on union　～论结合　251–252
　　on *vis*　～论能力　77
　　on volition　～论决意　91, 93, 125, 260–264
　　recent interpretations of　近期对笛卡尔的解读　106–107
desire　欲望　5–7
　　as appetite　～作为渴望　132
　　and belief　～与信念／信仰　292
　　causes of　～的原因　258, 268
　　changing role of　～角色的变化　268–269
　　and conatus　～与努力　146, 201
　　and the future　～与未来／将来　167, 258, 268
　　and judgment　～与判断　213
　　as key passion　～作为主要激情　223, 270–271
　　and love　～与爱　291
　　and motion　～与运动　62, 271
　　as principal cause of action　～作为行动的主要原因　269–270, 280, 284, 291
　　relation to aversion　～与反感的关系　265–268, 269–270
　　and volition　～与决意　149–150, 279, 284–285, 291
　　另见 *conatus*; Descartes; knowledge; uneasiness
Dicker, G.　G. 迪克　106n.
Dihle, A.　A. 迪勒　115n.
divine grace　神恩　117, 239
Donagan, A.　A. 多纳根　137n., 138n., 139n., 151n., 201n.
Doone, J.　J. 杜恩　218n.
Duncan, D.　D. 邓肯　195n.
Dürer, A.　A. 丢勒　245

ecstasy　入迷　191–192
Elizabeth of Bohemia　波希米亚的伊丽莎白　1
Elster, J.　J. 厄尔斯特　7n., 27n.
eloquence　雄辩，雄辩术　见 persuasion
emotion　情感　7, 95, 289
　　intellectual　智性～　61–62, 95, 196–207, 229, 243

431

索引

另见 affections; passions; *sentiments*
émotions intérieures 内在情感（智性情感） 见 intellectual emotions
endeavour 努力 129-130, 132, 269-270, 272, 281
    另见 *conatus*
enthusiasm 狂热 232-234
    另见 Cudworth; Locke; More
error 谬误
    and curiosity ～与好奇 191
    and *grandeur* ～与伟大 173-179, 221-222
    and logic ～与逻辑 159
    and non-existent entities ～与非存在体 166, 211-212
    and passion ～与激情 159-166, 180-187, 201-210, 213
    and volition ～与决意 171-172, 225-226
    另见 enthusiasm; secondary qualities
esteem 尊重，评价 170-171
    另见 *grandeur*
estimative power 评价能力 54
Eustache St Paul 厄斯塔什·圣保罗 95
Eve 夏娃 116, 190, 239, 250-251
existence 存在 32, 48
    另见 being

Fall, the 堕落，原始堕落
    consequences of ～的后果 112, 113
    implications of ～的蕴义／影响 238-239
    significance for philosophy ～的哲学意义 109
fancy 想象 212-214, 216, 217, 219, 222
    另见 Hobbes; persuasion; *scientia*
Flax, J. J. 弗拉克斯 19n.
form 形式
    activity of ～的主动性 31, 36-38, 51, 60
    actuality of ～的实在性 31-38
    Aquinas on 阿奎那论～ 48
    in Aristotle 亚里士多德哲学中的～ 30-32, 79
    and change ～与变化 31, 33-35, 50-51, 67
    rejection of ～的被摒弃 66-69, 73-74, 81
    soul as 灵魂作为～ 37-38, 53
Foti, V. V. 弗迪 92n.
Foucault, M. M. 福柯 189n.
Fox Keller, E. E. 福克斯·凯勒 2n., 18n.
France, P. P. 法郎士 219n., 244n.
Frankel, L. L. 弗兰克尔 75n.
Frankfurt, H. H. 法兰克福 106n.
Freud, S. S. 弗洛伊德 292
Fumaroli, M. M. 富马洛利 24n., 218n.

Gabbey, A. A. 加比 77n.
Garber, D. D. 加伯 76n.
Gascoigne, J. J. 加斯科因 24n.
Gassendi, P. P. 伽桑狄 23, 64n., 78
Gatens, M. M. 加滕斯 140n., 142n., 149n.
Gaukroger, S. S. 高克罗杰 17n., 19n., 88n., 95n., 185n., 194n.
générosité 高贵，勇敢，大度 244
Gettier, E. E. 盖梯尔 161n.
Gibson, J. J. 吉布森 64n.
Giglionni, G. G. 吉廖尼 79n.
God 上帝
    as activity ～作为主动性 45-49, 52, 75, 80, 205, 241
    as cause of motion ～作为运动的原因 76
    incomprehensibility of ～的不可理解性 137, 149
    as nature ～作为自然 137-139, 141
    volition of ～的决意 138, 149
    另见 occasionalism; occult; knowledge; Malebranche; Spinoza
Gombay, A. A. 贡鲍伊 242n.
good, the 善 61
    inclinations to 向～，求～的倾向 111-112
    relational character of ～的关系性 134
Gordon, R. R. 戈登 29n.

索引

grandeur 伟大 118, 168
 and bodily motion ～与肉体运动 172
 and the infinite ～与无限者 179
 and knowledge ～与知识 236
 in philosophy 哲学中的～ 19-20, 244
 and mechanism ～与机械论 176
 of nature 自然的～ 171-173
 and self-aggrandizement ～与自我夸大 172, 174
 and the sensible ～与可感事物 221-222
 and social status ～与社会地位 176-178, 213
 另见 error; Malebrache; Pascal
Green, L. L. 格林 218n.
Greenblatt, S. S. 格林布拉特 2n.
Greenspan, P. P. 格林斯潘 21n.
Grene, R. R. 格勒内 227n.
Grosz, E. E. 格罗斯 19n.
Gueroult, M. M. 格罗 77n., 89n.
Guillaume, J. J. 纪尧姆 191n.
Guttenplan, S. S. 古滕普兰 7n., 27n.

Hanson, D. D. 汉森 210n.
Harrison, P. P. 哈里森 88n.
Harvey, W. W. 哈维 128n.
Hatfield, G. G. 哈特菲尔德 96n., 192n.
heart 心, 心脏
 and knowledge ～与知识 221, 236, 238, 240
 relation to passions ～与激情的关系 96-98, 128-129, 235
 seat of passions 情感的所在地 129, 274
Henry, J. J. 亨利 79n.
Herbert, G. G. 赫伯特 5n., 77n., 133n., 270n.
Heyd, M. M. 海德 245n.
Hirschman, A. A. 赫希曼 2n.
Hobbes, T. T. 霍布斯 5n., 14, 19, 85, 87, 233n.
 on action and passion ～论行动与激情 72-74, 290

 on activity ～论主动性 135-136
 on antecedents of action ～论行动之先导 269-278
 atheist 无神论者 131
 on bodily motion ～论肉体运动 127-129
 on cause ～论原因 74-75
 on deliberation ～论权衡 272-274, 282-285
 on function of passions ～论激情的功能 130-134, 212-215
 on glory ～论荣耀 132, 178
 on imagination ～论想象 127
 on memory ～论记忆 128, 167
 on passions ～论激情 129-135, 162
 on passivity ～论被动性 135-136, 240
 on persuasion ～论劝服 222
 on phantasms ～论幻觉 128-129
 on resistance ～论抗力 77-78, 128
 and Scholastic Aristotelianism ～与经院亚里士多德主义/经院亚里士多德哲学 64, 69, 126
 on science ～论科学 210-212
 on sensory perception ～论感官知觉 127, 210-212
 and Stoicism ～与斯多葛主义/斯多葛哲学 24
 on volition ～论决意 134-135
Hollis, M. M. 霍利斯 7n., 27n.
honour 荣誉 132, 214
 另见 *grandeur*; glory
Hooke, R. R. 胡克 79
Hooker, R. R. 胡克尔 235
Hoopes, R. R. 胡普斯 226n.
human body 人类身体, 人类肉体
 boundaries of ～的界限/边界 248-252
 Cartesian conception of 笛卡尔（主义）的～概念 88-89, 92, 96, 205-206
 as machine ～作为机器 96-97, 119-120
 passions in ～中的激情 42, 86, 110, 113-114, 152-153, 203, 206

433

索引

passivity of　～的被动性　38
preservation of　～的保存　100, 112
and *scientia*　～与真知　207, 248-252
　另见 Hobbes; passions; Spinoza
Hume, D.　D. 休谟　15
Hundert, E.　E. 洪德特　115n.
Hurley, P.　P. 赫尔利　130n.
Hutchison, K.　K. 哈奇森　76n.
Hutton, S.　S. 赫顿　225n., 226n.
hylozoism　物活论　见 Cudworth

ideas　观念
　adequate　充分～　143, 152, 201-203, 289
　inadequate　不充分～　143-145, 152, 195, 201-202
　innate　与生俱来的～　208
　intelligible　可知～　184-187, 191, 208, 216-221
　present　在场的／当下的～　185, 217-219, 221-222, 230
　sensible　可感～　184-187, 208, 216-218
imagination　想象　43-44, 54
　passivity of　～的被动性　43-44
　in reasoning　理知中的～　208
　and sensible ideas　～与可感观念　185-186, 217-218
　另见 Descartes; Hobbes; Malebrache; persuasion; Spinoza
intellect　智性，智力　44-46, 52, 60-61, 208
　另见 reasoning; *scientia*
immortality　不死性，永生　88, 112
　另见 angels

Jackson, F.　F. 杰克逊　7n.
Jaquot, J.　J. 雅科　127n.
Jagger, A.　A. 贾格　20n.
James, E.　E. 詹姆斯　8n.
James, S.　S. 詹姆斯　15n., 18n., 151n., 203n.
James, W.　W. 詹姆斯　21
Jansenism　詹森主义　235-236
Johnston, D.　D. 约翰斯顿　166n.

Jones, H.　H. 琼斯　127n.
Jones, O.　O. 琼斯　17n.
Joy, L.　L. 乔伊　23n.
Judowitz, D.　D. 尤多维奇　193n.
Junius, F.　F. 朱尼厄斯　163n.
judgement　判断　212
　另见 *scientia*

Kahn, C.　H. 卡恩　115n.
Kainz, H.　H. 凯恩斯　50n.
Kanbouchner, D.　D. 坎布希纳　15n.
Kenny, N.　N. 肯尼　190n.
Kessler, E.　E. 凯斯勒　66n.
Kessler, W.　W. 凯斯勒　138n.
knowledge　知识
　and action　～与行动　225, 234
　burden of　～的负担　248-250
　desire for　求～的欲望　249-250
　and faith　～与信仰／信念　235, 239-240
　of the human body　关于人类肉体的～　142, 153, 205
　joy and　快乐与～　199, 201-205, 239-240, 243
　as love　～作为爱　114-115, 227-229, 234-239
　moral　道德～　226-228, 234, 240-242
　and passion　～与激情　160-161, 183-184, 201-203, 213, 223-224, 228-229, 232, 239-240, 243
　types of　～的种类　210, 235-236, 240
　and unification　～与结合／人神合一　241-242, 248-252
　and virtue　～与美德　226-228
　另见 ideas; adequate; error; reasoning; *scientia*
Kraye, J.　J. 克雷伊　66n.
Kretzmann, N.　N. 克雷茨曼　53n.
Kristeller, P.　P. 克里斯泰勒　151n.
Kristeva, J.　J. 克里斯蒂瓦　248n.
Kuklick, B.　B. 库克立克　17n.

La Forge, L.　L. 拉福尔日　108n.
La Mothe le Vayer, F.　F. 拉莫特·勒瓦

耶 2n.
Lamy, B. B. 拉米 189n.
language 语言 120
　　另见 oratory; persuasion; poetry
La Porte, J. J. 拉波特 238n.
Le Brun, C. C. 勒布伦 120-121
Le Grand, A. A. 勒格朗 5n.
Lennon, T. T. 列侬 109n.
Levi, A. A. 利维 1n., 6n., 15n., 22n., 24n.
levity 轻率 189
Lipsius 利普修斯 24
Lloyd, G. G. 劳埃德 2n., 17n., 18n., 20n., 137n., 139n., 142n., 143n., 147n., 149n., 154n., 201n., 203n., 207n.
Locke, J. J. 洛克 14, 64n., 69n.
　　on action ～论行动 279-280, 285-287
　　on activity ～论主动性 290-291
　　on deliberation ～论权衡 286-287
　　on desire ～论欲望 279
　　on enthusiasm ～论狂热 232-233
　　on ethics ～论伦理学 241
　　on passions ～论激情 279-280
　　on passivity ～论被动性 290
　　on powers active and passive ～论主动能力和被动能力 73, 278, 291
　　on reasoning ～论理知 219n.
　　on rhetoric ～论修辞学 233-234
　　on Scholastic Aristotelianism ～论经院亚里士多德主义 / 经院亚里士多德哲学 68, 287
　　on uneasiness ～论不安 279-280, 284-287
　　on volition 278-280, 285-286
Loeb, L. L. 罗卜 88n., 89n., 109n., 137n., 194n.
Losee, J. J. 洛西 64n.
Losonsky, M. M. 洛松斯基 219n.
love 爱, 见 Augustine; Cudworth; knowledge; More; Pascal; Smith, J.
Lyons, B. B. 莱昂斯 9n., 245n.

madness 疯狂 181

另见 melancholy
Malebrache, N. N. 马勒伯朗士 8n., 14, 19, 25, 85, 87
　　on actions and passions of the soul ～论灵魂的行动与激情 110-117
　　and Cartesianism ～与笛卡尔主义 / 笛卡尔哲学 90n., 108
　　on causes of passions ～论激情的原因 113-114
　　debt to Augustine ～受奥古斯丁的影响 114-116
　　occasionalism of ～的偶因论 109-110, 113
　　on communication of passions ～论激情的交流 117-120, 249-250
　　on divine inscrutability ～论神的不可测知性 76, 110, 124
　　on error ～论谬误 163-164
　　on function of passions ～论激情的功能 112-113, 117-119, 167-168, 179
　　on *grandeur* ～论伟大 118, 171-172
　　on malfunction of passions ～论激情的功能故障 113, 116-117
　　on reasoning ～论理知 110-111, 192, 194, 206, 216, 222-223
　　on sensory perception ～论感官知觉 110
　　on union with others ～论与他人结合 241-242, 249-251
　　on volition ～论决意 110-111, 115-117, 125, 171, 181, 240, 291
Mandelbaum, M. M. 曼德尔鲍姆 64n.
Marin, L. L. 马兰 190n.
Matheron, A. A. 马瑟龙 146n., 201n., 267n.
matter 质料
　　activity of ～的主动性 72-74, 78-80
　　motion of ～的运动 76-78
　　passivity of ～的被动性 36, 72-74, 76-78, 80, 111
　　and potentiality ～与潜在性 32, 36
　　prime 原（质） 31-32, 36, 49
　　另见 substance; motion
Maurer, A. A. 毛雷尔 91n.

435

索引

McCulloch, G.　G.麦克洛克　17n.
MacDonald Ross, G.　G.麦克唐纳·罗斯　67n.
McIntosh, J.　J.麦金托什　63n.
McLaughlin, P.　P.麦克劳林　89n.
mechanism　机械论　见 Mechanism Philosophy
Mechanism Philosophy　机械论哲学　75-76, 80
　and communication of passions　~与激情的交流　119-121
　and explanation of passions　~与激情的解释　92-100, 113-114
　另见 New Philosophy; New Science
Medea　美狄亚　256-257, 264, 271, 273, 275
melancholy　忧郁症　153, 232, 245-247
memory　记忆　54, 81, 92, 99, 128, 210
　and distance　~与距离　167
　inadequacy of　~记忆的不充分／不当　145
　and sensible ideas　~与可感观念　185-186
Mercer, C.　C.默瑟　66n.
Merchant, C.　C.默钱特　2n.
Merlan, P.　P.默兰　225n.
Merleau-Ponty, M.　M.梅洛-庞蒂　193n.
Mersenne, M.　M.梅森　2n.
Michael, E.　E.迈克尔　88n.
Michael, F.　F.迈克尔　88n.
Milton, J.　J.弥尔顿　247, 250-251
mind　心灵　见 soul
Monmouth, Earl of　蒙默思伯爵　1, 3
Monsarrat, G.　G.蒙萨拉特　24n.
Montaigne, M.　M.蒙田　174, 239
More, H.　H.莫尔　6n., 11, 23, 126
　on enthusiasm　~论狂热　232
　on moral knowledge　~论道德知识　226-227
　on persuasion　~论劝服术　230
Morford, M.　M.莫福德　24n.
Morgan, J.　J.摩根　226n.
motion　运动

angelic　天使的~　62-63
of bodies　肉体的~　76-79, 127-128, 144
metaphorical　隐喻式~　126
of the soul　灵魂的~　62, 91, 125-127
Mulligan, L.　L.马利根　226n., 233n.

Nadler, S.　S.纳德勒　74n., 109n.
nationality　民族　9
Natoli, C.　C.纳托利　239n.
Neuberg, M.　M.纽伯格　105n.
New Philosophy　新哲学　64n., 66, 68-69, 72-77, 124, 243-245, 256
New Science　新科学　见 Mechanical Philosophy; New Philosophy
Newhauser, R.　R.纽豪瑟　190
Newton, I.　I.牛顿　79-80
Nicole, P.　P.尼科尔　2n., 8n., 25, 120, 159-161, 174, 217n.
Nourrisson, J.　J.努里松　114n., 115n.
Nozick, R.　R.诺齐克　161n.
Nussbaum, M.　M.努斯鲍姆　15n., 273n.
nutrition　营养　39, 51-52, 81, 87-88
　另见 activity

Oakley, J.　J.奥克利　21n.
occasionalism　偶因论　124-125
　另见 Malebranche
occult　隐秘难测的　67, 137
O'Daly, G.　G.奥达利　115n.
Oestreich, G.　G.奥斯特赖克　24n.
O'Neill, E.　E.奥尼尔　89n.
opinio　臆度　184
oratory, Christian　基督教演讲术／布道　231-232
　另见 persuasion
Osler, M.　M.奥斯勒　23n., 24n., 64n.
Ovid　奥维德　256-257, 275

Pacchi, A.　A.帕奇　133n.
Padel, R.　R.帕德尔　263n.
painting　绘画　120-121, 163, 231
Pandora　潘多拉　190-191, 251n.

436

索引

Panofsky, D.　D. 潘诺夫斯基　191n.
Panofsky, E.　E. 潘诺夫斯基　191n., 246n.
Park, K.　K. 帕克　53n.
Parker, P.　P. 帕克　1n.
Pascal, B.　B. 巴斯噶　14, 25, 167
　　on activity　～论主动性　240-241
　　on Cartesianism　～论笛卡尔主义/笛卡尔哲学　237
　　on faith　～论信仰　236, 241
　　on *grandeur*　～论伟大　177, 236
　　on passivity　～论被动性　240
　　on reason　～论理知　236-240
　　on unification　～论结合/人神合一　241, 252
　　on value　～论价值　236
passion　激情
　　between persons　人与人之间的～　86, 107-108, 117-120, 172-173, 248-249
　　bodily manifestations of　～的肉体表征　42, 55-56, 65, 85, 117-120, 148, 206
　　and causation　～与因果　29, 56-59, 74, 91
　　character of　～的特性　4-14, 63, 86, 95
　　classification of　～的分类　5-7, 56-60, 133
　　control of　控制～　2-4, 122-123, 203, 229, 241, 252, 261-264, 293-294
　　disadvantages of　～的不利之处　10-14, 116-117, 120
　　as evaluative judgements　～作为评价性判断　41, 86, 102-105, 112, 133, 150, 160, 288, 292-293
　　feminist philosophy and　女性主义哲学与～　18-20
　　forcefulness of　～的力度/力量　10-14, 99, 115-116, 166-167, 180-187, 209, 260, 275
　　function of　～的功能　4, 9-10, 100-101, 112-122, 130-134, 146-147, 165
　　gender and　性别与～　8, 18, 231-232, 248-250
　　and intellectual emotions　～与智性情感　197-200
　　metaphorical characterization of　对～激情的比喻性描述　11-13, 160, 162-163
　　as motions　～作为运动　11, 62, 75, 104-105, 134, 263-264
　　as power　～作为能力/力量　132-134, 146, 202, 213
　　recent interpretations of　近期对～的诠释　15-18, 20-22, 160-161, 243
　　and space　～与空间　185, 217
　　terms for　表示～的术语　11, 29, 48
　　therapy for　治愈～的疗法　3, 293-294
　　and time　～与时间　167
　　variations in　～的变体　7-9, 98-100, 147-148, 180-181, 189, 213-214
passivity　被动性，被动
　　of appetite　渴望的～　40, 53-55, 93
　　of emotion　情感的～　41
　　of imagination　想象的～　43-44, 92
　　of memory　记忆的～　92, 145
　　of passions　激情的～　29, 41-42, 55, 65, 93, 151
　　of sensory perception　感官知觉的～　39-40, 53-54, 69, 92, 103, 145
　　terms for　表示～的术语　48
Passmore, J.　J. 帕斯莫　279n.
perception　知觉　39, 52, 54, 56, 95, 111, 150
　　pure　纯～　110-111, 125, 184, 197
　　另见 ideas; *scientia*; sensory perception
Perkins, T.　T. 珀金斯　231
persuasion　劝服，劝服术
　　art of　劝服术　216, 218
　　dangers of　～的危险/危害　230-232
　　by expression of passion　通过表达激情而～　230-232
　　and imagination　～与想象　218-220
　　and passions　～与激情　120, 217-223, 229-232
　　and philosophy　～与哲学　216, 222-223
　　and reason　～与理知　222
　　and the sensible　～与可感事物　217-

437

索引

222, 230–232
techniques of ～的技巧 217–223, 231–232
use of metaphor and simile in 在～中使用隐喻和明喻 217–222, 229
and volition ～与决意 218–219
另见 enthusiasm; rhetoric
petitesse 渺小 168
of nature 自然的～ 171, 173
Pettit, P. P.佩蒂特 7n., 27n.
philosophy 哲学
civil 公民～ 2
moral 道德～ 2–3, 243
natural 自然～ 1, 2, 24, 65, 108, 185, 243
power of ～的力量 186–187, 193–196, 213–214
role of eloquence in 雄辩术在～中的作用 216
另见 reasoning
Pippin, R. R.丕平 17n.
Platonism 柏拉图主义, 柏拉图哲学 225–226, 229, 234–236, 242
pleasure 快乐, 愉快 40–41
Plotinus 普罗提诺 234
Plutarch 普鲁塔克 229, 273n.
poetry 诗, 诗歌 212
usefulness to philosophy ～对于哲学的益处 216–217
Popkin, R. R.波普金 161n.
potentiality 潜在性, 潜在
in Aquinas 阿奎那哲学中的～ 50
in Aristotle 亚里士多德哲学中的～ 32–36
of the body 肉体的～ 38
and change ～与变化 33–35, 49–50
and existence ～与存在 32
passive 被动的～ 36, 50–51
terms for 表示～的术语 48
另见 activity; passivity
Poussin, N. N.普桑 231, 263
pregnancy 怀孕 129–130, 248–250
present, the 当下, 现在 167–168, 185
Protestantism 新教 25, 226, 234
prudence 慎虑 210

Quintilian 昆体良 24, 218n.
reasoning 理知, 推理
definitions in ～中的定义 210–211, 214
demonstrative 论证性～ 194–195, 216, 227–228, 237–238, 240
and emotion ～与情感 195–200, 206
limits of ～的局限 234–239, 241–247
metaphorical characterization of 对～的比喻性描述 193–194
passion-resistant 抗激情的～ 191–193, 245
passionate 充满激情的～ 213–215
power of ～的力量 193–195, 203–204
and sensory evidence ～与感觉证据 208
and will ～与意志 194, 228–229
as unpersuasive 无说服力的～ 215–219, 223, 228
另见 knowledge; persuasion; Descartes; Hobbes; Malebranche; *scientia*; Spinoza
Regius, H. H.雷吉乌斯 94
Reynolds, E. E.雷诺兹 1, 2n., 11n., 13n., 162, 190, 191n., 193n., 215n., 219n., 223n., 230, 249
rhetoric 修辞学, 修辞
figures of ～格 217–218
purpose of ～的目的 218, 229
另见 Locke; persuasion
Rhodes, N. N.罗德斯 195n.
Richardson, R. R.理查森 89n.
Riley, P. P.莱利 115n.
Roberts, R. R.罗伯茨 21n., 29n.
Rodis Lewis, G. G.罗迪斯·刘易斯 16n., 99n., 106n., 110n., 114n.
Rorty, A. A.罗迪 15n., 16n., 101n., 106n., 142n., 203
Rozemond, M. M.罗斯蒙德 88n., 91n.
Rudolph, R. R.鲁道夫 132n.
Ryle, G. G.赖尔 17n.

Saunders, J. J.桑德斯 24n.
skepticism 怀疑主义, 怀疑论 161, 180,

237
Schaffer, S. S.谢弗 67n.
Scheman, N. N.谢曼 18n.
Scholastic Aristotelianism 经院亚里士多德主义/经院亚里士多德哲学 19, 22–25, 29–30
 and Christianity ~与基督教 24, 47–49
 continuity of ~的延续性 22–25, 47, 66–71, 80, 125, 206–208, 256, 259, 292
 explanatory inadequacies of ~的解释力的不足 22–23, 65, 67–71, 86–87, 256, 259, 292
 language of ~的语言 69–71, 126–127, 215–216
 and the New Philosophy ~与新哲学 64
 and Stoicism ~与斯多葛主义/斯多葛哲学 24
 另见 Aquinas; Bramhall; Descartes; Hobbes
Schmaltz, T. T.施莫尔茨 109n.
Schmitt, C. C.施密特 19n., 23n., 66n., 89n.
Schouls, P. P.斯库尔斯 17n., 64n., 279n.
scientia 真知 183
 and control ~与控制力 244–245
 emotional aspect of ~的情感特点 193, 196, 207–208
 epistemological status of ~的认识论地位 210–211
 and intelligible ideas ~与可知观念 184–185
 motive for pursuing 追求~的动机 187–189, 211–212, 215
 and rhetoric ~与修辞 212, 215
 role of judgement in 判断（力）在~中的作用 212–213
 unattainability of ~的不可达性 238
 另见 knowledge; persuasion; reasoning
Scruton, R. R.斯科拉顿 17n.
secondary qualities 二阶属性
 passions as 激情作为~ 86, 102–104, 141, 163–165, 178–179
 另见 error; passion

self 自我，自己 174
Sellier, P. P.塞利尔 236n., 238n.
Senault, J. J.塞诺尔 1, 2, 3, 6, 10, 11n., 12, 25, 85
Seneca 塞内加 24, 273
sensory perception 感官知觉 见 Aristotle; Aquinas; Descartes; Hobbes; Malebranche; Spinoza
sentiments 情感，感觉 95, 110, 113, 114, 115
Sepper, D. D.塞佩尔 92n., 129n.
Shakespeare, W. W.莎士比亚 13–14, 74
Shapin, S. S.沙宾 71n.
Shapiro, B. B.夏皮罗 160n.
Shea, W. W.谢伊 185n.
Shuger, D. D.舒格尔 217n., 218n., 233n.
Sidney, P. P.西德尼 17n.
Skinner, Q. Q.斯金纳 23n., 24n., 212n., 218n.
Smith, P. P.史密斯 17n.
Solomon, J. J.所罗门 251n.
Solomon, R. R.所罗门 21n.
Sorell, T. T.索莱尔 19n., 64n., 106n., 130n., 272n.
soul 灵魂
 activity of ~的主动性 44–45, 51–53, 80, 91, 151, 197
 actuality of ~的实在性 37–38
 criticism of tripartite 对三重~的批判 66, 68–69
 and divinity ~与神/上帝 45
 and life ~与生命 87–88
 location of ~的所在地 53, 89
 potentiality of ~的潜在性 38
 powers of ~的能力 39–44, 53–60, 81, 257
 survival of tripartite 三重~的存续 91
 tripartite 三重~ 39–44, 51–52, 60–62, 208, 255–256
 unity of ~的一元化/统一 37, 62, 89–91, 108, 150, 257–259, 268, 291
soul-body composite 灵—肉合成体
 in Aristotle 亚里士多德哲学中的~ 37–

索引

    39, 42
  in Aquinas 阿奎那哲学中的 ~ 53, 65
  in Cartesianism 笛卡尔主义/笛卡尔哲学中的 ~ 106, 114, 205-206
Spinoza, B. B.斯宾诺莎 13n., 14, 19, 24, 29, 86-87, 124
  on activity ~论主动性 15-16, 145, 201-202, 289
  on adequate and inadequate ideas ~论充分观念和不充分观念 143-145, 201
  on body and mind ~论肉体与心灵 140-145, 154-156, 203, 207
  on Cartesianism ~论笛卡尔主义/笛卡尔哲学 136-139, 144, 147, 149-150
  on deliberation ~论权衡 275-276
  on extension ~论存在 138-140
  on imagination ~论想象 141-143, 154
  on intellectual affects ~论智性情感 195, 200-205
  on knowledge ~论知识 136, 242
  on passions ~论激情 14-19, 152, 167, 274-275
on passivity ~论被动性 145-146, 151-152
and Platonism ~与柏拉图主义/柏拉图哲学 229
  and Scholastic Aristotelianism ~与经院亚里士多德主义/亚里士多德哲学 149-150
  on sensory perception ~论感官知觉 141, 145
  on substance ~论实体 137-139, 146
  on thought ~论思想 138-140
  on volition ~论决意 149-151, 289
  另见 conatus
Spragens, T. T.斯普拉金斯 64n., 127n.
Stocker, M. M.斯托克 20n.
Stoicism 斯多葛主义，斯多葛哲学
  and antecedents of action ~与行动之先导 278, 287, 291-292
  and classification of passions ~与激情的分类 5
  and conatus ~与努力 270-272

and knowledge ~与知识 242
revival of ~的复兴 24, 25
and Spinozism ~与斯宾诺莎主义/斯宾诺莎哲学 151
and transcendence of passion ~与超越激情 195
Strauss, L. L.施特劳斯 133n.
substance 实体，物质 见 matter; Mechanical Philosophy; Spinoza
syncretism 融合 22-23

Taylor, C. C.泰勒 2n., 17n.
theatre, the 戏剧 120
thinking 思想，思维
  as essence of soul ~作为灵魂的本质 87
  kinds of ~的种类 87, 90
  另见 Descartes; soul; Spinoza
Topliss, P. P.托普利斯 236n.
Toulmin, S. S.图尔明 17n.
Tuana, N. N.图阿纳 18n.
Tuck, R. R.塔克 135n.
Tully, J. J.图利 233n.

uneasiness 不安 279-280, 284, 286-287

Vailati, E. E.维拉蒂 279n.
Van de Pitte, F. F.范德皮特 194n.
Van Delft, L. L.范德尔福特 9n., 22n.
Versailles 凡尔赛 120
via moderna 现代路线 89
Vicari, E. E.维卡利 9n.
Vickers, B. B.维克斯 67n., 218n., 219n., 226n.
vital motion 维持生命的运动 129, 131, 135
volition 决意 见 will
von Leyden, W. W.冯莱顿 232n., 279n.

Walker, D. D.沃克 195n., 225n.
Wallach, M. M.沃勒克 21n.
Warner, M. M.沃纳 238n.
Watson, R. R.沃森 76n.
Wetsel, D. D.韦赛尔 239n.

440

Wetzel, M.　M. 韦策尔　29n.
Whichcote, B.　B. 惠奇科特　227-228
Wilkins, J.　J. 威尔金斯　233n.
will　意志　61, 81
　　activity of　～的主动性　91, 111, 115, 121, 278-279, 289
　　criticism of 对～的批判　134-135, 149-151
　　determination of　～的决定　279, 283-284
　　and freedom　～与自由　276-278, 285-286
　　and the good　～与善　112-115, 181, 240-242
　　as last appetite　～作为最末一个渴望　134-135, 282-285, 288
　　as passion　～作为激情　113-116, 121, 272-273
　　and perception　～与知觉　197
　　另见 Augustine; Cudworth; Descartes; Hobbes; Malebranche; Spinoza
Wilson, M.　M. 威尔逊　77n., 106n.
wonder　惊奇　169, 191
　　Descartes on　笛卡尔论～　169—170, 187—189
　　and grandeur　～与伟大　174—176
　　Malebranche on　马勒伯朗士论～　170-171, 188-189
　　and *scientia*　～与真知　187-188, 191
　　Spinoza on　斯宾诺莎论～　189
　　另见 curiosity; Hobbes; knowledge
Woolhouse, R.　R. 伍尔豪斯　137n., 138n.
Wright, T.　T. 赖特　1, 3n., 4n., 9, 11, 13n., 162, 163, 230-232, 256

Xanta, L.　L. 尚塔　24n.

Yhap, J.　J. 雅普　238n.
Yolton, J.　J. 约尔顿　79n., 279n.

441

图书在版编目(CIP)数据

激情与行动:十七世纪哲学中的情感/(英)苏珊·詹姆斯著;管可秾译.—北京:商务印书馆,2017
ISBN 978-7-100-13954-0

Ⅰ.①激…　Ⅱ.①苏…②管…　Ⅲ.①情感—研究　Ⅳ.①B842.6

中国版本图书馆 CIP 数据核字(2017)第 110348 号

权利保留,侵权必究。

激情与行动
十七世纪哲学中的情感
〔英〕苏珊·詹姆斯　著
管可秾　译

商 务 印 书 馆 出 版
(北京王府井大街36号　邮政编码100710)
商 务 印 书 馆 发 行
北京市白帆印务有限公司印刷
ISBN 978-7-100-13954-0

2017年8月第1版　　开本 787×960 1/16
2017年8月北京第1次印刷　印张 28¾
定价:75.00元